通信工程专业精品教材

卫星通信网络

续　欣　刘爱军　汤　凯　潘小飞　王向东　编著

電子工業出版社
Publishing House of Electronics Industry
北京 · BEIJING

内 容 简 介

本书主要介绍卫星通信网络的基础知识、体系结构、与网络互联相关的各种问题、资源管理、安全机制，以及天地一体化信息网络和下一代卫星网络的发展等内容。全书重点围绕卫星通信网络与地面网络的差异，力求涵盖网络互联的各个方面，并结合卫星系统实例进行了较为全面的阐述。

本书可作为国内高等院校通信学科各专业本科高年级和研究生的教材或参考书。对于从事卫星通信工作或希望了解卫星通信网络的工程技术人员，本书同样具有参考价值。

图书在版编目（CIP）数据

卫星通信网络 / 续欣等编著. —北京：电子工业出版社，2018.11

ISBN 978-7-121-34917-1

Ⅰ. ①卫…　Ⅱ. ①续…　Ⅲ. ①卫星通信－通信网－高等学校－教材　Ⅳ. ①TN927

中国版本图书馆 CIP 数据核字（2018）第 191846 号

策划编辑：张小乐
责任编辑：张小乐　　特约编辑：郭　莉
印　　刷：北京捷迅佳彩印刷有限公司
装　　订：北京捷迅佳彩印刷有限公司
出版发行：电子工业出版社
　　　　　北京市海淀区万寿路 173 信箱　　邮编：100036
开　　本：787×1092　1/16　印张：15.5　　字数：397 千字
版　　次：2018 年 11 月第 1 版
印　　次：2024 年 1 月第 7 次印刷
定　　价：49.00 元

凡所购买电子工业出版社图书有缺损问题，请向购买书店调换。若书店售缺，请与本社发行部联系，联系及邮购电话：（010）88254888，88258888。

质量投诉请发邮件至 zlts@phei.com.cn，盗版侵权举报请发邮件至 dbqq@phei.com.cn。

本书咨询联系方式：（010）88254462，zhxl@phei.com.cn。

前　言

自第一颗通信卫星诞生以来，卫星通信就得到了令人瞩目的发展。作为 20 世纪三大通信方式之一，卫星通信不仅能够承载传统的电话和电视广播业务，还能够提供宽带、互联网和数字卫星广播业务。卫星通信具有覆盖范围广、通信距离远、带宽容量大、多址连接方便等优点，在解决通信欠发达或边远地区的通信问题方面具有极大的优势。随着用户对带宽和移动性需求的不断增长，卫星通信将在未来显示出越来越重要的作用。

长期以来，卫星通信始终作为对地面其他通信方式的补充，通过单颗 GEO 卫星就能够提供所需的远距离通信连接，因此，由卫星和地球站组成的卫星通信网络不仅拓扑结构简单，而且主要在网络层以下承载数据传输业务。也正因如此，卫星通信网络作为一种特殊的网络并未受到人们特别的关注。近年来，空间技术迅猛发展，星上处理能力大大增强，催生了各类天基通信系统；另一方面，地面终端数量不断增多，卫星通信网络规模越来越大，承载的业务也越来越丰富。卫星通信网络从仅需提供传输功能的网络逐渐演变为需要为用户提供各类承载服务并能与其他异构网络互联的独立网络，未来还将与地面网络共同构建天地一体化信息系统。这就需要卫星网络在与其他网络互联的过程中，在系统体系架构、网络传输协议体系架构、传输和资源管理技术，以及空间安全防护技术等方面提供充分的技术支撑，充分发挥网络应用效能，为未来的天地一体化信息系统的构建提供重要的技术支撑。

本书立足于网络分层体系结构，以卫星网络与地面网络的差异为重点，论述了卫星通信网络的体系结构、网络层、传输层、资源管理、网络管理、安全机制、网络互联等内容，并对天地一体化信息网络和下一代卫星网络的发展进行了阐述。全书力求涵盖卫星通信网络的各个方面，并结合卫星系统实例进行了较为全面的阐述。本书可作为国内高等院校通信学科各专业本科高年级和研究生的教材或参考书。对于从事卫星通信工作的工程技术人员而言，本书同样具有参考价值。

本书分为 10 章，其中第 3、4、5、6、9 章由续欣编写；第 1、2 章由刘爱军编写；第 7 章由汤凯编写；第 8 章由潘小飞编写；第 10 章由王向东编写。全书由续欣审核、统稿。

在本书的编写过程中，我们得到了张更新教授、张杭教授、童新海教授、郭道省教授等的关心和支持，在此表示衷心的感谢。

本书作者均在卫星通信领域长期从事教学和科研工作，有着深厚的领域知识积累，希望本书既是我们前期部分教学和研究工作的小结，又能为近年来投身于天基系统建设的广大科技工作者提供必要的参考，希望有机会与他们展开广泛的交流，在该领域中共同探索。在编写本书的过程中，作者始终力求系统化地全面阐述，并跟踪卫星通信网络的最新发展。然而技术发展日新月异，即使我们不断因扩展内容而延误出版，但仍然无法面面俱到。由于水平有限，文中的错误也在所难免，敬请读者批评指正。

目 录

第 1 章　卫星通信系统与网络

自第一颗通信卫星诞生以来，卫星通信就得到了令人瞩目的发展，不仅能够承载传统的电话和电视广播业务，还能够提供宽带、互联网和数字卫星广播业务。随着用户对带宽和移动性需求的不断增长，卫星通信已经成为能够为超出地面网络范围的区域提供全球覆盖能力和更大带宽的一种合理选择，并将在未来显示出越来越重要的作用。

卫星通信系统一般由卫星和众多地球站组成，以提供无线通信服务。我们可以将卫星通信系统或其中的一部分称为卫星网络，其中包含了众多卫星终端节点和链路。随着网络技术的发展，卫星网络将更进一步地与全球网络体系结构进行融合。因此，与地面网络和协议的互联就成为卫星网络面临的一项重要任务。

1.1 概　　述

卫星网络最终的目的是提供服务和应用。用户终端向用户直接提供服务，网络则在相距一定距离的用户之间提供承载信息的传输服务。图 1-1 显示了一个典型的卫星网络环境，包括地面网络、部署星际链路的卫星、固定地球站、移动地球站、手持终端，以及直接连接到卫星链路的用户终端或通过地面网络连接到卫星链路的用户终端。

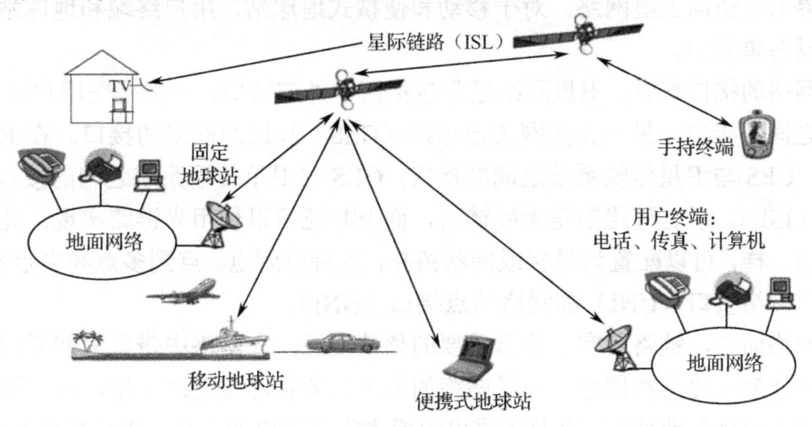

图 1-1　卫星网络的典型应用和业务

在地面网络中，要实现远距离通信和广域覆盖，需要构建大量通信链路和节点。卫星通信的特点使卫星网络与地面网络在传输距离、带宽资源的共享、传输技术、系统设计、开发与运营、费用和用户需求方面都有着本质的区别。

从功能上讲，卫星网络能够在用户终端之间提供直接的通信连接，也可以使终端远程接入地面网络，还可以在地面网络之间提供通信连接能力。用户终端是最终为用户提供服务和应用的部分，它通常独立于卫星网络，也就是说，同一个终端既可以接入卫星网络，也可以接入地面网络。卫星终端，也称为地球站，组成了卫星网络的地面段，通过用户地球站（UES）可以为用户终端提供到卫星网络的接入，通过网关地球站（GES）则为地面网络提供了到卫星网络的接入。卫星是卫星网络的核心，从功能和物理连接上讲，也是整个网络的中心。图 1-2 显示了用户终端、地面网络和卫星网络之间的关系。

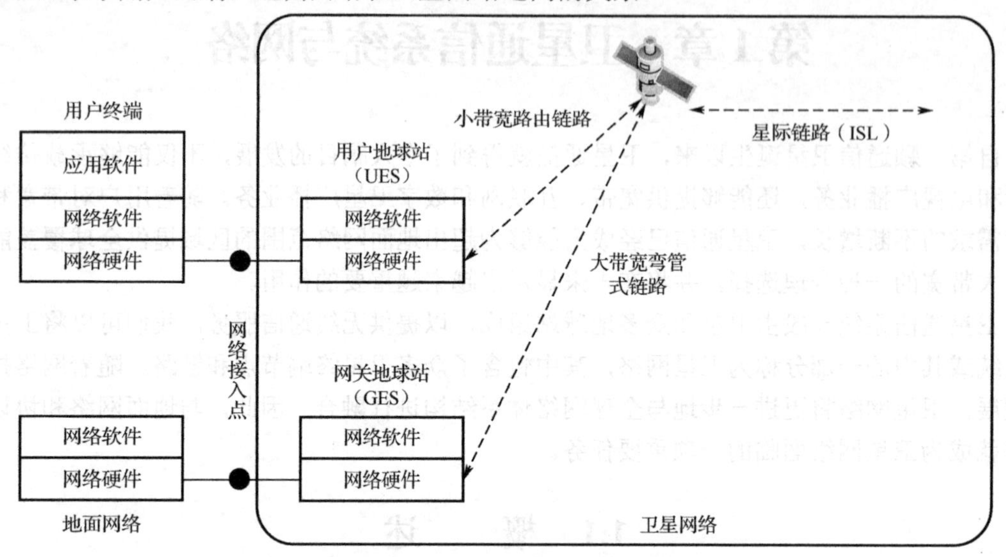

图 1-2 用户终端、地面网络和卫星网络的功能关系

典型的卫星网络包括卫星、通过卫星连接的几个大型网关地球站和许多小型的用户地球站。用户地球站用于直接连接用户终端，大型的网关地球站用于连接地面网络。用户地球站和网关地球站定义了卫星网络的边界，可视为卫星网络边界节点。与其他类型的网络类似，用户通过边界节点访问卫星网络。对于移动和便携式地球站，用户终端和地球站的功能通常融合在一个设备单元中。

从卫星网络的接口来看，卫星网络通常包括两类外部接口：一类是在用户地球站（UES）和用户终端之间的接口，另一类是网关地球站（GES）和地面网络的接口。在卫星网络内部有三类接口：UES 与卫星传输系统之间的接口，GES 与卫星传输系统之间的接口，卫星之间的星际链路（ISL）。所有链路都是无线链路，而 ISL 还可以使用光链路实现。此外，卫星网络与一般网络一样，可以配置为星状或网状拓扑，支持点到点、点到多点和多点到多点连接，同样也有用户网络接口（UNI）和网络节点接口（NNI）。

对卫星网络而言，链路带宽是非常重要的稀缺资源，在网络中带宽只能通过共享的方式使用，并尽可能最大化其利用率。卫星网络的另一重要资源是发送功率，对于移动用户终端或依靠电池供电的远端地球站，以及依靠电池或太阳能供电的卫星，功率都会受到很大限制。特定环境下的带宽和发射功率决定了卫星网络的整体容量。

卫星网络最重要的作用是通过用户终端提供接入能力，以及与地面网络进行互联。这样，地面网络提供的应用和业务，如话音、电视、宽带接入和 Internet 连接，就能够被扩展到电缆和地面无线设备无法安装和维护的地方。而且，卫星网络还能够将这些业务扩展到轮船、航天器等交通工具，以及太空和其他地面网络无法到达的地方。卫星在军事、气象、全球定位系统、环境监测、私有数据和通信业务等方面同样扮演着重要的角色，未来在需要全球覆盖的新业务、新应用（如宽带网络、下一代移动网络和全球数字广播业务）的发展方面也将发挥重要的作用。

1.2　卫星通信的发展历史

卫星通信是从地面的电话和电视广播网络发展起来的，其容量不断增加，覆盖范围不断扩大，支持的业务种类也越来越多，已经能够支持数据、多媒体等业务。

同时，卫星本身变得越来越复杂，从转发式卫星到星上处理和星上交换卫星，甚至发展到具有星际链路（ISL）的非静止轨道卫星星座。早期的卫星上携带有各种转发器，用于将信号从一端转发到另一端，具有这类载荷的卫星称为透明卫星，也称为“弯管式”卫星，因为它们只在终端之间提供链路而不进行信号的处理。具有星上处理（OBP）能力的卫星，可以作为通信子系统的一部分，提供检错和纠错能力，提高通信链路的质量。还有一些卫星具有星上交换（OBS）能力，它们可以作为太空中的一个网络节点，高效利用信道资源。由于 Internet 的快速发展，人们已经开始进行星载 IP 路由器的试验。

在支持话音、视频、广播、数据、宽带和 Internet 业务方面，卫星在电信网络中始终扮演着重要的角色。在下一代宽带和 Internet 网络中，也必将成为全球信息基础设施中重要的组成部分。

从历史发展来看，卫星通信的发展经历了以下几个阶段。

（1）卫星和空间时代的起步阶段

1957 年 10 月 4 日，苏联发射了第一颗人造卫星“旅行者”（Sputnik）；1960 年 8 月美国完成了第一颗中继通信卫星 Courier-1B 的首次试验。自此卫星技术开始了令人瞩目的发展。

1962 年，美国、法国、德国和英国进行了利用卫星横跨大西洋的通信试验，这是为探索利用卫星实现电视和多路电话业务的首次国际性合作。

（2）卫星通信发展的早期：电视和电话

1964 年 8 月，19 个国家签约成立了 Intelsat 组织，发射了第一颗商用静止通信卫星“晨鸟”（Intelsat-I）。1965 年 4 月，这颗卫星在美国、法国、德国和英国之间提供了 240 路电话和 1 路电视频道的服务。1967 年，Intelsat-II为大西洋和太平洋地区提供了相同的服务。从 1968 年到 1970 年，Intelsat-III能够为全球提供 1500 路电话和 4 路电视频道。第一颗 Intelsat-IV卫星于 1971 年开始为用户提供 4000 路电话和 2 路电视频道的通信业务；Intelsat-IVa 携带了 20 个转发器，能够提供 6000 路电话和 2 路电视频道服务，并使用了波束分割技术实现频率的复用。

（3）卫星数字传输的发展

1981 年，第一颗 Intelsat-V 卫星达到了 12000 条链路的容量，它采用了频分多址（FDMA）和时分多址（TDMA）体制、6/4 GHz 和 14/11 GHz 宽带转发器，通过波束隔离和双极化技术实现频率复用。1989 年，Intelsat-VI卫星采用了星上交换 TDMA 体制，容量达到了 120000 条链路。1998 年，发射了 Intelsat-VII、Intelsat-VIIa 和 Intelsat-VIII卫星。2000 年，Intelsat-IX 卫星达到了 160000 条链路的容量。

（4）直接到户（DTH）卫星电视广播的发展

1999 年，第一颗 K-TV 卫星携带了 30 个 14/(11～12)GHz 转发器，可以提供 210 路电视频道的直接到户卫星电视广播和甚小口径终端（VSAT）业务。

（5）卫星海事通信的发展

1979 年 6 月，为了提供全球海事卫星通信，26 个签约国成立了国际海事卫星通信组织（Inmarsat），成立该组织的主要出发点是建立一个为海上船只提供商用、求救及救援等通信业务的、覆盖全球的卫星移动通信系统。由此，该组织拓展了卫星移动通信的应用。

（6）各地区和国家的卫星通信

作为区域性组织，欧洲电信卫星组织（Eutelsat）于1977年6月由17个机构共同建立。许多国家也开发了本国的卫星通信系统，包括美国、俄罗斯、加拿大、法国、德国、英国、日本、中国等国家。

（7）卫星宽带网络和移动网络

自1990年以来，包括星上交换技术在内的宽带网络技术迅速发展，各种非静止轨道卫星系统开始支持卫星移动业务（MSS）和宽带卫星固定业务（FSS）。

（8）卫星网络上的Internet

20世纪90年代到21世纪初，通信网络中的Internet业务量迅速增长。卫星网络除了传输电话和电视数据流，也开始用于传输Internet数据流，为用户提供接入和传输能力。这为卫星通信领域带来了巨大的机遇和挑战。一方面，卫星网络需要与各种不同种类的现有网络实现互联；另一方面，在网络技术、网络协议、承载新业务和应用等方面存在差异的网络之间也在不断融合。这给卫星网络与地面网络的融合带来了更大的挑战，需要卫星网络发展各种新技术，以实现与未来网络的互联。

1.3 卫星通信系统的组成

典型的卫星通信系统可分为两大部分：空间段和地面段（见图1-3）。空间段包括卫星和对卫星进行控制所需要的地面设施，如跟踪、遥测和指令（TT&C）设施。地面段由发送和接收地球站组成。

卫星网络的设计通常与业务需求、轨道、覆盖面积和频段的选择有关系。

1.3.1 空间段

卫星是整个系统的重要组成部分，也是卫星网络的核心，它包括有效载荷和公用舱。公用舱包括承载有效载荷的舱体，还包括为有效载荷提供服务所需要的电源、姿态控制、轨道控制、热控及跟踪、遥测和指令（TT&C）等设施，用于维持卫星系统的正常运转。

有效载荷包括转发器和天线。天线承担了接收上行链路信号和发射下行链路信号的双重任务，为卫星网络提供了基本的覆盖能力。转发器是构成通信卫星中接收和发射天线之间通信信道的互相连接的部件集合，现代卫星还具有星上处理（OBP）和星上交换（OBS）功能。转发器通常可分为以下几种。

- 透明转发器：提供信号转接能力。接收从地球站发来的信号，对信号进行放大和频率变换后再转发给地球站。具有透明转发器的卫星称为透明卫星。
- 星上处理转发器：除了具备透明转发器的功能，在将信号从卫星发向地球站之前还完成数字信号处理（DSP）、再生和基带信号处理的功能。具有星上处理转发器的卫星称为星上处理卫星。
- 星上交换转发器：除了具备星上处理转发器的功能，还提供交换功能。同样，具有星上交换转发器的卫星称为星上交换卫星。随着互联网技术的迅速发展，人们也在不断地对星上路由技术进行试验。

此外，尽管卫星控制中心（SCC）、网络控制中心（NCC）或网络管理中心（NMC）通常位于地面，但它们也被认为是空间段的一部分。

卫星控制中心（SCC）：负责卫星正常运行的地面系统。通过遥测链路监测卫星上各个子系统的工作状态，通过遥控链路控制卫星保持在正确的轨道位置。卫星控制中心利用专用链路（不同于通信链路）与卫星进行通信，从卫星接收遥测数据，向卫星发送遥控信息。有时，也在地面的不同地点设置一个备份中心，以提高系统的可靠性和可用性。

网络控制中心（NCC）或网络管理中心（NMC）：主要功能是对网络中的数据流、星上与地面的相关资源进行管理，实现对卫星网络的高效利用。

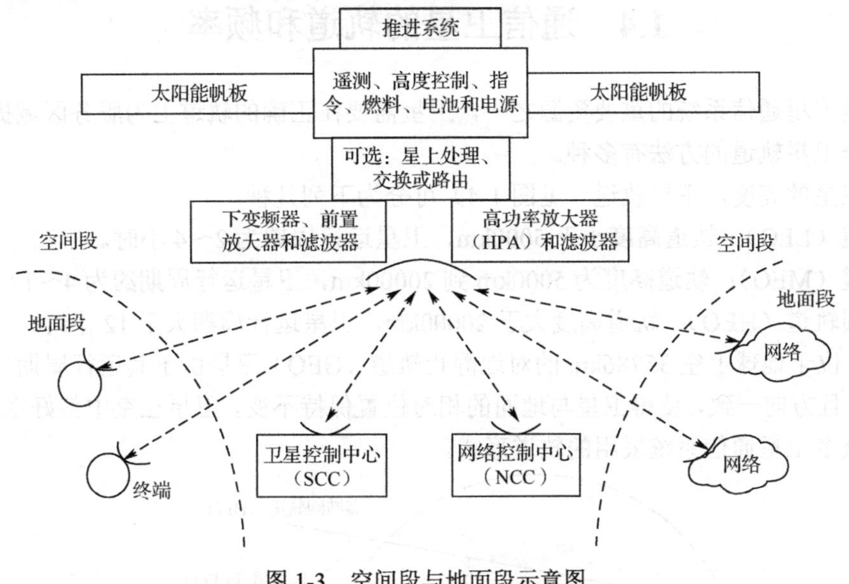

图 1-3　空间段与地面段示意图

1.3.2　地面段

卫星通信系统的地面段由各类地球站组成，主要完成向卫星发送信号和从卫星接收信号的功能，同时也提供了到地面网络或用户终端的接口。地球站是卫星网络的一部分，主要包括最简单的电视单收站、船（车、机）载站、固定站、便携站，以及用于国际通信网的终端地球站。一个典型的地球站由接口设备、信道终端设备、发送/接收设备、天线和馈线设备、伺服跟踪设备和电源设备组成。

接口设备：处理来自用户的信息，实现电平变换、信令接收、信源编码、信道加密、速率变换、复接、缓冲等功能，并送往信道终端设备；同时将来自信道终端设备的接收信息进行反变换，并发送给用户。

信道终端设备：处理来自接口设备的用户信息，实现编码、成帧、扰码、成形滤波、调制等功能，使其适合在卫星线路上传输；同时将来自卫星线路上的信息进行反变换，使之成为可为接口设备接收的信息。

发送/接收设备：将已调制的中频信号转换为射频信号，并进行功率放大，必要时进行合路；对来自天线的信号进行低噪声放大，并将射频信号转换为中频信号送入解调器，必要时进行分路。

天线、馈线设备：将来自功率放大器的射频信号变成定向辐射的电磁波；同时收集卫星发来的电磁波，送至低噪声放大器。

伺服跟踪设备：即使是静止卫星，也不是绝对静止的，而是在一定的区域中随机飘移。对于方向性较强的天线，必须随时校正自己的方位角与仰角以对准卫星。

电源设备：卫星通信系统的电源要求较高的可靠性。特别是大型站，一般配有几组电源，除市电外，还应有柴油发电机和蓄电池。

1.4 通信卫星的轨道和频率

轨道是卫星通信系统的重要资源之一，卫星需要在正确的轨道上为服务区域提供覆盖。通常，划分卫星轨道的方法有多种。

根据卫星的高度，卫星轨道（见图 1-4）可分为下列几种。

低轨道（LEO）：轨道高度小于 5000km，卫星运行周期为 2～4 小时。

中轨道（MEO）：轨道高度为 5000km 到 20000km，卫星运行周期约为 4～12 小时。

高椭圆轨道（HEO）：轨道高度大于 20000km，卫星运行周期大于 12 小时。

此外，位于地球上空 35786km 的对地静止轨道（GEO）卫星由于其运行周期与地球自转周期相同，且方向一致，使得卫星与地面的相对位置保持不变，卫星在空中就好像静止一样，因而成为众多卫星通信系统采用的轨道形式。

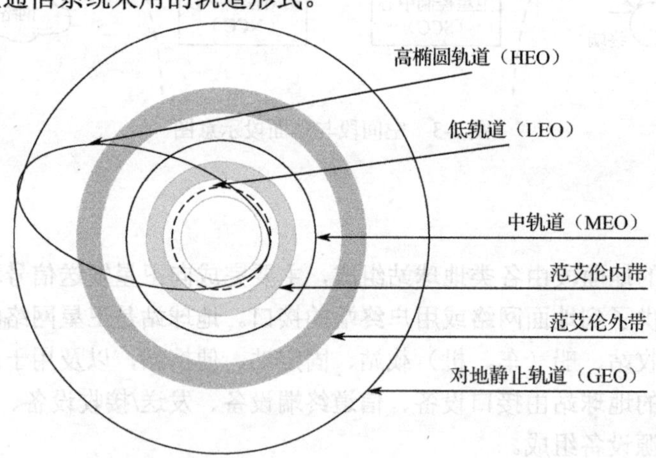

图 1-4 卫星轨道示意图

需要注意的是，在选择轨道高度时要考虑太空中的两个特殊区域。

① 范艾伦辐射带：由于地球磁场从太阳风中俘获了大量高能电子和质子，在地球赤道上空形成了两个高能辐射环带（范艾伦内带、范艾伦外带），带内的高能粒子穿透力极强，对人造卫星的电子电路损害很大，特别要避免卫星在范艾伦带内长时间的驻留。

② 空间碎片带：航天器在到达其寿命后都被弃置在这个区域。它将给未来的卫星系统，尤其是卫星星座和航天任务带来严重影响，因此正逐步受到国际社会的关注。

频率资源是卫星网络的另一个重要资源，也是一种稀缺资源。卫星系统中使用的无线频谱跨越了从 30MHz 到 300GHz 的频率范围，早期由于器件水平和大气传播效应的限制，60GHz 以上的频率通常不被使用。在历史上，卫星通信使用的无线频谱中的一部分曾被用于地面的微波通信，现在也用于 GSM 和 3G 网络等地面移动通信和无线局域网中。

除此之外，卫星与地球站之间的传输环境会受到雨、雪、大气和其他因素的影响，卫星上由太阳或电池供应的有限能量也限制了卫星通信能够使用的频率。图 1-5 给出了雨、雾和大气给不同频段电磁波带来的衰减。

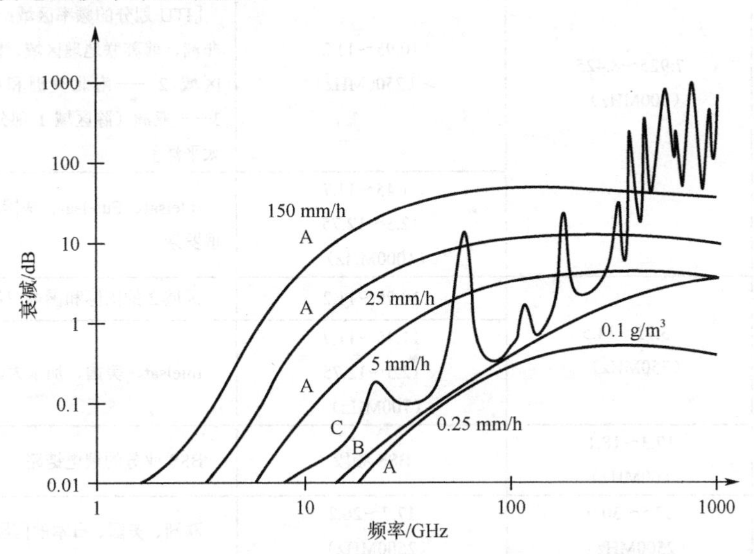

图 1-5　雨（A）、雾（B）和大气（C）给不同频段电磁波带来的衰减

卫星通信系统的链路容量受限于传输使用的带宽和传输功率。

频段是由国际电信联盟（ITU）分配的，目前分配了几个频段供卫星通信使用。表 1-1 给出了卫星通信可使用的不同频段。在历史上，C 频段通常使用 6GHz 的上行链路和 4GHz 的下行链路，许多固定业务（FSS）仍然在使用该频段。军事和政府系统使用 8/7GHz 的 X 频段。还有一些系统工作于 14/12GHz 的 Ku 频段。由于 Ku 频段已接近饱和，新一代卫星系统已开始使用 Ka 频段以进一步扩展可用带宽。表 1-2 给出了这些频段的典型应用。

表 1-1　卫星通信的典型频段

名　称	频段/GHz
UHF	0.3～1.12
L 频段	1.12～2.6
S 频段	2.6～3.95
C 频段	3.95～8.2
X 频段	8.2～12.4
Ku 频段	12.4～18
K 频段	18～26.5
Ka 频段	26.5～40

表 1-2 GEO 卫星频段的应用实例

名称	上行链路/GHz（带宽）	下行链路/GHz（带宽）	GEO 卫星系统 FSS 业务的典型应用
6/4 C 频段	5.850～6.425（575MHz）	3.625～4.2（575MHz）	国际和国内卫星系统：Intelsat、美国、加拿大、中国、法国、日本、印度尼西亚
8/7 X 频段	7.925～8.425（500MHz）	7.25～7.75（500MHz）	政府和军事卫星应用
		10.95～11.2 >（2500MHz）	区域 1、区域 3 的国际和国内卫星系统［ITU 划分的频率区域：区域 1——欧洲、非洲、前苏联地理区域、蒙古和西亚半岛；区域 2——南北美洲和格陵兰岛；区域 3——亚洲（除区域 1 部分）、澳洲和西南太平洋］
		11.45～11.7 12.5～12.75 （1000MHz）	Intelsat、Eutelsat、法国、德国、西班牙、俄罗斯
(13～14)/(11～12)Ku 频段	13.75～14.5（750MHz）	10.95～11.2	区域 2 的国际和国内卫星系统
		11.45～11.7 12.5～12.75 （700MHz）	Intelsat、美国、加拿大、西班牙
18/12	17.3～18.1（800MHz）	BSS 频段	BSS 业务的馈电链路
30/20 Ka 频段	27.5～30.0（2500MHz）	17.7～20.2（2500MHz）	欧洲、美国、日本的国际和国内卫星系统
40/20 Ka 频段	42.5～45.5（3000MHz）	18.2～21.2（3000MHz）	政府和军事卫星

1.5 卫星通信的特点

目前使用的大多数通信卫星都是射频中继或“弯管式”卫星。而星上处理卫星则通常会对接收到的数字信号进行再生，也可以对数字比特流进行解码和重新编码，或者具备大容量交换能力和星际链路（ISL）。

卫星通信系统中的无线链路在网络分层参考模型中的物理层提供实际的比特和字节传输能力。由于卫星位于离地球站很远的太空，因此，卫星链路与其他通信链路相比存在以下特征，这些特征可能会对卫星网络的组成和应用造成一定的影响。

（1）传输时延

对于 GEO 卫星而言，信号从地球站到卫星，再到另一个地球站经历的时间约为 250ms。往返传输时延约为 2×250ms，即 500ms。这要比信号在普通的地面系统经历的时延大很多。由此带来的问题是增加了传输系统中链路响应的时延，因此需要在卫星网络的协议和信令设计方面尤其小心，否则协议响应时间或呼叫建立时间就会过长。

（2）传播损耗和功率限制

对于视距通信的微波来说，自由空间传播损耗可能高达 145dB。对位于 36000km 高空、工作于 4.2GHz 频率的卫星而言，自由空间传播损耗为 196dB；当工作于 6GHz 时，损耗为

199dB；工作于 14GHz 时，损耗为 207dB。对于从地球到卫星的链路，可以通过使用高功率发送设备和高增益天线来解决损耗问题。而从卫星到地球的链路，则通常是功率受限的，其原因是：一些频段是与地面业务公用的，如 4GHz 频段，因此要确保与这些业务之间没有干扰；卫星需要从太阳能电池获得能量，为了产生足够的射频功率，需要耗费大量能量，因此从卫星到地球的下行链路对系统而言非常关键，从该链路接收到的信号强度将比一般的无线链路低很多。传播损耗可能导致数据传输误码，影响某些网络协议的正常运行。

（3）轨道空间和带宽受限

目前卫星轨道空间拥挤，如赤道轨道已经布满了 GEO 卫星，卫星系统之间的射频干扰也逐渐增大。这对于采用小天线地球站的系统影响更大，因为这些系统往往波束覆盖更广。所以，卫星通信系统能够使用的频率资源非常有限，这会对卫星网络资源管理和分配的方式，以及卫星网络的组成结构造成一定的影响。

（4）广播能力

由于通信卫星离地面距离远，单颗卫星的覆盖范围大，例如，单颗 GEO 卫星可以覆盖超过地球表面三分之一的面积，其覆盖范围内的各种终端均可通过该卫星实现通信。同时，卫星具有天然的广播特性，这使得卫星网络能够利用单颗卫星实现大范围内的广播通信。

（5）LEO 系统运行复杂

除了 GEO 卫星，还有一类新型的低轨道（LEO）卫星系统，这类系统进一步拓展了卫星系统的容量和应用范围。这类系统中的卫星轨道高度更低，这会缓解时延和损耗的问题，但由于 LEO 星座中的卫星处于快速移动中，因此维持地球站终端与卫星之间的通信链路就更加困难，导致网络管理和控制复杂性增加。

1.6　卫星网络的业务与应用

通过卫星用户地球站和网关地球站可以为用户提供网络业务。在传统网络中，这些业务被分为两类：电信业务和承载业务。电信业务是能够供用户使用的高层业务，如电话、传真、视频和数据业务。这类业务的服务质量（QoS）是以用户为中心的，即 QoS 表示用户感觉到的通信质量，如平均客观分（MOS）。承载业务是网络提供的、用于支持电信业务的低层服务。这类业务的 QoS 是以网络为中心的，性能度量参数包括传输时延、时延抖动、传输误码率和传输速率。

网络需要分配资源以满足用户 QoS 需求，同时使网络性能达到最优。但是，网络性能和用户 QoS 的目标通常是互相矛盾的。通常，我们可以通过调节流量负载来协调二者之间的关系。例如，可以减小网络中的流量负载或增加网络资源来提高 QoS，但是对网络运营者来说这可能会降低网络利用率。网络运营者也可以通过增加流量来提高网络利用率，而这也会影响用户的 QoS。也就是说，采用流量工程技术可以在特定的网络负载情况下，最大化网络利用率，并满足用户的 QoS 需求。

应用是一种或多种网络业务的组合。例如，远程教育和远程医疗应用都是基于音频、视频和数据业务的组合。音频、视频和数据业务的组合也被称为多媒体业务。一些应用可以与某些网络业务结合产生出新的应用。

业务是网络提供的基本服务单元。应用是由这些基本单元构建起来的。应用和业务这两个名词在文献中经常相互替代，但在某些场合下对它们进行区分也是有必要的。

卫星通信能够提供的业务取决于可用的无线频段。为了便于进行频率分配、规划和管理，国际电信联盟（ITU）无线通信标准部门（ITU-R）定义了几种典型的卫星业务，包括卫星固定业务（FSS）、卫星移动业务（MSS）和卫星广播业务（BSS）。

（1）卫星固定业务（FSS）

当使用一颗或多颗卫星时，在地球表面特定位置之间的无线通信业务称为卫星固定业务。位于地球表面的站称为固定业务地球站，位于卫星上的站，主要包括卫星转发器和天线，称为固定业务的空间站。在新一代卫星系统中，空间站还将具有星上交换等复杂功能。地球站之间的通信可以通过一颗卫星来实现，或通过由星际链路（ISL）连接的多颗卫星来实现。某些情况下，也可以通过同一地球站连接两颗不具有星际链路的卫星来实现。卫星固定业务的实现还包括一些馈电链路，如固定地球站和提供卫星广播业务、卫星移动业务的卫星之间的链路。卫星固定业务支持电信和数据网络的所有业务类型，包括电话、传真、数据、视频、电视、互联网和无线电通信业务。

（2）卫星移动业务（MSS）

卫星移动业务是移动地球站和一颗或多颗卫星之间的无线通信业务。包括航海、航空和陆地卫星移动业务。由于移动性的特殊需求，移动地球终端通常尺寸较小，有些甚至是手持式终端。

（3）卫星广播业务（BSS）

卫星广播业务是通过卫星进行信号传输，以供公众利用电视单收天线（TVRO）直接接收信号的无线通信业务。支持卫星广播业务的卫星通常被称为直播卫星（DBS）。直接接收系统包括直接到户（DTH）和公用天线电视系统（CATV）。新一代卫星广播系统还具备经过卫星的返回链路。

（4）其他卫星业务

其他卫星业务分别针对专门的应用，如军事、无线电测定[①]、导航、气象、地球勘探和空间探测等。

1.7 卫星网络的分类

卫星网络既可以支持点到点连接，也可以支持广播连接。当网络需要实现大范围覆盖时，卫星网络由于具有广播特性而显得更有优势，因此，卫星网络在提供全球覆盖方面扮演着重要的角色。

1.7.1 按形成的拓扑结构分类

卫星链路接入互联网时可能构成几种不同的拓扑结构，按照形成的网络拓扑，可以将卫星网络分为以下几类。

（1）非对称卫星网络

一些卫星网络可能存在带宽非对称的情况，这是由于链路一端的设备发射功率和天线尺

① 利用无线电波的传播特性确定物体的位置、速度和其他特性，或获得与这些参数有关的信息。

寸受到限制，导致一个方向上的数据传输速率比相反方向大很多。此外，还有一些卫星网络是单向的，其反向链路（也称返回链路）不经过卫星（如使用地面拨号链路等）。这些网络都构成了一种物理特性非对称的网络结构。

（2）卫星作为最后一跳链路

与位于网络中间的卫星链路相比，为用户直接提供服务的卫星链路可能会在最后一跳使用特殊设计的协议。一些卫星网络服务提供商也利用卫星链路作为一条高速下行链路，为那些利用低速、非共享地面链路作为请求和应答的返回链路的用户提供服务。这同样会形成非对称的网络结构。

（3）混合式卫星网络

在更一般的情况下，卫星链路可能位于网络拓扑中的任意位置。此时，卫星链路只是作为两个网关之间的另一条链路而已。在这种网络环境中，数据连接可能经过地面链路（包括地面无线链路），也可能经过卫星链路。同样，数据连接可能只经过地面链路，或者只经过网络中的卫星链路部分。

（4）点到点卫星网络

在点到点卫星网络中，网络中唯一一跳数据传输就经过卫星链路，这种单纯的卫星环境只会涉及与卫星链路有关的问题。同时作为一种近乎私有的网络，点到点网络中还可以使用通常不适合共享网络使用的特殊传输协议或方法。

（5）多跳卫星链路网络

在一些网络中，数据流可能在源端节点和目的端节点之间经过多跳卫星链路。这种情况下可能使由卫星链路的特点所导致的性能下降更加严重。

1.7.2　按提供的通信服务分类

卫星网络可以作为三种类型的网络来提供通信服务：接入网、传输网和广播网。

（1）接入网

接入网为用户终端或专用网提供网络的接入能力。历史上，卫星曾在电话网中提供从电话或专用小交换机（PBX）到电话网的连接。用户终端只要连接到卫星地球终端，就可以直接接入卫星链路。如今，除了电话接入网，接入方式也可以是 ISDN 接入、B-ISDN 接入和 Internet 接入。

（2）传输网

传输网提供网络之间或网络交换机之间的连接。通常，这种网络具有较大的容量，以支持网络中的大量连接。由于用户并不直接接入传输网，因此，对用户来说这些网络是透明的，但他们能够感觉到经过卫星网络所带来的传输时延和链路质量的差异。利用卫星作为传输网的典型情况是将国际电话网、ISDN、B-ISDN 和 Internet 骨干网络进行互联的网络。通常，在这种网络中利用固定分配多址接入方式（FAMA）事先规划好带宽的共享方式。

（3）广播网

卫星既支持电信业务，也能够提供高效的广播业务，包括数字音频、视频广播（DVB-S）和具有卫星返回信道的 DVB（DVB-RCS）。

1.8 卫星网络的发展

从历史发展来看，卫星网络的发展始终紧跟地面网络发展的步伐，并不断克服地理障碍，将地面网扩展到更广的覆盖区域。在此过程中，推动卫星网络发展的是不断变化的用户需求和快速的技术发展。

早期，用户终端主要用于提供特定业务，其功能非常有限。如电话机提供话音业务，计算机终端提供数据业务等，而不同的网络支持不同类型的用户终端。随着技术的发展，更多终端和业务被纳入网络中。但是，这些业务的传输速率却严重受限于电话网的信道容量。随后，计算机终端变得越来越复杂，并能够实时处理各种音频和视频业务，因此，人们不再满足于在数据网络中传输数据业务，而是对支持音视频业务提出了越来越高的要求。于是，出现了融合数据、音频、视频的多媒体业务，对网络的 QoS 需求也越来越高。

在卫星网络中支持所有这些业务将存在比地面网络更大的挑战，尤其是在航空、航海和应急救援应用中。一方面，提供综合业务需要将支持不同业务类型的用户终端进行融合，形成能够支持所有业务的单一用户终端，以利于用户的使用。另一方面，卫星网络与地面网络一样，都需要在发展的过程中提高网络容量和传输可靠性，支持综合业务与应用，更重要的是，需要高效利用有限的网络资源，降低网络成本。

卫星通信最初仅承载越洋电话和电视广播业务，随着技术的发展，不断将业务范围扩展到海上应用和陆地应用，业务类型扩展到数据和多媒体业务。卫星从单个透明转发器发展到星上处理、星上交换，甚至到具有星际链路的星座系统，不仅链路的通信质量大大改善，而且对无线资源的利用率也大幅提高。随着互联网技术的发展，人们还不断展开星上 IP 路由器的研制，以实现将地面互联网向太空的扩展，形成天地一体化的信息网络。此外，由于低成本火箭发射技术大幅降低了单次发射成本，加上微小卫星平台逐渐成熟和实用化，打造由低轨小卫星组成的卫星星座，为全球提供互联网接入服务即将成为现实。这些新技术和新系统的出现必将对天地一体化组网进程起到极大的推动作用。在此过程中，卫星网络在整个电信网络中发挥着越来越重要的作用，并将在下一代宽带互联网中成为全球信息基础设施的重要组成部分。

第 2 章　卫星通信网络体系结构

2.1　概　述

网络体系结构是对通信系统的一种抽象描述，对网络的性能和发展至关重要。根据麻省理工学院计算机科学实验室（LCS）高级网络体系结构小组对“网络体系结构”的定义，网络体系结构是一套顶层的设计准则，这套准则用来指导网络的技术设计，特别是协议和算法的工程设计。因此，网络体系结构需要阐明两个层次的问题：（1）网络的构建原则，以确定网络的基本框架；（2）功能分解和系统的模块化，指出实现网络体系结构的方法。

从卫星通信网络的发展历史来看，不论是早期的点到点通信，还是近年来的天基信息网络，它们都始终与互联网紧密联系，或者作为互联网的一部分，或者将互联网向太空进行扩展。因此，在网络体系结构方面始终沿袭了互联网体系结构的构建原则，即分层原则，将网络中要解决的问题进行模块化分解，通过各层的功能实现向上层提供服务，最终解决用户的远程通信组网问题。相对于地面网络而言，现有卫星通信网络更多地关注了网络层以下各层，以屏蔽这种特殊通信媒介的传输性能差异。但随着用户需求的迅猛增长，卫星通信网络开始向独立的、自成体系的天基信息网络发展，越来越需要从整体上为其设计合理的体系结构，满足网络不断扩展的需求。此外，近年来受到广泛关注的天地一体化网络建设也需要从体系结构方面进行详尽设计（相关内容参见本书第 9 章）。然而，地面网络技术的飞速发展，又使得现有分层体系结构面临诸多挑战，因此，卫星通信网络体系结构设计需要在借鉴地面网络体系结构的基础上，针对特定网络环境和用户需求特点进行新型体系结构设计的尝试。

在实现网络体系结构的方法方面，由于不同类型的网络在业务需求方面各有不同，网络体系结构设计将会有所差异，因此，本章将着重对宽带多媒体卫星通信系统进行详细阐述，并在此基础上对卫星移动通信系统、广播卫星通信系统和 VSAT 卫星通信系统的网络体系结构进行简要阐述。而且，这里将从功能服务与协议两个方面描述各个卫星网络的体系结构，即功能与服务承载体系结构、协议体系结构。前者描述系统的功能模块和相关的物理、逻辑接口，以及网络为用户提供的数据传输服务和服务接口；后者描述维持系统运行的协议栈和与相关对等实体之间的关系。

2.2　宽带多媒体卫星通信系统

2.2.1　基本概念

宽带多媒体卫星通信系统（Broadband Satellite Multimedia，BSM），广义上泛指承载新型宽带多媒体业务的各种高速卫星通信系统。这个概念是对业务层面特征的描述，而对于业务的承载体制则应是多种多样的。因此，无论是承载高清电视（HDTV）的 BSS（卫星广播业务）系统，还是承载移动多媒体业务的MSS（卫星移动业务）系统，或是提供宽带因特网接入服务的FSS（卫星固定业务）系统，都应列入宽带多媒体卫星通信系统的范畴。

2.2.2 系统组成

1. 卫星网络场景

宽带多媒体卫星通信网可分为三个组成部分：核心网、分发网和接入网，如图2-1所示。

① 接入网位于网络边缘，与用户终端系统进行交互，为端用户提供接入服务；

② 分发网介于核心网与接入网之间，用于连接接入网和核心网，并以广播或组播方式将Internet内容推送至边缘的ISP缓存服务器，向网络边界提供内容分发服务；

③ 核心网由高速交换节点（交换机或路由器）组成，负责大容量的高速连接和交换，提供干线互联服务。

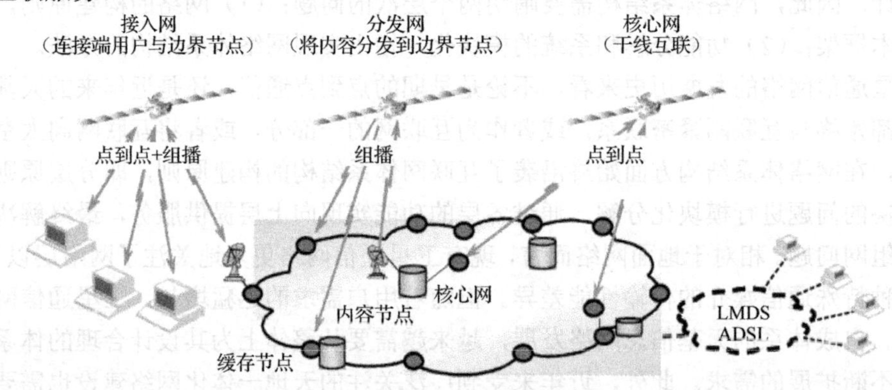

图2-1 接入网分发网和核心网

卫星网可提供广播、组播及点到点服务，如图2-1所示。除了提供全球或远程通信功能，卫星还可用于提供区域性的骨干通信和接入能力，包括接入一些类似于互联网应用的增值业务。从图中可以看到，利用系统中点到点的高速传输能力，可为ISP提供干线节点的洲际连接；利用系统点到多点的组播广播能力，可实现Internet上内容向边缘缓存服务器的高速推送；利用系统多点到点的共享接入能力，可以使众多边远地区的用户利用卫星解决“最后一公里”的接入问题。

由于卫星具有天然的广域覆盖能力，因此也可以用于传送数字视频之类的宽带广播业务，在这种情况下，可以由卫星或地面电信网基础设施（如PSTN、ISDN和GSM）来提供互联能力。

2. IP组网场景

在全球互联网中，BSM系统可作为一个IP子网。由于只有一小部分IP主机与BSM系统直接连接，因此，要求所有通过BSM系统传输数据的IP主机（包括端主机和路由器之类的中间主机）修改它们的IP层协议是不现实的。所以，在BSM系统中，实现IP业务互联的主要原则是在卫星终端（ST）后端连接的地面网络一侧（非卫星侧），所有IETF（Internet工程任务组）互联协议都不应被改变。

此外，在ST连接的卫星链路侧，IP层协议在适当的时候可以被修改，以更好地适应BSM

系统的特性，这些特性主要包括：较长的时延和较大的时延-带宽积、卫星网络高利用率的需求和容量受限的现状、卫星天然的组播能力、广域覆盖、多点波束、星上交换和路由、星上带宽控制等。

对 IETF 互联协议的修改完全限制在 BSM 系统边界之内的方法并不是 BSM 系统特有的，在下一代网络（NGN）的很多 IP 网络中都使用了该方法，如虚拟专用网和移动 IP。这使得 BSM 系统与地面通信基础设施之间保持了相对独立性，使之成为地面基础设施的有效补充，能够充分发挥卫星系统提供到边远地区通信服务的优越性。

表 2-1 总结了不同场景下宽带多媒体卫星通信网的 IP 组网应用模式。

表 2-1　BSM 系统 IP 组网应用场景

接入网应用场景	**点　到　点**	**组　　播**	**广　　播**
企业 Intranet	企业 VSAT 网络，如站点之间的互联	企业组播应用，如数据分发、视频会议	数据广播、电视广播（专用）
企业 Intranet	通过企业 ISP 或第三方 ISP 接入互联网	IP 组播、实时流媒体、ISP 缓存	ISP 缓存
中小企业 Intranet	小型 VSAT 网络	中小企业网络组播	
中小企业 Intranet	通过第三方 ISP 接入互联网	IP 组播、实时流媒体、ISP 缓存	ISP 缓存
Soho	通过第三方 ISP 接入互联网、通过 VPN 接入企业专网	IP 组播、实时流媒体、ISP 缓存	ISP 缓存
居民住宅	通过 ISP 接入互联网	IP 组播、实时流媒体、ISP 缓存	ISP 缓存
分发网应用场景	**点　到　点**	**组　　播**	**广　　播**
内容分发到边界节点	ISP 到骨干网	IP 组播、实时流媒体、ISP 或边界节点缓存	电视广播（公用）
核心网应用场景	**点　到　点**	**组　　播**	**广　　播**
ISP 间的互联	干线互联	无	无

2.2.3　BSM 网络类型和拓扑结构

1．BSM 网络类型

BSM 网络可以采用透明或者转发式卫星来构建。采用透明卫星构建的结构通常称为“弯管式结构”，在这种结构中，卫星载荷只完成物理层功能（如转发），不介入卫星空中接口其他层的功能，卫星载荷将上行链路信号透明地转发到相应的下行链路上；采用转发式卫星构建的结构是指在卫星载荷中还提供除转发之外的其他功能的结构。通常，卫星载荷实现物理层和空中接口的一层或多层功能。

同时，根据卫星星上处理配置、反向信道和网络拓扑结构的不同，BSM 网络可分为三种类型，如表 2-2 所示。

表 2-2 BSM 网络类型

BSM 网络类型	TSS	TSM	RSM
卫星星上处理配置	透明卫星	透明卫星	再生式卫星
反向信道	卫星	卫星	卫星
网络拓扑	星状	网状	网状

表 2-2 中的三种网络类型都使用了卫星信道作为反向信道，实际上，BSM 网络体系结构也适用于不使用卫星信道作为返回信道的网络。

三类 BSM 网络的主要差异有两点。

① 对于星状拓扑而言，用户终端与网关的数量是多对一的关系（每个用户终端只能和唯一的网关进行通信）；而对网状拓扑来说，则是多对多的关系，即一个终端可以与多个网关通信，以接入不同的网络和服务提供商。

② 前向和反向的无线空中接口通常是不同的，对于透明卫星来说，上行链路与下行链路通常采用不同的空中接口体制，例如，下行采用 TDM 广播方式，上行采用 MF-TDMA 方式；在再生式卫星系统中，上行链路与下行链路的空中接口体制一般是相同的。

（1）透明转发器星状组网方式

透明转发器星状组网方式简称为 TSS（Transparent Satellite Star）模式。在该模式下（见图 2-2），系统内通常包括一个主站（Hub）和若干用户终端（UT），所有业务都要流经主站，用户终端之间的通信需要通过主站中转，经过双跳完成。主站执行系统无线资源的分配、用户的管理与控制，以及业务的路由与交换等功能，另外还提供与地面网络的互联互通，提供业务接入点。该模式的特点是采用了集中管理方式，主站相对比较复杂，采用大口径天线和大功率功放，而用户终端结构相对简单，天线口径和功放都较小，便于施工安装，对机房无特殊要求，网络可以容纳的终端数达上万个，扩容方便。该模式的缺点在于：存在单一故障点，对主站稳定性要求较高，一般情况下，主要部件都需要做 1∶1 热备，信道部分做 M∶N 热备，用户终端之间不能直接互通，需通过主站中转，时延较大。使用该模式的主流方案，一是基于欧洲 ETSI 的 DVB-S2/DVB-RCS 标准，二是基于美国 TIA 的 IPoS 标准。

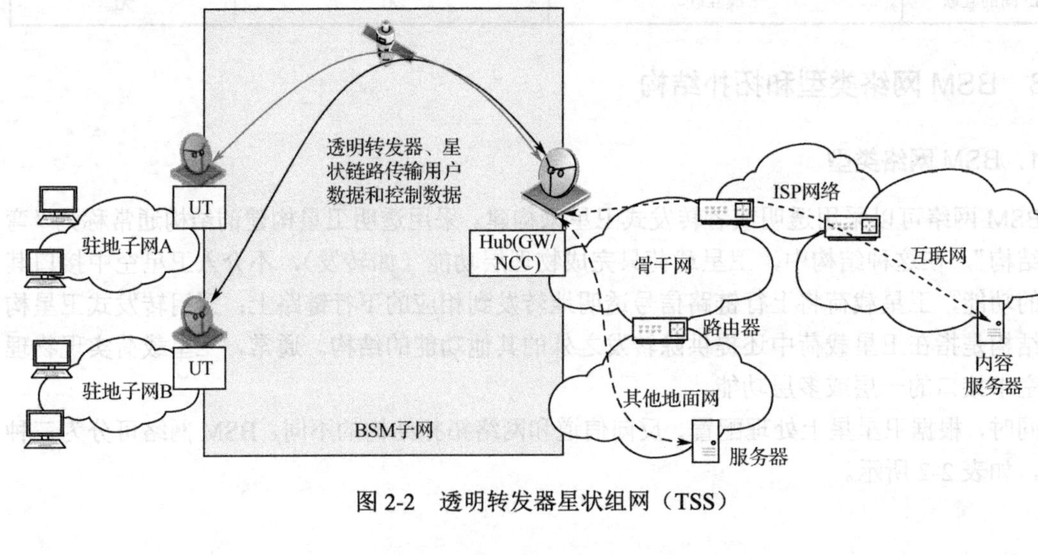

图 2-2 透明转发器星状组网（TSS）

（2）透明转发器网状组网方式

透明转发器网状组网方式简称为 TSM（Transparent Satellite Mesh）模式。在该模式（见图 2-3）下，系统由一个主站和若干用户终端构成，主站负责全网同步、无线资源分配、帧计划下发，所有信令（主要是资源申请信令）都要流经主站，终端之间可以直接建立业务连接，目前该模式没有统一的工业标准。由于终端之间需要直接互通，所以功放体积、天线口径都比较大。该模式的缺点是网络能够容纳的终端数不能太多，适合包含几十个终端的网络。

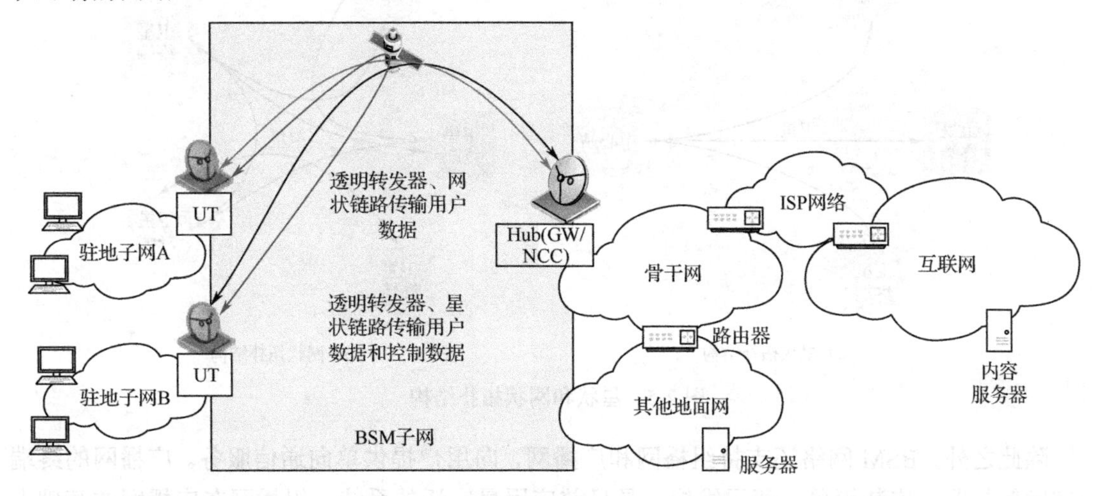

图 2-3　透明转发器网状组网方式（TSM）

（3）再生式转发器网状组网方式

再生式转发器网状组网方式简称为 RSM（Regenerative Satellite Mesh）模式。这是一种新型的卫星组网方式（见图 2-4），通过采用星上处理、星上交换和星上路由实现系统内终端的全网状通信，无线资源管理（RRM）也在星上完成。目前休斯公司的 Spaceway-3 及欧洲的 Amerhis 系统均采用此模式。欧洲电信标准化协会（ETSI）采纳了两个系统的空中接口设计方案，分别定义为 RSM-A（Spaceway-3）和 RSM-B（Amerhis）。

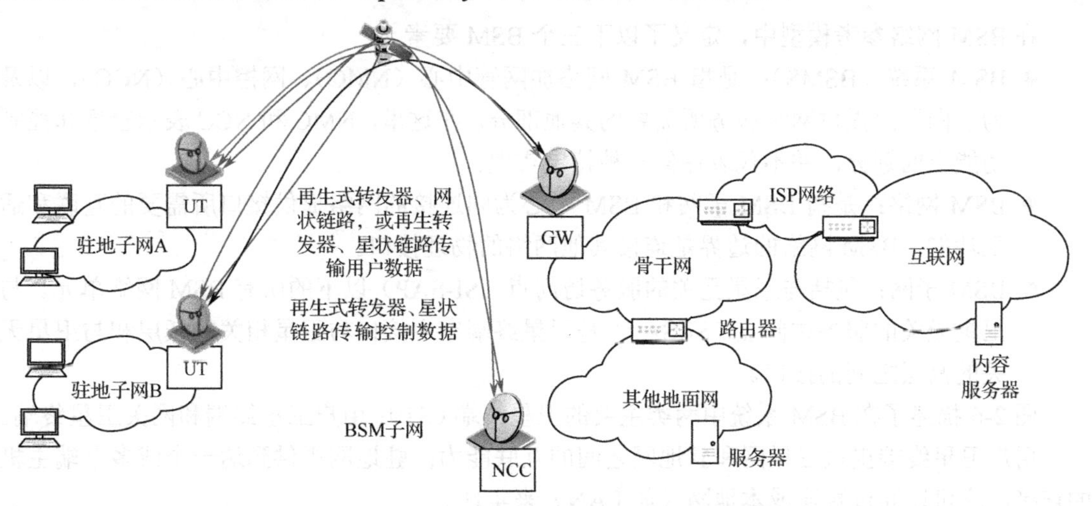

图 2-4　再生式转发器网状组网方式（RSM）

2. BSM 拓扑结构

网络拓扑是指中心站和卫星终端之间，以及卫星终端与卫星终端之间的链路（逻辑链路）部署情况。从网络拓扑结构的角度来说，BSM 定义的三种网络类型使其支持网状或星状拓扑结构，如图 2-5 所示。在星状网系统中，用户终端之间无法互通，需通过中心站进行中转；在网状网系统中，用户终端之间通过卫星可以直接通信。这两种网络拓扑都可以提供双向通信服务。

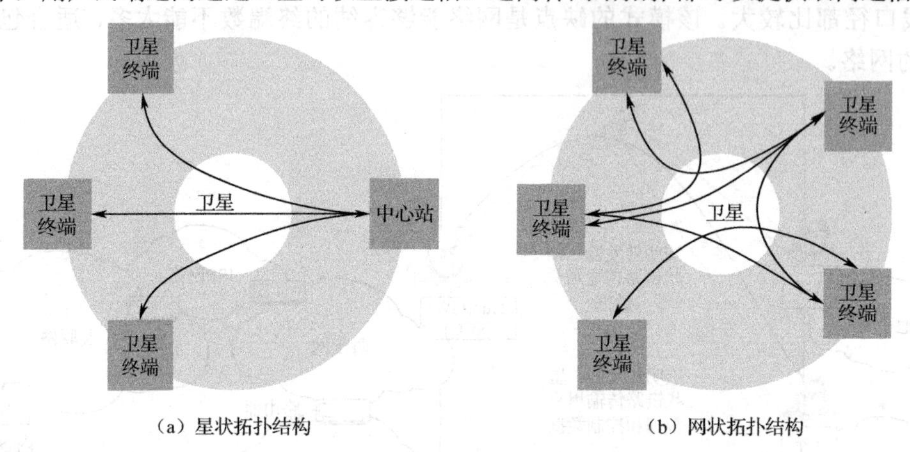

图 2-5　星状和网状拓扑结构

除此之外，BSM 网络还支持组播网和广播网，向用户提供单向通信服务。广播网的终端无需发射装置，安装简单，便于维护，是目前应用最广泛的系统。组播网在广播网的基础上增加了控制功能，使非授权用户即使在卫星覆盖区内也无法接收，最常见的方法是 CA 加密，还有一些在高层实施的方法，如通过 IP 组播协议等。星状网中的终端具有收发功能，为了能够尽可能地降低制造成本，终端采用小口径天线和较低功率的射频单元，通过天线口径较大、通信能力较强的中心站中转。网状网系统通过增强星上处理能力或终端处理能力，能够实现终端之间的直接互通。

2.2.4　网络参考模型

在 BSM 网络参考模型中，定义了以下三个 BSM 要素。

- BSM 系统（BSMS）：是指 BSM 网络加网管中心（NMC）、网控中心（NCC），以及为了向用户提供网络服务所需要的其他部分。在这里，NMC 和 NCC 表示管理和控制功能上的划分，并不代表任何一种特定实现。
- BSM 网络：是指 BSM 子网和 BSM 中心为向连接的网络提供接口所需要的互联和适配功能。BSM 网络的边界是连接其他网络的物理接口。
- BSM 子网：包括与卫星无关的服务访问点（SI-SAP）以下的所有 BSM 网络单元。与卫星无关的服务访问点（SI-SAP）是卫星终端空中接口与卫星相关的低层和与卫星无关的高层之间的接口。

图 2-6 描述了在 BSM 系统中两类主要的卫星终端（ST）：用户卫星终端和网关卫星终端。

用户卫星终端提供卫星网和驻地网之间的互联能力；驻地网提供到达一个或多个端主机的连接，这可以通过直连或本地网（如 LAN）来实现。

网关卫星终端提供卫星网络和外部网络之间的互联。外部网络提供到互联网或网络服务器的接入，或者到某些共享网络的接入。

上述模型描述了用户卫星终端和网关卫星终端之间在互联功能上的差异。某些情况下，同一个 ST 可以提供两种互联功能。同时，一个特定的 ST 所提供的功能也依赖于卫星体系结构和网络拓扑。

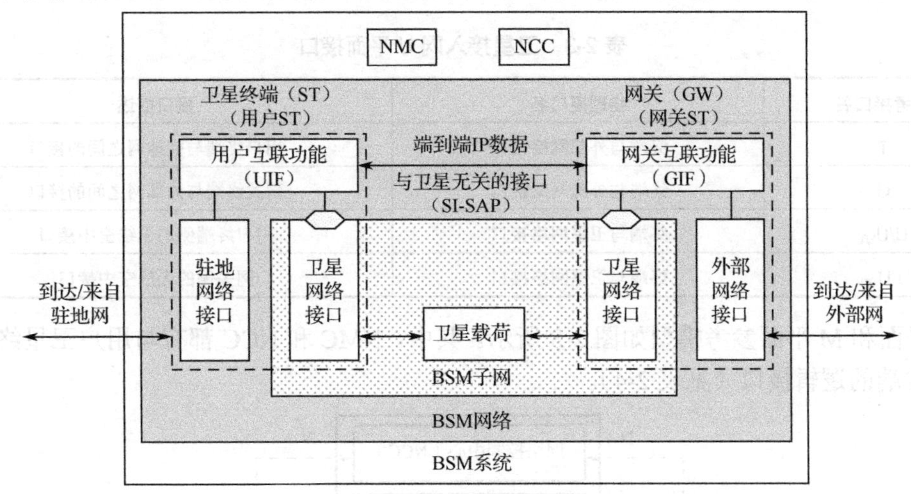

图 2-6　BSM 系统、网络和子网

1. 参考模型

(1) 接入网参考模型

BSM 卫星接入网参考模型中的参考接口包括物理接口和逻辑接口。物理接口是指有线或无线设备之间的物理连接，通常是指在有线或无线媒介上的物理传输；逻辑接口是指在对等协议实体之间的逻辑关联，通常是指利用一个或多个逻辑信道（它们通过一个或多个物理信道进行数据传输）进行的端到端的协议信息交互。

参考模型中包括三个平面：U 平面、C 平面和 M 平面。其中，U 平面是用户平面，具有分层结构，用于表示用户数据传输；C 平面为各种业务提供控制功能，处理用于建立、维持和释放承载业务所必需的信令，同样具有分层结构；M 平面为管理平面，主要提供两类功能，即层管理功能和网络管理功能。

U 平面参考模型如图 2-7 所示。

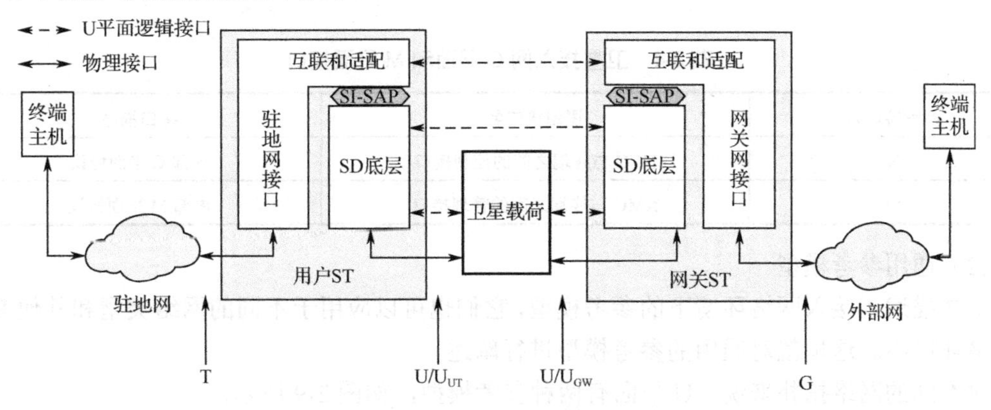

图 2-7　卫星接入网 U 平面参考模型

U平面参考模型中有三个逻辑接口（见表2-3），分别对应于无线接口协议中端到端交互的不同层。每个卫星终端的SD底层之间有两个逻辑接口：一个是与卫星载荷的接口，另一个是与对等卫星终端之间的接口。在该模型中，IP互联功能分别体现在用户终端和网关终端中，它们提供了BSM系统的SI-SAP接口和与相关网络连接的互联和适配功能。

表2-3 卫星接入网U平面接口

参考接口名	物理接口名	接口描述
T	终端与外部网络接口	用户终端与驻地网之间的接口
G	终端与外部网络接口	网关终端与外部网之间的接口
U/U_{UT}	终端与卫星网络接口	用户终端侧的无线空中接口
U/U_{GW}	终端与卫星网络接口	网关侧的无线空中接口

C平面和M平面参考模型如图2-8所示。其中，NMC和NCC都有与用户卫星终端和网关卫星终端的逻辑接口（见表2-4）。

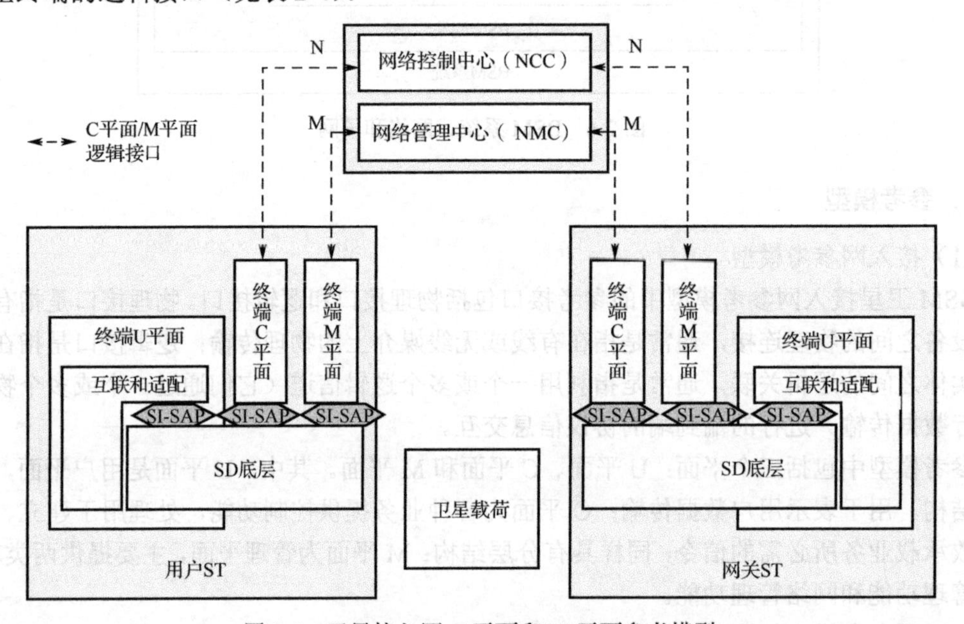

图2-8 卫星接入网C平面和M平面参考模型

表2-4 卫星接入网C平面和M平面接口

参考接口名	逻辑接口名	接口描述
N	NCC与终端之间的控制接口	内部C平面协议
M	NMC与终端之间的管理接口	内部M平面协议

（2）通用参考模型

上文描述了接入网络环境下的参考模型，它们也可以应用于不同的网络类型和其他BSM的网络环境中。这里就对通用的参考模型进行阐述。

对不同的网络拓扑来说，U平面有两种参考模型，如图2-9所示。

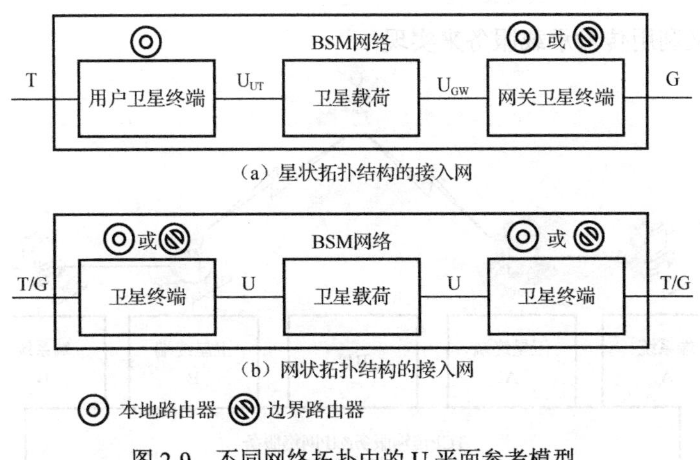

图 2-9　不同网络拓扑中的 U 平面参考模型

在图 2-9 中，对于星状拓扑结构而言，只有一种参考模型。BSM 网络可以提供连接到网关卫星终端的外部网络和连接到用户卫星终端的驻地网络之间的接入链路。

对于网状拓扑结构，则可以采用几种类似的参考模型。BSM 网络可以提供任意两个终端之间的接入链路，包括两个用户卫星终端之间、两个网关卫星终端之间或者用户卫星终端和网关卫星终端之间。

BSM 接入网参考模型可应用于其他场景中，对于核心网和分发网环境，BSM 网络两端的功能都是由网关卫星终端提供的，这是与接入网环境的区别。如图 2-10 所示，BSM 网络可以在任意 G 接口对之间提供数据传输服务。

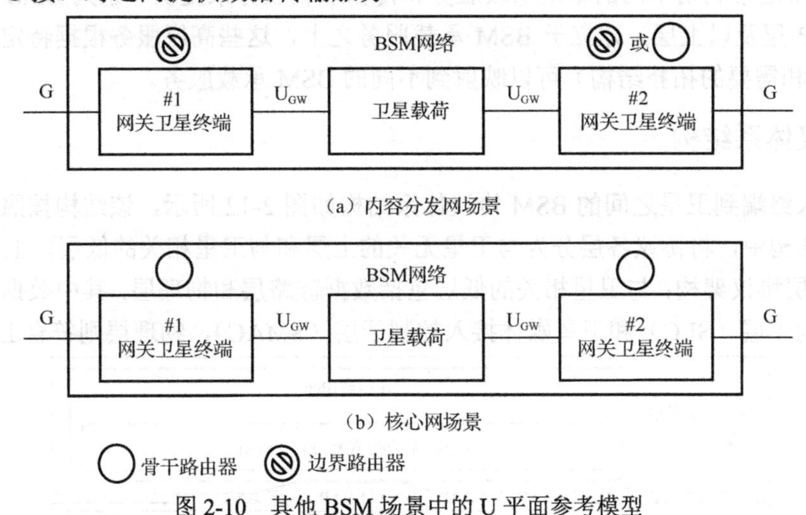

图 2-10　其他 BSM 场景中的 U 平面参考模型

2. BSM 服务承载分层体系结构

BSM 服务承载体系结构是基于 3GPP QoS 体系结构定义的一种分层结构。BSM 服务承载是在 SI-SAP 接口由 BSM 子网提供的用户平面数据传输服务，包括保证 U 平面数据传输服务所需要的所有内容，也包括协商 QoS 和其他服务承载特性。然而，BSM 服务承载不包括控制平面和管理平面服务，如控制信令和 QoS 管理功能。

服务承载的分层结构如图 2-11 所示。从图中可以看出，在特定层的每一种承载服务都是独立的服务，它们使用低层提供的服务来实现。如 BSM 承载服务利用下面的本地承载服务，而本地承载服务又利用传输承载服务来实现。

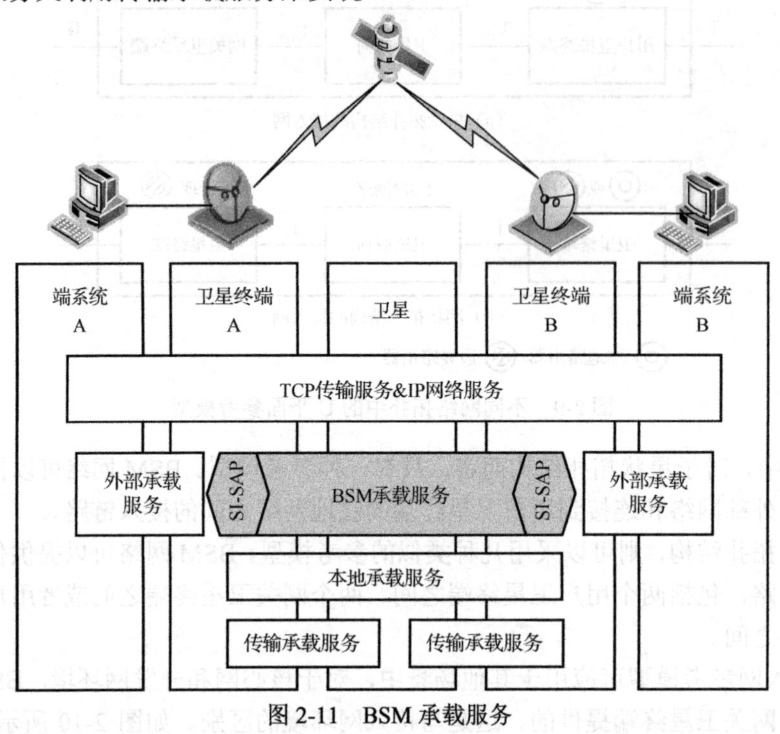

图 2-11 BSM 承载服务

BSM 系统通常利用不同的本地承载服务和传输承载服务来提供一系列 BSM 承载服务。高层服务（IP 层及以上层）建立于 BSM 承载服务之上，这些高层服务根据特定的服务需求（如服务质量和需要的拓扑结构）可以映射到不同的 BSM 承载服务。

2.2.5 协议体系结构

卫星接入终端到卫星之间的 BSM 协议体系结构如图 2-12 所示，该结构按照分层的思想构建。在该结构中，将协议各层分为与卫星无关的上层和与卫星相关的低层，上层采用 IPv4 或 IPv6 的分层协议架构；与卫星相关的低层包括数据链路层和物理层，其中数据链路层包括卫星链路控制子层（SLC）和卫星媒体接入控制子层（SMAC），物理层则符合 ETSI 标准。

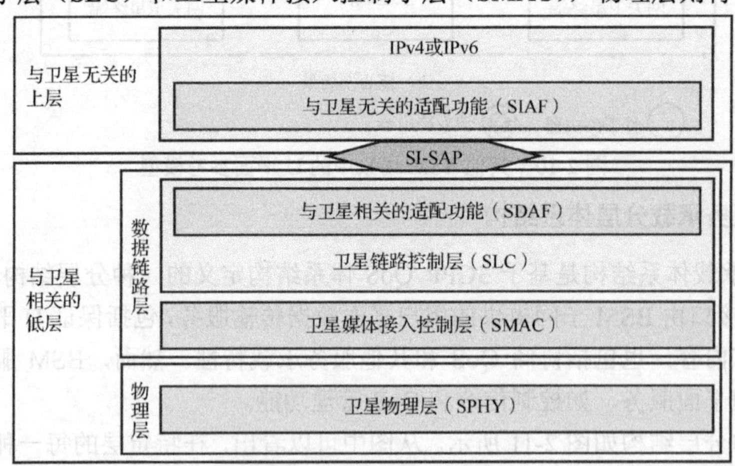

图 2-12 BSM 协议体系结构

BSM 协议体系结构的核心思想是对适用于所有卫星系统的功能（与卫星系统无关）（SI）和与卫星技术相关的功能（SD）实现清晰的分离，因此，系统中定义了一个与卫星无关的接口，用于在所有协议族上提供完全相同的基本服务。这个接口称为与卫星无关的服务访问点（SI-SAP）；它是对所有空中接口协议族的公共接口。

此外，在 BSM 协议体系结构中，实现了两个与 SI-SAP 接口相关的适配功能。与卫星无关的适配功能（SIAF）在第三层底部实现，用于第三层协议与 SI-SAP 服务之间的适配；与卫星相关的适配功能（SDAF）在第二层顶端实现，用于 SI-SAP 服务与特定 BSM 协议族本身服务之间的适配。

BSM 协议体系结构支持不同的空中接口协议族（见图 2-13）。每个协议族都定义了空中接口协议中物理层和数据链路层的完整协议栈。而且，每种协议族都利用 SLC、SMAC 和 SPHY 层进行联合优化，使其适用于特定的卫星系统体系结构和业务类型。

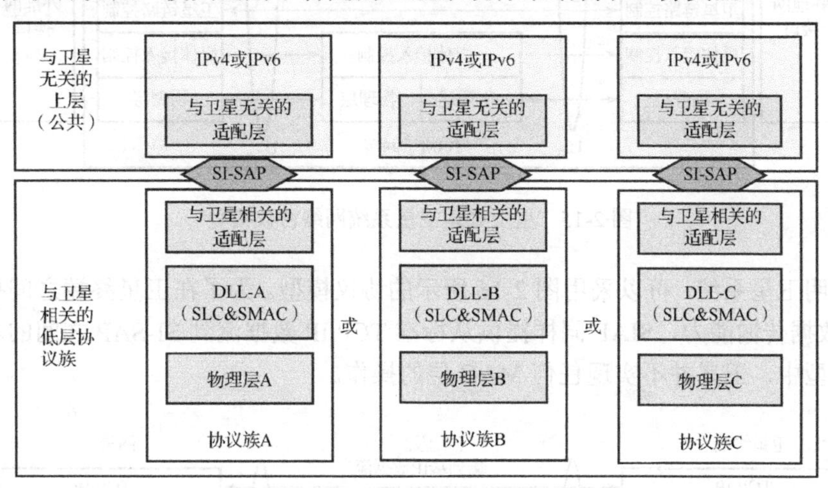

图 2-13　BSM 支持不同的空中接口协议族

SI-SAP 和相关的适配功能在逻辑上可分成 U 平面、C 平面和 M 平面的服务，如图 2-14 所示。SI-SAP 的 U 平面服务相当于 BSM 承载服务的端节点，而 SI-SAP 则用于定义一套公共的、与卫星无关的承载服务集，这些服务对应于与卫星相关的低层服务。这样，可以使 ETSI 和其他标准化组织通过与卫星无关的适配功能（SIAF）来定义从高层到这些 BSM 承载服务的标准映射，增加上层的灵活性。

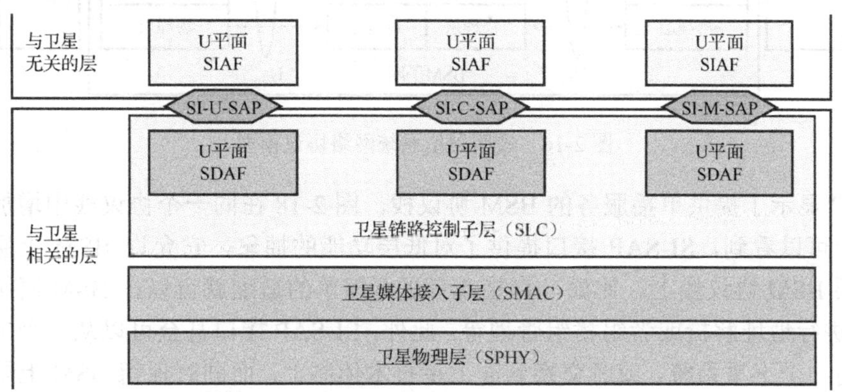

图 2-14　卫星无关服务访问点（SI-SAP）

基于上面的协议模型，针对不同的卫星架构可以构建出以下两个协议模型实例。

对于再生式卫星系统，当卫星具有星上处理（OBP）能力时，协议模型如图 2-15 所示。SIAF 提供了从标准 TCP/IP 数据流到 SI-SAP 的本地映射，这样能够在卫星终端之间提供端到端的 TCP/IP 数据传输能力。

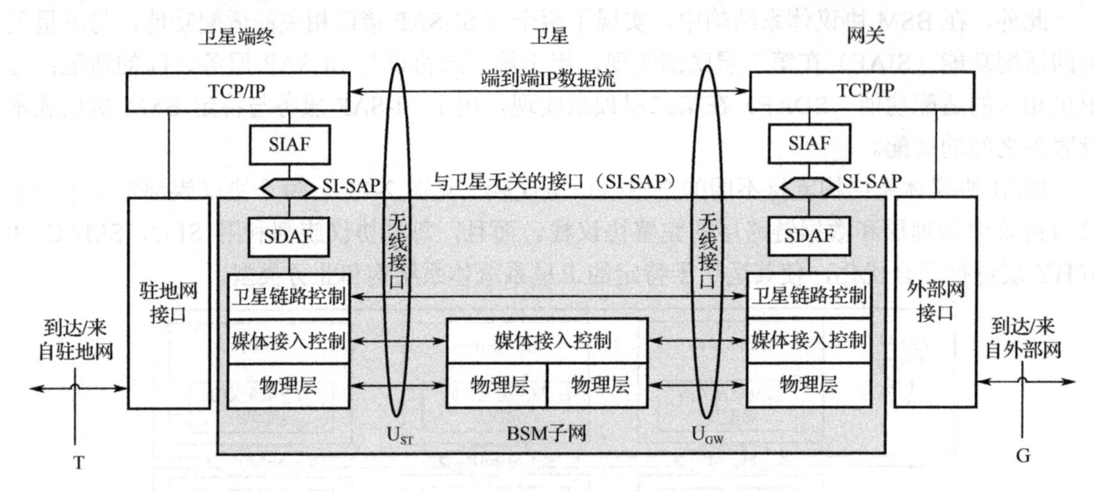

图 2-15　星上处理卫星系统网络协议模型

对于透明卫星系统，可以采用图 2-16 所示的协议模型。为了在卫星终端之间提供端到端的 TCP/IP 数据传输能力，SIAF 同样提供从标准 TCP/IP 数据流到 SI-SAP 之间的本地映射。但在这个模型中，卫星并不实现任何 MAC 层的操作。

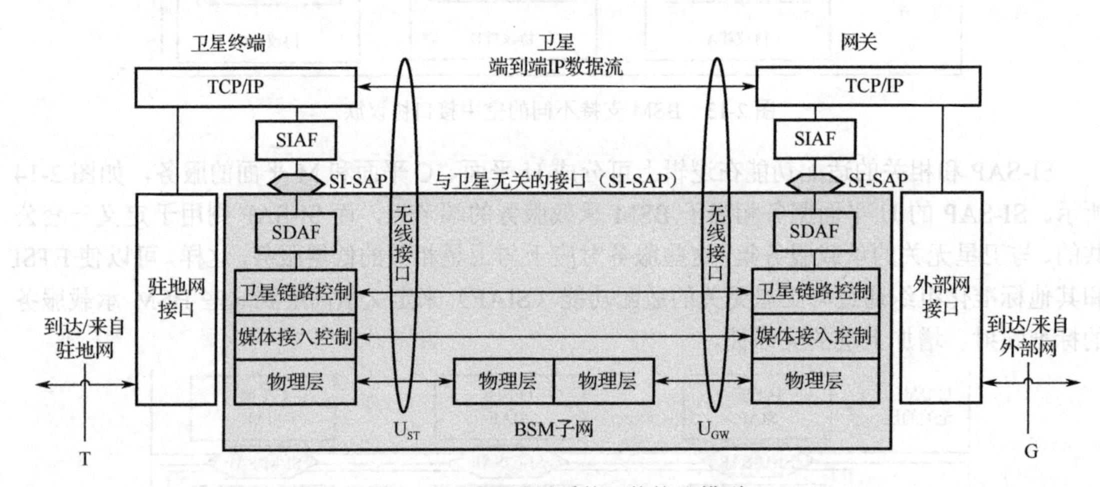

图 2-16　透明卫星系统网络协议模型

图 2-17 显示了提供单播服务的 BSM 协议栈，图 2-18 在同一个协议栈中增加了组播协议。从图中可以看到，SI-SAP 接口提供了对低层功能的抽象，它允许 BSM 上层协议运行在各种低层 BSM 协议栈上，比如，直接或者进行简单的适配就可以在 BSM 网络中使用标准 IP 协议进行地址解析或者组播组管理等。此外，SI-SAP 接口甚至可以从一个卫星系统直接交换到另一个卫星系统，或者交换到非卫星技术体制上，而同时保留 BSM 上层的数据特征。

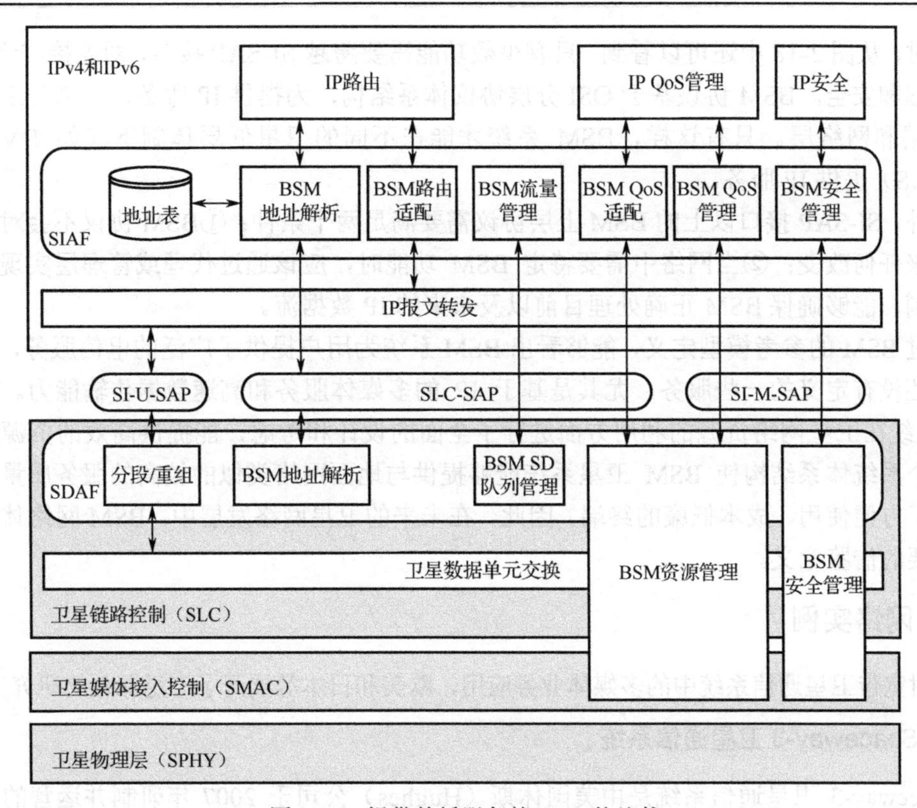

图 2-17　提供单播服务的 BSM 协议栈

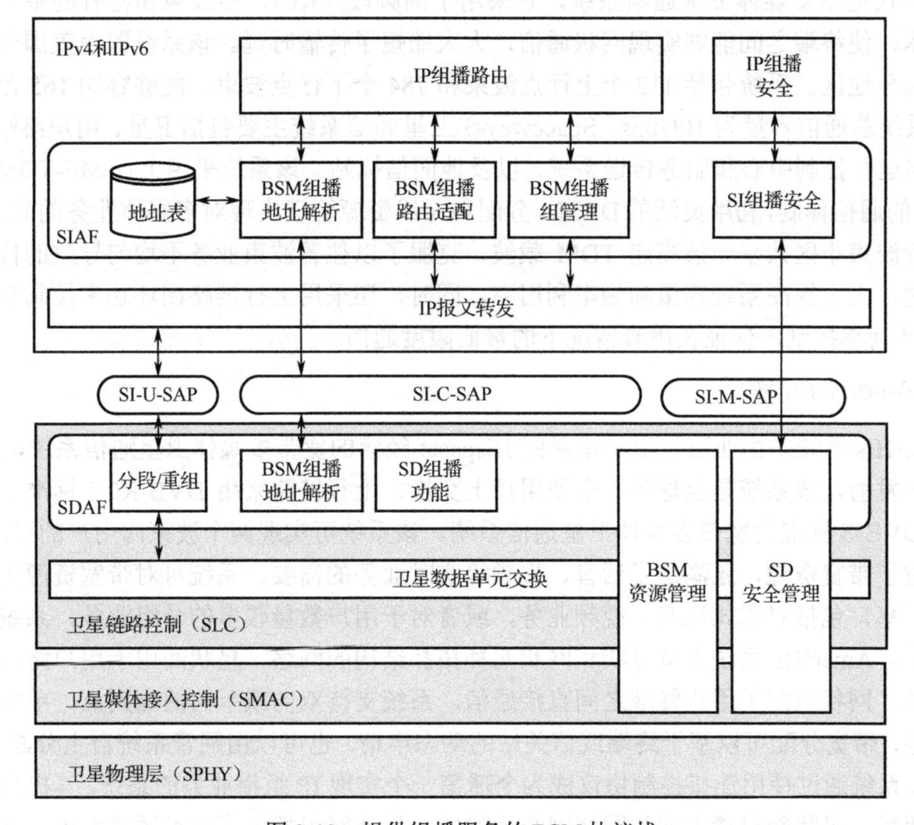

图 2-18　提供组播服务的 BSM 协议栈

同时，从图 2-18 中还可以看到，只有少数功能需要跨越 SI-SAP 接口，即连接/会话管理、资源管理和安全。BSM 协议基于 OSI 分层协议体系结构，为提供 IP 服务，大部分工作集中在链路层和网络层。只有这样，BSM 系统才能在不同的卫星低层体制下（如 DVB-S 和 DVB-RCS）提供 IP 服务。

此外，SI-SAP 接口以上的 BSM 上层协议需要满足两个条件：①BSM 协议不会对互联网协议带来任何改变；②当网络中需要特定 BSM 功能时，应该通过代理或管理层实现。通过这些限制，能够确保 BSM 正确处理目前以及未来的 IP 数据流。

通过 BSM 的参考模型定义，能够看出 BSM 系统为用户提供了广泛的电信服务，甚至包括目前还没有定义的一些服务，尤其是基于 IP 的多媒体服务和高速数据传输能力。同时，BSM 系统在卫星网络资源的利用方面进行了全面的设计和考虑，能提供高效的资源利用能力。整个系统体系结构使 BSM 卫星系统能够提供与地面网络类似的较高的服务质量，为用户提供了方便使用、成本低廉的终端。因此，在未来的卫星网络发展中，BSM 网络体系结构具有重要的借鉴意义。

2.2.6 网络实例

针对宽带卫星通信系统中的多媒体业务应用，欧美和日本等展开了广泛深入的研究工作。

1. Spaceway-3 卫星通信系统

Spaceway-3 卫星通信系统是由美国休斯（Hughes）公司于 2007 年研制并运营的系统，作为新一代宽带多媒体卫星通信系统，它采用了高频段（Ka）、多波束和特有的星上快速包交换技术，使终端之间能够实现网状通信，大大缩短了传输时延。该系统覆盖美国全境和加拿大的部分地区。系统包括 112 个上行点波束和 784 个下行点波束，能够容纳 165 万个用户终端，系统总通信容量为 10Gbps。Spaceway-3 卫星通信系统主要包括卫星、用户终端、信关站、网络运行控制中心和服务传送系统，以及地面信标站。该系统采用上行 MF-TDMA 和下行 TDM 的通信体制，利用灵活的 DAMA 分配和无线资源管理实现对多媒体业务的高效承载。多个下行波束小区共享一条高速 TDM 载波，克服了以往各波束业务不均匀导致的传输效率低下问题，大大提高系统容量和频率利用率。同时，还采用上行链路闭环功率控制和下行链路开/闭环功率控制，保证在雨衰情况下的最低限度通信。

2. AmerHis 系统

AmerHis 系统是由西班牙卫星运营商 Hispasat 经营的宽带多媒体卫星通信系统，2004 年完成卫星发射，该系统是全球第一个使用星上交换、上行链路采用 DVB-RCS 标准、下行链路采用 DVB-S 标准的宽带多媒体卫星通信系统。该系统可实现两个波束内用户的单跳连接，不仅节省了带宽资源，还满足了话音、视频等实时业务的需要。系统可对带宽资源进行灵活分配和共享，包括对称式话音、视频业务，或者对于用户数量较多的分组业务，系统都能够灵活支持。AmerHis 系统支持星状和网状两种拓扑结构的网络，星状网用于用户终端接入信关站服务，网状网用于用户终端之间直接通信。系统支持双向或单向的点到点、单向的点到多点服务，带宽分配可以基于终端或信关站的动态申请，也可以由网管系统自主分配。此外，AmerHis 系统通过使用连接控制协议成为全球第一个实现 IP 组播业务的系统，其提供的组播方式有两种：星状网组播方式和网状网组播方式。星状网组播方式中组播源为单一节点，即负责业务接入的信关站；网状网中组播源有多个节点，网内任意用户终端都可以成为组播源。通过对组播方式的支持，系统大幅提高了多媒体业务的服务质量。

3. WINDS 项目

21 世纪初，日本政府启动 WINDS 项目，旨在解决基于 Ka 波段卫星高速数据传输中的关键技术。该项目最早起源于 1992 年，日本通信研究实验室（CRL）（NICT 的前身）成立了“吉比特卫星通信”项目，通过该项目进行 Ka 频段有源相控阵天线、星上调制解调、高速基带交换等关键技术的研究。WINDS 项目于 2001 年正式启动。日本将宽带通信卫星的发展作为其“第三阶段科技基础计划”的重要组成部分，计划在 2020 年建立基于 21GHz 频段全 IP 的宽带卫星通信系统。

此外，欧洲在其科研技术发展框架计划 FP6 中有多个关于宽带卫星通信的项目，其中 SatNEX 项目针对宽带卫星通信系统承载 WiMAX、Wi-Fi、VoIP 等业务进行了优化设计，SATSIX 项目在 IPv4/IPv6 环境下对 IPTV 和多点视频会议的传输进行了实际的试验。

2.3　卫星移动通信系统

2.3.1　基本概念

所谓卫星移动通信系统是指提供卫星移动业务（MSS）的通信系统，其典型特征是将卫星作为中继站向用户提供移动业务。系统中的卫星可以是对地静止轨道（GEO）的卫星，也可以是非对地静止轨道（non-GEO）卫星，如中轨道（MEO）、低轨道（LEO）和高椭圆轨道（HEO）卫星等。因此，可以说卫星移动通信是传统的固定卫星通信与移动通信相结合的产物。从表现形式来看，它既是提供移动业务的卫星通信系统，也是采用卫星作为中继站的移动通信系统。

2.3.2　卫星移动通信系统的网络结构及特点

卫星移动通信系统一般由空间段、地面段和用户段三部分组成。空间段可以是 GEO 卫星或非 GEO（如 LEO、MEO、HEO 等）卫星；地面段一般包括卫星测控中心及相应的卫星测控网络、网络控制中心（NCC）及各类关口站等；用户段由各种用户终端组成，可以是手持机、便携机、机（船、车）载站等各种地面移动终端设备，也可以是各种固定站。图 2-19 是卫星移动通信系统的一般组成。

卫星测控中心及测控网络负责保持、监视和管理卫星的轨道位置、姿态，并控制卫星的星历表等；网络控制中心负责处理用户登记、身份确认、计费和其他网管功能；关口站负责呼叫处理、交换以及与地面通信网的接口等。地面通信网可以是公共交换电话网（PSTN）、公共地面移动网（PLMN）或其他各种专用网络，不同的地面通信网要求关口站具有不同的网关功能。

可以根据移动用户之间能否直接通过卫星进行通信而把卫星移动通信系统的网络结构分为星状、网状两大类。

（1）星状结构，在此结构中移动用户之间不能直接进行通信，它们之间的通信必须经关口站中继，通过卫星两跳才能实现。大部分系统都采用这种结构，典型的系统有采用 LEO 卫星的Globalstar，采用MEO卫星的ICO和采用GEO卫星的Inmarsat系统。

（2）网状结构，此结构中移动用户之间可以直接进行通信。在网状结构中，还可以根据系统是采用集中控制还是分布控制把网络结构再细分为：完全的网状结构、网状与星状相结合的网络结构。目前使用完全网状结构的卫星移动系统较少。

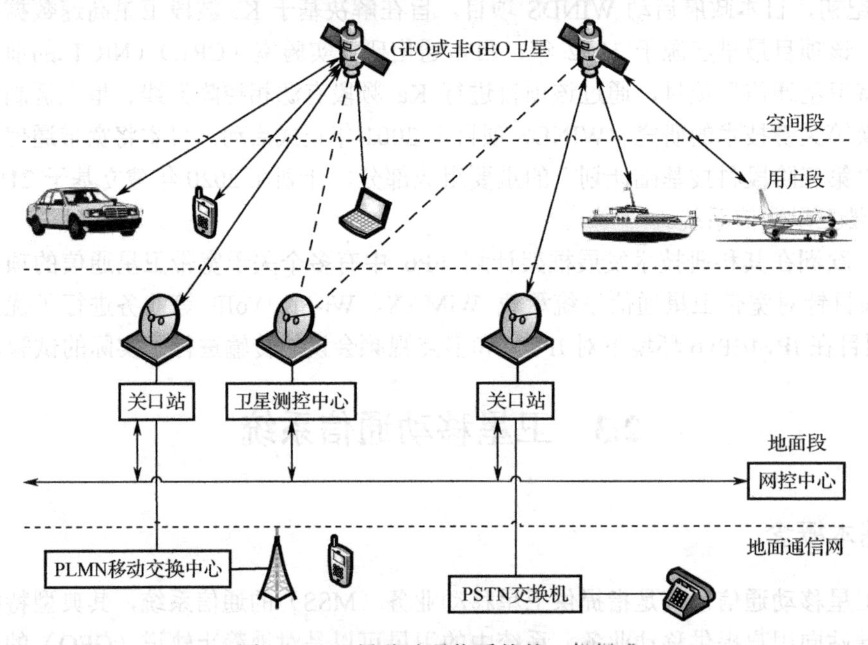

图2-19　卫星移动通信系统的一般组成

在星状卫星移动通信系统中，移动用户终端和关口站通过卫星转发器构成星状网，关口站是整个网络的中心交换节点。目前，大多数卫星移动通信系统都采用星状网络结构，主要原因是：①卫星移动通信系统中的大部分通信都是与地面通信网的用户进行的；②在采用非GSO卫星的系统中，经过卫星多跳后的传播时延仍能满足ITU-T对端-端通话时间（400ms）的要求；③卫星要尽量简单、可靠，主要的处理功能在地面完成，而且不采用星际链路；④在同样的卫星参数下，如果用户终端之间直接通过卫星进行通信势必会限制系统的通信容量。采用星状网络结构的优点是卫星可以简单一些，用户终端可以相对小一点；其缺点主要是在采用GSO卫星时，若移动用户之间需要通信，则端到端的传输时延太大，不能满足400ms的要求。图2-20所示为两种星状卫星移动通信系统的工作示意图。在第一种星状结构中，两个移动用户在同一颗卫星的波束覆盖区内，它们之间的通信需要由关口站中继，经过卫星双跳完成；在第二种星状结构中，两个用户在不同卫星的波束覆盖区内，它们之间的通信必须经过关口站中继，也经过了卫星双跳，为了同时与两颗卫星进行通信，关口站必须至少安装两副天线。

对于使用GEO卫星的以话音业务为主的卫星移动通信系统来说，通常希望系统内任意两个移动终端之间能够直接通话而不是经过关口站转发（双跳带来的响应时间超过1s，用户不易接受）。这一要求决定了这类卫星移动通信系统应该采用网状结构。采用网状结构的优点是传播时延较小。图2-21所示是两种网状卫星移动通信系统的工作示意图。在第一种结构中，两个卫星移动用户在同一颗卫星的波束覆盖区内，它们之间可以直接通信，无须经过关口站中继；在第二种网状结构中，两个用户在不同卫星的波束覆盖区内，它们之间的通信需经过星际链路中继，信号经历卫星一跳加上一段或多段星际链路。

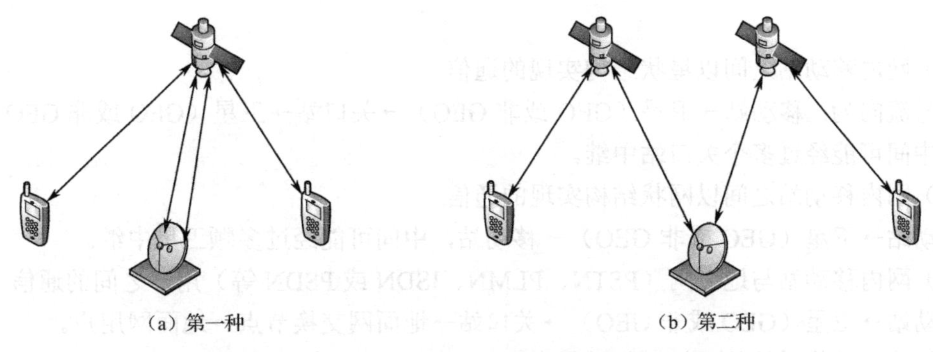

（a）第一种　　（b）第二种

图 2-20　两种星状卫星移动通信系统的工作示意图

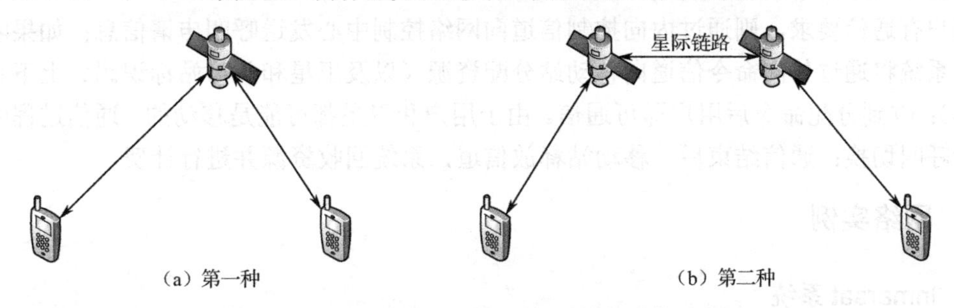

（a）第一种　　（b）第二种

图 2-21　两种网状卫星移动通信系统的工作示意图

与地面蜂窝移动通信网相比，卫星移动通信系统有以下特点。

（1）通信的无层次性。地面蜂窝移动通信系统是分层次的或者说分为长途和本地（如本地网、长途网等）；但在卫星移动通信系统内，移动用户之间的通信费用与距离基本无关，所有移动终端以相同身份连接到同一个网络上，通信是不分层次的。

（2）单节点的交换网络。在地面蜂窝移动通信系统中，用户信息从一方到另一方一般要经历几个交换机；但在采用 GEO 卫星的卫星移动通信系统中，一般只有卫星一个中继节点或者由卫星和关口站共同组成一个中继节点。

（3）信道传播时延大。地面信道的传播时延一般在 1ms 以下，而在采用 GEO 卫星的卫星移动通信系统中，信道的传播时延约为 300ms；采用 MEO 卫星的卫星移动通信系统的信道单跳时延也在 100ms 左右。

（4）在传统的地面蜂窝通信系统中，基础设施在地面，蜂窝小区是固定的，移动用户可在蜂窝小区内漫游；而采用非 GEO 卫星的卫星移动通信系统的基础设施在空中，蜂窝小区的位置随着地球的自转和卫星的运动而移动。与卫星移动速度相比，用户移动速度非常缓慢，在通信时间内用户位置可以看成固定的，因此，采用非 GEO 卫星的卫星移动通信系统相当于一个倒置的蜂窝系统，但其小区的覆盖范围远大于地面蜂窝系统。

2.3.3　卫星移动通信系统的组网形式

卫星移动通信系统在网络组成上包括业务子网和控制子网两部分，业务子网负责业务的传输和交换，控制子网负责对业务子网的管理和控制。控制子网一般是采用分层结构的星状网，整个系统通常由网络控制中心集中控制，网络控制中心通过关口站实现对分布于各地的移动终端进行管理。业务子网的组网方式通常视业务的要求和采用的卫星而定。

根据通信对象的不同，可以把各种可能的通信方式分为三大类，各类通信方式的信号流向如下。

（1）网内移动站之间以星状结构实现的通信

信号流向为：移动站→卫星（GEO 或非 GEO）→关口站→卫星（GEO 或非 GEO）→移动站，中间可能经过多个关口站中继。

（2）网内移动站之间以网状结构实现的通信

移动站→卫星（GEO 或非 GEO）→移动站，中间可能经过多颗卫星中继。

（3）网内移动站与地面网（PSTN、PLMN、ISDN 或 PSDN 等）用户之间的通信

移动站→卫星（GEO 或非 GEO）→关口站→地面网交换节点→地面网用户。

卫星移动通信系统的一般工作过程为：移动站开机后首先进行注册申请，注册成功后，如果用户有通信要求，则通过内向控制信道向网络控制中心发送呼叫申请信息；如果呼叫被接受，系统将通过外向命令信道向移动站分配资源（以及卫星和关口站标识码、上下行点波束号等）；收到分配命令后用户即可通信。由于用户和卫星都可能是移动的，通信过程中还需要进行呼叫切换；通信结束后，移动站释放信道，系统回收资源并进行计费。

2.3.4　网络实例

1．Inmarsat 系统

固定业务卫星通信的发展，尤其是 Intelsat 系统的发展，使一些沿海国家产生了利用卫星提供海上通信的想法。由于当时短波通信是海上通信的唯一途径，而在某些海域很难建立短波通信。于是，国际海事咨询组织（MICO）于 1966 年开始着手研究海事卫星通信系统。1979 年国际海事卫星组织(Inmarsat)宣布正式成立，当时只有 28 个成员国。它先后租用美国的 Marisat、欧洲的 Marecs 和国际通信卫星组织的 Intelsat-V 卫星(均为 GEO 卫星)，构成了第一代 Inmarsat 系统，为海洋船只提供全球海事卫星通信服务和必要的海难安全呼救通道。第二代 Inmarsat 系统的三颗卫星于 20 世纪 90 年代初部署完毕。

Inmarsat 从 1982 年开始提供业务，它所运行的国际海事卫星通信系统（Inmarsat 系统）是世界上第一个提供全球性移动卫星业务的通信系统。随着其业务范围扩展到其他非海事通信领域，后来，国际海事卫星组织改名为国际移动卫星组织，但仍沿用 Inmarsat 的简称。

对于早期的第一代、第二代 Inmarsat 系统，通信只能在船站与岸站之间进行，船站之间的通信应由岸站转接形成“双跳”通信。目前运行的系统是具有点波束的第三代 Inmarsat 系统，船站之间可直接通信，并支持便携式电话终端。

目前，Inmarsat 系统已在航空、陆地和海事等移动领域提供 AMSS、LMSS 和 MMSS 等多种业务。根据不同的业务要求、使用环境及技术发展水平，Inmarsat 开发了多种系统和移动站，并且对每一种系统和移动站都制定了相应的系统标准，使按此标准制造的所有移动站在全世界任何地方都能利用 Inmarsat 卫星进行通信。

（1）Inmarsat 系统组成

Inmarsat 系统（第三代）的空间段由四颗 GEO 卫星构成，分别覆盖太平洋、印度洋、大西洋东区和大西洋西区。每颗卫星有 1 个全球波束和 7 个宽点波束，卫星采用透明转发器，四颗卫星与分布在全球的 30 多个地球站为广大用户终端提供服务。系统的网络控制中心

（NCC）设在伦敦 Inmarsat 总部，负责 Inmarsat 全系统的测控、运营和管理。网络控制中心又分为操作控制中心（OCC）和卫星控制中心（SCC）两部分。

操作控制中心（OCC）使用全球通信网络与四个网络协调站（NCS）进行信息交换，对整个卫星通信网络的通信业务进行监视、协调和控制，在每个洋区至少有一个地球站兼作 NCS，由它来完成该洋区内卫星通信网络必要的信道控制和分配工作。

卫星控制中心（SCC）使用全球通信网络与分布在全球三个洋区的四个 TT&C 站进行信息交换，负责监控 Inmarsat 所有卫星的运行情况。

岸站（LES）是指设在海岸附近的固定地球站，归各国主管部门所有，并由其经营。它既是海事卫星通信系统与地面通信系统的接口（又称关口站），又是一个控制和接入中心。主要功能包括：对从船舶或陆上发来的呼叫进行信道分配；信道状态的监视和排队管理；船舶识别码的编排和核对；登记呼叫和计费；遇难信息监收；卫星转发器频偏补偿；通过卫星的自环测试；在多岸站运行时的网络控制；对船舶终端进行基本测试。

Inmarsat 系统的组成如图 2-22 所示，地面段包括网络协调站、岸站和船站（移动终端）。在卫星与船站之间的链路采用 L 频段，上行 1.636～1.643GHz，下行 1.535～1.542GHz；卫星与岸站之间是 C、L 双频段工作。传送话音信号时用 C 频段（上行 6.417～6.4425GHz，下行 4.192～4.200GHz），L 频段用于用户电报、数据和分配信道。

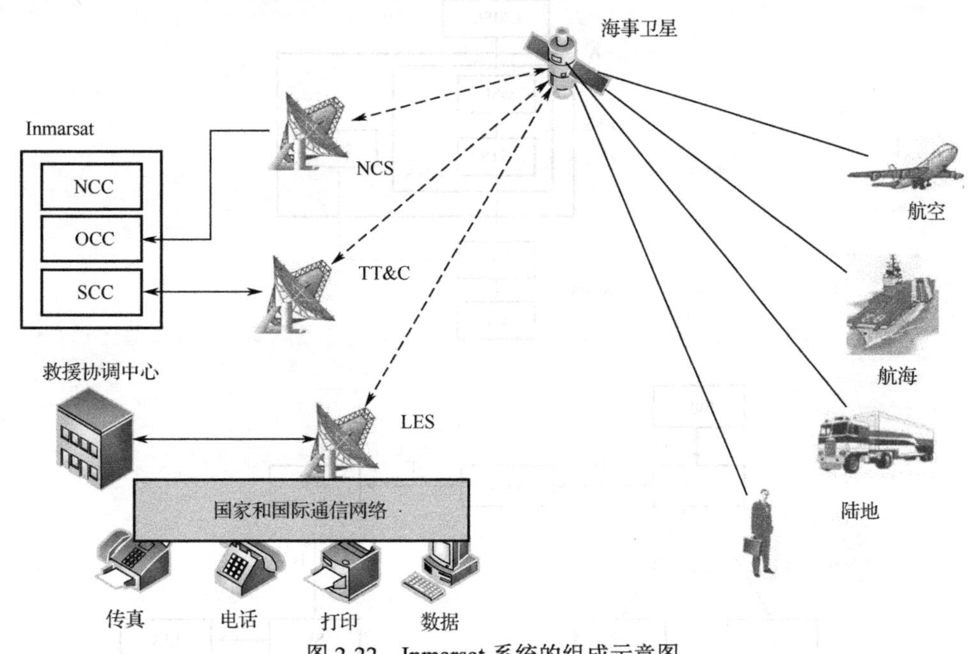

图 2-22 Inmarsat 系统的组成示意图

为了满足不断增长的业务需求，Inmarsat 自 2005 年开始发射第四代海事卫星。第四代海事卫星星座设计为 3 颗卫星覆盖全球。每颗卫星有 1 个全球波束、19 个宽点波束和 193 个点波束。全球波束主要用于广播初始系统信息，由该波束内的终端接收；区域波束主要用于终端注册、短信息业务等；点波束主要用于终端通信，包括话音业务和 IP 数据业务。此外，用于通信功能的点波束，在地理区域内可以实现容量动态分配和调整。

随着第四代海事卫星的发射和应用，将建立起世界第一个全球高速移动数据网络。其提供的业务为宽带移动多媒体业务，简称 BGAN（宽带全球局域网）业务。该网络与地面移动通信 3G 业务完全相容，将提供传统的通信模式即电路交换网的话音与传真业务，并提供基于 IP 的全球宽带网络业务。IP 业务的最高速率可达 432kbps，可应用于互联网、移动多媒体、电视会议等多种业务。

2010 年 8 月，国际移动卫星公司宣布已与波音公司达成了研制 3 颗 Ka 频段国际移动卫星-5（Inmarsat-5）卫星的合同，它将使该公司在原有 L 频段全球覆盖的卫星移动通信系统上，新增 Ka 频段全球覆盖能力，并成为全球覆盖 Ka 频段宽带卫星通信的首创。

（2）Inmarsat 的网络体系结构

Inmarsat 卫星移动通信系统的网络体系结构（引自 GMR-2+规范）如图 2-23 所示。其中的实体包括与地面移动通信系统类似的本地位置寄存器（HLR）、访问位置寄存器（VLR）、鉴权中心（AuC）、设备标识寄存器（EIR）、用户终端（UT）和移动交换中心（MSC）等。但是，在该体系结构中，各实体的功能和交互与地面移动通信系统稍有不同。

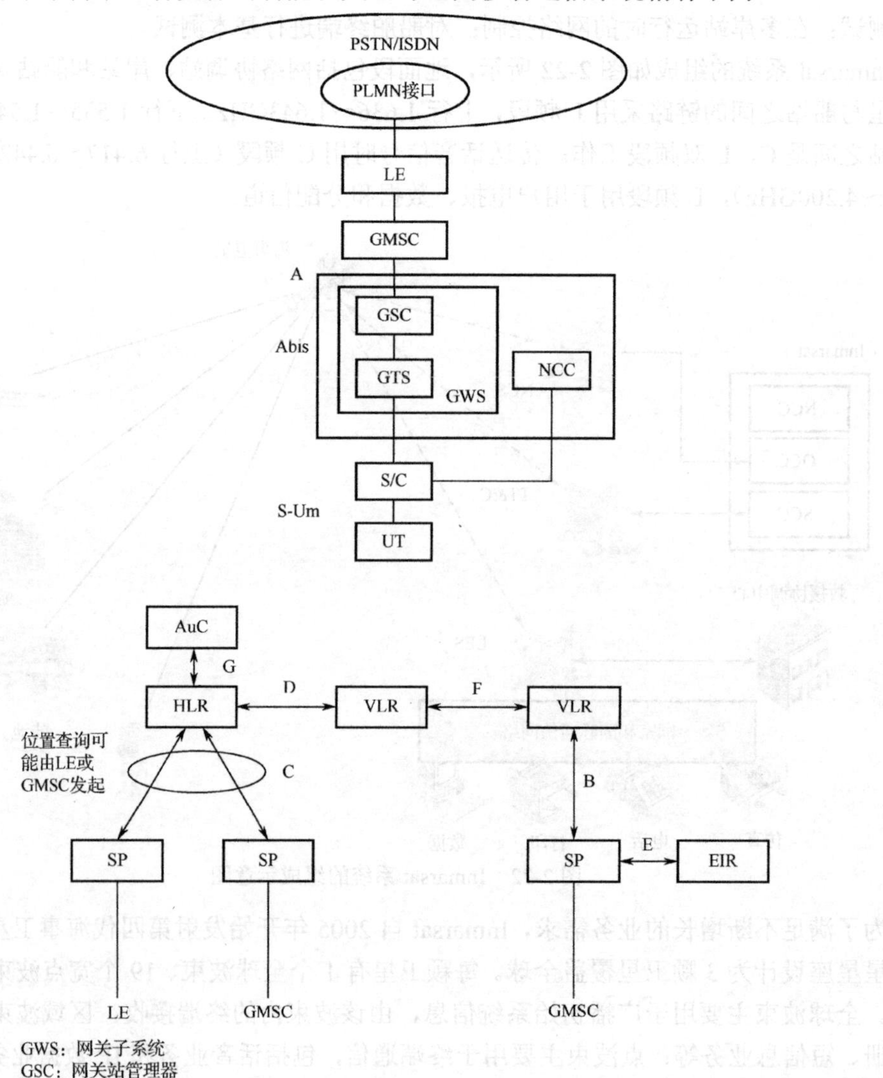

图 2-23 体系结构和接口配置示意图

此外，Inmarsat 的网络体系结构中包含了网关 MSC（GMSC）、网关子系统（GWS）和网络控制中心（NCC），为 Inmarsat 卫星移动通信系统的网络正常运转提供了充分的保障。

- 网关 MSC（GMSC）：它能够从 HLR 查询得到被叫用户终端目前的位置信息，并根据此信息选择路由。
- 网关子系统（GWS）：是由基站设备（包括收发设备和控制设备等）组成的系统，主要负责到特定区域中用户终端的通信。GMSC 可以通过 A 接口连接到 GWS。网关站控制器（GSC）是 PLMN 中的网络组成部分，主要用于控制网关收发子系统（GTS）。
- 网络控制中心（NCC）：提供对呼叫建立、网络定时同步、网络资源管理和网络维护的集中式控制。呼叫建立功能包括在广播信道和公共控制信道上的信令控制，以及长途呼叫的建立。NCC 为网关、卫星和用户终端提供了统一的网络时间同步机制，并负责为波束分配公共网络资源，包括卫星功率和带宽。此外，NCC 还负责实现各种网络维护功能，包括故障监测和错误日志。

2. ACeS 通信系统

亚洲蜂窝卫星（Asia Cellular Satellite，ACeS）通信系统是一个蜂窝状点波束覆盖亚洲 12 个国家或地区的区域卫星通信系统。它是全球第一个用静止卫星实现手持机蜂窝移动通信的系统。该卫星通信系统由亚洲蜂窝卫星国际公司经营管理。

该系统的目标是利用静止轨道卫星为亚洲范围内的国家提供区域性的卫星移动通信业务，包括数字话音、传真、短消息、数据传输和 Internet 等服务，并实现与地面公用电话交换网（PSTN）和地面移动通信网（PLMN）（GSM 网络）的无缝连接，实现全球漫游等业务。

ACeS 通信系统主要由 Garuda-1 静止通信卫星、卫星控制设施（SCF）、网络控制中心（NCC）、关口站（GW）及用户终端组成。其系统架构如图 2-24 所示。

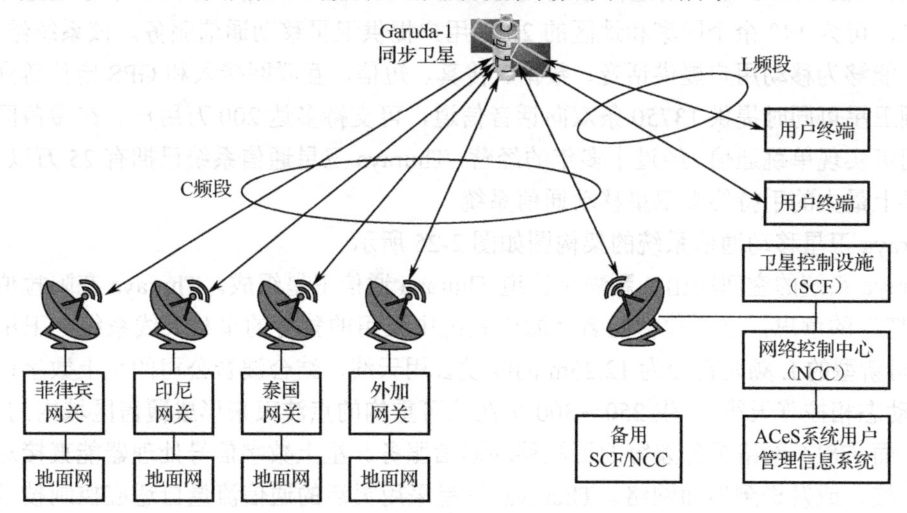

图 2-24　ACeS 通信系统网络体系结构

ACeS 通信系统的卫星称为格鲁达-1（Garuda-1）卫星，于 2000 年 2 月发射。星上设有两副直径为 12m 的伞状通信天线，具有 140 个点波束，在地面产生 140 个宏小区，覆盖亚洲 24 个国家和地区。星上装有 L 频段和 C 频段转发器，在与地面信关站通信时使用 C 频段，与用户通信时使用 L 频段。星上还装有一个数字信号处理器，用于形成点波束并实现不同点波束间的星上路由和交换。该卫星可同时支持 11000 条话音信道和 200 万用户。

ACeS 通信系统的地面段包括网络控制中心（NCC）和通信关口站（GW）。

SCF 有主用和备用各一套，由硬件、软件和相应设施组成，用于监测和控制 Garuda-1 卫星。主要功能包括：卫星的遥测、遥控和跟踪；任务分析与计划；接收 NCC 信令生成卫星有效载荷重组指令并发向卫星；向 NCC 传送相关的遥测数据；为地面系统的测试和维护提供卫星模拟器等。

网络控制中心（NCC）有主用和备用各一套，分别与 SCF 的主用站和备用站设在一起。NCC 由硬件、软件及相应设施组成，用于提供系统的全面控制和管理。其主要功能包括：提供公用信道信令；卫星资源的管理与控制；网关的监视与控制；话务控制；网络管理和规划；网络定时与同步。

关口站（GW）主要用于提供 ACeS 通信系统与地面网络（PSTN/PLMN）的连接并对各个国家或地区所属的 ACeS 用户进行管理。它由天线/射频分系统、通信信道/控制器分系统、关口站管理分系统及移动交换分系统组成。其主要功能有：天线/射频分系统完成信关站至卫星之间馈电链路的信息发送和接收；通信信道/控制器分系统完成呼叫控制、资源管理、信道控制、信息编译码与调制解调功能；关口站管理分系统完成移动设备管理、移动用户管理、网络操作与控制等功能；移动交换分系统完成信息交换和信令处理等功能。

3. Thuraya 卫星通信系统

Thuraya 卫星移动通信系统是由阿联酋的萨拉亚电信公司（Thuraya Telecommunication Company）运营的区域性卫星移动通信系统，于 2001 年开始提供商业服务。该系统由分别定点于不同轨道位置的 2 颗静止轨道卫星以及相应的地面测控站、关口站、上行信标站和用户终端组成。Thuraya 卫星移动通信系统网络覆盖亚太地区、欧洲、非洲、中东近地球面积的三分之二，可为 140 余个国家和地区的 20 亿用户提供卫星移动通信服务。该系统结合 GSM 和 GPS，能够为移动用户提供话音、数据、传真、短信、互联网接入和 GPS 定位等业务。系统中单颗卫星可同时提供 13750 条双向话音信道，可支持多达 200 万用户。在覆盖区内移动用户之间可实现单跳通信。经过十多年的经营，Thuraya 卫星通信系统已拥有 25 万以上用户，成为世界上最大的手持终端卫星移动通信系统。

Thuraya 卫星移动通信系统的架构图如图 2-25 所示。

Thuraya 系统的空间段由 2 颗静止轨道 Thuraya 通信卫星组成。Thuraya 在阿拉伯语中是“枝形吊灯”的意思，这一独特的名字源于系统中采用的独特的星载天线系统。卫星装配有 TRW 公司新型的 L 频段直径为 12.25m 的收发公用天线，结合波音公司的星上数字信号处理器，形成动态相控阵天线，产生 250～300 个在轨可重构的点波束来形成覆盖区域内的宏小区，提供与地面 GSM 网络服务兼容的卫星移动通信服务。星上数字信号处理器能直接对用户呼叫进行转接，或发送到地面网络。Thuraya 卫星采用灵活的通信流量自适应控制技术，通过对星上有效载荷资源的重新分配，改变对不同区域的用户支持特性，以最优方式满足业务繁忙地区的通信需求，使通信容量能够灵活变化以适应不同服务区域的实时负载。在极限情况下，卫星可以将总功率的 20%分配给任意一个点波束。

Thuraya 系统地面段由 TT&C 站、关口站和上行信标站组成。

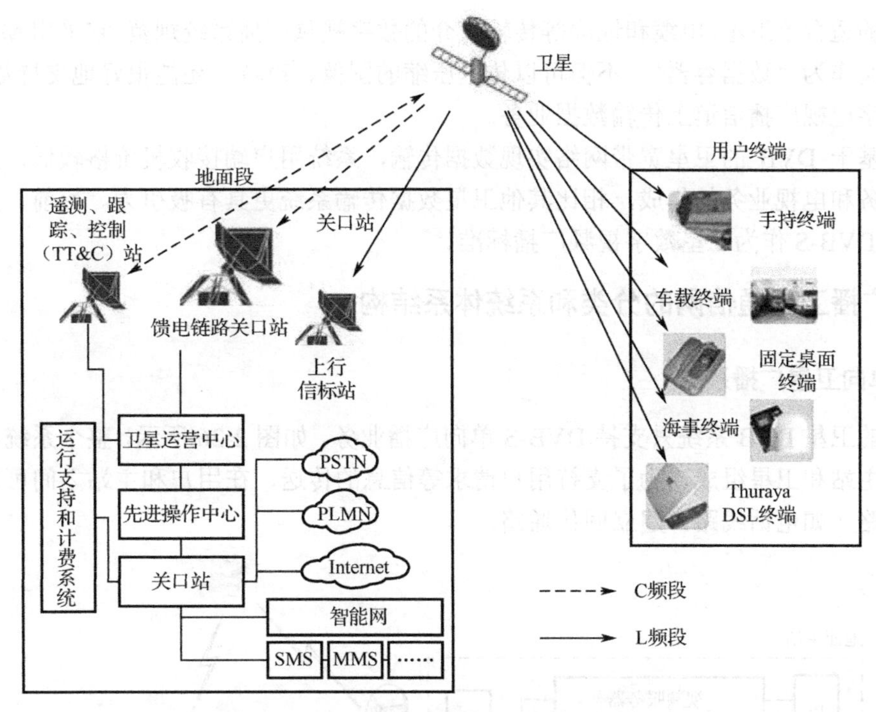

图 2-25　Thuraya 卫星移动通信系统架构图

TT&C 站的卫星控制设备（SCF）主要用于监测和控制卫星，包括命令和监视设备、通信设备、轨道分析和决策设备等三类。

（1）命令和监视设备：负责监视卫星的工作状况，又包括卫星操作中心（SOC）和卫星有效载荷控制点（SPCP），其中 SOC 负责控制和监视卫星的结构和状态，SPCP 负责控制和监视卫星的有效载荷。

（2）通信设备：通过一条专用链路传输指令，并接收空间状态和流量报告。

（3）轨道分析和决策设备：主要功能是计算卫星在空间的位置，并指示星上驱动设备进行相应的操作，以保持卫星与地球同步。

关口站的主要任务是提供 Thuraya 系统与 PSTN、PLMN 等网络的接口，使得其用户能够呼叫全球其他网络的用户。它由主信关站和区域信关站组成。主信关站负责整个系统网络的管理和控制，同时又是卫星移动业务的主数字交换中心。区域信关站基于主信关站设计，可以根据当地市场的具体需要建立和配置相应的功能，可独立运行并且通过卫星和其他区域信关站连接，提供区域性地面网络的接入服务。

2.4　广播卫星通信系统

2.4.1　基本概念

随着 Internet 业务的迅速增长，商业网络逐渐向基于 TCP/IP 协议的分组交换网络发展，如何利用卫星通信系统提供大容量数据传输日益受到人们的关注。

在 20 世纪 90 年代提出的 DVB（Digital Video Broadcasting，数字视频广播）标准提供了

一套完整的适合于卫星、电缆和地面等传输媒介的数字视频广播系统规范。它采用 MPEG2-TS 传输流报文作为“数据容器”，不但可以传送压缩的图像、声音，还能很好地支持数据传输，可以在数字电视广播信道上传输数据业务。

利用基于 DVB 的卫星宽带网络实现数据传输，系统用户端接收机价格较低，且能够实现数据业务和电视业务的集成，相比其他卫星数据传输系统更具有吸引力。目前，全球已经普遍采用 DVB-S 作为卫星数字视频广播标准。

2.4.2 广播卫星通信网的分类和系统体系结构

1. 单向卫星广播系统

早期的卫星 DVB 系统只支持 DVB-S 单向广播业务。如图 2-26 所示，整个系统由用户终端、地面主站和卫星组成，为了支持用户请求等信息的传送，在用户和主站之间可以采用地面通信线路（如电话线路）建立回传通路。

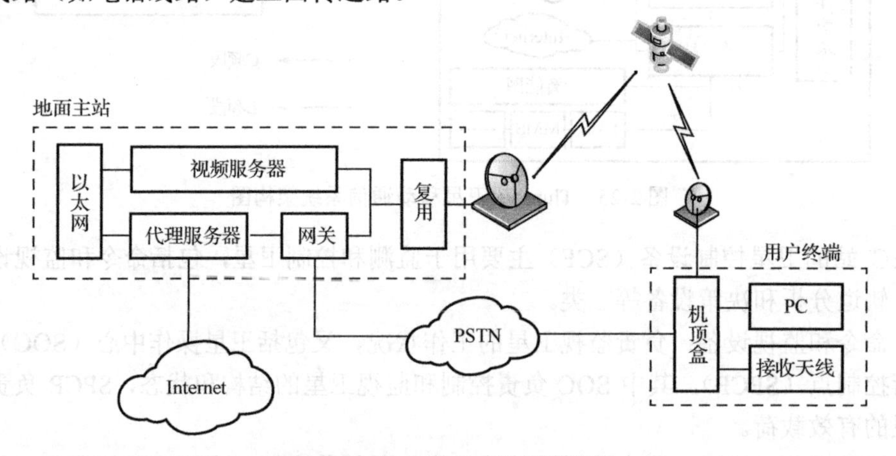

图 2-26 单向卫星广播系统组成

主站中由网关负责经过卫星链路的业务和来自用户反向链路数据的选路，并完成数据链路控制、数据封装、信道分配等功能。IP 分组经网关封装后，经过加扰、复用及调制，发送到卫星信道。用户终端装置则由接收天线、机顶盒和 PC 等组成，执行解调、解扰、解复用、IP 分组重组及内部寻路等操作。

系统协议栈如图 2-27 所示，上行链路采用 PPP 协议，下行链路采用 DVB 多协议封装（MPE），由网关完成协议转换。如果传输层采用 TCP 协议进行可靠的数据传输，会遇到标准 TCP 协议在 GEO 卫星信道中效率低下的问题，因此，为提高链路带宽利用率，需要对 TCP 协议进行改进。在从业务提供商到用户的前向链路中，采用多协议封装（MPE）方式把 IP 分组封装成一系列 MPEG2-TS 小报文。

2. 交互式卫星广播系统

早期的 DVB 系统由于采用单向广播方式，在操作性和通信质量等方面存在很大缺陷。因此，欧洲电信标准协会（ETSI）发布了交互信道标准，通过专用的双向交互信道，可以构造基于 GEO 卫星的交互网络。

DVB-S 是在 DVB 的基础上，由 ETSI 制定的当前世界上使用最广泛的卫星数字视频广播标准。DVB-RCS 则是第一个为基于卫星的交互式应用而定义的行业标准，1999 年由 ETSI 成立专门的技术小组负责起草，用来规范卫星交互网络中具有固定回传信道的卫星用户终端。为了提高通信链路的利用率和适应不同的业务要求，DVB-RCS 通信系统采用了多频-时分多址（MF-TDMA）作为系统的多址接入方式，中心站和远端站以非对称的前向和回传链路速率实现双向通信。在 DVB-RCS 网络中，中心站采用高速 DVB 广播，用户终端则采用 MF-TDMA 多点回传的方式实现交互式通信，突发信息采用 QPSK 调制。信息分组可以采用多种编码方式（如卷积编码、RS 编码或 Turbo 编码）。DVB-RCS 支持基于 DVB、IP 和 ATM 的连接，与具体应用无关，因此可承载多种业务。

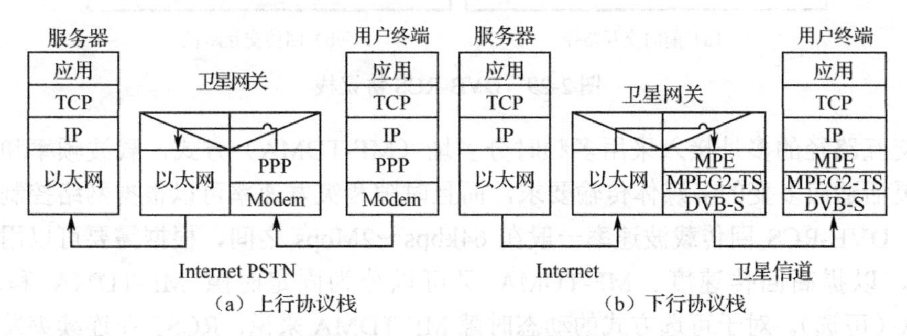

图 2-27　上行和下行协议栈

图 2-28 是采用 DVB-S 广播信道和 DVB-RCS 交互信道而构成的卫星交互网络系统结构图。系统由卫星（SAT）、业务提供者、回传信道卫星终端（Return Channel Satellite Terminal，RCST）及网关站和网络控制中心（NCC）组成。

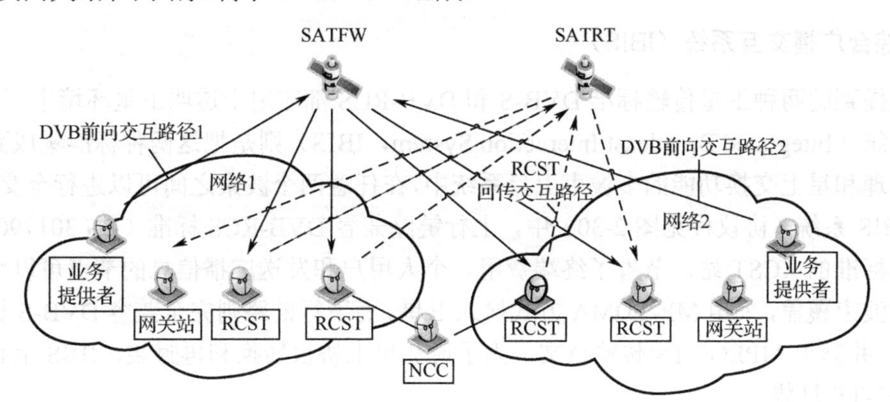

图 2-28　卫星交互网络系统结构图

在系统中，从业务提供者到用户之间是一条单向的广播信道，采用 DVB-S 标准，用于传输视频、音频和数据。为了实现用户和业务提供者之间的信息交互，又在两者之间定义了一条双向的交互信道，其中从用户到业务提供者的路径是回传交互路径（Return Interaction Path），用于发送请求或应答给业务提供者，或者传送数据；从业务提供者到用户的路径是前向交互路径（Forward Interaction Path），这条路径可以嵌入到广播信道中，在一些简单系统中也可以省去这条信道，直接采用广播信道发送数据到用户。

前向交互路径采用 DVB-S 标准，其协议栈如图 2-29（a）所示。对于 IP 分组，采用 DVB 多协议封装（MPE）方式进行分段，然后装入到 MPEG2-TS 报文中；对 ATM 则采用数据管道模式直接把ATM信元装入MPEG2-TS报文中进行传输，这样可以省去额外的开销。

回传交互路径协议栈如图2-29（b）所示。在ETSI的标准中，DVB-RCS信道可以采用两种MF-TDMA突发形式：第一种基于ATM和AAL5；第二种基于DVB和多协议封装（MPE）。

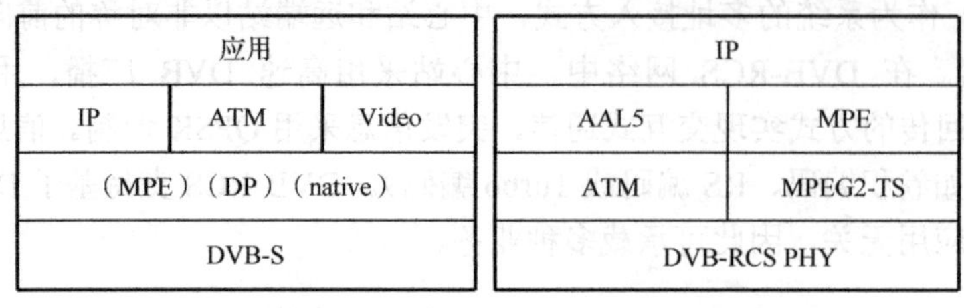

图2-29 DVB-RCS协议栈

回传交互路径的多址接入采用多频时分多址（MF-TDMA）方式，载波频率和分配的带宽都可以灵活适应多变的多媒体传输要求，而且时隙和突发速率可以根据网络控制中心的要求而改变。DVB-RCS回传载波速率一般在64kbps～2Mbps之间，根据需要可以用多个载波进行组合，以提高回传速度。MF-TDMA又可以分为固定时隙MF-TDMA和动态时隙MF-TDMA（可选）。对于可选方式的动态时隙MF-TDMA来说，RCST在连续突发之间可以改变传输速率和编码速率，这样就能够更高效地适应多媒体业务速率变化特性，增加灵活性。

回传交互路径中时隙的分配有如下5种方式：恒定速率分配（CRA）、基于速率的动态分配（RBDC）、基于通信量的动态分配（VBDC）、绝对的基于通信量的动态分配（AVBDC）、自由分配（FCA）。

3．综合广播交互系统（IBIS）

前面提到的两种卫星传输标准DVB-S和DVB-RCS都应用于透明卫星环境中。而综合广播交互系统（Integrated Broadcast Interaction System，IBIS）则是把这两种标准集成到一个具有星上处理和星上交换功能的多波束卫星系统中，在任意两个波束之间可以进行全交叉连接。

在IBIS系统（协议栈见图2-30）中，上行链路兼容DVB-RCS标准（EN 301790），允许用户使用标准的RCST站，节省了终端费用。个人用户和发送广播信息的节点可以由卫星的任意上行波束覆盖，采用MF-TDMA方式接入卫星。而下行链路则完全兼容DVB-S标准（EN 300421），并基于MPEG2-TS传输报文。为了避免星上协议转换和再封装，IBIS上行链路采用MPEG2-TS封装。

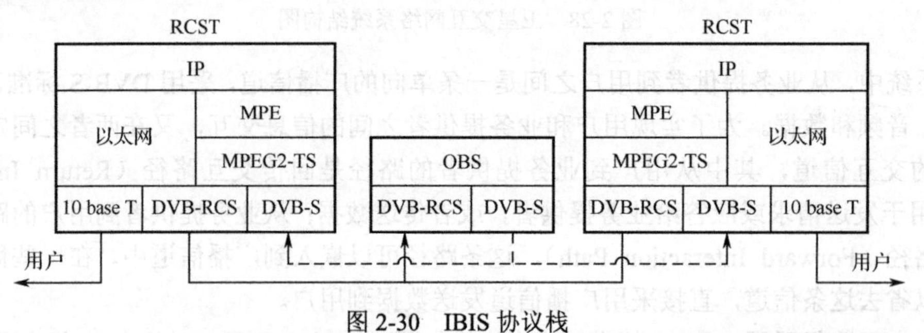

图2-30 IBIS协议栈

IBIS最主要的特性是通过上行链路和下行链路之间的全交叉连接，可以实现任意上行波束数据到任意下行波束的转发。这需要卫星对收到的上行 DVB-RCS 数据进行解调、解码及分接以进行交换，再重新把数据复用到相应的 DVB-S 格式的下行链路数据流中。星上交换和复用按照动态的复用表进行，每一条下行链路都有一个复用表。通过信令信道，可以采用星上分组及快速电路交换方式对该复用表进行快速的重新配置。

IBIS 信令信道（见图 2-31）采用星状结构，主要用于登录、同步及资源请求。卫星通过信令信道进行快速配置和星上处理（OBP）的管理，业务提供者和用户也可以通过该信道与网络控制中心（NCC）进行联系。

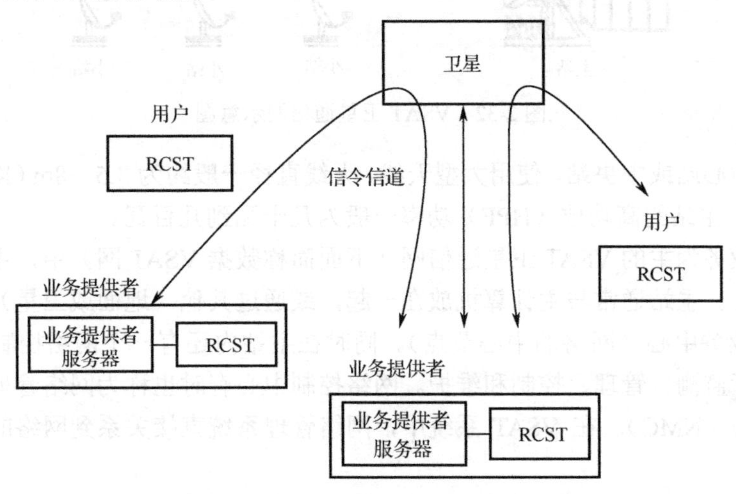

图 2-31　IBIS 信令信道

集中的资源管理和对称的用户连接方式使 IBIS 系统非常适合于构造业务单跳的、信令采用星状拓扑的网状网络。与透明卫星的 DVB-RCS 相比，IBIS 系统在源和目的站点之间传输实时业务只需一跳，大大减小了时延，使 VoIP、视频会议等实时业务的 QoS 得到保障，并且对带宽的需求也减少了一半。

2.5　VSAT 卫星通信系统

2.5.1　基本概念

VSAT 是英文"Very Small Aperture Terminal"的缩写，直译为"甚小口径终端"，意译为"卫星地球站"，或者简称为"小站"。一般来说，VSAT 小站使用较小尺寸的天线，天线直径通常为 0.3～3m 左右；设备简单、紧凑、价格较低。小站通常分为天线、室外单元和室内单元三个部分。此外，VSAT 小站安装容易、操作简单、维护方便。

VSAT 系统在国内外的应用都很广泛。主要是为商业、金融、教育、交通、能源、政府、新闻等部门提供专用通信网服务。其业务包括低速随机数据业务、批量数据业务和话音业务。

2.5.2　VSAT 卫星通信网的组成

VSAT 卫星通信网的基本组成包括一个主站（也称为中心站、中央站）、若干小站（VSAT 站，有时也称为远端站）、卫星转发器。

VSAT 卫星通信网通常采用星状结构，采用星状结构的典型 VSAT 卫星通信网示意图如图 2-32 所示。

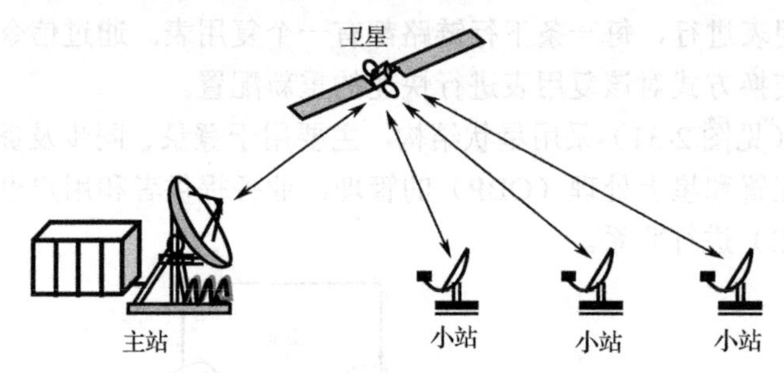

图 2-32 VSAT 卫星通信网示意图

主站也称中心站或中央站，使用大型天线，天线直径一般约为 3.5～8m（Ku 频段）或 7～13m（C 频段）。主站的高功放（HPF）功率一般为几十瓦到几百瓦。

在以数据业务为主的 VSAT 卫星通信网（下面简称数据 VSAT 网）中，主站既是业务中心也是控制中心。主站通常与主计算机放在一起，或通过其他（地面或卫星）线路与主计算机连接，作为业务中心（网络的中心节点）。同时在主站内还有一个网络控制中心（NCC）负责对全网进行监测、管理、控制和维护。网络控制中心有时也称为网络管理系统（NMS）或网络管理中心（NMC）。在 VSAT 系统中，网络管理系统直接关系到网络的性能，所以是非常重要的。

在以话音业务为主的 VSAT 卫星通信网（简称话音 VSAT 网）中，控制中心可以与业务中心在同一个站也可以不在同一个站，通常把控制中心所在的站称为主站或中心站。

主站关系到整个 VSAT 网的运行，若发生故障，会影响全网正常工作，所以主站设备都设有备份。为了便于重新组合及扩容，主站一般采用模块化结构，设备之间通常采用局域网互连。

VSAT 小站由小口径天线、室外单元（ODU）和室内单元（IDU）组成。

在相同的条件（如相同的频段、相同的转发器）下，话音 VSAT 网的小站为了实现小站之间的直接通信，其天线明显大于只与主站通信的数据 VSAT 小站天线。网络控制处理器设在 VSAT 小站内，用于与网络控制中心配合完成网络控制功能。

目前已建的 VSAT 卫星通信网基本上是采用工作于 C 或 Ku 频段、采用透明转发器的同步通信卫星。随着通信卫星有关技术的发展和成熟，采用星载处理技术的通信卫星将会增加。这种处理转发器用于 VSAT 卫星通信网很有优势，能有效地避免小站之间的双跳通信，使数据和话音业务具有更好的兼容性。

2.5.3 VSAT 卫星通信网的拓扑结构和组网形式

1. 网络拓扑结构

VSAT 卫星通信网的网络拓扑结构可分为星状网、网状网和混合网（星状+网状）三种。

（1）星状网

采用星状结构的 VSAT 卫星通信网最适合于广播、收集等进行点到多点间通信的应用。例如，将具有众多分支机构的全国性或全球性单位用作专用数据网，以改善其自动化管理、发布或收集信息等。

在 VSAT 卫星通信网中，小站和主站通过卫星转发器构成星状网（见图 2-33），主站是整个网络的中心节点。星状网充分体现了 VSAT 系统的特点，即小站要尽可能小。其中主站的有效全向辐射功率（EIRP）高，接收品质因数（*G*/*T*）大，故所有小站均可同主站直接互通。由于小站天线口径小、发射 EIRP 低、接收 *G*/*T* 小，若两个小站要进行数据通信，必须经由主站转发，即通过“双跳”实现。

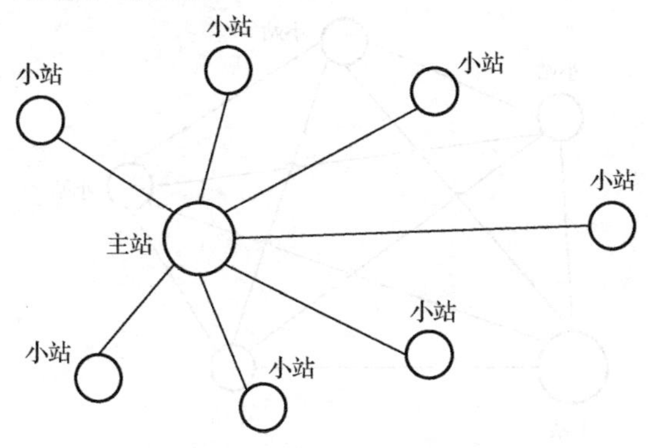

图 2-33　星状网示意图

星状网非常适于构成卫星数据通信网，一方面，目前已建的 VSAT 卫星通信网大部分是专用数据网，这些专用数据网的业务特点是主站与小站之间业务较多而小站之间业务较少。另一方面，小站业务基本上是低速数据业务，因此小站之间通信时，因双跳和主站转发而产生的时延虽然比小站与主站之间通信的时延长，却仍是可以接受的，用户不致感到明显的不便。

以星状网的主站为中心，VSAT 卫星通信网使用的卫星信道可以分为外向信道和内向信道。主站通过卫星转发器向小站传输的外向信道一般采用时分复用（TDM）方式。外向传输是一点到多点的，也就是说，若干 VSAT 小站接收同一个外向信号。各小站按照规定的协议和地址找发给本站的数据。主站向各小站发送的数据，由主计算机进行分组化，组成 TDM 帧，通过卫星以广播方式发向网中所有小站。每个 TDM 帧中都有进行同步所需的同步码，帧内的每个分组都包含一个接收小站的地址。小站根据每个分组中携带的地址进行接收。

在小站通过卫星转发器向主站发数据的内向信道上，由小站对数据进行格式化，组成信道帧（其中包括起始标记、地址字段、控制字段、数据字段、CRC 和终止标记），通过卫星按照采用的信道共享协议发向主站。内向信道采用的传输速率通常低于外向信道速率。

（2）网状网

如图 2-34 所示，网状网内任何站都可以与其他站直接通信而不需要中心站转发。不难看出，要想使两个 VSAT 小站能直接通信，其天线必须足够大，或者卫星转发器具有较高的 *G*/*T* 值和 EIRP 值，或者采用更先进的技术，如星上处理/交换技术、多波束技术。

采用网状结构的 VSAT 卫星通信网（在进行信道分配、网络监控管理等时一般仍采用星状结构）较适合于点到点之间进行实时性通信的应用环境，比如用户需要建立单位或系统内的 VSAT 专用电话网或高性能的综合业务网的情况。

随着用户要求的不断提高，业务范围不断扩大，技术不断发展，对网状网的需求将会增加。

（3）混合网

采用混合结构的 VSAT 卫星通信网最适合于点到点或点到多点之间进行综合业务传输的应用环境。采用混合网的目的是以不同的网络结构来满足用户的不同业务需求。此种结构的

VSAT 卫星通信网在进行点到点传输或实时性业务传输时采用网状结构，而在进行点到多点间传输或数据传输时采用星状结构；在星状和网状结构中可以采用不同的多址方式。此结构的 VSAT 卫星通信网综合了前两种结构的优点，允许两种差别较大的 VSAT 站在同一个网内较好地共存（即小用户用小站，大用户用大站），既可以进行综合业务传输，也可以选择更适用的多址方式。

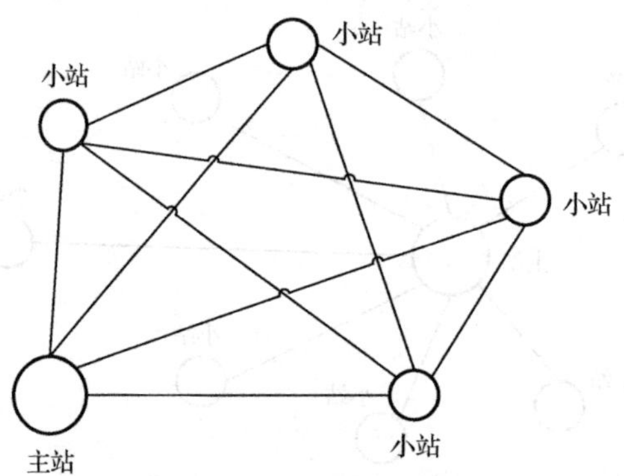

图 2-34 网状网示意图

构成多级网是混合网的一种可能的简单应用。如图 2-35 所示，较大的站构成网状网，而若干小站则以大站为中心构成星状网。

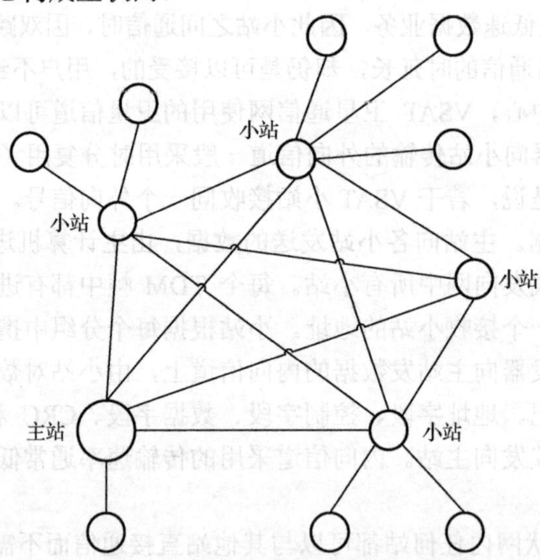

图 2-35 采用混合网络结构的多级卫星网络示意图

2．VSAT 卫星通信网的组网形式

VSAT 组网非常灵活，可根据用户要求单独组成专用网，也可与其他用户一起组成公用网（多个专用网公用同一个主站）。

一个 VSAT 卫星通信网实际上包括业务子网和控制子网（或管理子网）两部分，业务子网负责交换、传输数据或话音业务，控制子网负责对业务子网的管理和控制。传输数据或话音业务的信道可称为业务信道，传输管理或控制信息的信道称为控制信道。

目前，典型的 VSAT 卫星通信网的控制子网都是星状网，而业务子网的组网则视业务的要求而定，就目前的实际运行系统而言，通常数据网为星状网，而话音网为网状网。

在星状网中，业务子网和控制子网具有相同的星状结构。主站（中心站）既是业务中心，也是网络管理中心，这是由星状网主站的特殊地位决定的。星状网的业务信道和控制信道通常使用同一外向信道或内向信道。

在网状网中，网络控制中心可以位于任何一个站，但是通常还是设在较大的站，网络控制中心所在的站称为中心站。控制子网以中心站为中心构成星状网，具有独立的控制信道（包括外向信道和内向信道）。业务子网则是网状网，各站之间的业务信道可以是固定预分配的，也可以是按需分配的。

第3章　卫星网络中的IP

面对互联网IP化的大趋势，卫星网络需要提高对IP业务的支持能力。本章从这一问题出发，阐述在卫星网络的特殊环境下，支持IP业务存在的诸多问题，包括IP业务对卫星网络的承载需求、卫星网络对QoS的支持、IP报文的封装和路由转发、卫星IP多播技术，以及卫星网络对IP移动性的支持。本章最后给出两个卫星IP的系统标准：IPOS和SATSIX，通过实例阐述卫星网络支持IP业务的解决方法。

3.1　概　　述

与地面网络类似，卫星网络承载了越来越多的互联网业务流，其业务量已经超过了传统的话音业务。目前的互联网业务流主要包括诸如WWW、FTP和电子邮件等典型应用。卫星网络需要支持这些典型应用以提供传统的尽力而为的服务（Best Effort Service）。

与此同时，互联网和电信业的融合带来了VoIP、IP视频会议和IP广播业务的发展。因此，人们希望在卫星网络中的IP报文能够承载更多类型的业务和应用，与此同时，这些业务也需要得到IP网络的服务质量（QoS）保证。为了通过卫星组网技术支持需要QoS保证的新型实时多媒体和多播应用，人们进行了大量研究和开发。

IP（Internet Protocol）的设计思想是与任何网络技术无关，使它可以适应现有的所有网络技术。对于卫星网络而言，有三种卫星组网技术涉及卫星上的IP。

① 卫星电信网。多年来，这些网络为用户提供了传统的卫星业务（话音、传真、数据等）；同时，用户可以利用其中的点到点链路接入互联网，或实现互联网中不同子网之间的互联。

② VSAT卫星通信网。这类网络主要支持事务处理型的数据业务，也适合支持IP业务。

③ 数字视频广播（DVB）。通过卫星上的DVB承载IP业务有可能提供覆盖全球的宽带接入。DVB-S提供单向广播服务，用户终端可以只通过卫星接收数据。对于互联网业务，可利用电信网络的拨号链路提供返回链路。DVB-RCS可以通过卫星提供返回链路，因此用户终端可通过卫星访问互联网，这样消除了地面电信网络提供返回链路时带来的各种限制，为用户终端提供了极大的灵活性，确保了其可移动性。

人们对于卫星IP组网存在以下三种观点。

（1）以协议为中心的观点

以协议为中心的观点强调在网络参考模型中协议栈和协议的功能，图3-1描绘了IP与不同网络技术之间的关系。IP提供了一种屏蔽不同技术区别的统一网络平台，不同网络可以以不同的方式传输IP报文。

卫星网络包括面向连接网络、共享媒体的点到多点无连接网络、提供点到点通信和点到多点通信的广播网络。地面网络包括LAN、MAN、WAN、拨号网络、电路交换网和分组交换网。其中的 LAN 通常基于共享媒体技术，WAN 常用于提供点到点连接。

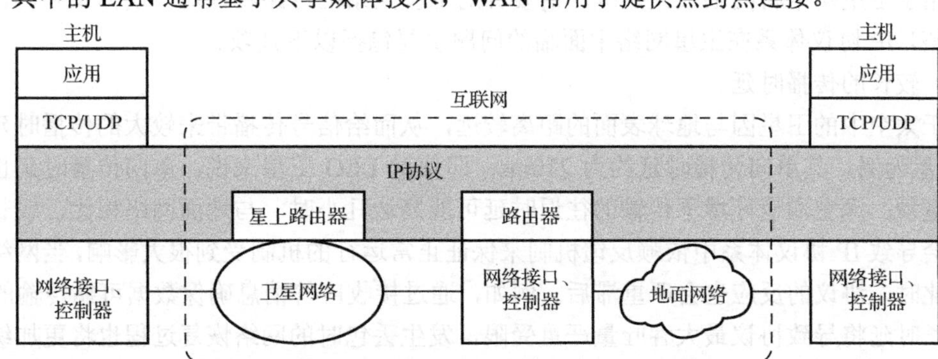

图 3-1　IP 与不同网络技术的关系

（2）以卫星为中心的全球互联网观点

以卫星为中心的观点强调卫星网络本身，即卫星网络（GEO 或非 GEO）被视为一个固定的体系结构，所有地面网络体系结构都被视为与卫星网络有关系的网络。

为支持 IP 业务，卫星网络必须支持承载 IP 数据报的数据帧，使之在各种网络中正确传送。路由器从一种网络类型的数据帧中获取 IP 报文，然后将其重新封装到另一种网络类型的数据帧中，使得这些 IP 报文能够在各种网络之间传输。

（3）以网络为中心的观点

以网络为中心的观点强调网络的功能，而非卫星技术本身。卫星系统由两部分组成：地面段和空间段。空间段（卫星通信载荷）可以利用多种技术来实现，包括透明转发器（弯管式）、星上处理、星上电路交换、星上分组交换（或星上 ATM 交换），以及星上 DVB-S 或 DVB-RCS 交换、星上 IP 路由器。然而，用户看到的并不是具体的技术和物理实现，而是不同类型的网络和逻辑连接。图 3-2 体现了以网络为中心的观点。

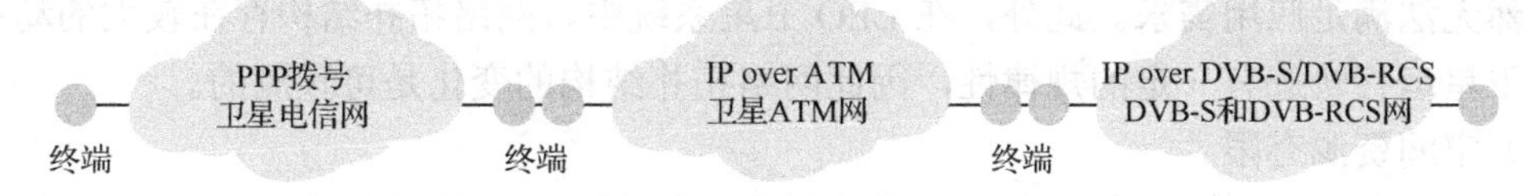

图 3-2　以网络为中心的观点

空间段采用的不同技术增加了卫星载荷的复杂度，使之能够支持多个点波束的星状（以一个网关地球站为中心的点到多点结构）和网状（多点到多点）拓扑结构，也因此增加了风险。然而，这些技术的使用有利于对带宽和功率资源的优化利用。例如，一个 DVB-S 再生载荷能够将来自多个分散数据源的数据信息复用到一个标准下行链路 DVB-S 流中。利用 DVB 星上交换能力，还可以通过 MPEG-2 封装 IP 报文，来实现经过再生卫星载荷的局域网间的互联。

3.2　IP 在卫星网络中存在的主要问题

与地面网络相比，卫星网络具有许多独特的链路特性，如长时延、高误码率、链路不对称、网络拓扑变化频繁、链路连接间歇性断开、带宽资源有限等。这些特征将为主要针对地面网络设计的 IP 协议栈带来诸多问题，使其协议运行效率受到很大影响。因此，将 IP 协议体系应用于卫星网络将面临极大挑战，需要针对卫星网络的链路特征对协议体系和协议机制进行调整。IP 协议体系在卫星网络中面临的问题主要包括以下几项。

（1）较长的传播时延

位于太空中的卫星因与地球表面的距离较远，从而给信号传播带来较大的传播时延。以 GEO 卫星为例，其单向传播时延约为 270ms；即使对 LEO 卫星来说，单向传播时延也达到了几十毫秒；深空通信环境下传输的往返时延可能高达几小时。与地面网络相比，较长的传播时延会导致 IP 协议体系中依赖反馈机制来保证正常运行的机制受到很大影响，当网络状态发生变化时，协议的反应也会严重滞后。例如，通过接收应答消息确保数据可靠传输的 TCP 协议，长时延将导致协议最大吞吐量严重受限，发生丢包时的网络恢复过程也将更加缓慢。

（2）高误码率

卫星链路受到空间环境干扰、雨衰等影响，信道误码率远高于地面链路，将达到 10^{-7}~10^{-3}。尽管在一些特殊卫星链路上可以使用先进的信道编码等技术，使链路误码性能接近地面网络，但通常情况下，卫星链路误码率仍然很高。在地面网络中，由于误码率很低，TCP 协议设计中基本不考虑误码带来的影响，因此协议将丢包视为网络拥塞的标志，从而降低数据发送速率，并在随后的几个往返时延内缓慢恢复。因此，在卫星网络中当由于发生误码而引起丢包时，数据发送速率将无故降低，会造成卫星链路利用率大幅下降。

（3）链路带宽不对称

在卫星网络环境中，前向链路和反向链路在传输带宽上可能存在很大差异，引起带宽不对称问题。这会影响 TCP 协议中反馈信号的传输，从而可能限制前向链路的带宽利用率，造成网络传输性能的下降。

（4）网络连接的间歇性

卫星网络中由于卫星的高速运行，通信链路稳定性较差，可能出现链路间歇性断开。通过调整地球站数量或卫星轨道位置可能对该问题有所改善，但大多数情况下，卫星系统的覆盖率仍然无法满足应用需求。此外，在 LEO 卫星系统中，网络拓扑结构存在较大的动态性，但由于卫星运行轨迹有一定的规律性，因此网络拓扑结构的变化是可预测的。

（5）空间资源有限

卫星网络受到卫星功率、重量、容量的制约，加上空间环境的特殊性，要求系统高效利用空间资源。卫星功率受限会导致误码率增大，传输速率降低，还可能引起连接的间歇性。

3.3 卫星 IP 网络承载的业务需求

3.3.1 网络层业务需求

为了承载 IP 业务，卫星网络要能支持互联网协议 IPv4 和 IPv6，还需要支持 IETF RFC 1112 和 IETF RFC2236 中定义的 IP 多播业务。此外，卫星网络还要能高效地支持附加的 IP 网络业务，包括 DNS 服务（服务器、注册等）、密钥管理服务、Web 代理、内容提供、用户管理和计费、网络管理和监测、故障管理等。这些网络业务使服务提供者可以为用户提供各类不同的服务。

除此之外，卫星网络还需要满足以下特殊需求。

（1）最大传输单元（MTU）和IP分段

IP报文的大小从20字节到65535字节不等，一个特定的子网只能支持一定大小的报文传输，这称为最大传输单元（MTU）。为了支持各种不同的子网，当报文长度对于特定子网过大时，可利用IP提供的报文分段机制。这些分段在目的主机将会被重组，以恢复原始报文。

IPv4分段过程可以发生在发送主机或中间路由器上，但是IPv6协议的分段只能在发送主机上实施。正因如此，IPv6定义了最小MTU值为1280字节。任何内部报文负载小于1280字节的子网必须实现内部的分段/重组机制。由于以太网的广泛使用，目前互联网上流行的MTU大小是1500字节。

此外，不同网络在将IP报文封装到链路层内部数据帧时，需要考虑选择适当的帧长。一方面，要减小首部在整个数据帧中占用开销的比例，这就要求一帧中承载尽可能多的数据；另一方面，如果帧内数据过多，当报文被丢弃时，就会丢失大量数据，所以帧长也不能过长。此外，确定帧长时还需要考虑以下因素：

- IP报文长度的分布情况，即传输的不同数据流类型；
- 链路速率（速率较低的链路上传输一个MTU大小的报文所花费的时间可能会过长，这对于交互式业务非常不利）；
- 隧道策略的使用，包括IPSEC隧道和PEP（Protocol Enhancing Proxy）隧道。

（2）最大报文寿命MSL（Maximum Segment Lifetime）

当传输IPv4或IPv6报文时，对于那些时延已经超过IP最大报文寿命的报文，卫星网络不再保留或重传该报文。

（3）报文失序

对端到端数据流而言，网络应保证报文的按序传输。当然，网络不必为特定数据流提供报文的严格按序传送服务，但是，没有任何缘由的或过多的报文失序会严重影响TCP协议的性能。

（4）检错

在传输IPv4或IPv6报文时，卫星网络应该至少提供像HDLC协议中规定的32位CRC那样强度的检错机制。网络应保证在提交给IP层的报文中，未检测出的因传输误码导致的错误概率尽可能小。这里，丢包的概率并不要求达到很小，因为IP协议体系能很好地应对丢包的发生，对报文误码的处理能力却相对较弱。

3.3.2 高层业务需求

卫星网络需要能够承载Internet上目前的主流传输层协议，如无连接的用户数据报协议（UDP）、面向连接的传输控制协议（TCP），以及一些新的传输层协议，如数据报拥塞控制协议（DCCP）和流控制传输协议（SCTP）。除此之外，还需要承载应用层协议，如超文本传输协议（HTTP）。

3.4 卫星IP网络的QoS

根据ITU-T在其建议书E.800中给出的定义，服务质量QoS是服务性能的总效果，这里的效果决定了一个用户对服务的满意程度。因此，有服务质量的服务就是能够满足用户应用需求的服务，或者说，可提供一致的、可预计的数据交付服务。

最初的互联网协议（IP）是为无连接网络设计的，它通过互联网传送IP报文，向用户提供尽力而为的服务。“尽力而为”就意味着没有任何QoS保证。但是，在下一代互联网中，“尽力而为”是不够的，网络需要提供新业务和新应用。这就要提供不同类型的QoS，包括保证的QoS、负载受控的QoS和尽力而为的服务。这对于卫星网络来说具有极大的挑战性。

在具体实现中，服务质量可用一些基本的性能指标来描述，包括可用性、差错率、响应时间、吞吐量、分组丢失率、连接建立时间、故障检测和改正时间等。服务提供者可向其用户保证某一种等级的服务质量。这些参数需要在端到端路径上进行测量，因此就需要将卫星链路的传播时延考虑在内。

ITU-T Y.1540定义了一系列参数，用于评估IP数据传输的性能。定义的参数适用于端到端、点到点IP服务，以及提供这些服务的网段。在该建议书中，无连接传输服务被视为一种特殊的IP服务。端到端IP服务是指在两个通过IP地址标识的端主机之间传输用户产生的IP报文。

3.4.1 卫星IP网络QoS目标

1. IP报文传输性能参数

IP报文传输时延（IPTD）：根据ITU-T Y.1540的定义，报文传输时延（IPTD）是报文最终离开网络的时间与其进入网络的时间之间的差值，端到端IP报文传输时延也就是在远端和目的端节点之间的单程时延。平均IP报文传输时延是IP报文传输时延的数学平均值，这个参数用来表示网络的整体性能。

IP报文时延抖动（IPDV）：即IP报文传输时延的变化量。流类型的应用可以利用IP时延变化的范围来避免缓冲区溢出。同时，IP报文的时延变化将导致TCP重传定时器门限值增加，还会导致重传的报文被延迟或者重传失败。

IP报文差错率（IPER）：传输出错的IP报文数量与IP报文传输（成功或失败）总数的比值。

IP报文丢失率（IPLR）：丢失的IP报文数量与传输的IP报文总数之间的比值。RFC 3357中提供了丢包模式的衡量标准。对于音频和视频等实时应用，连续的报文丢失造成的影响将更加显著。

2. 对应于QoS类型的IP网络传输性能目标

ITU-T在建议书Y.1540中阐述了网络传输能力的相关问题，明确了传输能力、报文传输QoS参数和每个QoS类型对应的目标之间的关系。IP网络QoS类型定义和网络传输性能目标如表3-1所示。

表3-1 IP网络QoS类型定义和网络传输性能目标（Y.1540）

网络传输性能参数	网络传输性能目标的含义	QoS类型					
		类型0	类型1	类型2	类型3	类型4	类型5
IPTD	平均IPTD上限	100ms	400ms	100ms	400ms	1s	U（不做规范，尽力而为）
IPDV	IPTD $1-10^{-3}$ 分位数值-IPTD的最小值的上限	50ms	50ms	U	U	U	U

续表

网络传输性能参数	网络传输性能目标的含义	QoS 类型					
		类型 0	类型 1	类型 2	类型 3	类型 4	类型 5
IPLR	报文丢失率上限	10^{-3}	10^{-3}	10^{-3}	10^{-3}	10^{-3}	U
IPER	报文差错率上限	10^{-4}	10^{-4}	10^{-4}	10^{-4}	10^{-4}	U

传输能力是基本的 QoS 参数，它将对端用户能够感知的性能产生主要影响。许多应用都提出了最小传输能力的需求，当进入服务协商阶段时，应该考虑这些需求。Y.1540 没有为传输能力定义详细参数，而只定义了与丢包相关的参数。

理论上讲，卫星网络上的 IP 无法提供类型 0 或类型 2 的服务（见表 3-2），因为这些服务具有实时性要求。不过，这里也要考虑到卫星链路的优势。

表 3-2 给出了网络 QoS 分类应用和工程化的一些指导方法（Y.1541）。为了支持 QoS，可以使用 IETF 定义的两种体系结构：综合服务（IntServ）和区分服务（DiffServ）。

表 3-2 IP QoS 类型（Y.1541）

QoS 类型	应用	节点采用的机制	网络技术
0	实时、时延抖动敏感型、高交互性（VoIP、VTC）	提供优先级服务的单独队列、业务疏导	受限路由和距离
1	实时、时延抖动敏感型、交互性（VoIP、VTC）	单独队列、设置丢包优先级	略受限的路由和距离
2	事务数据、高交互性（信令）	单独队列、设置丢包优先级	受限路由和距离
3	事务数据、交互性		略受限的路由和距离
4	低丢包率（短事务、批量数据、视频流）	长队列、设置丢包优先级	任何路由/路径
5	IP 网络的传统应用	单独队列（最低优先级）	任何路由/路径

3.4.2 卫星 IP 网络的 QoS 体系结构

为 IP 网络定义的 QoS 框架大部分都具有一个共同的特点，就是服务与网络分离，允许二者各自单独实现并独立发展。因此，体系结构中服务和传输功能被明显分开，二者之间通过开放的接口互相连接。这样，现有服务的监管，甚至新服务的监管就可以独立于网络和接入技术的发展。在未来的互联网中，用户将可以对所需要的服务进行定制化，如通过与服务相关的 API 来实现服务的创建和监管。在这样的网络中，控制策略、会话、媒体、资源、服务传送和安全等功能的模块将分布于整个框架中，包括现存的和新建的网络。由于它们物理上是分布式部署的，因此需要通过开放接口来建立彼此的通信连接。

为了完整高效地提供 QoS 服务，可能会涉及多个相互联系的部分。比如在发生网络资源竞争或拥塞时，需要根据数据流模式进行网络规划，还需要根据当前负载情况进行资源分配和接入控制。所涉及的模块可以通过不同方式进行组合来达到不同的目标。ITU-T Y.1291 中定义的 QoS 体系结构如图 3-3 所示。

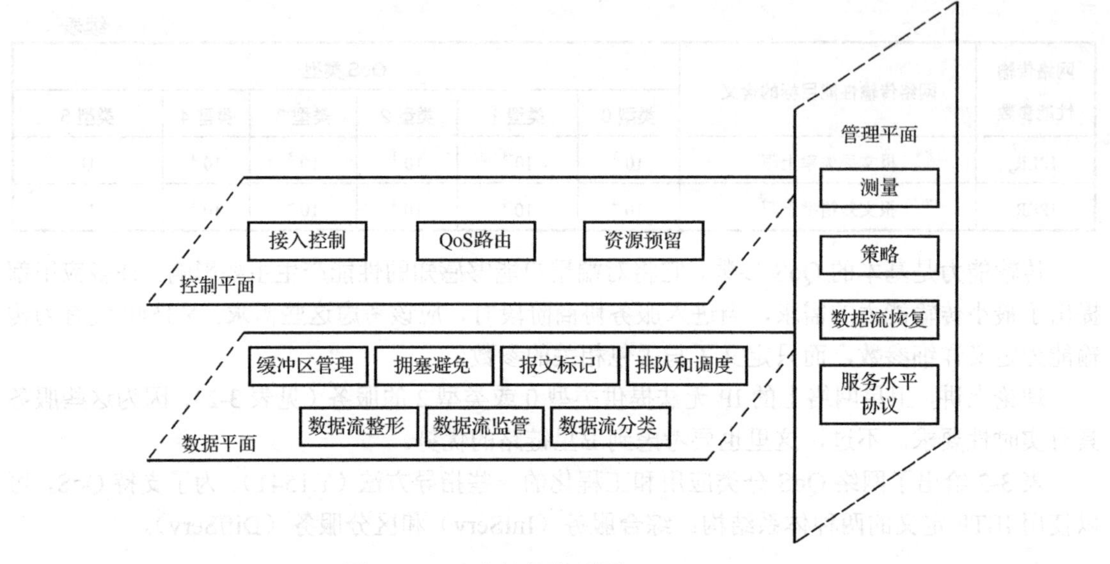

图 3-3 QoS 支持的体系框架（Y.1291）

对于卫星网络而言，QoS 体系结构需要在服务和功能两方面满足多种需求。在服务方面，卫星网络需要与现有 IP 网络的 QoS 参数、服务和机制等保持兼容，充分满足 IP 数据流的 QoS 需求，并能够支持相对 QoS 和保证 QoS 模型。卫星网络需要定义适当的数据流类型以确保网内传输 IP 报文的 QoS 水平，同时还要在 IP 数据的 QoS 属性与卫星网的数据流属性之间进行合理映射。

在功能设计方面，卫星网络需要与地面网络遵循同样的理念，即服务与网络分离；采用模块化设计方式尽可能提供各个 QoS 功能模块。需要提供实现 QoS 信令（如请求、初始化和协商）的方法，并构建客户端/服务器的资源管理体系，客户端位于卫星终端，它与服务端共同为网络提供资源的集中管理和控制。

下面首先对互联网的两种典型 QoS 模型进行阐述，接着讨论适合卫星网络使用的 QoS 体系结构，最后通过几个卫星网络 QoS 体系结构实例有侧重地阐述在实现过程中需要注意的问题。

1．综合服务（IntServ）模型

最初将互联网提供的服务划分为不同类别的是 IETF 提出的 IntServ（RFC 2210～2215）模型，其中的某些 RFC 文档已成为互联网标准。

IntServ 模型可以对单个应用会话提供服务质量保证，其主要特点有两点。

（1）资源预留。网络中的路由器需要知道已经为不断发起的会话预留的资源数量（包括链路带宽和缓存空间）。

（2）呼叫建立。每个需要服务质量保证的会话必须首先在源节点到目的节点路径上的所有路由器上预留足够的资源，以保证其端到端的服务质量要求。因此，在会话开始之前必须先有呼叫建立过程，并要求在其分组传输路径上的每个路由器都参与。每个路由器需要确定该会话所需的本地资源是否够用，同时还要确保不影响其他已建立会话的服务质量。

IntServ 模型定义了两类服务。

（1）有保证的服务：可以保证分组在通过路由器时的排队时延有严格的上限。

（2）负载受控的服务：能够使应用程序得到比通常的尽力而为的服务更加可靠的服务。

IntServ 模型包括以下四个组成部分。

（1）资源预留协议 RSVP：IntServ 的信令协议。

（2）接纳控制：用来决定是否同意对某项资源的请求。

（3）分类器：将进入路由器的分组进行分类，并根据分类结果把不同类别的分组放入特定的队列。

（4）调度器：根据服务质量要求决定分组发送的先后顺序。

会话必须首先声明它所需要的服务质量，以便使路由器能够确定是否有足够的资源满足会话需求。资源预留协议（RSVP）在进行资源预留时采用了多播树的方式来实现。发送端发送 PATH 报文（即存储路径状态报文）给所有接收端以指明流量特性。中间的每个路由器均转发 PATH 报文，接收端使用 RESV 报文（即资源预留请求报文）进行响应。路径上的每个路由器对 RESV 报文的请求可以根据情况拒绝或接受。当请求被某个路由器拒绝时，路由器就发送一个差错报文给接收端，从而终止该信令过程。当请求被接受时，链路带宽和缓存空间即被分配给会话，而相关的流状态信息就保留在路由器中。

IntServ 体系结构分为前台和后台两个部分。前台包括两个功能模块，即分类转发模块和分组调度模块。每一个进入路由器的分组都要通过这两个功能模块。后台部分包括四个功能模块和两个数据库。这四个功能模块包括：

（1）路由选择协议：负责维持路由数据库，通过数据库可以查找出对应于每一个目的地址或数据流的下一跳地址。

（2）RSVP 协议：为每个数据流预留必要的资源，并不断更新流量控制数据库。

（3）接纳控制：当新的数据流产生时，RSVP 就调用接纳控制功能模块，以便确定是否有足够的资源可供数据流使用。

（4）管理代理：负责更新流量控制数据库，管理接纳控制模块，实现接纳控制策略设置等功能。

IntServ 模型使互联网的体系结构发生了根本改变，因为它使互联网不再仅能提供尽力而为的服务。然而，IntServ 体系结构也存在如下一些问题。

（1）状态信息的数量与流的数量成正比。例如，对 OC-48 链路（2.5Gbps）上的主干网路由器来说，流经的 64kbps 音频流的数量就超过 39000 个。如果再对数据率进行压缩，则流的数量会更多。因此在大型网络中，按每个流进行资源预留会产生很大的开销。

（2）IntServ 体系结构复杂。若要得到有保证的服务，所有路由器都必须配置 RSVP、接纳控制、分类器和调度器，这种路由器称为 RSVP 路由器。在应用数据传送的路径中只要有一个路由器是非 RSVP 路由器，则整个服务就又变成尽力而为的服务。

（3）IntServ 所定义的服务质量等级数量过少，灵活性不足。

2. 区分服务（DiffServ）模型

1）区分服务的基本概念

由于综合服务（IntServ）和资源预留协议（RSVP）都比较复杂，很难在大型网络中实现，因此 IETF 提出了一种新的策略，即区分服务（DiffServ）（RFC 2475）。区分服务有时也简写为 DS。具有区分服务功能的节点也称为 DS 节点。

DiffServ 体系结构的主要特点有以下几点。

（1）DiffServ 的设计原则是不改变网络的基础结构，而在路由器中增加区分服务功能。因此，DiffServ 将 IP 协议中原有的 8 位 IPv4 服务类型字段和 IPv6 流量类型字段重新定义为区分服务 DS 字段。路由器根据 DS 字段的值来处理分组转发，这样，利用 DS 字段的不同数值就可以提供不同等级的服务质量。根据 RFC 2474 建议，DS 字段现在只使用其中的前 6 位，即区分服务代码点 DSCP。

在使用 DS 字段之前，互联网的 ISP 要与用户商定服务等级协议（Service Level Agreement，SLA），在 SLA 中指明被支持的服务类型（包括吞吐量、分组丢失率、时延和时延抖动、网络的可用性等）和每种类型所容许的通信量。

（2）DiffServ 网络被划分为许多 DS 域，每个 DS 域在管理实体的控制下实现同样的区分服务策略。DiffServ 将系统的复杂性置于 DS 域的边界节点，而使内部路由器的操作尽可能简单。边界节点可以是主机、路由器或防火墙等。

（3）边界路由器完成的功能较为复杂，可分为分类器和流量调节器（conditioner）两大部分。调节器又由标记器（marker）、整形器（shaper）和测量器（meter）三部分组成。分类器根据分组首部中的一些字段（如源地址、目的地址、源端口、目的端口或分组标识等）对分组进行分类，然后将分组交给标记器。标记器根据分组的类别设置 DS 字段的值。随后在分组的转发过程中，就根据 DS 字段使分组得到相应服务。测量器根据事先商定的 SLA 不断地测定分组流速率（与事前商定的数值相比较），然后确定应采取的行动，例如，重新打标记或交给整形器进行处理。整形器中设有缓存队列，可以将突发的分组峰值速率平滑为比较均匀的速率，或丢弃一些分组。当路由器收到分组后，就根据 DS 值进行转发。图 3-4 显示了边界路由器的主要功能。

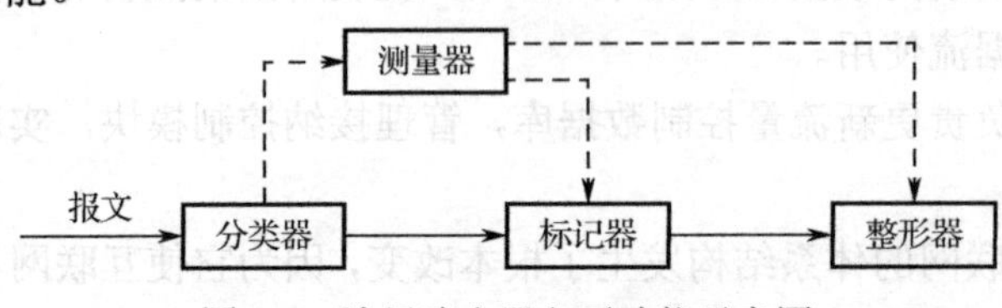

图 3-4 边界路由器主要功能示意图

（4）DiffServ 提供了一种聚合（aggregation）功能。DiffServ 不是为网络中的每个流维持供转发时使用的状态信息，而是把若干流根据其 DS 值聚合成少量流。路由器对相同 DS 值的流都按相同的优先级进行转发，这就大大简化了网络内部的路由器转发机制。此外，DiffServ 不需要使用 RSVP 信令。

2）每跳行为（PHB）

DiffServ 定义了在转发分组时体现服务水平的每跳行为（Per-Hop Behavior，PHB）。所谓“行为”是指在转发分组时路由器对分组的处理方式。这里的“行为”可以是“首先转发这个分组”，也可以是“最后丢弃这个分组”。“每跳”则强调这里所说的行为只涉及本路由器转发的这一跳行为，而下一个路由器如何处理与本路由器无关。这和 IntServ 中考虑的“端到端”服务质量完全不同。

目前，IETF 的 DiffServ 工作组已经定义了两种 PHB，即迅速转发 PHB 和确保转发 PHB。

迅速转发 PHB（Expedited Forwarding PHB）可记为 EF PHB，或 EF（RFC 3246）。EF 要求离开路由器的流量速率必须大于或等于某一数值。因此 EF PHB 可用来提供通过 DS 域的低丢包率、低时延、低抖动，确保带宽的端到端服务（即不排队或很少排队）。这种服务对端点来说更像点到点连接或“虚拟租用线”。对应于 EF 的 DSCP 值是 101110。

确保转发 PHB（Assured Forwarding PHB）可记为 AF PHB，或 AF（RFC 2597）。AF 用 DSCP 的第 0～2 位把流量划分为四个等级（分别为 001、010、011 和 100），并为每个等级提供最小数量的带宽和缓存空间。对其中的每个等级再用 DSCP 的第 3~5 位划分出三个“丢弃优先级”（分别为 010、100 和 110，从最低优先级到最高优先级）。当发生网络拥塞时，对于每个等级的 AF 数据流，路由器会首先丢弃“丢弃优先级”较高的分组。此外，AF 还可以与随机早期检测 RED 机制结合起来使用。

由此可见，区分服务（DiffServ）比较灵活，因为它并没有定义特定的服务或服务类型。因此，当出现新的服务类型或者原有的服务类型不再使用时，DiffServ 仍然可以工作。

3. 在卫星网络 DiffServ 框架基础上支持 IntServ

IntServ 和 DiffServ 体系结构都超越了尽力而为的服务模型，因为它们在用户和网络/服务提供者之间达成了某种约定。IntServ 模型提供了细粒度的划分，并为数据流指定了从源端到目的端，以及中间节点所经过的路径。而 DiffServ 则提供了一种粗粒度的方法——用户可以要求为流量中的全部或部分数据提供比尽力而为更好的服务。IntServ 模型提供了更灵活的服务质量约定方法，使用户可以根据需要动态建立或终止约定。DiffServ 则支持静态约定，即用户和服务提供者之间以 SLA 为基础定义约定的持续时间。

尽管 IntServ 和 DiffServ 采用的方法看起来相互矛盾，但两种体系结构却可以互为补充。目前，IntServ 体系结构最大的问题是扩展性差，维持每个流的状态使其处理开销随着网络规模的扩大急剧增加。DiffServ 则只提供数据流会聚基础上的有保证的 QoS，但对于单独数据流并不提供任何服务保证。

然而，通过对两种模型的结合，可以构建出既能为数据流提供服务保证，又具有扩展性的 QoS 体系结构。在这种混合体系结构中，外围部分可以包括支持 IntServ 的接入网络，这些网络又可以通过 DiffServ 核心域进行互联。图 3-5 显示了这种混合模型，其中卫星网可以作为核心网络连接不同的接入网络，卫星终端则成为连接不同网络的边界节点。

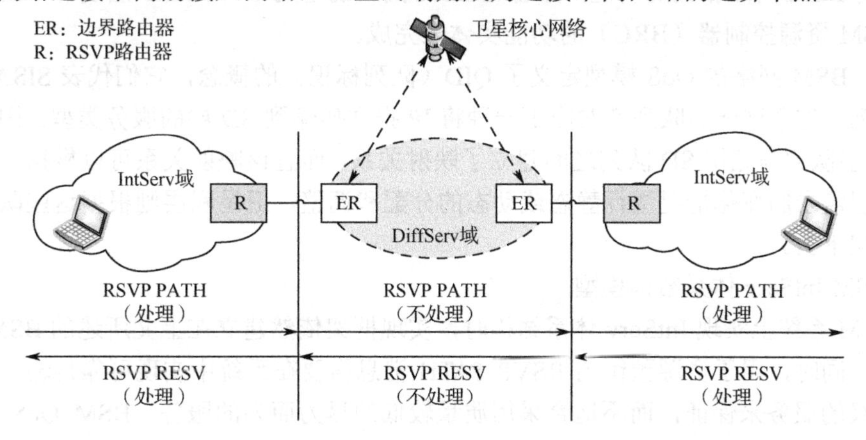

图 3-5　通过卫星 DiffServ 域连接的 IntServ 网络结构

在这种混合结构中，边界路由器位于不同网络区域的边界，它们一方面实现标准的 RSVP 功能，作为到达各接入网络的接口；另一方面实现 DiffServ 功能，又作为到达核心网络的接口。这里的RSVP功能模块能够处理所有RSVP信令，而DiffServ模块同时也作为进入DiffServ域的接纳控制器。在最简单的情况下，接纳控制模块知道可用带宽数量，可以利用这些信息作为RESV消息中的参数，边界路由器则可以确定是否允许建立一个新的连接。如果请求被接受，流量将被映射为一个适当的PHB，并在报文首部中标明其对应的DSCP。

4．卫星网络QoS框架实例

1）BSM系统中的QoS模型

第2章中介绍的卫星多媒体通信系统BSM对QoS体系结构进行了详细定义，该体系结构采用QoS混合结构来提供对IntServ模型和DiffServ模型的支持，其中DiffServ域对IntServ域发来的资源预留请求进行透明转发，同时DiffServ域提供基于策略的PHB。

图3-6显示了这一体系结构以及与外部网络的接口。图中显示了在控制平面和用户平面中涉及QoS的功能模块和它们彼此的关系，其中协议层之间通过原语进行交互，对等实体之间通过协议进行交互。

卫星终端作为边界路由器执行着一些关键的QoS功能，为用户提供了服务请求的途径。在IntServ模型环境中，网络主机通过卫星终端向网络提出QoS需求，当获得相关资源之后，对每个数据流进行处理，并执行接入控制。在DiffServ模型环境中，通过具有足够资源的各网络节点共同为多种类型数据流提供不同的QoS保证。

在该结构中，BSM系统本身需要与DiffServ模型完全兼容。因此，如果数据流没有被数据源或上游网络进行分类和标记，那么卫星终端作为DiffServ域的边界节点就需要对数据流进行分类，并重新做标记，必要时还需要进行整形或丢弃。这样，当报文从卫星终端发出并进入BSM网络时，通过标记适当的DSCP，就确定了BSM卫星网络内部的PHB。

BSM的QoS模型通过一个称为BSM QoS管理器（BQM）的服务器实现对资源的集中控制和管理。卫星终端在对数据流进行处理或者实现策略时，受到BQM的控制。BQM涵盖了SISAP以上各层在管理平面和控制平面管理QoS所需要的所有功能。而SISAP之下的管理和控制功能仍然集中受NCC控制，NCC与BQM密切相关。BQM中包含很多QoS的标准功能；而与BSM网络相关的功能，如管理BSM网络的全局IP和SIAF层资源，则分配给一个称为BSM资源控制器（BRC）的功能实体来完成。

此外，BSM网络的QoS模型定义了QID（队列标识）的概念，它们代表SISAP处提供的抽象队列，每个这样的队列都对应于一种将IP报文传输到SD层的服务类型。因此，它实际上在IP层队列与底层SD队列之间建立了映射关系，而且该映射关系可以根据卫星网络资源和应用层需求的变化情况进行静态或动态的分配和调整。卫星底层则根据这些队列的特性将资源分配下去。

2）BSM IntServ体系结构模型

当BSM系统上实现IntServ体系结构时，实现框架依然建立在上文所述的BSM QoS模型基础上。同时，用于资源预留的RSVP PATH消息需要在系统中实现可靠传输，因此就需要高优先级的服务来保证，而不适合采用质量较低的尽力而为的服务。BSM QoS模型中的QID管理也与这里的体系结构关系密切。

RSVP RESV消息包含了flowspec和filter spec，前者用来指定需要的服务质量，可为节点的报文调度器或BSM SD层设置参数；后者用来定义获得某类QoS服务的数据流，

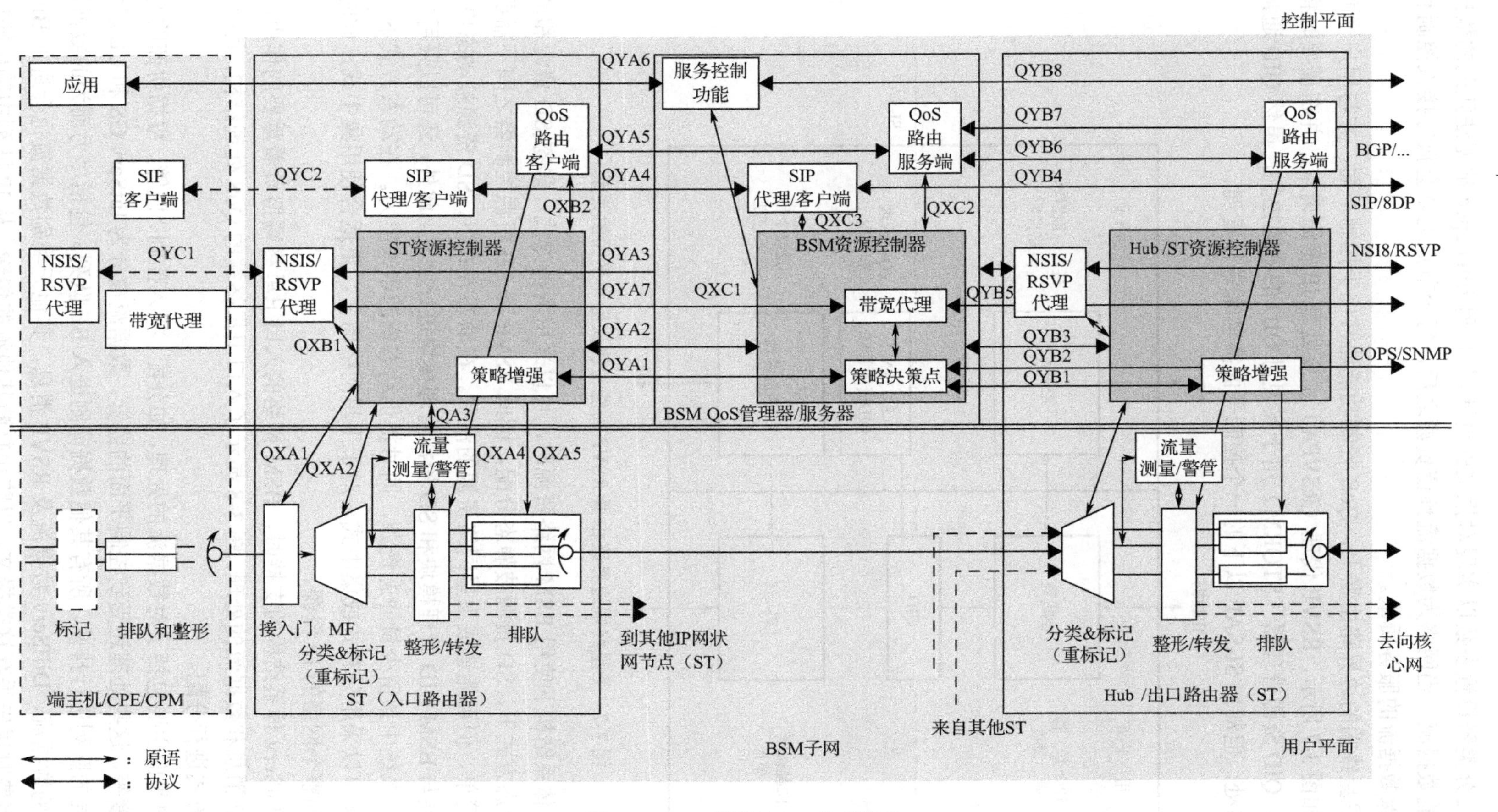

图 3-6　BSM系统的QoS体系结构

因此可以为报文分类器设置参数以实现对报文的过滤。与任何 filter spec 都无法匹配的数据则被视为最大可能数据流。当网络为数据流预留资源之后，每个节点上就会执行接入控制和数据流监管来确保数据流的服务质量。

在 BSM 卫星终端的边界路由器上，QoS 控制功能通常位于控制平面，并与用户平面之间存在交互。如图 3-7 所示，RSVP 代理（RSVPA）主要处理 IP 资源请求，并在需要时将请求传递给下层。QID 资源管理器（STQRM）用于实现对 QID 的本地控制，虽然 QID 通常用在 SI-SAP 接口处，但却由 SI-SAP 以下的一个控制平面实体来进行管理。

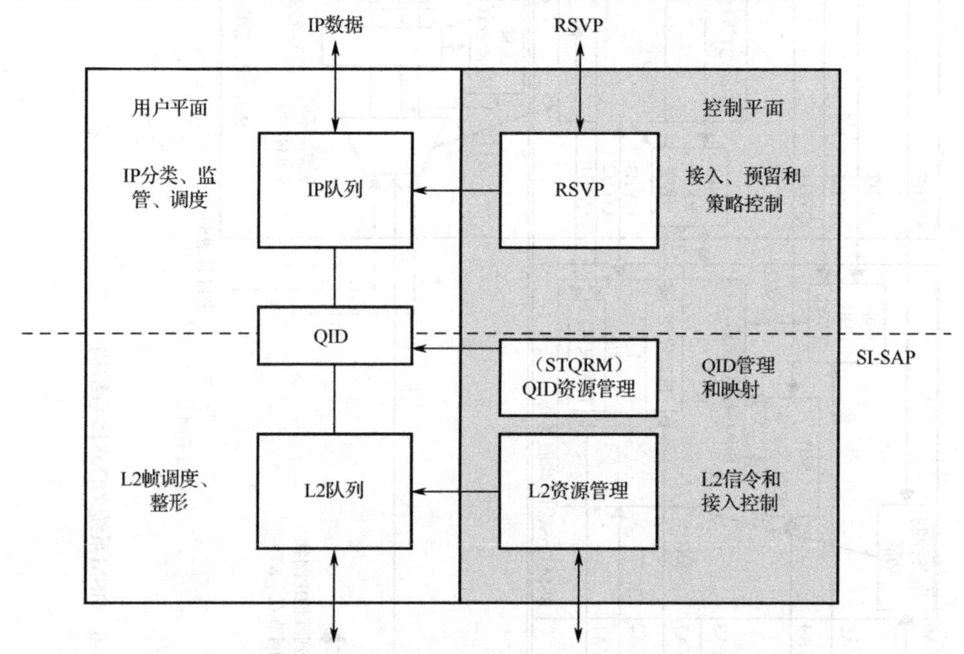

图 3-7 卫星终端边界路由器 RSVP 功能与协议层和平面的关系

在 IntServ 体系结构下使用 BSM 网络资源时，可以采用两种方式：静态 SD 资源和动态 SD 资源。在静态方式下，SD 资源被静态分配，因此 RSVP 和 SD 资源控制器之间不需要交互，虽然实现简单，但可能造成卫星网络资源的浪费。在动态方式下，SD 资源被动态申请，因此 RSVP 需要与 BSM QID 管理模块和 SD 资源管理模块进行交互。此外，还可以采用二者相结合的方式，系统中预留少量静态资源，同时提供动态资源申请能力。在动态方式下，资源的申请和分配可以采用分布式或集中式，对于卫星网络而言，更适合使用集中式，此时由单一实体来管理整个网络的 IP 资源。

在实现对 IntServ 体系结构的支持时，BSM 网络的入口卫星终端担负着重要的作用，它们负责对 RSVP 消息和数据流的处理。图 3-8 显示了入口卫星终端的 QoS 处理结构，其中 SD 资源通过动态方式进行分配。

其中，用户平面主要包括了对数据流的处理，如分配、接入控制、监管、根据协商的 QoS 进行排队和调度等，这些处理还受到控制平面的监管。数据流被分为 IntServ GS 和 CL 服务，并分别进入不同的队列进行排队。所有其他数据流则进入 BE 队列，包括尽力而为的数据流、会聚 QoS 标记的数据流、DiffServ 数据流及 RSVP 消息，其他无类别数据流也会进入 BE 队列，但通常在需要时优先丢弃这类报文，以防止打断其他流的传输。从 IP 队列中输出的报文由调度器为其分配不同的QID标识，并进一步根据QID标识传到适当的SD队列中。

在控制平面内，主要由RSVP代理和下层共同完成动态资源管理，并控制数据的IP类型到SD资源之间的服务映射，此外，还会对资源的可用情况提供报告。

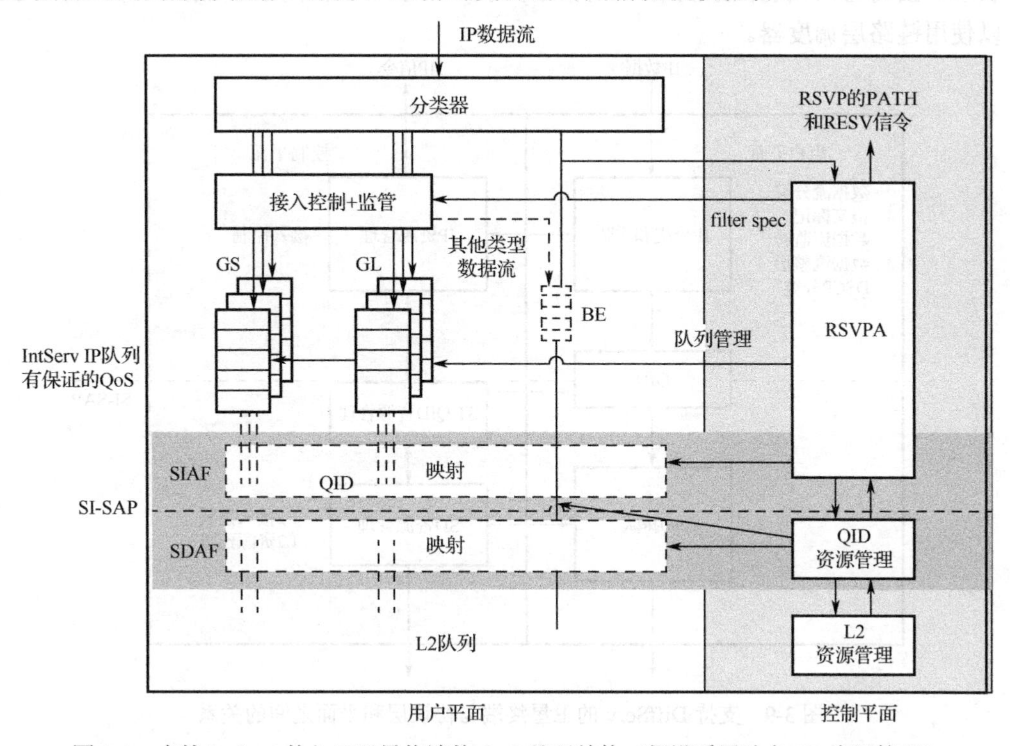

图3-8　支持IntServ的入口卫星终端的QoS处理结构（假设采用动态SD资源管理）

3）BSM DiffServ体系结构模型

BSM网络可以作为DiffServ域中的组成部分，支持DiffServ类型的QoS体系结构。此时，系统中的卫星终端可能会直接连接BSM DS主机，或者通过一跳或多跳连接BSM DS路由器，或者直接连接一个外部的DS路由器，或者直连到一个非DS的路由器。不论在哪种情况下，卫星终端都需要在用户平面和控制平面实现不同的DS功能。

DS域中的边界路由器需要实现很多重要的操作，如数据流分类、标记、监管、整形，以及接入控制和资源预留；DS核心路由器则只需要根据标记好的DSCP对IP数据报执行适当的PHB操作，即将IP报文转发到适当的IP队列中。

根据卫星终端所处的位置以及是否作为DS域的边界路由器，它将完成不同的功能。在众多操作中，数据流分类、标记、监管、整形、DSCP分类是用户平面的机制，接入控制和资源预留则属于控制平面的功能。图3-9显示了支持DiffServ的卫星终端与协议层和平面之间的关系。从图中可见，所有用户平面的功能都在SI-SAP接口之上，它们会出现在所有的IP DiffServ节点中。而控制平面的功能则分布于SI-SAP接口周围，而且需要SI和SD层之间的交互。

图3-10显示了支持DiffServ的入口卫星终端的内部结构。IP队列和SD队列之间的关系对于在BSM网络中实现DiffServ至关重要，二者通过QID来进行协调。QID作为对实际的二层实现的抽象非常重要，因为SD队列可能会有很多不同的类型。图中左边部分显示了在

SI-SAP 之上实现的传统 DiffServ IP 队列管理与底层队列之间的关系（SD 队列和 QID）。可以看到数据流经过用户平面的 IP、SD 队列和 QID，以及两个阶段的映射关系。图中的 QID 用虚线表示，因为它们代表抽象队列。实际当中可以利用调度器来实现映射。在 SD 队列之下也可以使用链路层调度器。

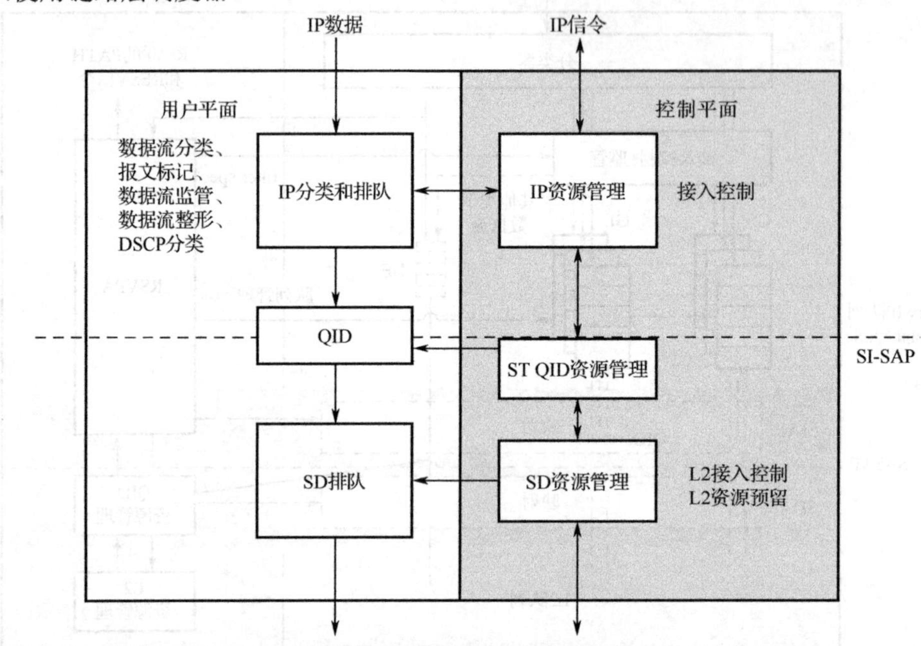

图 3-9　支持 DiffServ 的卫星终端与协议层和平面之间的关系

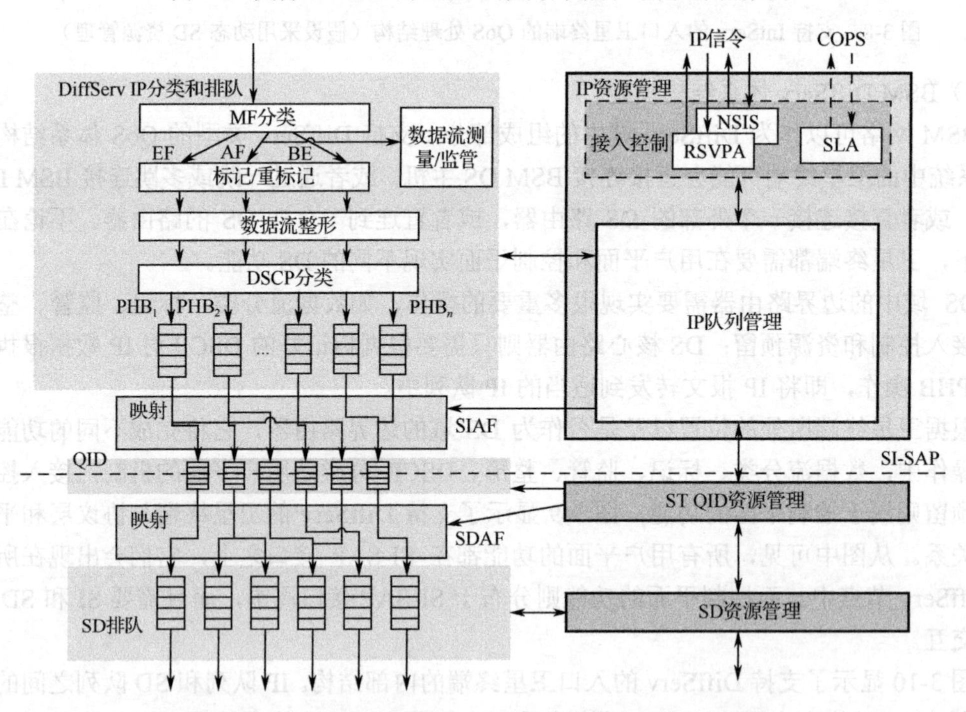

图 3-10　支持 DiffServ 的入口卫星终端的内部结构示意图

QID 由卫星终端的资源管理器（STQRM）进行本地处理，SRQRM 逻辑上位于 SDAF 模块中，当它收到来自IP资源管理器的QID分配请求时，会分配SD资源。与STQRM交互的IP资源管理器中的子模块可能位于SIAF中，而与STQRM交互的SD资源管理器子模块则是SDAF的一部分。

在控制平面中，包括SI-SAP接口之上和之下的两个模块：IP资源管理器和SD资源管理器，另外还有一个接口模块STQRM，位于SI-SAP接口之下，且执行核心功能。STQRM模块从IP模块收到分配、释放、修改资源的请求之后，将这些请求转换为QID分配/释放/更改的行为，同时与SD模块一起检查上层请求如何映射到实际的资源。

3.5　卫星IP网络

3.5.1　卫星网络中IP报文的封装

通过IP报文封装可以使IP协议运行于任何网络技术之上，它是一种将IP报文封装到数据链路层帧的负载当中的技术。不同的网络可能使用不同的帧格式、帧长或比特速率来传输IP报文。例如，以太网、令牌环和无线局域网都利用它们各自的标准帧格式来封装IP报文。

因为帧格式不同，所以需要使用不同的封装技术。当IP报文太大而无法放到单个数据帧的负载中时，IP报文将被分成较小的报文段封装到多个数据帧中。这时，对每个数据段都需要增加额外的开销，保证它们被正确地送达目的地；接收方可以通过重组这些数据段来恢复原始的IP报文。由于封装过程引入了附加的处理过程和开销，所以会对网络性能造成一定的影响。

为了在卫星链路上支持IP传输，卫星网络需要提供一种数据链路层的帧结构，对IP报文进行封装，从一个接入点通过卫星传到另一个接入点。在卫星网络环境中，帧结构可以基于标准的数据链路层协议来设计，如面向点到点媒体的HDLC、PPP，以及面向共享媒体的接入控制（MAC）。

1. HDLC协议

HDLC协议是一种链路层协议的国际标准，被广泛使用于各种网络中。协议中定义了三类站型（主站、次站和混合站），两种链路配置（平衡配置和非平衡配置），以及三种数据传送模式（正常响应、异步响应和异步平衡模式）。

该协议是基于一种比特填充技术的面向比特协议，它包括表示帧起始和终止的两个8比特组合标志（01111110），用于标识终端的8比特的地址域，表示帧类型的8比特控制域（信息、监控和无编号帧），以及数据（包括IP报文的网络层数据）和16位CRC校验的负载域。

2. 点到点协议（PPP）

PPP协议是一种广泛用于拨号连接的互联网标准协议。PPP解决了差错检测问题，支持包括IP在内的多种协议，允许在连接时进行地址协商，还支持鉴权。

3. 多址接入控制

HDLC 和 PPP 协议都是为在点到点的传输媒体上进行数据传输而设计的。对于共享媒体的网络而言，还需要增加一个额外的层次，即链路层的媒体接入控制子层（MAC），该层用于将许多节点连接成网络，并控制各个节点对媒体的接入。

除基于标准数据链路层协议进行设计外，在现有的一些卫星网络中也定义了 IP 报文的封装方式，如 ATM、DVB-S 和 DVB-RCS，通过报文封装使它们能支持 IP 协议或实现与互联网的互操作。ATM 网络利用 AAL5 层对 IP 报文进行封装，实现报文在 ATM 网络中的传输。在 DVB-S 网络中，则利用多协议封装（MPE）标准将包括多播在内的 IP 报文封装到一个以太网类型的首部中。

当然，也可以将 IP 报文封装到另一个 IP 报文中，即构造一个隧道将网络中的 IP 报文传输到另一个网络中。

3.5.2 卫星 IP 组网

卫星具有独特的全球覆盖（包括陆地、海洋和天空）能力，能够高效地、同时为大量用户提供数据传输，增加用户数量时需要的边际成本很低。一颗卫星在互联网中可以扮演下列不同的角色。

（1）最后一英里连接：用户终端直接接入卫星，卫星提供前向和反向链路。数据流的源端通过互联网、隧道或拨号链路连接到卫星馈电链路或中心站。卫星是到达用户终端的最后一英里链路。

（2）传输连接：卫星提供了在互联网网关之间或 ISP 网关之间的连接。根据网络中特定的路由协议和定义的链路度量值，数据流被发送到卫星链路，以最小的连接开销同时满足数据源所需要的 QoS。

（3）第一英里连接：卫星提供了直接到达大量 ISP 的前向和反向链路。IP 报文从服务器发出，将卫星链路作为到达用户终端的第一英里连接。与最后一英里连接相同，服务器可以与卫星馈电链路或中心站直接连接，或者通过互联网隧道和拨号链路进行连接。

3.5.3 卫星 IP 网络交换和路由

1. 地址解析

地址解析也被称为地址映射。不同的网络技术会使用不同的编址策略为设备分配地址，即设备的物理地址。例如，IEEE 802 局域网将一个 48 位的地址分配给每个所连接的设备，ATM 网络使用 15 位十进制数字的地址，ISDN 则利用 ITU-T E.164 编址策略。同样，在一个卫星网络中，每个地球站或网关站都有一个物理地址用于链路连接或报文传输。然而，通过卫星网络互连的路由器只知道其他路由器的 IP 地址。所以，需要在每个 IP 地址和其相应的物理地址之间进行映射，这样就可以利用物理地址通过卫星网络在路由器之间实现报文交换。这个映射过程的实现细节依赖于卫星网络使用的底层数据链路层协议。

当路由过程确定了报文转发的接口之后，需要通过地址解析来确定报文的物理地址，这是利用缓存中保存的地址映射条目来实现的。这些映射条目可以通过特定的网络协议来建立，有些情况下也可以使用静态配置的地址解析项。然而，通常用于地面网络的地址解析协议并不适用于卫星网络，因为这些协议会产生过多的信令消息，因此，卫星网络需要使用运行于内部的特殊地址解析协议。卫星网络可以利用地址解析广播来更新每个卫星终端的地址解析缓存，与点到点协议相比，广播方式能够避免由于引入以太网 ARP 协议或 IPv6 邻居发现（Neighbour Discovery，ND）而产生的过多开销，这将大大提高系统效率。

这里介绍一种可能的地址解析方法。在系统中，地址解析并不是由目的节点完成的，而是由网络控制中心（NCC）部署的一个中心服务器来完成，该服务器接收单播地址解析请求，并对请求做出应答。卫星终端在进行网络注册时，会获得该服务器的链路层地址。

此外，地址解析数据库可以分布于若干服务器中，而不是一个集中式的服务器。这种方法具有更好的灵活性，因为它允许在同一条卫星链路上存在多个网络运营者，并允许地址解析报文穿过众多网络运营者。

例如，在图 3-11 中，ST1 要向 ST2 发送数据报。ST1 只知道 ST2（x）的 IP 地址，而不知道它的链路层地址。因此，ST1 向地址解析服务器发送一个单播地址解析请求（该请求是通过中央站传给服务器的）。服务器将会处理这个请求，并向 ST1 发送包含 ST2 链路层地址的响应。然后，ST1 将收到的地址解析结果缓存起来，利用 ST2 的链路层地址向 ST2 发送数据报。

卫星网络中使用的链路层地址（或标识）类型非常重要，因为它对二层开销和 S-ARP 信令交换负载影响很大。这类地址类似于以太网 MAC 地址、ATM VPI/VCI 或 MPLS 标记。在该地址和 MAC 层 PDU 格式中目前使用的标志域（如为 ST 设置的 VPI/VCI）之间需要有直接的映射关系。链路层地址还应该使星上处理模块在实现报文交换时易于处理。

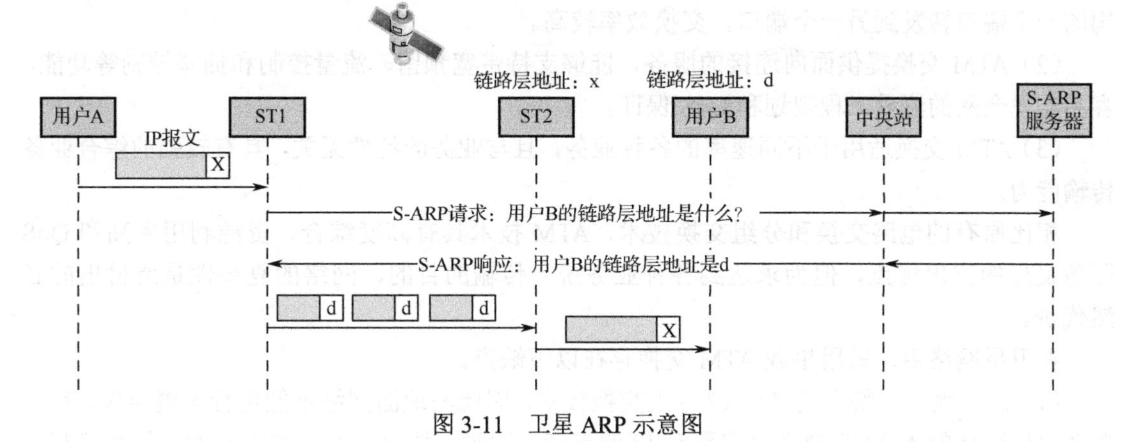

图 3-11 卫星 ARP 示意图

此外，还可以采用另一种链路层标记方式，就是使多个卫星终端发送和接收数据时共享同一个二层标识，这个标识可以映射到 VPI 或 MPEG PID。只要终端能够支持 IP 报文过滤，那么多个终端发送和接收时共享同一个标识就可以实现一种无连接的传输模式，从而减少信令开销，避免复杂的信令处理。而且，该方式还能够提供多源多播的能力。即使卫星终端不具备第三层功能，同样的标记和 S-ARP 方法仍然适用。

2. 卫星 IP 交换

目前，互联网中采用的交换方式主要包括电路交换和分组交换。

电路交换在两个用户之间建立实际的物理链路，信息除了具有在链路上的传输时延，不存在其他时延，因此适合于传输实时性很强的连续型信息，能够提供相对较高的QoS。但是从带宽的利用率来看，对于突发的数据流，电路交换由于采用固定的带宽分配，缺乏灵活性，会导致很大的带宽浪费，而且对每个新建立的电路需要重新配置地球站的时/频分配。

分组交换的优点是适合数据通信，尤其是满负荷情况下效率高，在信道资源利用率、用户业务汇接和速率适配、便于星际路径切换等方面比电路交换更具优势。但实现复杂，对星上设备要求高，而且对突发性用户业务QoS保障能力不够。

考虑到地面终端IP等分组业务不断增多以及星上实现IP技术逐渐成熟，我们重点讨论三种主要的交换方式：ATM交换方式、IP交换方式、MPLS交换方式。

1）ATM交换方式

星载 ATM 交换曾是被广泛认可的适合在卫星网络中采用的交换体制，很多系统（如Spaceway、Astrolink）中都采用ATM交换体制。ATM交换是一种基于信元的快速交换技术，数据被封装在53字节的信元中进行传输；ATM交换提供面向连接的服务，通过虚电路（VC）传输数据，即数据流每次都经过相同的路径，需要复杂的信令支持。ATM技术是电路交换技术和分组交换技术的有机结合，充分发挥了电路交换和分组交换技术的优点，采用定长分组交换技术，使ATM技术具备从实时的话音信号到高清晰度电视图像等各种业务的高速综合传输能力。也就是说，ATM在信息格式和交换方式上与分组交换方式类似，而在网络构成和控制方式上又与电路交换类似。

在卫星网络中，采用星载ATM交换具有以下优点。

（1）ATM交换是基于信元的，其长度固定，没有复杂的信头解析，信元只需要从交换结构的一个端口转发到另一个端口，交换效率较高。

（2）ATM交换提供面向连接的服务，能够支持带宽预留、流量控制和拥塞控制等功能，容易实现全网的流量工程规划和QoS保证。

（3）ATM交换适用于不同速率的各种业务，且与业务的特性无关，具有较强的综合业务传输能力。

相比原有的电路交换和分组交换技术，ATM技术具有高度综合、资源利用率高和QoS服务良好的突出优点，但为求达到各种业务统一传输的目的，网络的复杂性是所付出的必然代价。

在卫星网络中，采用星载ATM交换存在以下缺点。

（1）由于地面网络广泛采用IP分组交换技术，因此与地面网络不能进行无缝连接，有必要在卫星网络的ATM交换之上实现对IP的支持；同时，协议复杂，与现有的卫星协议和网间接口协议存在很大不同，因此星上设备的工作增加。

（2）由于卫星网络拓扑的动态变化，使得在一次通信过程中可能存在链路切换问题，需要重新选择路由。这样会产生剧烈的时延抖动，不能保证QoS质量。

（3）ATM不能很好地支持组播，如果存在多个用户同时进行通信的组播业务，由于ATM是基于虚电路进行交换的，需要为每一对用户建立一条双向虚电路，因此会造成大量的资源浪费。

（4）要兼顾到信息速率、跳速、编码块等众多因素的要求，53字节的信元很难适配到物理信道上，例如，对于512kbps和2Mbps的信道，通常基本时隙划分是无法满足ATM信元适配要求的。

因此，考虑到卫星信道的特点，直接将ATM信元应用在卫星信道上，不仅效率低而且信元丢失率也较高，需要进行修改。

2）IP交换方式

随着Internet的飞速发展，IP在地面网络中的应用已无处不在，为了与地面Internet进行融合，卫星网络IP化已成为发展趋势，因此，星载IP分组交换受到了人们的广泛关注。与星载ATM交换技术不同的是，在卫星链路上可以直接装载IP分组，而不是ATM信元。目前，卫星链路层接入广泛采用时分复用（TDMA）或多频时分复用（MF-TDMA）方式，在TDMA帧中可以直接封装IP分组。

因此，在星载IP交换结构中，经过对卫星链路载波信号的星上处理，可以获得IP分组，并根据分组的目的IP地址，查找路由转发表，确定目的输出端口。这样，通过交换结构，就可以将IP分组转发到相应的目的输出端口。

在卫星网络中，采用星载IP交换具有以下优点。

（1）可以方便地与地面网络进行互联。把地面网络和卫星网络分别看成一个自治域，每个自治域有独立的编址方式和路由协议，进行通信时只需在边界处运行边界网关协议。

（2）网络的可靠性和灵活性强。由于采用IP分组交换，卫星网络节点可以根据卫星网络拓扑结构的变化实时更新路由表，动态选择最佳链路，当某条卫星链路中断或者拥塞时，可以切换到其他链路把分组转发到目的卫星节点，适合网络拓扑结构不断变化的卫星网络。

（3）可支持基于IP的Internet组管理协议IGMP，能够在卫星网络中很容易实现组播。

在卫星网络中，采用星载IP交换技术也存在如下一些问题。

（1）由于卫星的路由处理能力有限，卫星在接收到IP分组后，需要检测IP头，查找路由表，才能进行转发，因此会影响内部路由速度。

（2）有限的星上存储空间和处理能力难以完成大量路由表的更新和维护。

（3）由于IP分组提供尽力而为的服务，没有提供很好的QoS保证，必须通过上层协议，如区分服务类型（DiffServ）来实现QoS。

3）MPLS交换方式

多协议标签交换（MultiProtocol Label Switching，MPLS）是一种面向连接的、基于标签的交换技术，它采用分组转发的机制，MPLS是IETF推出的一种新的交换技术，旨在将高性能的ATM交换技术与灵活的IP路由技术相结合。它继承了ATM交换基于短标签快速交换的优点，克服了ATM中复杂的控制信令问题，用标签来标记IP分组，而标签的分配由IP路由协议来决定，较好地将第三层路由控制与第二层分组转发分离，是基于一体化IP协议的下一代地面网络（NGN）的核心技术。

在卫星网络中采用星载MPLS交换，构建星地一体化MPLS网络体系，可以方便地与地面NGN进行有机融合。当IP分组进入卫星MPLS网络时，卫星MPLS边界交换路由器（LER）为其分配一个用于交换的标签，并标识出转发等价类（Forward Equivalence Class，FEC）。FEC是指以相同方式进行转发的IP分组集合，它们在MPLS网络中具有相同的转发路径和QoS特性，卫星MLPS网络中的核心——标签交换路由器（LSR）——根据标签进行分组的快速转发，具有相同标签的IP分组在随后的LSR中直接在L2层进行交换，而无须在L3层进行重复的路由选择，减少了星上处理开销；当链路失效、链路拥塞或者因卫星移动而引起链路切换，需要进行重路由时，可以将打上标签的IP分组从L2交换切换到L3进行转发，待重路由完成后，再按照新的路径进行转发，因此，可以大大减小时延抖动。

在卫星网络中采用星载 MPLS 交换具有以下优点。

（1）能够保证卫星 MPLS 网络的灵活性、可扩展性。

（2）采用面向连接的服务方式，可以提供诸如星载 ATM 技术的高速性能、QoS 保证能力、流量控制功能。

（3）可以与各种地面网络进行互联互通，真正实现星地一体化网络。

（4）提供综合的业务平台，满足不同类型终端、不同特征业务的接入及传输要求。

（5）便于实现流量工程，能更好地适应多变的环境。

目前，IETF 对 MPLS 在很多方面制定了标准，详细描述了 MPLS 体系结构、基本原理、应用、标签分发协议、流量工程、故障恢复等内容。

表 3-3 从数据传输单元、与地面网络融合性、网络灵活性、实现复杂性、QoS 保证等性能方面对星载 IP、ATM、MPLS 三种交换技术进行了比较。但是，对于卫星网络环境而言，由于通信环境的特殊性，需要在很多方面对协议进行修改，如标签的定义和处理、标签分发协议设计、组播的支持、与地面网络的互联等。

表 3-3　三种星载分组交换技术比较

性能	星载 IP 交换	星载 ATM 交换	星载 MPLS 交换
数据传输单元	IP 分组	信元	IP 分组、信元、MAC 帧
地面网络融合	较好	较差	一般
网络灵活性	较好	较差	一般
实现复杂性	中等	简单	中等
服务方式	无连接	面向连接	面向连接
QoS 保证	提供（DiffServ）	提供	提供
支持组播	支持	不能较好地支持	支持
技术成熟性	成熟	成熟	不成熟

3. 卫星 IP 路由

路由是为报文确定要被发送到的下一跳节点网络地址（IPv4 或 IPv6）的过程。标准的 IP 路由协议允许使用多条路由，并利用“费用”值进行区分。相比之下，卫星路由是一种受限的路由过程，需要考虑卫星路径的特殊性。

卫星终端连接了卫星网络和用户所在的地面子网，而卫星网络通常由卫星运营商或服务提供商管理，与地面子网属于不同的子网，因此卫星终端需要实现 IP 路由功能以支持网络互联，或者至少应该支持静态路由，某些情况下还需要支持动态路由。

1）静态路由

通过卫星网络利用静态或默认路由转发 IP 报文的处理过程如图 3-12 所示。图中显示了连接到卫星终端的 PC 利用静态路由传输报文的情况。服务提供商在卫星终端中配置了一条静态路由，把要传输的目的地址与 SOHO 子网地址进行匹配，同时下一跳地址指向 SOHO 子网连接的卫星终端的网络地址。配置这些静态路由条目是通过网络控制中心（NCC）实现的，路由条目中包括目的 IP 子网地址、子网掩码等。当报文到达与 PC 相连的卫星终端的地面网络接口时，将会查找路由表。如果该报文要发向SOHO子网，则会选择NCC配置的那条静态路由。

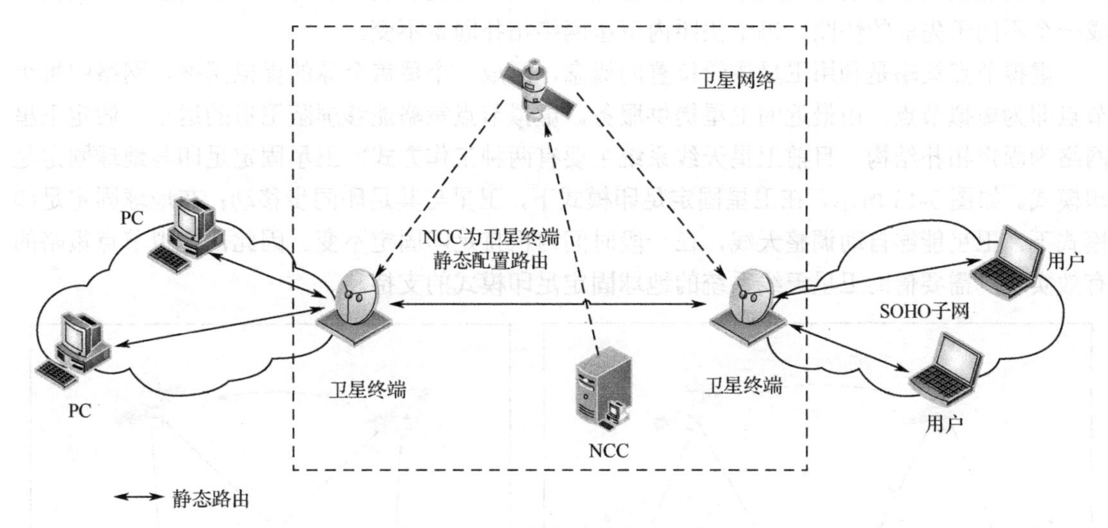

图3-12　卫星静态路由实现示意图

2）动态路由

利用动态路由，卫星终端的转发表可以通过路由协议进行动态配置和更新。这就需要每个卫星终端都实现路由协议，这样它们就可以在卫星链路上交换路由信息，添加或更新它们的路由表。每个卫星终端都会通过卫星链路将其通过地面链路能够访问的目的地告知其他节点。

然而，这里的路由协议需要慎重选择，应重点考虑以下问题：

- 卫星网络环境下协议的性能；
- 根据卫星终端是否属于同一个自治系统来确定使用何种内部网关协议，如OSPF、RIP、IS-IS或外部网关协议，如BGP。

当报文进入卫星终端的地面接口时，需要查找路由表。如果目的地址与其中某个路由条目相匹配，报文就会发到相应的下一跳，否则它们会被发送到默认的下一跳。

3）星上路由

如果将IP路由器放在太空中，那么将允许卫星网络利用标准的路由算法与全球互联网进行互联互通。

在GEO卫星网络中，通常一颗卫星即可覆盖广阔的区域，由此形成单个子网，因此卫星网络内部不需要进行路由。

在星座系统中，由多颗卫星构成一个子网来覆盖全球，因此，星座卫星网络中需要实现路由功能。在同一个轨道面的卫星之间，链路关系是固定的，但是在不同轨道面卫星间的链路关系是动态变化的。由于在轨道上所有卫星的位置是可以预知的，因此可以利用这种可预测性动态更新星上路由表，提高路由算法的性能。

基于这一特点，星座网络的路由通常采用拓扑控制策略来屏蔽网络拓扑的动态性，针对静态的拓扑进行路由计算。目前，卫星网络的拓扑控制策略主要包括虚拟拓扑策略、虚拟节点策略和覆盖域划分方法。

虚拟拓扑策略是对卫星网络的动态拓扑进行离散化处理，将一个系统周期 T 划分为若干时间片，星间链路的变化只在固定的时间点发生，这样就可以假设每个时间片内卫星网络拓扑不变。快照概念就是这类策略的典型代表，当星间链路临时断开或重新连接时，就会形成一个不同于先前的快照，每个快照内卫星网络拓扑固定不变。

虚拟节点策略是利用卫星逻辑位置的概念，形成一个覆盖全球的虚拟网络，网络中每个节点即为虚拟节点，由最近的卫星提供服务。虚拟节点策略能够屏蔽卫星的运动，假定卫星网络为固定拓扑结构。目前卫星天线系统主要有两种工作方式：卫星固定足印与地球固定足印模式。如图 3-13 所示，在卫星固定足印模式下，卫星与其足印同步移动；在地球固定足印模式下，卫星能够自动调整天线，在一段时间内保持足印固定不变。因此，虚拟节点策略的有效实现，需要借助卫星天线系统的地球固定足印模式的支持。

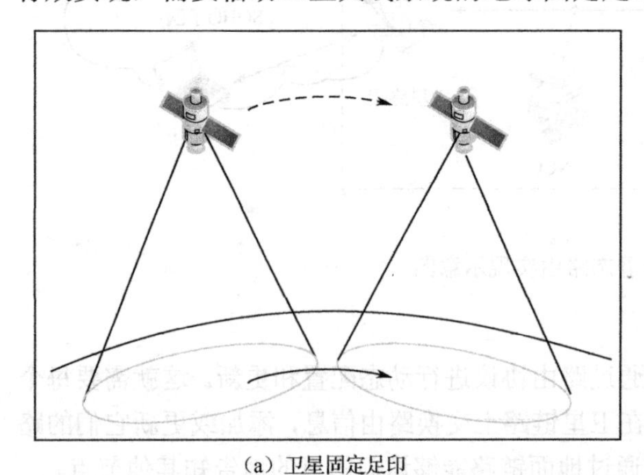
(a) 卫星固定足印

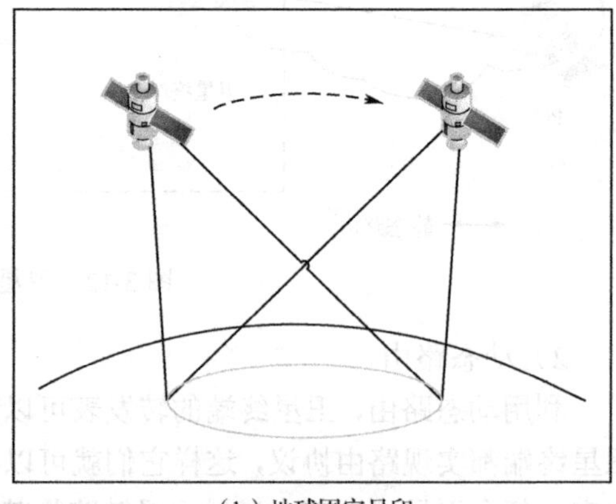
(b) 地球固定足印

图 3-13 卫星天线工作模式

覆盖域划分方法是将地球表面按等间距划分为多个蜂窝，每个蜂窝由最近的卫星提供服务。由于地球的自转与卫星的运动，采用该策略的每颗卫星需要更新网络的拓扑信息，源卫星在转发数据前，需要根据目的节点的地理坐标计算相应的目的卫星。该方法与基于虚拟节点策略的本质区别在于构建虚拟网络的模式，虚拟节点策略构建的虚拟网络独立于地球的自转，与地球的地理位置无关；基于覆盖域划分的策略将划分的地球区域形式化为虚拟的节点，构成与地球同步运动的虚拟网络。

卫星网络的拓扑控制策略直接影响到路由技术的设计，如果拓扑控制策略产生较多的拓扑变化，则不利于高效路由算法的实现。

3.6 卫星 IP 多播技术

卫星数字广播业务的成功推动了支持高速率互联网接入的卫星系统的发展。因此，人们很自然地想到通过在卫星网络中实现 IP 多播来充分利用卫星的广播能力。卫星网络可以成为源端、主干或目的端分支 IP 多播路由树的一部分，将 IP 报文转发到它们的目的端。图 3-14 表示了由 EU 5th 框架计划资助的 GEOCAST 项目中通过 GEO 卫星支持 IP 多播时使用的星状和网状拓扑。

3.6.1 IP 多播

IP 报文的传输方式包括三种：单播、多播和广播。单播是从单个源端传输数据到单个目的端，如从服务器下载 Web 网页到用户的浏览器，或者从服务器复制文件到另一个服务器；多播是从单个源端传输数据到多个目的端的通信，如视频会议，每个参会者都可以看作源端，在视频会议中向其他参会者进行多播；广播是从单个源端传输数据到一个区域（如局域网或卫星点波束）中的所有接收者。

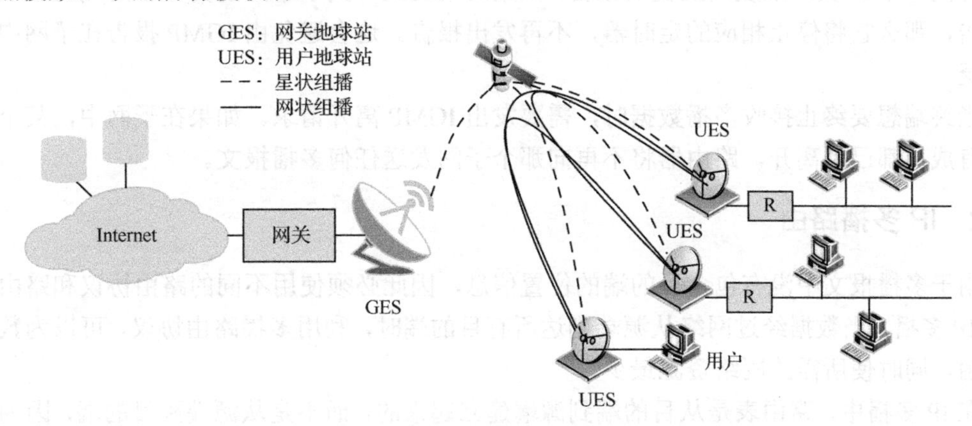

图 3-14　GEOCAST 系统中的星状和网状拓扑结构

多播允许通信网络中的源端节点同时向多个目的端发送数据，而实际上只将数据的一份副本发送到网络上。之后，网络将对数据进行复制，并在需要的时候将数据分发给接收者。因此，多播能够节省网络带宽，如果要将报文发送到 100 个接收者，源端只需进行一次报文发送。网络负责将该数据转发到所有目的端，只有在需要将报文发送到不同的网络链路时才对报文进行复制。这样，在网络的任意链路上都只有每个报文的一份副本，因此，总的网络负载与 100 个单播连接相比大大减小。这对资源受限、信道昂贵的卫星网络而言非常有利。此外，因为源端主机不需要维持到每个接收者的通信链路状态信息，因此还能够降低源端节点的处理负荷。

多播可以是尽力而为的传输，也可以是可靠的传输。尽力而为的传输不能保证多播源端发送的数据被所有接收者收到，通常是通过发送 UDP 报文到一个多播地址来实现的。可靠传输则意味着通过一些机制，来保证多播传输的所有接收者都收到源端发出的所有报文，因此这就需要利用可靠的多播协议来保证。

通常，单播 IP 报文在其 IP 首部中包含了源地址和目的地址，路由器根据目的地址将报文从源端发送到目的端。这种处理机制不适用于多播传输，因为数据源端可能并不知道何时、何地的哪一个终端希望接收到多播报文。因此，IP 地址空间中专门保留了一段地址用于多播，即从 224.0.0.0 到 239.255.255.255 的 D 类地址。与 A、B、C 类地址不同的是，多播地址并不关联于任何物理网络号或主机号，而只用于标识一个多播组，这个多播组就像一个无线信道，组中的所有成员都会收到发往该地址的多播报文，多播路由器使用该地址将 IP 多播报文发送到注册为多播组成员的所有用户，终端注册到多播组则采用 IGMP 协议。

为了高效利用网络资源，网络只向那些属于多播组的网络发送多播报文。主机或终端可以通过 IGMP 协议向网络提出接收多播组数据的请求。IGMP 协议支持三类消息：报告、查询和离开。

申请接收多播报文的终端可通过 IGMP 加入报告提出接收多播数据申请，在报告中指定想要加入的组的 D 类 IP 地址。这样，路由器就利用多播路由协议来确定一条到达源端的路径。路由器为了确认接收多播信息的终端的状态，有时会向所属网络中的终端发出 IGMP 查询报文。当终端收到查询报文时，将为其每个组成员身份（可能有多个）设置单独的定时器。一旦某个定时器超时，终端可发送 IGMP 报告来声明它仍然希望收到该多播组的数据。为了防止对同一个 D 类地址发出重复的报告，如果终端已经听到了本网的另一个终端对该组发出的报告，那么它将停止相应的定时器，不再发出报告。这会避免由 IGMP 报告在子网中产生的洪泛。

当终端想要终止接收多播数据时，需要发出 IGMP 离开请求。如果在子网中，某个组中的所有成员都已经离开，路由器将不再向那个子网发送任何多播报文。

3.6.2 IP 多播路由

由于多播报文中没有包含目的端的位置信息，因此必须使用不同的路由协议和路由表来实现 IP 多播。当数据经过网络从源端到达所有目的端时，利用多播路由协议，可以为数据确定路由，同时使所需的网络资源最少。

在 IP 多播中，路由表是从目的端到源端建立起来的，而不是从源端到目的端，因为只有 IP 报文中的源地址才对应到具体的物理位置。此外，也可以使用隧道技术在没有多播能力的路由器中支持多播。

IETF 开发了许多多播路由协议，其中包括 OSPF 的多播扩展（M-OSPF）、距离向量多播路由选择协议（DVMRP）、协议无关多播-稀疏方式（PIM-SM）、协议无关多播-密集方式（PIM-DM）和基于核心的转发树（CBT）。其中 DVMRP 和 PIM-DM 协议采用洪泛与剪除的方式，在这些协议中，当源端开始发送数据时，协议采用洪泛的方式将数据发送到网络中。没有多播接收者相连的所有路由器将向源端发回一个剪除消息（因为没有收到任何 IGMP 组加入申请，所以它们知道没有连接任何接收者）。这类协议的缺点是所有路由器都需要支持剪除状态，即使是那些在下游没有多播接收者的路由器。

洪泛与剪除协议使用反向路径转发（Reverse Path Forwarding，RPF）的方法从源端转发多播报文到接收端：RPF 接口是路由器用来发送源端单播报文的接口（图 3-15 显示了在地面网络中的情况）。报文到达 RPF 接口时，它将被洪泛到除已被剪除的所有其他接口，如果报文到达被剪除的接口，则将被悄悄地丢弃。这会保证洪泛的高效性，以防止报文循环。

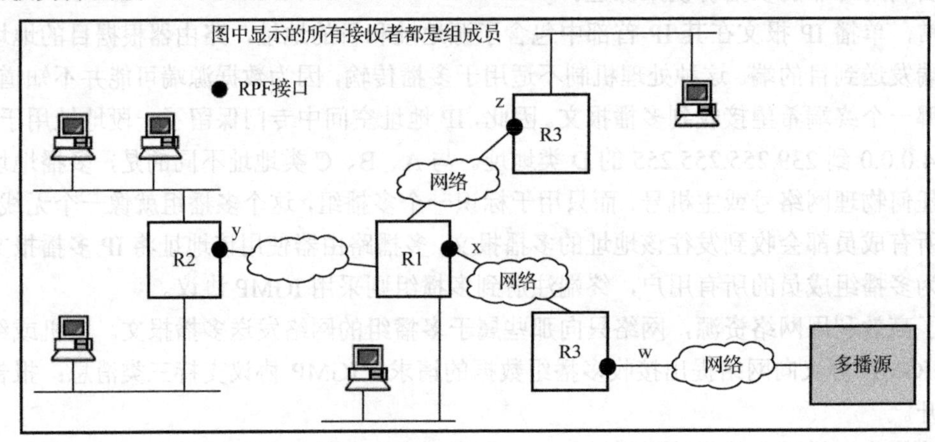

图 3-15 反向路径转发（RPF）在地面网络中的实例

为了防止多播报文在网络中的泛滥，可以采用受限多播（Multicast Scoping）机制，它通过利用 IP 首部的 TTL 域来控制多播报文的传输范围，告诉网络 IP 报文允许被传播的最远距离（路由跳数），IP 多播源端可以确定报文是否应被发送到本地子网还是更大的区域，或者整个互联网。每个路由器转发报文到下一跳时，都会将 TTL 减 1，如果 TTL 为 0，则报文被丢弃。在卫星网络中，即使 TTL 值很小，IP 多播报文也能够到达散布于广阔地理范围的大量多播组成员。

3.6.3　卫星网络中的 IGMP

在卫星网络环境中，多播组管理与受限多播机制相结合能够提供一种高效的方法，支持广域范围中用户的 IP 多播。但与此同时，将 IGMP 协议用于卫星网络环境时也存在其他问题，如互操作问题。

如前所述，在地面局域网中，多播组内用户发出的 IGMP 报告会被网内其他多播接收者收到，这样一来，网内其他接收者将不再发送 IGMP 报告，从而防止报告过多而导致的局域网泛洪。在卫星系统中，地球站之间可能无法直接通信，而系统中通常有大量的多播接收者（10^5 或 10^6 个），因此过多 IGMP 报告可能导致卫星网络中被大量 IGMP 数据流占用而引起泛洪。因此需要对 IGMP 协议和多播进行改进。这里介绍两种方法，以图 3-16 为例，图中上游网关地球站向多个用户终端发送多播报文，这些终端分别处于不同的卫星波束内，且各自连接不同的路由器。

（1）静态配置多播信道，使报文通过卫星链路传输到每一个下游路由器，而 IGMP 数据流只在路由器和用户终端之间传输，如图 3-16（a）所示。在这种情况下，多播报文总会被广播到所有路由器，而空中接口则没有 IGMP 报文传输。这种方法比较简单，但是当波束内的某个多播信道上没有任何接收者时，就会浪费稀缺的卫星信道资源。

（2）只有当某波束中存在一个或多个接收用户时，多播信道才会通过卫星链路传输多播报文（与传统的地面网络一致），如图 3-16（b）所示。在这种情况下，IGMP 消息需要通过空中接口进行传输，当网络上游路由器收到某个卫星终端为响应 IGMP 询问而发出的 IGMP 报告时，处理方式有两种：①上游路由器通过卫星向所有地球站重发 IGMP 报告，以避免泛洪；②其他收到 IGMP 询问的组接收者也需要发送 IGMP 报告，这时可能会导致网络泛洪。

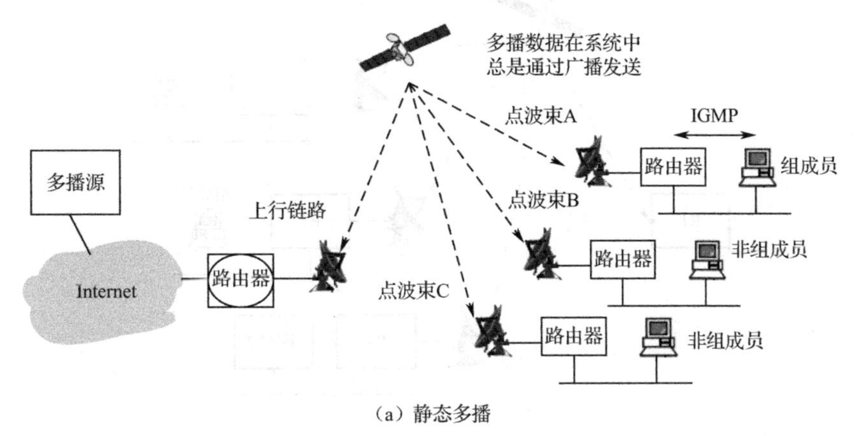

（a）静态多播

图 3-16　卫星上的 IGMP

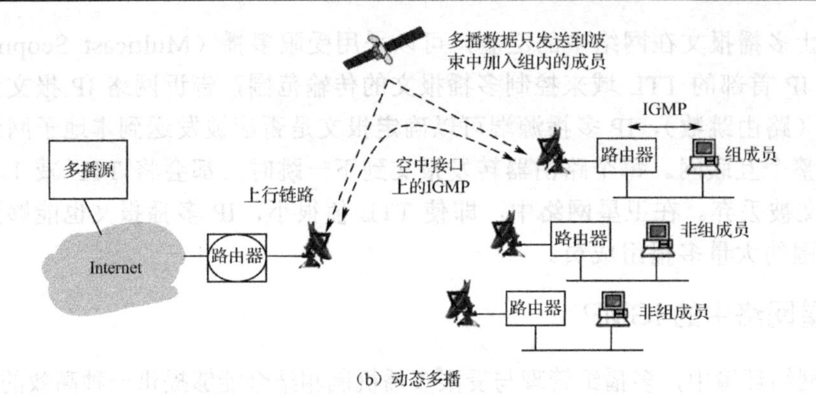

（b）动态多播

图 3-16 卫星上的 IGMP（续）

如果在网络中下游没有配置路由器来连接用户终端，则可以使用 IGMP Snooping 的方式将多播数据转发给组成员，以避免在空中接口传输 IGMP 数据流。

如果卫星系统允许动态地从任何用户发出多播，这时的系统将会很复杂。例如，对具有星上 ATM 交换能力的卫星系统，当允许 IGMP 消息重传时，可能需要为点波束内的每个地球站发起的数据传输建立单独的点到多点虚链路（VC）。

3.6.4 卫星网络中的多播路由协议

本节通过两个例子来阐述通过卫星传输的多播路由协议，二者都是基于多播内部网关路由协议。

在第一个例子中，我们考虑泛洪和剪除算法（如 DVMRP 或 PIM-DM 中的算法）。当数据源开始发送时，数据被泛洪到整个网络，如同图 3-15 所示的地面网络。在图 3-17（a）中，底层的数据链路层支持点到多点连接（如 ATM）。从源端发来的数据被正确地从路由器 R4 传输到路由器 R1、R2 和 R3。这需要多播组中每个源端都要有点到多点链路，在某些情况下，这会带来很大的网络开销，例如，当动态配置的多播组很大时，每个卫星终端都可以发送数据。另一方面，在图 3-17（b）中，数据源通过路由器 R4 发送数据到上游的网关路由器 R1；接着，R1 需要通过其 RPF 接口将数据泛洪回去，来完成到路由器 R2 和 R3 的多播。这种方式违背了一般的 RPF 算法原则，因此需要修改路由算法。

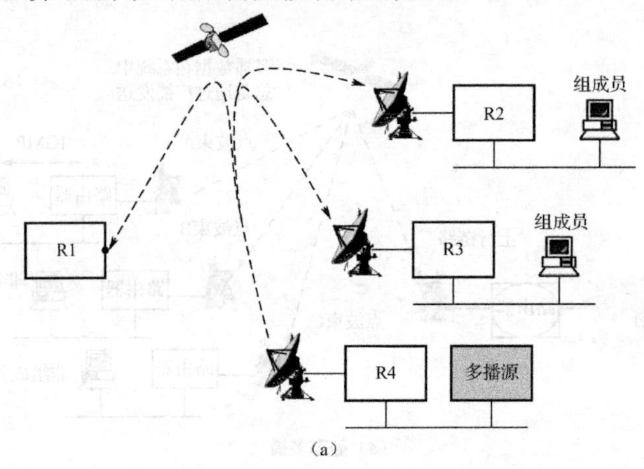

（a）

图 3-17 多播路由泛洪（两种方法）

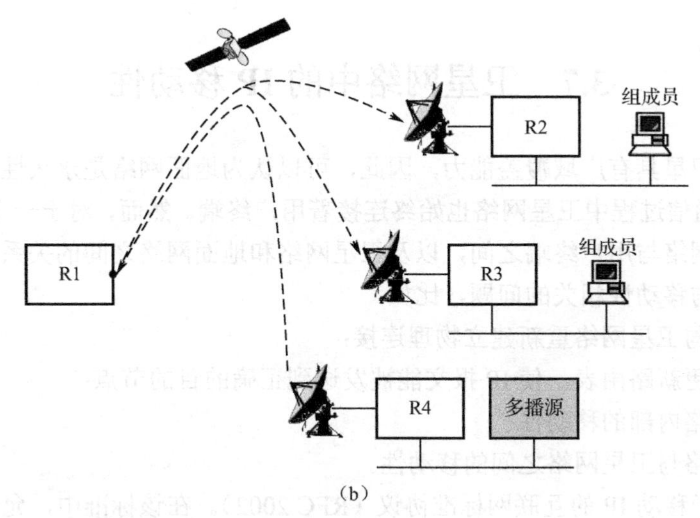

图 3-17　多播路由泛洪（两种方法）（续）

在第二个例子中，我们考虑 CBT 多播路由协议。该协议会创建一棵连接多播组接收成员的树。当源端发送数据给该组时，数据将被所有网络路由器转发，直到数据到达多播树的核心或树上的某个路由器。接着，多播树一方面将数据传到其下游的叶子节点，同时传回树的核心。因此，通常情况下，源端发来的数据到达树的某个位置后，多播树在两个方向上都会有数据流的传输。但需要注意的是，在具有地面返回路径的卫星网络中前向和反向路径是不同的，因此不适合使用这种双向多播路由协议。

3.6.5　卫星上的可靠多播协议

可靠的多播协议要保证从源端发出的多播数据被所有接收者正确收到，而且通常还要确保报文的按序到达和无重复传输。由于这类协议提供的是端到端服务，因此按照常规，可靠多播协议被认为属于 OSI 参考模型中的传输层。

高效多播是比高效单播更加复杂的问题。目前人们已经为各种特定应用开发了很多多播协议。这类应用包括：实时应用（要求低时延和可接受的丢包率）和多播文件传输（要求无丢包，但对时延不敏感），它们都有各自的多播服务需求。

卫星链路与地面链路的主要区别在于误码和往返时延，尤其是同步卫星系统。通常，卫星链路有较高的误比特率，与地面链路相比，其链路误码通常以突发的方式出现。因此，为了降低误比特率，卫星链路上通常使用特定的信道编码方式。卫星链路的这种误码特性会使得当有大量多播用户存在时，很有可能出现某个或多个接收者收不到数据的现象，因此，需要设计可靠的多播网络协议。

较大的往返时延（尤其是在同步轨道卫星环境中）对于实时双向通信会产生严重的影响（如电话会议或视频会议），同时也会影响诸如 TCP 这样的网络协议的运行。除此以外，还需要处理传输误码、应答和安全等问题。人们为在卫星网络中传输 TCP 数据流开发了很多技术，然而，在可靠的多播协议方面还未制定相应的标准机制。

总之，开发可靠的多播协议，并对它们在扩展性、吞吐量、流控和拥塞控制方面进行优化，对于地面网络和包括卫星链路在内的各种网络而言，都是研究人员正在着手进行的一项重要工作。

3.7 卫星网络中的 IP 移动性

由于 GEO 卫星具有广域覆盖能力，因此，可以认为地面网络是永久性地连接到同一个卫星子网上，在通信过程中卫星网络也始终连接着用户终端。然而，对于一个 LEO 星座卫星网络而言，卫星网络与用户终端之间，以及卫星网络和地面网络之间的关系是不断变化的，因此，可能存在与移动性相关的问题，比如：

- 有时需要与卫星网络重新建立物理连接；
- 需要实时更新路由表，使 IP 报文能被发送到正确的目的节点；
- 在卫星网络内部的移动性；
- 在地面网络与卫星网络之间的移动性。

本节讨论基于移动 IP 的互联网标准协议（RFC 2002）。在该标准中，允许移动节点使用两个 IP 地址：一个固定的归属地址（home address）和一个转交地址[①]，转交地址在移动用户的每个新接入点都会改变。我们采用以卫星为中心的观点，假设卫星网络是固定的，而地球上的所有用户终端和地面网络都在移动，如图 3-18 所示。

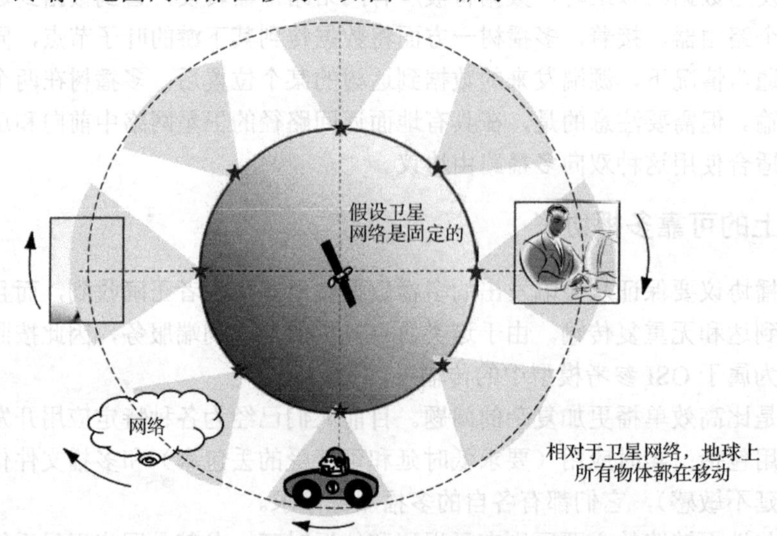

图 3-18 卫星固定而地球移动的网络示意图

在移动 IP 标准中，当移动节点从一个地点移动到另一个地点时，现有的传输层连接会被维持下去，而 IP 地址保持不变。目前使用的大多数互联网应用都基于 TCP 协议。TCP 连接可以通过一个四元组来标识：源 IP 地址、目的 IP 地址、源端口和目的端口。这四个元素中的任何一个改变了都会导致连接中断。另一方面，要将报文正确传送到移动节点当前的接入点，需要依赖包含在移动节点 IP 地址中的网络号，这个网络号在不同的接入点是不同的。

在移动 IP 标准中，归属地址是静态的，主要用于标识 TCP 连接。转交地址在每个新的接入点都会改变，可以认为它是移动节点在特定网络拓扑中的地址；它给出了网络号，标明了与网络拓扑结构相关的移动节点接入点。归属地址的使用使移动节点看起来能够连续不断

① 转交地址：是指移动节点移动到外网时从代理处得到的临时地址。

地从归属网络接收到数据，这需要在归属网络中设置一个称为归属代理（home agent）的网络节点。当移动节点不再连接到其归属网络（即连接到外地网络）时，归属代理接收所有发给移动节点的报文，并把它们发送到移动节点当前所在的接入点。

当移动节点移动到新地点时，将向归属代理登记新的转交地址。为了将报文从归属网络发到移动节点，归属代理将报文从归属网络传送到转交地址。后续传输需要利用转交地址对 IP 报文进行转换或重定向。当报文到达转交地址时，将执行相反的处理过程，这样报文的目的 IP 地址就又变回移动节点的归属地址。因此，当移动节点收到报文时，其中的地址是归属地址，因此能够被 TCP 协议正确处理。

在移动 IP 标准中，归属代理把报文从归属网络重定向到转交地址，这是通过构造一个新的 IP 报头实现的，而在这个报头中目的 IP 地址是移动节点的转交地址。新的报头将屏蔽或封装原始报文，这样在将封装后的报文传送到转交地址的整个路由过程中，不会对移动节点的归属地址产生任何影响。这个封装过程也称为隧道过程，它替代了通常的 IP 路由过程。

因此，移动 IP 标准主要包括以下三个独立的处理机制。

（1）转交地址的发现：代理公告（agent advertisement）和代理请求（agent solicitation）（RFC 1256）。

（2）转交地址的注册：当移动节点进入某个外地代理的覆盖区时，启动注册过程，发送携带了转交地址的注册请求。当归属代理收到请求时，将必要的信息加入路由表中，同时批准请求，返回注册应答给移动节点。此外，注册过程还要利用 MD5 进行鉴权（RFC 1321）。

（3）将报文通过隧道传输到转交地址：所有的移动代理必须支持默认的封装机制，这种机制就是 IP-within-IP（隧道）。（最小封装比隧道机制稍复杂些，因为原始 IP 首部是通过将隧道首部信息与内部的最小封装首部信息相结合来重建的，这种封装方式能够减少首部开销。）

3.8　主要的卫星 IP 标准和系统

多年来，IP 和多媒体技术在卫星中的应用始终是一个研究热点。ITU-R 第四研究组于 1999 年 4 月在瑞士日内瓦举行了 WP4A、WP4B、4SNG、SG4 会议。在 WP4B 会议上，IP 和多媒体技术在卫星中的应用作为新技术课题的提案首次被通过，这对宽带卫星通信系统的发展具有重要影响。参加这次大会的相关人士认为，IP 很有可能成为未来主要的通信网络技术，大有取代曾占主导地位的 ATM 技术的势头。其中的关键技术包括卫星 IP 网络结构、支持卫星 IP 运行的网络层和传输层协议、IP 及能提高卫星链路性能的高层协议的改进、IP 安全协议对卫星链路产生的影响等。这些技术如果能与地面 IP 网络兼容，则会直接影响卫星通信业务的发展。

随着移动 IP 技术的快速发展，蜂窝 IP、动态源路由等协议的出现使卫星网络采用 IP 技术作为其通信协议成为可能。NASA 的 OMNI 项目（Operating Missions as Nodes on the Internet）设计并验证了一种适用于未来航空应用的端到端通信的 IP 协议结构。该体系结构基于以太网实现 IP 协议，与目前流行的 TCP/IP 网络协议栈的实现方案非常类似。此外，Cisco 公司的 CLEO 计划也初步证明了 IP 技术在卫星系统中实现的可行性。

美国和欧洲国家从2000年开始陆续对能够支持IP技术的宽带卫星通信系统进行了研究，

这些系统能够在卫星网络中直接提供 IP 服务，尤其是 IPv6 服务，目的是使未来的宽带卫星系统为用户提供高效的全球宽带接入。

3.8.1 IPoS 标准

1．系统概述

IPoS（IP over Satellite）是美国电信工业协会（Telecommunication Industry Association，TIA）于 2003 年批准的一项美国电信联盟标准（TIA-1008），是通过双向卫星信道专门提供 IP 宽带服务的唯一行业标准。2006 年对该标准进行了一次版本修订，2012 年又进行了全面更新。

该标准详细说明了利用 Ku 频段同步轨道卫星在中心站（中心站还负责连接卫星网络和 Internet 或广域网服务提供商的网络运营中心）和卫星终端之间传输 IP 报文的分层体系结构和协议。目前，IPoS 已被应用在 30 多万台卫星终端（占卫星终端市场的 70%左右）中。

IPoS 系统提供“永不离线”的 IP 服务，面向家用、SOHO 和商用市场。提供的主要服务是宽带互联网接入（电子邮件、Web 浏览和文件传输等应用）和广域网络服务。通过 IPoS 系统还可以提供音频/视频流和远程教育等 IP 多播业务。

当使用远程终端的用户发出通信请求时，在远程终端到卫星的入端信道上使用 IPoS 标准，兼容 IPoS 标准的接收设备收到 IP 报文请求后，将其转换为射频信号，然后将数据传送给卫星。

IPoS 在终端用户和卫星之间建立一个独立于卫星系统的服务接入点（SI-SAP），提供了开放的服务平台。SI-SAP 是独立于卫星功能和应用层的一个定义明确的接口，该接口能够使 IPoS 方便地进行扩展。

对应用开发者和用户而言，IPoS 的传输架构处于 SI-SAP 和 IPv4 之下。这就使用户开发的应用能够不受传输技术变化的影响。在 IPoS 上运行的应用和增值服务基于 IP 平台，这样简化了升级过程，增加了系统的可移植性。

该标准具有与地面 IP 网络的互操作性，简单易行，具有可扩展性和通用的适应性，同时易于配置，具备全面的管理能力。

下文描述系统和远程终端的功能和业务特点，以及远程终端和中心站之间卫星接口所采用的协议体系结构。这些终端为用户提供了访问 IPoS 系统所提供的业务服务和功能的手段，用户数据和信令信息在远程终端和中心站的不同功能层次之间进行传输。

2．网络体系结构

IPoS 标准基于星状卫星网络，如图 3-19 所示，主要包括下面三个部分。

1）Hub 段（Hub Segment）

该段支持大量远程终端通过卫星的 Internet 接入。包括大型的中心站和相关设备，所有数据流将通过这些设备进行传输。Hub 段可进一步分为：

（1）IPoS 中心站：一种大型的地球站，该站支持大量终端的通信。中心站位于某个特定位置，可以访问多颗卫星的空间段资源，并且利用集中式数据库进行配置和管理。

（2）IPoS 网络管理中心（NMC）：一个单独的管理中心，与 IPoS 中心站配合来管理整个 IPoS 系统。NMC 直接管理中心站和各个终端，它是 IPoS 系统内部的重要组成部分。

（3）IPoS 后端系统：包括路由器、防火墙和 DNS 等，它们提供 IPoS 和外部公共网络（如 Internet）之间的接口。

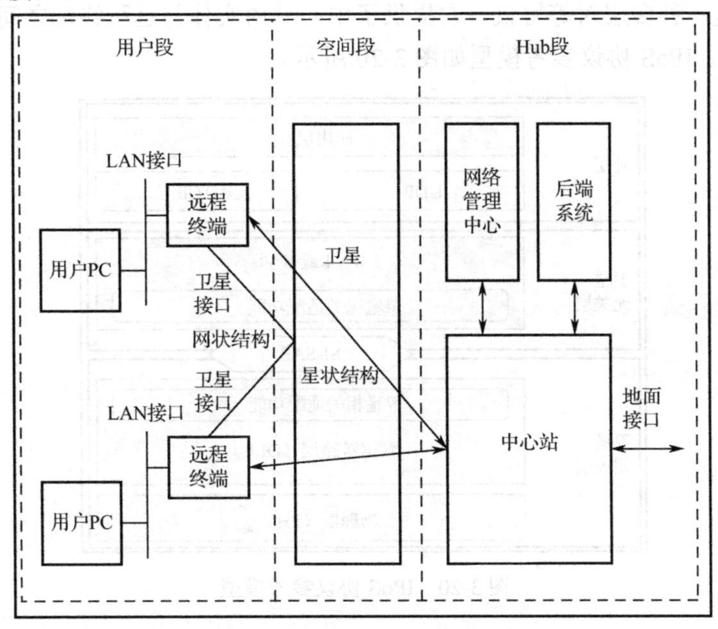

图 3-19　IPoS 系统体系结构

2）空间段

空间段包括同步轨道卫星上的弯管式转发器，它提供了中心站和远程终端之间的双向数据传输。除了一些物理层需求（包括无线频率参数等），IPoS 系统参数和处理过程与卫星转发器使用的频段无关。IPoS 物理层接口假设 IPoS 业务使用 Ku 频段商用卫星。

3）用户段

通常，IPoS 用户段包括上千个用户终端，每个终端能够提供到远端的宽带 IP 通信。该标准中的用户终端也称为远程终端。

3．网络接口

IPoS 系统的主要接口包括：

（1）终端 LAN 接口：用户主机或 PC 与远程终端之间的接口，终端 LAN 接口采用以太网协议，该协议不属于 IPoS 标准部分。

（2）IPoS 卫星接口：远程终端与中心站之间的接口，用于交换用户、控制和管理信息。该接口也称为空中接口，是 IPoS 标准关注的主要焦点。

（3）中心站地面接口：中心站和主干网之间的接口，连接中心站和外部的报文数据网、Internet 或私有数据网。中心站地面接口采用 IP 协议，该协议不属于 IPoS 标准部分。

IPoS 卫星接口在不同传输方向上存在以下差异。

（1）出端（Outroute）方向，从 IPoS 的中心站到用户终端，是在所有分配给出端的载波带宽上进行广播。由于 IPoS 的出端可以复用多种传输方式，因此报文会传给很多远程终端。

（2）入端（Inroute）方向，从远程终端到 IPoS 的中心站，采用点到点传输方式，传输中可以使用中心站分配给远程终端的带宽资源，也可以基于争用机制使用所有终端共享的带宽资源。

4. IPoS 协议参考模型

IPoS 协议是一种多层对等协议，它提供了中心站内实体与远程终端之间 IP 数据和信令信息交换的机制。IPoS 协议参考模型如图 3-20 所示。

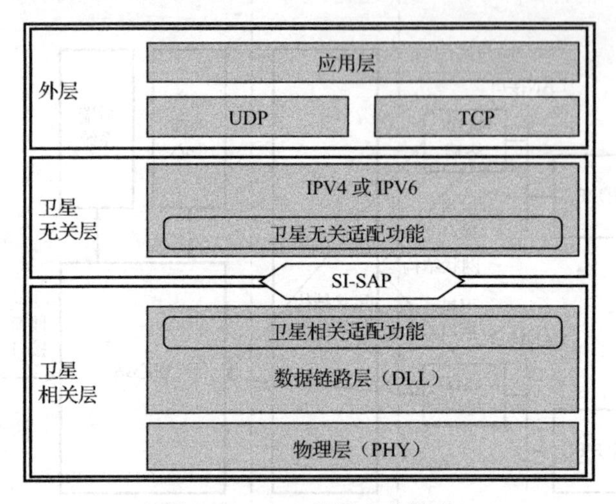

图 3-20 IPoS 协议参考模型

协议体系结构中对依赖于卫星的功能和与卫星无关的功能进行了分割，这两部分功能之间通过接口 SI-SAP 进行联系。之所以这样分割，主要原因是：

- 将与卫星有关的部分和与卫星环境无关的高层分割开，可以满足未来市场发展的需要，尤其是 IP 业务发展和扩充的需要；
- 有利于增加一些复杂的处理部分（如 PEP），提高系统的灵活性；
- SI-SAP 以上的部分易于被移植到其他新的卫星系统中；
- 无须对现有系统设计进行较大的修改就可以进行扩展，以支持新的高层功能。

SI-SAP 位于 ISO 分层模型的数据链路层和网络层之间。SI-SAP 接口以上部分在设计时可以不支持卫星链路层的特定信息。系统与卫星无关的部分具有通用性，可以包括一些没有在 IPoS 中说明的业务，如 IntServ、DiffServ 和 IPv6。

IPoS 协议中的接口根据平面、协议分层和传输方向三个层面来划分和部署。其中有三个协议平面：

（1）用户平面（U 平面）：提供通过卫星接口可靠传输用户信息的 IP 数据流所需要的协议。

（2）控制平面（C 平面）：包括信令协议，这些协议用于支持和控制卫星接入连接和传输用户数据所需要的资源。

（3）管理平面（M 平面）：处理与管理有关的部分功能，如用户计费、性能管理、告警等，还负责传输与远程终端启动有关的消息。管理平面属于该标准之外的范畴。

IPoS 协议中的每个平面在逻辑上又分为三个协议子层，这些协议子层用于将整个系统功能进行分解，将功能分为同一个抽象层次内的若干功能组。

（1）物理层：提供与调制、信息差错控制、接口的信令传输有关的底层功能。

（2）数据链路层：提供多个数据流的复用和可靠高效的传输服务。

（3）网络适配层：控制用户对卫星的接入，控制这些接入所需要的无线资源。

图 3-21 显示了在 U 平面和 C 平面的 IPoS 接口协议划分情况。整个协议栈将 IPoS 中心站和远程终端之间的特定底层协议与 IP 层和端到端的高层协议完全分离。

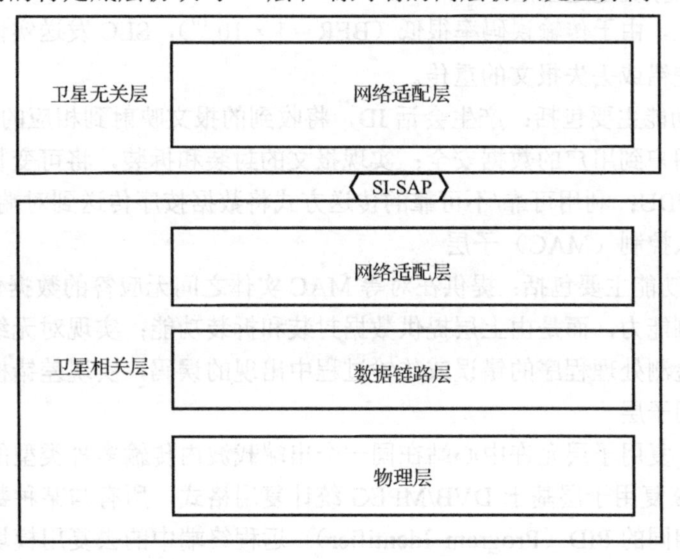

图 3-21　U 平面和 C 平面的协议栈

5．分层功能划分

如前所述，IPoS 体系结构按照功能层次划分，分为三个协议子层：物理层、数据链路层和网络适配层。这里将阐述其中的网络适配层和数据链路层。

1）网络适配层

网络适配层主要提供以下功能。

（1）IP 报文传输：主要完成根据报文类型、应用类型、目的地址和内部配置来确定 IP 报文业务类型时所需要的功能。

（2）数据流管理：将 IP 数据包提交给 IPoS 传输之前，提供对数据流的管理功能。

（3）PEP：为改善卫星链路的传输质量，该功能模块用于提高某些应用的性能，尤其是可以减轻由于卫星链路时延和误码导致的 TCP 应用在吞吐量方面的性能恶化。在 IPoS 中使用 PEP 是可选的，它通常位于中心站，对端到端的 TCP 传输进行分割，并作为虚拟的 TCP 发送或接收者，为了与 IPoS 卫星链路特性相匹配，PEP 通常会被定制。

（4）多播代理服务器：该服务器使 IP 多播协议（如 PIM-SM）能够适应 IPoS 传输服务的需求，以提供多播服务。

需要说明的是，网络适配层不属于 IPoS 空中接口规范的部分。

2）数据链路层（DLL）

DLL 提供在 IPoS 网络上实际的传输服务，可分为三个子层：卫星链路控制（SLC）子层、媒体接入控制（MAC）子层和出端复用子层。

（1）卫星链路控制（SLC）子层

SLC 子层负责在远程终端和中心站之间的报文传输。IPoS 支持在出端和入端方向上采用不同的传输方式。

在入端方向上，利用选择性重传机制提供可靠、无误码的传送方式，SLC 接收实体只会把没有误码的数据报文送达上层。

在出端方向上，由于传输误码率很低（$BER = 1 \times 10^{-10}$），SLC 发送实体对每个报文只传输一次，不提供差错或丢失报文的重传。

SLC 子层的功能主要包括：产生会话 ID，将收到的报文映射到相应的会话；对 IP PDU 进行加密，实现用户到用户的数据安全；实现报文的封装和拆装，将可变长度的高层数据报文封装为较小的 PDU；利用可靠/不可靠的传送方式将数据按序传送到对端。

（2）媒体接入控制（MAC）子层

MAC 子层的功能主要包括：提供在对等 MAC 实体之间无应答的数据传输服务，该层不具备任何数据分割能力，而是由上层提供数据封装和拆装功能；实现对无线资源和 MAC 参数的重新分配；检测处理程序的错误或传输过程中出现的误码，实现差错检测。

（3）出端复用子层

在出端方向，复用子层允许中心站在同一个出端载波内传输多种类型的数据流、不同的程序或服务。IPoS 复用子层基于 DVB/MPEG 统计复用格式，所有与某种数据流类型有关的帧或报文都具有相同的 PID（Program Identifier）。远程终端中的去复用模块可以将出端复用流拆分为特定的数据流，并且通过过滤只接收那些与本终端 PID 匹配的数据流。

6. 控制平面中的处理过程

控制平面（C 平面）提供了一系列处理过程，用来在远程终端和中心站之间的数据交换过程中提供带宽和相关的控制支持。

1）信息接收

远程终端必须获得用于数据传输的入端载波频率信息，以及这些信道相关的数据速率和编码方式，才能向中心站发送信息。

IPoS 通过将 IPoS 入端信道分为若干入端组，提供自动入端负载均衡能力，为用户提供较高的信道可用性。中心站周期性地在出端方向为远程终端广播入端组信息，这些信息表明了入端信道的分组方式，包括与 IPoS 出端信道有关的入端组的突发时长方案，该方案提供给远程终端的信息包括：

- 允许远程终端发送信息的入端频率和突发类型；
- 突发的持续时长和位置。

中心站同时向终端广播其所有入端组的数据负载级别；远程终端利用数据负载信息选择负载最小的入端组。

此外，IPoS 远程终端也可以根据广播信道传来的负载信息改变这些入端组，远程终端始终监测广播信道信息，以获得可用的入端组和在每个入端组中可用的资源信息。

2）认证

IPoS 系统中不需要对终端进行认证，终端的合法标识通过其在出端信道接收消息的解密能力来验证，出端信息中包括了对用户信息进行解密的密钥。为此，安装在终端上的主密钥（Master Key，MK）必须与中心站用于创建加密密钥使用的主密钥相符。未经认证的终端将不会有与认证终端相同的主密钥数据，因此它们无法对出端数据进行解密。

远程终端同时监测所有入端组的入端组定义（IGDP）消息。当它们需要进入激活状态时，会根据负载信息选择一个新的入端组。如果在新的入端组激活，远程终端就需要在两个入端组（新的和以前的入端组）同时监测带宽分配消息（BAP），直到收到所有 BAP 或者发生丢包为止。这项技术的优点在于：如果某个入端组的信道出现故障，IPoS 终端会自动探测到故障（包含入端组的 IGDP 信息消失），并自动切换到新的组。

3）编址和路由

IPoS 与地面网络的连接基于 IPv4 地址，未来还将支持 IPv6 地址。而 IPoS 系统内部则采用一个静态 IP 地址集合，该集合既支持互联网地址，也支持内部子网地址，该内部地址使每个远程终端的地址与一个全局的中心站地址相关联。中心站实现全局 IP 和内部子网地址之间的转换（NAT）。

当 IPoS 系统配置远程终端时，会在远程终端启动时为其分配一个静态 IP 地址。只要远程终端在 IPoS 系统中运行，分配的 IP 地址就保持不变。远程终端分配的 IP 地址是外部公网主机与 IPoS 终端通信时使用的目的 IP 地址；当中心站收到外部 IP 报文时，报文中将包含这个目的 IP 地址，它指明了连接到中心站的远程终端。当远程终端想要与系统外部的主机联系时，则将目的主机的 IP 地址包含在它发往中心站的 IP 报文数据负载中。接着，中心站在向地面网络发送 IP 报文时，会在报文首部填入外部主机的目的 IP 地址，并进行封装，这样，报文就能够被传送到正确的目的主机了。

IPoS 系统内部不使用 IP 地址进行路由，而是使用内部 MAC 地址，通过一种二层路由机制来实现 IPoS 内部的用户标识和路由。系统在终端注册时为其分配内部 MAC 地址，并将外部 IP 地址和其内部 MAC 地址之间的关联存储在中心站。

当中心站接收到要传给终端的 IP 报文时，中心站负责完成终端 IP 地址与其内部 MAC 地址之间的映射。从入端方向到达中心站的 IP 报文包含了某个终端的 IP 地址，中心站将其封装在一个包括终端内部 MAC 地址的 PDU 中，在 IPoS 系统内进行传输。

利用内部 MAC 地址可以实现 IPoS 系统内的三种连接方式：

- PtP（点到点）：内部 MAC 地址为单播地址，实现从中心站到单个 IPoS 终端的数据传输；
- PMP（点到多点）：内部 MAC 地址为多播地址，实现从中心站到一组 IPoS 终端的多播传输；
- 广播连接：内部 MAC 地址为广播地址，用于从中心站向系统中所有 IPoS 终端发送广播信息。

在出端方向上，终端通过中心站在出端载波上发送信息。在此过程中，终端对 IP 报文进行封装，并在报文的数据负载中加入通过出端方向想要到达的互联网路由器的目的地址。中心站收到报文后，在将 IP 报文发送到地面互联网之前将 IPoS 内部的出端封装拆除。

4）接入会话

IPoS 系统向卫星用户提供一种“永不离线”（always on）的接入服务，一旦远程终端完成注册，就不再需要拨号或建立会话的过程。在这种“永不离线”的服务中，所有注册的 IPoS 远程终端会通过分配的 IP 地址维持到达外部互联网的永久 IP 连接，同时通过分配的 MAC 地址维持内部 IPoS 连接，在此期间并不需要任何会话初始化或终止的过程。中心站则提供了 IPoS 网络与互联网连接的接入点服务。

中心站处于空闲模式时，始终准备好接收 IP 数据报，并在 IPoS 系统中传送给远程终端。远程终端为了能够发送 IP 数据报，必须首先与中心站交换控制报文，获取从远程终端到中心站进行传输所需要的入端带宽资源。因此，IPoS 系统对于在用户主机和互联网服务器之间的业务级会话来说是透明的。

5）带宽申请和分配

远程终端能够在入端信道传送数据之前，必须在 IPoS 系统定义的一个入端信道组上申请带宽，即可以在专为入端组指定的 ALOHA 信道上发送带宽分配请求报文（BAR）。

中心站处理带宽请求，并在与入端组相关的多播逻辑信道上发送带宽申请应答。一旦中心站决定为该入端组发来的请求分配带宽，将向远程终端发送带宽分配报文（BAP），并在其中说明分配的时隙情况。远程终端在分配的时隙内发送数据之后，中心站则会指示哪些突发中发送的数据被正确收到了。

7. IPoS 系统中的安全机制

IPoS 安全机制的目的是防止未经授权时对系统服务的访问。为此，IPoS 能够提供到 IPoS 用户的安全信息传输，并提供对管理和控制信息的安全传送方式。

IPoS 安全体系结构涉及中心站和远程终端之间的外向传输。包括管理、控制和用户平面的操作过程，提供下列安全服务：

- 单播外向传输内容的保护；
- 对多播服务的访问控制；
- 对未授权接收者接收单播信息的保护；
- 端到端的安全保护可以通过上层单独的机制来提供，如 IPSec。由此可以将安全保障从用户扩展到服务提供者。

IPoS 安全体系结构依赖于以下因素，分别是：分级密钥系统，包括对密钥的加密和用于保护中心站发送到远程终端信息的密钥；分发和更新通信密钥，IPoS 中心站和远程终端将利用通信密钥对信息进行加/解密；加/解密的实际密钥，在外向信道上用于对发送的控制和用户信息进行加密。

IPoS 安全体系结构使用三层密钥结构，允许为每个远程终端进行有效的密钥信息管理、控制和更新。对密钥分为三个层次进行管理降低了 IPoS 安全体系结构的复杂度。在该结构中，上层的密钥保护下层的密钥，因此提高了系统的灵活性和安全性。

3.8.2 欧洲 SATSIX 卫星通信系统

1. SATSIX 系统概述

由于发射卫星的高成本和比地面网络稀缺的可用带宽，宽带卫星业务要想争取更多市场，需要采用低成本的方案，提供高效的多媒体应用，并将卫星系统整合到下一代网络中。SATSIX 卫星通信系统是将各种卫星系统与无线本地环路（Wi-Fi 和 WiMAX）相结合的一种卫星系统体系结构。该结构以卫星 IP（IPoS）协议中独立于卫星的服务接入点（SI-SAP）参考模型为出发点，能够支持低成本的全球宽带接入。该系统提供了 IPv6、QoS、多播和移动性等方面的支持。这些网络功能均通过依赖于卫星的各种功能模块来实现。例如，通过无线资源管理和传输队列提供 QoS 服务，利用连接控制协议实现卫星信令，采用 C^2P 和 PEP 等实现卫星协议优化。

2. 系统体系结构

SATSIX卫星通信系统的网络结构如图3-22所示。在该结构中，卫星网络与无线网络通过卫星终端连接，与互联网通过网关实现互连。在卫星终端和网关分别设置了多个处理模块来解决系统移动性、多播等问题。SATSIX系统包括以下物理模块。

（1）RCST：返回信道卫星终端，它是系统和外部用户/网络（如Wi-Fi和WiMAX）的接口，提供通过卫星网络的双向传输业务。

（2）卫星：在RCST与集线器之间，或与其他RCST之间提供回程链路。可以是透明卫星或具有星上处理能力的卫星。

（3）NCC：网络控制中心，主要提供会话控制、路由和资源分配功能，管理星上配置。

（4）网关：提供与地面网络（ISDN/POTS、Internet和Intranet）的互联接口。网关主要包括下列子系统：

- 接入路由器/交换机：到地面网络的接入点；
- Wi-Fi接入点（Wi-Fi AP）：无线接入点（AP）作为通信集线器使得无线用户可以连接到有线局域网，AP对于提高无线安全性、为无线用户扩展服务范围都非常重要；
- Wi-Fi用户：通过Wi-Fi连接接入网络的终端或端用户；
- WiMAX基站（WiMAX BS）：连接地面网络与WiMAX用户站；
- WiMAX用户站（WiMAX SS）：通过无线连接为端用户提供接入服务。

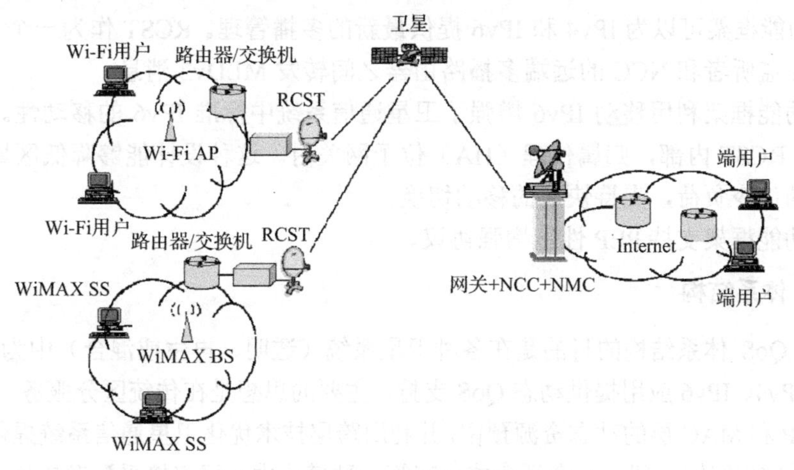

图3-22　SATSIX系统网络结构图

与图3-22所示的网络结构相对应，整个系统的功能结构如图3-23所示。其中的RCST侧用户终端是通过RCST连接的无线本地环路用户，代理服务器设置在无线本地环路的路由器/交换机中。系统提供两种网络配置：透明卫星的星状网络结构和转发卫星的网状结构。对前者而言，卫星不具备OBP能力，RCST只能通过卫星与网关/NCC通信；而在网状结构中，卫星具有OBP功能，RCST不仅能通过卫星与网关/NCC通信，还能够直接与其他RCST通信。

SATSIX系统功能框架综合了QoS、多播、移动性和数据传输功能。其主要原理如下。

（1）该功能框架不仅支持端到端QoS，而且支持能够满足用户需求的动态QoS。为实现网络层的端到端QoS，卫星网络段能够与Internet中区分模式的QoS框架（DiffServ）实现互操作，具体是通过终端模块的信令和QoS参数映射等功能实现的。

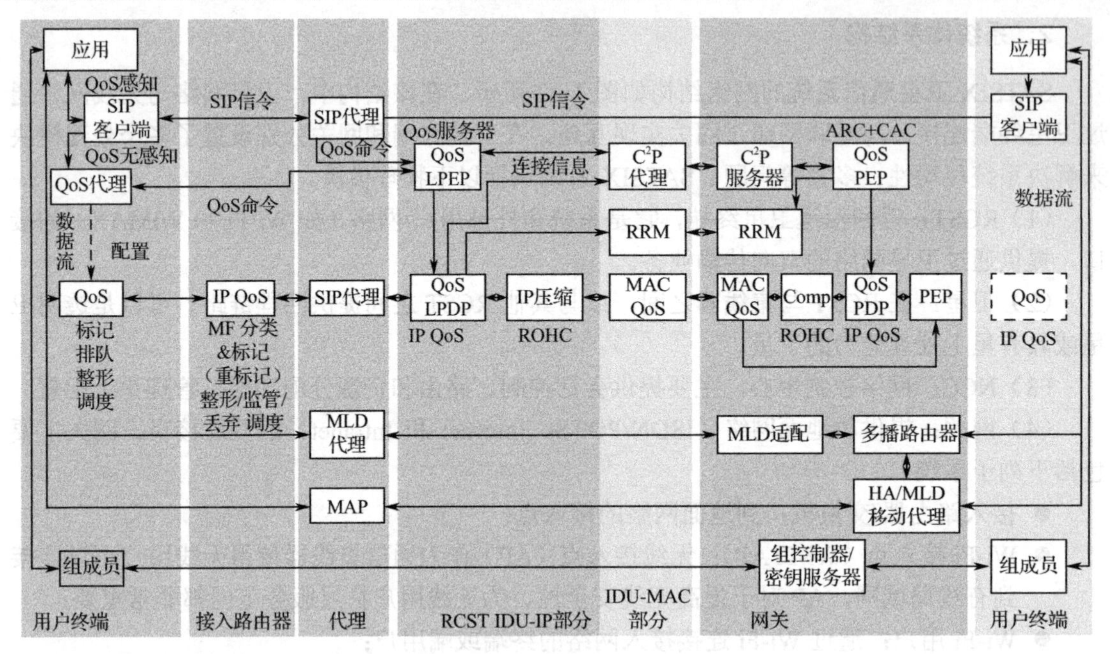

图 3-23 SATSIX 系统功能结构图

（2）该功能框架可以为 IPv4 和 IPv6 提供最新的多播管理。RCST 作为一个 MLDv2 多播路由代理，在监听者和 NCC 的远端多播路由器之间转发 MLDv2 消息。

（3）该功能框架利用移动 IPv6 增强了卫星通信系统中标准 IPv6 的移动性。移动锚节点（MAP）位于 RCST 内部，归属代理（HA）位于网关内。这种设计能够降低区域内部移动和切换过程中的信令负荷，支持快速的移动切换。

（4）该功能框架支持 PEP 性能增强协议。

3．QoS 体系结构

SATSIX QoS 体系结构的目的是在各种卫星系统（透明、再生或混合）中为有 QoS 和无 QoS 要求的 IPv4、IPv6 应用提供动态 QoS 支持。主要的思想是在传统区分服务（DiffServ）的框架上增加 IP 和 MAC 层的动态资源预留，并利用跨层技术优化卫星通信系统提供的整体 QoS 水平。该体系结构能够处理两种会话模式。在第一种模式中，网络接受资源申请后，需要的资源被动态分配并预留下来；在第二种模式中，则允许在缺乏所需资源的情况下建立会话。

QoS 体系结构中包含一些核心模块，如图 3-24 所示。在卫星终端侧，QoS 服务器负责收集 SIP 代理提供的 SIP 信息，以及位于用户终端的 QoS 代理提供的 QoS 预留信息。这些信息用于动态更新对 IP 报文的调度行为。在 NCC 侧，接入资源控制器（ARC）收集接入连接参数，对所涉及的卫星终端的资源分配情况进行更新。这些修改可能会影响 CRA 和 RBDC 资源分配方式中的参数，如由 DAMA 处理的预定容量等。

在 NCC 和卫星终端之间的接口基于 C^2P 协议（Connection Control Protocol），它提供了一种简单的方式对 QoS 参数进行访问，这些参数可以被不同的实体使用，因而使系统能够同时支持透明和再生卫星系统。在星状拓扑结构中，RCST 与网关之间的连接是在登录阶段建立的，连接相关的参数可以利用 C^2P 消息进行动态修改；而在网状拓扑结构中，连接是动态建立、更改和释放的。这种方法使 QoS 体系与目标系统相独立，因而在透明卫星系统中不会对建链时延带来影响，同时也克服了由于在网关中部署 SIP 代理服务器而带来的额外开销。

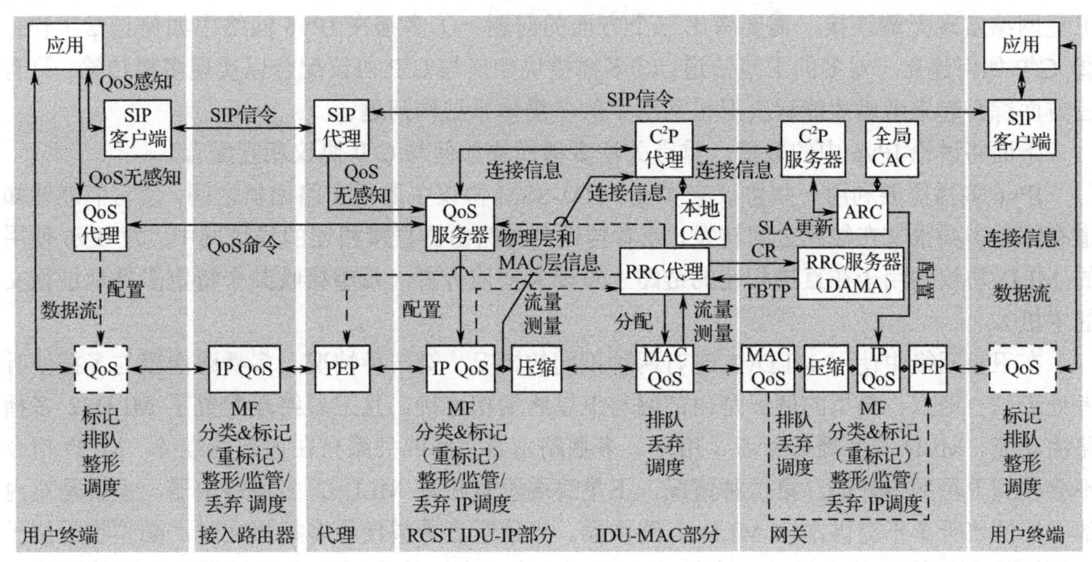

图 3-24　SATSIX 在透明卫星系统下的 QoS 体系结构

另外，IP 层和 MAC 层的报文调度优化了对数据流的处理，两层之间调度过程的协调会影响 MAC 层与上层之间的交互过程。IP 调度器主要管理数据流分类的层次结构，并引入了双重漏桶算法（DLB）作为内部调度算法；同时，内部的分类过程（过滤等）会根据 SIP 信息进行动态更新，IP 调度器的报文输出吞吐量将由 MAC 调度器通过一个控制环路来进行调控。

SATSIX 的 QoS 体系结构中包括了两种方法。

（1）面向 MAC：由于 RCST 和网关之间的通信基于 C^2P 协议，因此增加了通信过程的复杂性和时延，但是其优势在于能够解决星状和网状拓扑中的 QoS 问题。

（2）面向 IP：在 RCST 和网关之间使用特定的信令，而且仅仅可能应用于星状网络中。

网络中的卫星段需要在丢包率、时延和时延抖动方面提供 QoS 保证，并与 Internet 的 QoS DiffServ 实现互操作，以提供网络级的端到端 QoS。所以，终端模块需要在信令和 QoS 参数映射方面实现这种互操作；网络模块则完成数据流的管理，包括（动态）数据流资源管理、数据流调度、数据流整形/监管。利用这种功能框架，不仅能提供端到端 QoS，而且可以实现满足用户需求的动态 QoS。

7. 多播体系结构

多播是一种重要的三方业务。高效的动态多播组管理通过多播侦听者发现协议（MLD），并结合连接控制协议（C^2P）来实现。SATSIX 系统支持静态多播和动态多播。静态多播意味着卫星网络不保存用户信息，而只是将多播数据简单地广播到所有 RCST 终端和再生卫星网关（RSGT），终端或网关将对报文进行过滤，只接收所需要的报文，而多播只在 RCST 和 RSGT 之后发生。动态多播意味着网络控制中心（NCC）可以获得用户加入和退出的状态信息，因此可以配置星上处理器（OBP）将多播数据路由到正确的 RCST 和 RSGT。

在 SATSIX 的多播体系中，所有多播管理和路由协议都运行于卫星网络之外，C^2P 协议运行于卫星网络内部，来建立一对多的卫星信道以承载多播数据。因此，为了使 IP 网络与卫星网络实现无缝连接，需要考虑三个方面的问题：①多播在 IPv6 网络中如何正常工作；② C^2P 如何建立一对多的卫星信道；③多播模块如何与 C^2P 协议配合以实现多播传输。只有三方面综合起来考虑才能解决卫星网络中的多播体系结构问题。

下面将讨论 IPv6 中的多播，重点关注多播模块如何与 C^2P 协议相互配合。

IPv6 多播需要利用一些协议来实现。PIM-SSM 协议主要用于路由器之间，使它们能够知道有哪些多播报文在彼此之间转发，或者传送到与路由器直接相连的局域网中；为 IPv6 使用的 MLD 协议则用于在直接相连的链路上发现多播侦听者（希望接收某个特定多播地址报文的主机）。

在卫星网络中使用 MLDv2 时有两种不同的情况。第一种情况，多播路由器与多播侦听者处于同一地点，典型的例子是内部网与卫星终端相连接，且卫星终端配置了 MLDv2 多播路由功能。MLD 与多播侦听者、用户、多播路由器之间的关系只在内部网维持，MLD 信令不会传到卫星网络外部。第二种情况，卫星终端没有配置 MLDv2 多播路由器，也就是对内部网络的侦听者不提供本地 MLDv2 路由器。当侦听者希望接收多播报文时，必须收听位于卫星网络内部的一个 MLDv2 多播路由器的查询消息，该多播路由器的最佳位置是设置在 NCC 中，这利用了卫星网络集中控制的特性，这种集中控制方式对信令的控制和计费功能都非常有益。此外，位于 NCC 的多播路由器应该设置备份设备，以防止节点发生故障。因此，需要有一个远程 MLDv2 多播路由器集中地向所有未配置本地路由器的卫星终端发送查询。这些终端应该将收到的 MLDv2 查询消息转发给与它们连接的侦听者，然后侦听者将向终端返回响应，如图 3-25 所示，图中所有 RCST 终端均作为 MLDv2 代理。根据 RFC 4605 的定义，基于 MLD 执行转发的代理设备有一个上游接口和一个或多个下游接口。MLD 协议的路由处理在下游接口实现，而协议中与监听有关的部分则在上游接口实现。代理尤其不能在上游接口执行路由功能。因此 RCST 终端应该执行监听功能，以接收在 NCC 处设置的中心多播路由器发来的查询消息，之后 RCST 将消息发到本地链路上，其中的所有主机向终端返回响应，最终，终端作为代理将这些响应报告给 NCC 处的多播路由器。

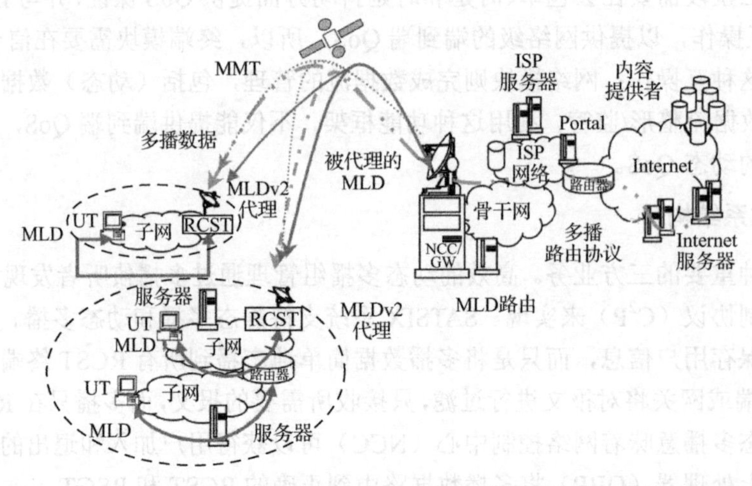

图 3-25 MLDv2 多播路由器配置在远离卫星终端时的数据传输示意图

8．移动性体系结构

在 SATSIX 的体系结构中，移动性的实现主要涉及网络层和应用层，体系结构和协议设计主要集中在解决终端的移动性问题上。这里不讨论卫星终端的移动性，只讨论连接于卫星终端的用户终端的移动性。

移动 IP 协议是网络层处理移动性的标准机制，它能够确保移动节点或主机在任何地方都可以通过原始地址访问到。在 IPv6 中，移动 IPv6 协议（MIPv6，RFC 3775）是标准的一部分，它利用了 IPv6 协议的一些特性，如地址自动配置和邻居发现等。

当利用 MIPv6 及其为 TCP 连接提出的优化方法处理网络移动性问题时，会利用会话发起协议（SIP）处理基于 UDP 的实时应用的移动性。SIP 和应用的移动性对 VoIP、即时消息和多媒体会议等应用在网络层移动性上提供了补充。

多播是 SATSIX 系统需要提供的主要特性，因此，如何将多播与移动性相结合同样非常重要。这里，提出三种解决多播移动性的方法。

（1）远程签署（remote subscription）：移动节点通过一个位于外部链路的本地多播路由器，利用其转交地址而不是归属地址加入多播组。

（2）归属签署（home subscription）：移动节点通过连接到本地代理的双向信道加入位于其归属链路的本地多播路由器。

（3）上述 MLD 代理的混合形式，主要思想是使归属代理成为移动节点的多播客户端。由于卫星链路具有较高的带宽-时延积，通常会利用性能增强代理服务器（PEP），但是当移动节点访问外部网络时，网络移动性（移动 IP）与 PEP 的结合会导致各种问题，其中包括 PEP 地址不允许更改，错误路由和伪造的重传，PEP 之间上下文丢失的管理等。

移动性对 QoS 管理产生了很大影响，因为需要处理网络接入点发生变化的终端，这对提供 QoS 保证提出了新的挑战。对处于移动中的应用会话而言，网络应该在切换过程中通过新的路由来协商 QoS，而且在切换过程中，允许正在进行业务处理的移动终端在所访问的新网络中保持或调整 QoS。SATSIX 体系中的 QoS 部分针对无 QoS 需求的应用将基于 QoS 服务器和 QoS 代理的方式进行处理；对于有 QoS 需求的应用将利用 SIP 协议，在增强的 SIP 代理帮助下进行处理。

在连接到卫星终端的 LAN 中，为降低本地移动性处理在卫星链路上的切换时延和信令开销，SATSIX 定义了两个 MIPv6 的增强协议，层次型移动 IPv6（HMIPv6，RFC 4140）和快速切换移动 IPv6（FMIPv6，RFC 4260），也可以将二者结合起来使用（F-HMIPv6），如图 3-26 所示。HMIPv6 的目的是通过引入一个称为移动定位锚节点（MAP）的新网络成员来减少移动过程中的信令消息数量。FMIPv6 则主要用于降低切换时延。

9．传输层

多媒体被视为下一代网络中的主要业务，IP 上的多媒体业务可以在包括卫星链路的路径上进行传输（如 VoIP、TVoIP 和其他业务）。这些业务可以通过 TCP 协议传输（尤其是对面向单个用户的流业务），但在大多数情况下，它们是在 UDP 协议的基础上传输的。传输协议方面的工作主要集中在当网络路径包括卫星系统时对多媒体业务实现有效的拥塞控制。在卫星网络中传输这些多媒体业务时，需要卫星网络能够较好地与固定和移动 Internet 实现互联，这就需要传输多媒体业务的网络协议与传输数据业务的现存协议进行有效协调。

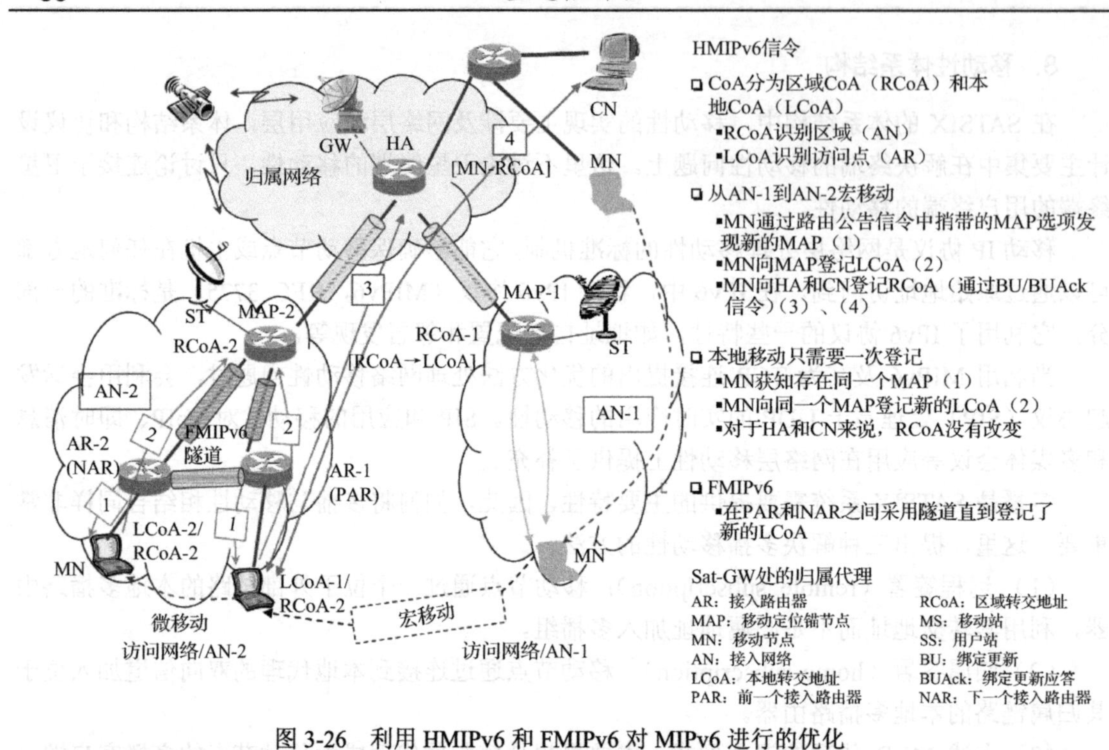

图 3-26 利用 HMIPv6 和 FMIPv6 对 MIPv6 进行的优化

多媒体业务不仅在提供服务质量满足应用需求（需要的带宽、时延）方面提出了挑战，而且还要求在端到端 Internet 路径上公平共享网络的可用容量。目前多媒体应用利用 UDP 作为底层传输协议来传输报文，不论网络的可用容量如何，基于 UDP 的应用通常以恒定速率来传输。这类长时间运行的无拥塞控制数据流的增加对 Internet 的正常运行带来了不小的威胁，尤其是对在像卫星这样带宽受限的系统上实现三方业务形成了阻碍。由于多媒体业务导致的拥塞现象，使人们开始关注对拥塞响应型传输协议的研究。拥塞响应型协议本质上是要构造下一代多媒体应用，确保包括大量多媒体和数据应用的 Internet 能够持续正常工作。

SATSIX 利用了 IETF 于 2006 年提出的标准——DCCP（Datagram Congestion Control Protocol）——所提供的协议框架。DCCP 是为在 Internet 上传输多媒体业务而设计的，适用于那些更注重数据实时性，而对可靠性要求不高的应用，这些应用得益于 TCP 的基于流的语义，但是不需要 TCP 的按序到达和可靠性语义，此类应用包括流媒体和 IP 上的话音业务。

DCCP 不仅提供了一种替代 UDP 的卫星链路传输多媒体信息的方式，而且使系统能与其他传输协议公平合作。DCCP 为多媒体应用提供实现拥塞控制及其协商的标准方式。它为每个连接提供了拥塞控制机制选择的途径。CCID2 基于 TCP 的选择性重传（SACK）拥塞控制协议，适用于希望长时间获得尽可能多带宽的 DCCP 数据流，它能与端到端拥塞控制的使用互相协调，并容忍 AIMD 拥塞控制中发送速率较大的变化，包括拥塞时拥塞窗口减半的情况。CCID3 基于 TFRC 拥塞控制策略，与 TCP 相比，TFRC 在吞吐量方面的变化幅度更小，这是因为 TFRC 协议会逐渐降低或提高发送速率，使得发送速率更平稳地变化，与此同时，协议还能够确保与 TCP 的公平竞争。因此，该协议更适合类似 TVoIP 和 VoIP 这样的多媒体应用。然而，TFRC 的特点也使其在同样的可用带宽条件下，对网络变化的响应速度也比 TCP 协议更慢一些。

由于 DCCP 的诸多特点使其被认为是传输多媒体业务事实上的传输协议，但是当 DCCP 用于卫星链路上传输多媒体业务时，需要详尽考虑因丢包、时延和带宽需求带来的影响，因此需要通过模拟实验进行分析。

10．安全体系结构

SATSIX 系统使用 SatIPSec 作为其密钥管理协议，该协议建立在 SATSIX 中使用的平等密钥管理交换协议的基础上，它提供对 DVB-RCS 网状和星状拓扑中的前向和返回链路上单播和多播卫星传输透明、高效的安全机制。SatIPSec 由 IPSec 标准协议演变而来。

1）IP 层的 SatIPSec

图 3-27 显示了 SatIPSec 体系结构，以及该结构中传输 IP 报文的过程。SatIPSec 客户端和组控制及密钥服务器（SatIPSec Group Controller & Key Server，GCKS）与其他卫星设备相独立，在单独的设备中实现。每个卫星终端（ST）后面都有一个 SatIPSec 客户端设备，而 SatIPSec 机制也可以直接在卫星终端的 IP 协议栈内部实现。GCKS 在星状拓扑结构中更适于放在网关侧。SatIPSec 客户端的位置允许对 IP 数据流使用安全机制，以保证其在卫星网络中传输时的安全性。数据在卫星系统中传输之前，SatIPSec 客户端首先对每个 IP 报文进行加密，并计算一个鉴权值。接收时，SatIPSec 客户端将报文传到相连接的地面网络之前对报文进行解密，并检查鉴权值。SatIPSec 能够对卫星链路上传输的任何单播、多播 IP 数据流进行保护，无论是星状还是网状拓扑结构，也不管是从中心站到 ST，还是从 ST 到中心站，或者从一个 ST 到另一个 ST。

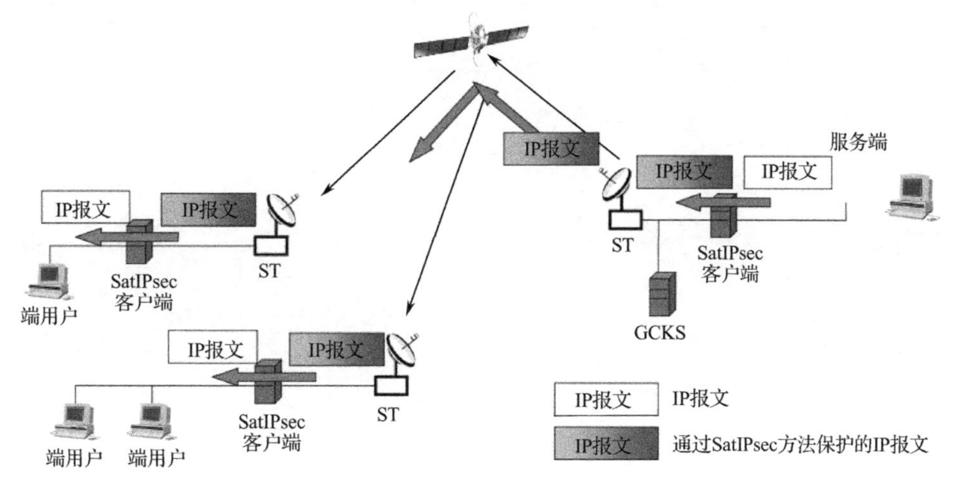

图 3-27 SatIPSec 体系结构

2）ULE 层的 SatIPSec

在 SATSIX 系统中，SatIPSec 还适合提供链路层安全。在系统结构中 SatIPSec 位于链路层，需要在每个卫星终端和网关中嵌入 SatIPSec 客户模块。GCKS 被整合在 DVB-RCS 网关或者网络控制中心（NCC），用来配置 SatIPSec 客户。链路层的 SatIPSec 体系结构如图 3-28 所示，它可提供下列功能：

- 提供链路级的数据保密，以应对针对数据的被动攻击；
- 链路级的数据源（ST/网关）鉴权/数据完整性保护；
- 应对重放攻击；

- 保护第二层 NPA/MAC 地址；
- ST/网关的认证和授权。

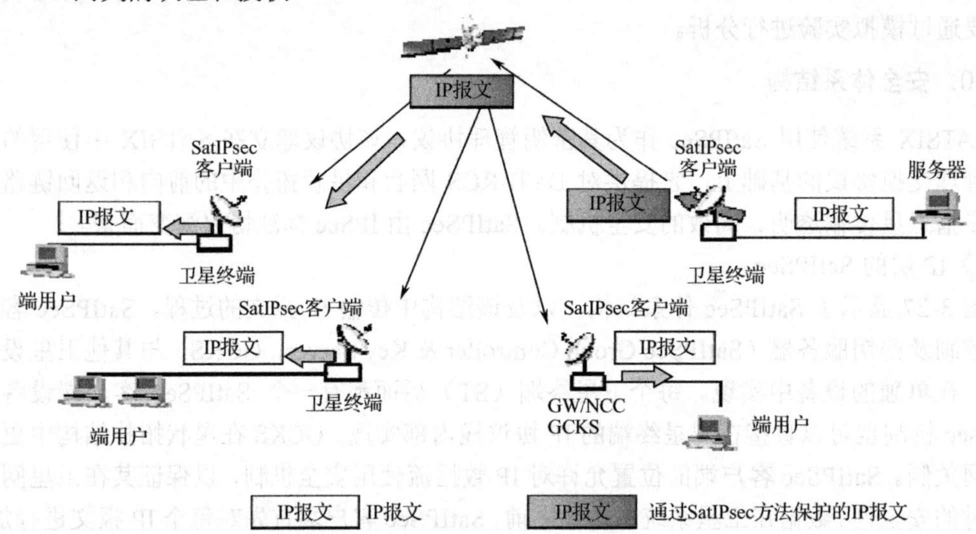

图 3-28 链路层的 SatIPSec 体系结构（DVB-RCS 网状拓扑）

数据的保护可以针对每个接收网络接入点（MAC/NPA，Network Point of Attachment）地址或者每个 IP 数据流进行，协议和密钥管理的功能也可以与数据保护过程分离。

第 4 章　卫星信道对传输层协议的影响

卫星链路与地面链路存在着截然不同的特点，其较大的往返时延、高带宽时延积、误码、连接的间断性、非对称的使用方式和可变的往返时延都极大地影响着地面网络协议的正常运行，有时甚至带来严重的后果。本章主要讨论卫星信道对传输层协议性能的影响，包括 TCP 协议和相关的应用。TCP 协议是互联网中的端到端可靠传输协议，为了提供可靠的通信服务，TCP 协议在缺少应用信息、网络流量信息以及底层传输技术相关信息的情况下，依靠流量控制、差错控制和拥塞控制机制，应对网络中出现的丢包、拥塞和缓存溢出等情况。所有这些机制都会影响 TCP 协议在卫星网络中的性能，并对应用产生影响。

在卫星信道这种特殊的环境下，卫星网络主要利用性能增强机制来提高上层网络协议的传输性能，人们为此提出了包括传输层和应用层在内的各种机制，有些机制已经广泛投入到商用产品，并获得了成功。这些机制包括传输层非端到端方法中的性能增强代理、端到端方法中的 TCP 协议针对卫星环境的各种新版本、应用层的 HTTPEP 等。近几年，面对网络速率越来越快、带宽越来越宽、应用越来越多样的趋势，人们又提出了利用 DTN 框架替代 PEP 的解决思路，以及通过 IP-ERN 框架提供一种更少使用 PEP 的思路。在下一代宽带卫星网络中，性能增强技术如何发展，使用哪些技术才能满足新型卫星网络的需求是近些年来人们广泛讨论和研究的问题。

4.1　概　述

TCP 是在互联网中不同主机的进程之间实现端到端通信的协议，它为用户提供了可靠的传输服务，对于互联网而言，TCP 是透明的，也就是说互联网将 TCP 看作是 IP 报文的数据负载。在互联网上，有很多应用建立在 TCP 协议的基础上，包括远程登录、文件传输、电子邮件和 WWW。TCP协议需要传输的数据量从几个字节到几千、几兆甚至几吉字节。TCP 会话持续的时间也从不到 1 秒到几个小时。

目前基于 TCP 协议的互联网应用具有弹性特征，也就是说它们能够接受网络对其数据缓慢的处理和传输。应用的这种特性和 TCP 的使用让我们能够利用各种不同类型的计算机来构建互联网，从普通的 PC 到超级计算机，能够在它们之间实现正常通信。影响 TCP 性能的主要参数包括客户端和服务器主机的处理能力（即计算机处理数据的速度）、缓冲区大小和网卡的速度（主机向网络上发送数据的速度），以及收发主机之间的往返时延（RTT）。

4.2　TCP 性能分析

4.2.1　TCP 和卫星信道特点

互联网包括不同网络拓扑、带宽、时延的网络，网络中的报文大小也各不相同。TCP 协议最早在 RFC 793 中定义，经过 RFC 1122 和 RFC 1323 的不断更新和扩展，TCP 协议能够在这种异构网络中顺畅运行。TCP 数据流是一个字节流，而不是报文流，因此并没有从一端到另一端保持报文的边界。所有 TCP 连接都是双工连接，并且是点到点的。此外，TCP 不支持组播或广播。

TCP 的发送和接收实体以报文段的形式进行数据交换。一个报文段包括固定的 20 字节首部（加一个可选部分）和若干字节数据。限制 TCP 报文段大小的因素有两个：

- 每个报文段必须放在 65535 字节的 IP 负载中；
- 每个网络都有最大传输单元（MTU）的限制，报文段必须适应 MTU 的大小。

实际上，MTU 通常为几千字节，因此它定义了报文段大小的上限。卫星信道具有与大多数地面信道不同的特性，这些特点可能会降低 TCP 协议的性能，其中包括：

（1）较长的往返时延（RTT）：由于卫星信道传输时延较大，使 TCP 发送方需要花很长时间来确定报文是否被最终的目的端正确接收到。这一时延影响了交互式应用的性能，如 telnet，也会影响一些 TCP 拥塞控制算法的运行。

（2）较大的带宽时延积：带宽-时延积（bandwidth-delay product）定义了在任意时刻为了完全利用可用信道带宽，协议应该在信道上传输（已经发出但未被确认的数据报文）的数据量。这里的时延是端到端往返时延（RTT），而带宽则是网络路径上瓶颈链路的带宽容量。

（3）传输误码：卫星信道比典型的地面网络具有更高的误比特率（BER）。而 TCP 假设所有的报文丢失都是由于网络拥塞造成的，并会减小窗口大小来缓解拥塞。也就是说，如果不知道报文丢失的原因（网络拥塞或误码），TCP 将假设丢包原因是网络拥塞，并采取相应措施。因此，由误码导致的丢包会使 TCP 减小其滑动窗口，即使这些丢包并不是网络拥塞的信号，也会降低数据发送速率，因此使得卫星信道得不到充分利用。

（4）信道非对称：向卫星发送数据的设备通常比较昂贵，因此卫星网络常常配置成非对称的形式，典型的情况是上行链路容量少于下行。这种非对称性可能会影响 TCP 的性能。

（5）可变的往返时延：在 LEO 星座系统中，到达卫星或者从卫星发出的数据传输时延是随时间变化的，这会影响协议中重传超时的设置。

（6）连接的间断性：在非 GEO 卫星轨道条件下，TCP 连接中的数据有时可能从星座中的一颗卫星传到另一颗卫星，或者从一个地球站传到另一个地球站，因此导致报文丢失。

4.2.2 TCP 流量控制、拥塞控制和误码恢复

为了提供可靠的服务，TCP 还要实现流量控制和拥塞控制，也就是要保证数据发送速率与接收方和网络路径中的中间链路传输能力保持一致。一条链路上可能会有多个活动的 TCP 连接，因此 TCP 还要解决多个连接共享链路容量的问题。正因如此，大多数吞吐量问题的根源都归结于 TCP。

为避免产生过量的网络数据流，导致当前网络无法承载，TCP 在一次连接中会采用 4 种拥塞控制机制，它们是慢启动、拥塞避免、RTO 超时之前的快速重传，以及为避免慢启动的快速恢复机制。

这些算法在 RFC 2581 中有详细描述。TCP 发送方利用两个状态变量来实现拥塞控制。第一个变量是拥塞窗口（cwnd），它表示在收到确认（ACK）之前发送方能够注入到网络中的数据量上限。cwnd 的值受限于接收方的通知窗口。根据对网络中拥塞程度的推断，拥塞窗

口在传输过程中会增加或减小。另一个变量是慢启动门限（ssthresh），用它来决定使用哪个算法来增加 cwnd 的值。如果 cwnd 的值小于 ssthresh，则使用慢启动算法；如果 cwnd 的值大于或等于 ssthresh（在一些 TCP 实现的版本中条件仅为大于），则使用拥塞避免算法。ssthresh 初始值设置为接收方通知窗口大小，而且，当检测到发生拥塞时，才设置 ssthresh 值。图 4-1 所示是 TCP 协议的处理过程。

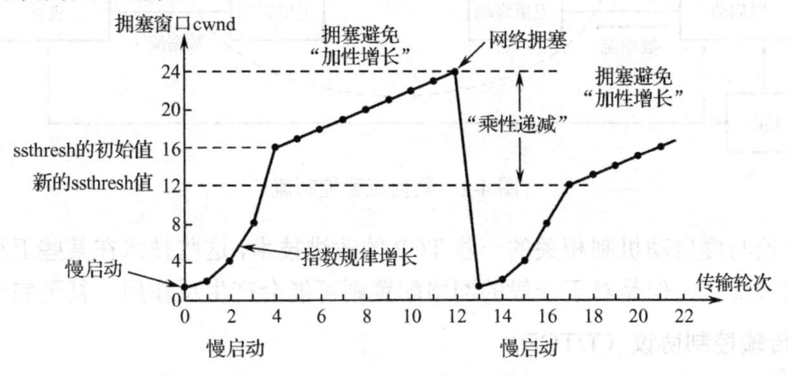

图 4-1　TCP 协议处理过程

对于单个连接而言，上述算法对网络的传输能力进行了缓慢的探测，但有时也会浪费带宽资源，对连接本身带来负面影响，尤其是在具有长时延的卫星信道上，因为发送方要从接收方获得反馈需要更多的时间。然而，为了避免在共享网络中发生拥塞崩溃，这些算法又是必须的。因此，在卫星网络中需要在对这些机制进行适当的改进，以实现对卫星资源的高效利用。

4.3　卫星网络中对 TCP 机制的改进

4.3.1　慢启动

为了提高 TCP 在卫星网络中的性能，人们提出了很多改进方法（RFC 2760），包括在卫星网络环境中修改协议参数或 TCP 规则。对于慢启动机制而言，主要问题是 TCP 协议并不知道将要传输的数据总量，以及目前可用的带宽。此外，当若干 TCP 连接共享带宽（B）时，单个连接的可用带宽也会发生变化。另一个问题是 TCP 协议并不知道 IP 层到底是如何承载 TCP 报文段在互联网上传输的，IP 报文大小可能受到限制，或者为适应不同网络技术需要分割为较小的报文段。这虽然能够让 TCP 协议在不同网络技术的基础上为各种应用提供可靠服务，但是有时传输效率不高，尤其是在卫星网络中（见图 4-2）。

往返时延（RTT）是从发出报文到收到应答之间的时间间隔，记为 M_n（n 表示报文序号），平均 RTT_n 则利用权重因子 α（通常 α=7/8，RTT_0 设置为默认值）来计算：

$$\mathrm{RTT}_n = \alpha \mathrm{RTT}_{n-1} + (1-\alpha)M_n$$

往返时延的方差利用同样的权重因子 α 来计算：

$$D_n = \alpha D_{n-1} + (1-\alpha)\,|\,M_n - \mathrm{RTT}_{n-1}\,|$$

因此，报文发送的超时值（Timeout）可以计算如下：

$$\mathrm{Timeout} = \mathrm{RTT}_n + 4D_n$$

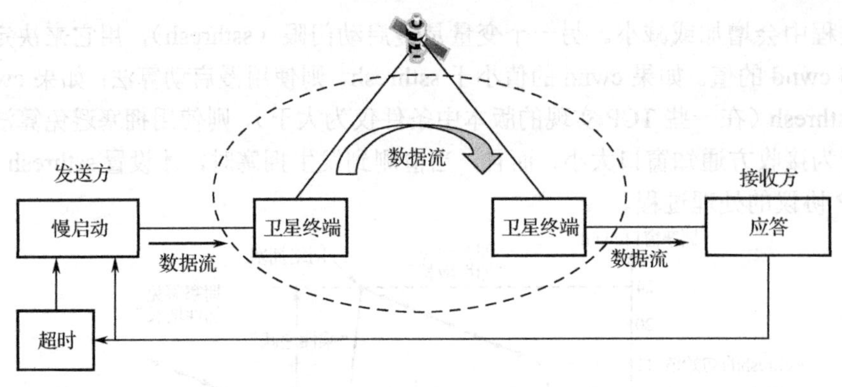

图 4-2 数据流和控制流

以下将讨论与慢启动机制相关的一些 TCP 的改进技术，这些技术在某些卫星网络配置下性能可以达到最优化，但是对于一般的网络配置则可能会产生反作用，甚至完全不可用。

1. 事务传输控制协议（T/TCP）

在事务型的业务中，尤其是短报文或很短的 TCP 会话的情况下，连接建立和关闭的时间对网络的利用率影响很大。TCP 利用三次握手机制在两个主机之间建立连接，这个过程需要 1 个或 1.5 个 RTT 的时间（取决于数据发送方以主动或被动的方式发起一次连接）。利用 TCP 对事务型应用的扩展协议 T/TCP 可以消除启动耗费的时间。当一对主机之间的第一个连接建立之后，T/TCP 可以越过三次握手的过程，允许数据发送方在发出的第一个报文段（带有 SYN 标志）中就开始传输数据。这种方法对于较短的请求/响应数据流尤其有效，因为它可以节省连接建立过程花费的较长时间。

由于每次事务交互的数据量都很小，因此当在卫星网络中传输这类业务时，卫星带宽的利用率将会很低，使用 T/TCP 协议则可以通过共享带宽来提高带宽利用率。然而，这种方法也有其缺点，首先，T/TCP 需要对数据发送方和接收方的实现都进行修改，这在实际网络中往往不可行；此外，人们已经发现在第一个报文段中发送数据存在一些安全隐患。

2. 更大的初始窗口

TCP 利用慢启动算法以指数的速度增加拥塞窗口（cwnd）大小，这一算法非常重要，在连接开始的时候它能够防止发送方将过量的数据发送到网络中。然而，由于有些网络，尤其是卫星网络具有较大的带宽时延积，慢启动也会浪费可用的网络带宽。

减少慢启动所需时间的一种方法是增加 cwnd 的初始值。在 RFC 1323 中，已经对 TCP 协议进行了扩展，使其支持更大的初始窗口。在卫星网络环境中，可以使用窗口比例选项，也可以使用防止序号回绕的 PAWS 算法和往返时间测量 RTTM 算法。

通过增加 cwnd 的初始值，在数据传输的第一个 RTT 时间内会发出更多报文，这会触发更多 ACK，使拥塞窗口增长得更快。而且，如果最初至少发送两个报文，第一个报文就不需要像 cwnd 初始值为 1 时那样等待 ACK 的时钟超时。因此，减少了所需的 RTT 数量和 ACK 的超时时间。在 RFC 2581 中，TCP 允许 cwnd 的初始值大于两个报文段。

使用更大的初始拥塞窗口值能够减少长 RTT 对于传输时间的影响（尤其是对于较短的数据传输），付出的代价是在不知道网络状况的情况下增加了向网络发出的突发数据量，而且还需要修改发送方的 TCP 协议栈（RFC 2581）。一般认为，使用三个或四个报文段的初始拥塞窗口不会有拥塞崩溃的危险，但是如果网络或终端无法应付这种突发数据流，则可能会影响网络性能，为了减小这种突发的影响需要采取一些措施。

3. 终止慢启动

TCP 使用慢启动过程来确定在一定的网络环境下适当的拥塞窗口大小。当 TCP 检测到拥塞，或者 cwnd 的大小达到接收方的通知窗口大小时，慢启动过程终止。当 cwnd 的值达到慢启动门限（ssthresh）时，慢启动过程也会终止，并在之后开始使用拥塞避免算法，该算法在增加拥塞窗口大小方面更加保守。在大多数协议实现中，ssthresh 的初始值设置为接收方的通知窗口大小。在慢启动阶段，TCP 在每个 RTT 中会使 cwnd 加倍，因此可能会以网络能够处理的报文量的两倍使网络被大量数据淹没。如果将 ssthresh 的初始值设置为小于接收方的通知窗口，就可以避免这种情况。

这里也可以使用 packet-pair 算法，或通过测量 RTT 的值来为 ssthresh 确定一个更合适的值。该算法通过观测最初的几个返回的 ACK 之间的时间间隔来确定网络中瓶颈链路的带宽。同时，利用测量到的 RTT 值，确定带宽时延积，并将 ssthresh 设置为该值。对 ssthresh 的值进行估计能够提高性能，降低报文丢失率，但是在处于动态变化的网络中，对可用带宽进行精确估计是非常困难的，尤其在 TCP 连接的发送端更是如此。

要对 ssthresh 的值进行估计就需要修改数据发送方的 TCP 协议栈。但是，在 TCP 接收方进行带宽估计可能更加精确，因此收发两端可能都需要修改。这会使 TCP 协议的性能比 RFC 2581 中描述的更加保守。

这种机制在所有的对称链路配置中都能奏效，但是，对非对称链路却不一定，因为返回的 ACK 速率可能并不是前向传输的带宽瓶颈。在这种情况下，仍然采用上述方法将会导致发送方设置的 ssthresh 过低。此外，提前终止慢启动过程可能会影响性能，因为拥塞避免算法增加 cwnd 的方式更加保守。基于接收方的带宽估计则不会出现这样的问题，但是需要 TCP 接收方也要进行修改。同时，使用基于选择性应答的丢包恢复策略能够极大地提高 TCP 从多个丢包中快速恢复的能力。

4.3.2 丢包恢复策略的改进

卫星链路比地面链路的误码率更高，较高的误码率会导致两个问题：第一，数据传输出错，网络需要重传；第二，如上所述，TCP 通常将丢包理解为发生了拥塞，因此会返回慢启动阶段。显然，我们需要将误码率降低到 TCP 可以接受的程度，或者寻找一种方法使 TCP 知道数据包的丢失原因是传输误码，而不是拥塞（以此防止 TCP 降低传输速率）。

对丢包恢复策略的改进方法就是为了当由于误码而不是网络拥塞导致报文丢失时，防止 TCP 进入不必要的慢启动过程。目前，人们已经研究出一些算法，提高 TCP 在发生多个丢包时不依赖于重传超时而自行恢复的能力。这些算法通常被称为 NewReno TCP，且算法不依赖于选择性应答（SACK）机制。

1. 快速重传和快速恢复

在数据传输过程中可能会发生一个或多个 TCP 报文段无法到达目的端的现象，在这种情况下，TCP 使用超时机制来检测丢失的报文段。

一般情况下，TCP 假设报文丢失是由于网络拥塞引起的。因此，当发生丢包时，ssthresh

的值减小到当前拥塞窗口值（cwnd）的一半，同时 cwnd 减小到单个 TCP 报文段的大小。这严重影响了 TCP 的吞吐量。当 TCP 报文丢失并不是由于网络拥塞引起时，情况更加严重。为了避免每次报文无法到达目的端时不必要地重新返回慢启动过程，人们引入了快速重传算法。

快速重传算法利用重复的 ACK 来检测报文段丢失。如果在超时时间内收到了三个重复的 ACK，TCP 就立即重传丢失的报文段，不会等到发生超时。当使用快速重传机制来重传丢失的报文段时，TCP 还可以使用快速恢复算法，该算法在发生丢包重传时，并不像从前那样要进入慢启动阶段，而是进入拥塞避免阶段来恢复正常的数据传输。此时，ssthresh 减小为 cwnd 的一半，而 cwnd 本身的值也会减半。总之，快速重传和快速恢复会比使用通常的超时机制更快地传输数据。

2. 选择性应答（SACK）

当单个传输窗口中的多个报文段丢失时，即使使用快速重传和快速恢复，TCP 的性能仍然不理想。其主要原因是 TCP 在每个 RTT 时间内只能获知单个报文段丢失的信息，因而限制了 TCP 的吞吐量。

为了应对这种情况，人们提出了选择性应答（SACK——RFC2018）机制。SACK 机制能够对所有丢失的报文段进行标识，并在一个 RTT 时间内对丢失的报文进行重传。该机制增加了已经接收到的报文段序号信息，能够通知发送方哪些报文段没有被收到，需要重传。在卫星网络环境中，因为信道的误码率有时较高，同时，利用更大的传输窗口增加了在单个往返时延内发生多个报文丢失的可能性，因此选择性应答机制非常重要。

3. 基于 SACK 的改进机制

人们基于 SACK 对 TCP 协议机制进行了一些改进。比如针对快速恢复算法的改进，该算法在快速重传触发了对某个报文段的重发之后开始，充分考虑 SACK 提供的信息，与通常的快速重传一样，当检测到报文丢失时算法将 cwnd 减小一半。同时，算法中维持一个 pipe 变量，它是对网络中正在传输的报文数的估计。每当收到一个带有新的 SACK 信息的重复 ACK 时，pipe 变量减小一个报文段；每发送一个新的或重传报文段时，pipe 的值加 1。当 pipe 值小于 cwnd 时，则可以发送报文（该报文或者是 SACK 信息中指示需要重传的报文，或者是一个新报文）。这一算法能够使 TCP 在检测到丢包的一个 RTT 时间之内从一个窗口中的多个丢包中恢复正常。该算法把何时发送报文段与发送哪些报文段区分开来，这一点与快速恢复算法的思想是统一的。

一些研究结果已经表明，基于 SACK 的算法比没有 SACK 的恢复算法在性能方面更加优越，能够提高卫星链路传输性能。另有一些研究表明，在特定的环境下，SACK 算法由于在丢包恢复阶段结束时产生了大量数据突发，因此可能会导致更多的丢包，从而影响性能。

总体来说，这种算法需要在发送方的 TCP 协议栈中实现，同时也需要利用接收方产生的 SACK 信息（RFC 2581）。

4. ACK 拥塞控制

在对称网络中，由于 ACK 报文流要比数据流本身的流量少很多，因此应答报文流不会对传输性能带来影响。但是对于非对称网络，返回链路速率比前向链路低得多。因此，ACK 报文流在返回链路上仍然可能超出负载，反过去也会限制 TCP 的传输性能。

在不对称性非常显著的网络中，如VSAT卫星网络，低速的返回链路可能会限制高速前向链路上传输的数据流性能，因为应答的返回速度受到了严重限制。如果使用地面拨号链路，同样可能发生ACK拥塞的现象，尤其是当前向链路速度提高的情况下。然而，现有的拥塞控制机制主要是对数据流进行控制，而不会影响到ACK报文流。

此外，应答报文流在低速链路中不仅可能受限于链路带宽，而且可能受限于路由器中的队列长度。路由器可能是通过对报文计数而非对字节计数来限制其队列长度的，因此即使链路有足够的带宽发送应答，路由器也会因为ACK报文数量过多而开始丢弃ACK。

ACK拥塞控制机制正是针对上述现象，对ACK应答报文流进行控制，防止反向ACK报文流发生拥塞而影响前向链路数据的传输。

5. ACK过滤

ACK过滤（AF）方法同样是为了应对ACK拥塞的影响。与ACK拥塞控制（ACC）不同，AF不需要对主机协议栈进行修改，但是它需要修改返回链路（低速）上瓶颈路由器的实现。AF利用了TCP协议中的累积应答结构，当收到一个ACK报文时，路由器会扫描队列，查找针对该连接的多余的ACK，即那些对已经包括在最近的ACK应答中的窗口数据进行应答的ACK，所有这些“早期”的ACK都将从队列中删除并丢弃。因此，虽然路由器并不保存状态信息，但是需要做额外的操作，即收到ACK时在队列中查找并删除报文段。

与ACC中的情况类似，单独使用AF会在发送方产生数据突发，因为此时的ACK往往会应答更早期未被应答的数据（因为对早期数据的应答可能已被删除）。为防止突发，可以使用发送适配器（SA），但这需要修改主机的协议实现。

为了避免修改主机的TCP协议栈，AF可与ACK重建（AR）技术结合使用，当报文离开低速返回链路时，在路由器中可以采用AR技术，检查ACK离开链路的情况，如果检测到ACK序号之间存在较大的“间隔”，则产生额外的ACK来重新建立一个应答数据流，这个数据流更接近于没有采用ACK过滤时数据发送方能够看到的应答数据流。AR机制需要用到两个参数，分别是预期的ACK报文接收频率和重构ACK流的报文发送间隔。

6. 明确的拥塞通知（ECN）

明确的拥塞通知（ECN）使路由器在不丢弃报文的情况下，向TCP发送方通知即将来临的拥塞。ECN有两种形式：

（1）后向ECN（BECN）：路由器将信息直接传送到数据源端向其通知拥塞的发生。IP路由器可以通过ICMP源抑制报文实现这一功能。收到BECN消息时，可能TCP数据段已经被丢弃，或者也可能还未丢弃，但无论如何，这个消息已经明确告诉TCP发送方应该降低发送速率（即cwnd的值）。

（2）前向ECN（FECN）：路由器在拥塞即将发生的时候使用一种特殊的标签对数据段打标记，并将数据段向前进行转发。然后，接收方在ACK报文中将拥塞信息返回给发送方。

ECN的实现需要在相关的路由器上采用主动队列管理机制。当路由器发现即将发生拥塞时，它不会丢弃报文，而是将IP首部中的“发生拥塞”位进行置位。接收端收到这样的报文时，通过TCP首部把信息反馈给发送方，使其调整拥塞窗口，就如同发生了报文丢失时一样。因此，路由器只需要向TCP发送少量的“拥塞信号”（报文丢失或ECN消息），而不是像采用弃尾队列的路由器那样，当众多TCP报文进入路由器时，需要丢弃大量报文段。

由于卫星信道通常比地面网络有更高的误码率，因此，如果能够确定报文丢失的原因是拥塞或者是误码，将会使 TCP 在高误码率的环境中达到比目前更高的性能（因为 TCP 假设所有丢包都是由于拥塞导致的）。

虽然为 TCP 增加 ECN 机制并不能完全解决问题，但是它仍然是一种有效的方法。研究表明，ECN 对降低丢包率非常有效，尤其是对较短的交互式 TCP 连接，往往能够达到更好的性能。此外，ECN 避免了某些不必要的、代价较高的 TCP 重传超时机制。

ECN 机制的实现需要在数据发送方和接收方修改 TCP 协议的实现。而且，采用 ECN 机制需要在路由器上采用某些主动队列管理方法。在大多数对 ECN 机制的讨论中，都假设使用了随机早期检测（RED）机制，因为该机制即使在路由器缓冲区耗尽之前，也会对要丢弃的报文进行标识，而 ECN 则允许传输被标记的报文段，同时会告知端节点：路径上即将发生拥塞。因此，从根本上来说，ECN 机制维持了与通过报文丢失检测拥塞时相同的控制原则。但是，也需要注意，由于卫星链路较长的传输时延，ECN 信号有时可能并不能准确反映当前网络的状态。

7．检测误码丢包

区分误码丢包（由于误码导致的报文丢失）和拥塞丢包（由于路由器缓冲区溢出或即将溢出导致报文丢失）对于 TCP 协议而言是非常困难的事。而这种区分又非常重要，因为 TCP 在两种情况下的应对方式应该是截然不同的。在误码丢包的情况下，TCP 一旦发现报文丢失就进行重传，不需要调整拥塞窗口；而当 TCP 发送方检测到拥塞时，它会立即减小拥塞窗口，以避免发生更严重的拥塞。

在地面有线网络中，TCP 假设所有丢包都是由于拥塞所导致的，因此会触发拥塞控制算法。这里的丢包可能是通过快速重传算法检测到的，或者通过 TCP 重传超时检测到。因此，TCP 对于丢包的假设其实是一种为了防止拥塞崩溃的比较保守的机制。

然而，在卫星网络及很多无线网络中，误码导致的丢包比在地面网络更加普遍，通常的解决方法是在传输的数据中增加前向纠错（FEC）机制。但是，如果 FEC 机制不奏效或者条件受限无法广泛应用，那么 TCP 协议在拥塞丢包和误码丢包之间进行区分就显得非常重要，能够大大提高 TCP 协议在卫星网络中的性能。

还需要说明的一点是，因误码而出错的 TCP 报文段通常是被路由器丢弃的，而且往往通过链路级的校验机制检测错误帧。出错的 TCP 报文段偶尔也会到达接收主机，但最终也会由于 IP 首部校验或者 TCP 首部校验出错而被丢弃。无论哪种情况，由检测到错误报文的节点将出错信息返回给 TCP 发送方都是不安全的，因为发送地址本身就可能是错误的。

4.3.3 拥塞避免策略的改进

在拥塞避免阶段，如果未发生丢包，TCP 发送方会在每个 RTT 时间内将拥塞窗口增加大约一个报文段的大小。对于具有不同 RTT 值，但会经过同一瓶颈链路的多个连接来说，这会造成带宽共享的不公平，因为具有较长 RTT 的连接拥塞窗口增加得更慢，所以获得带宽资源的份额也就越小。

为了解决这个问题，可以在路由器上实施公平的排队策略和 TCP 友好的缓存管理机制。当网络中缺少这些策略时，也可以对 TCP 发送方的拥塞避免策略进行修改，主要有两种方法：

（1）恒定速率递增策略：在拥塞避免阶段使 TCP 发送方以均衡的方式提高发送速率。它可以消除对 RTT 较长的连接的不公平性，但部署起来有难度。此外，恒定速率值如何选择还没有定论。

（2）以 *K* 值递增策略：可以在异构网络环境中针对较长 RTT 的连接使用。该策略改变了拥塞避免线性增长的斜率，对 RTT 超过给定门限值的连接在每个 RTT 时间之内将拥塞窗口增加 *K* 个报文段的长度，而不是以往的一个报文段。这种策略如果使用较小的 *K* 值，当少量连接共享一条瓶颈链路时，可以在维持较高的链路利用率的同时，提高公平性。但是，这种策略对于 *K* 值的选择、调用该策略的 RTT 门限，以及面对大量数据流时的性能都需要进一步研究。

不论是恒定速率还是以 *K* 值递增的策略，都需要在 TCP 发送方修改拥塞避免的具体实现。当使用恒定速率策略时，这种修改还必须在整个网络范围内实现，而且，TCP 发送方必须对连接的 RTT 值有比较精确的估计，这些都为改进策略的实施提出了挑战。此外，上述算法与 RFC 2581 中提到的拥塞避免算法在对拥塞窗口的更新方法上不一致，因此不适合在具有众多采用 RFC 2581 拥塞避免算法主机的共享网络中使用。

以上改进方法对于与地面网络互联的所有卫星网络都适用，在这些网络中，卫星连接可能会与地面连接竞争同一条瓶颈链路。但是每个 RTT 时间内将拥塞窗口增加多个报文段大小可能会导致 TCP 丢弃多个报文段，并可能使一些 TCP 版本产生重传超时。因此，以上改进方法还需要与基于 SACK 的丢包恢复算法配合起来使用，才能在多个报文丢失的情况下快速恢复。

4.4　非端到端解决方法

4.4.1　分段方法

根据协议的设计原则，每层协议只能利用下层协议提供的服务。TCP 是一种提供端到端面向连接服务的传输层协议，TCP 数据流或应答流在传输过程中都不会被中断。在网络设计过程中，如果考虑卫星网络的特点，将 TCP 连接打断，并在卫星链路部分基于链路特点进行特殊处理可能会提高网络性能。目前，在这方面人们广泛使用了两种方法：TCP 欺骗和 TCP 级联（又称为分割 TCP），但其实这些方法都违背了网络中的协议分层的原则，都没有维持 TCP 协议的端到端特性。图 4-3 显示了在中间链路使用对卫星友好的 TCP（TCP-sat）协议的分割连接概念。

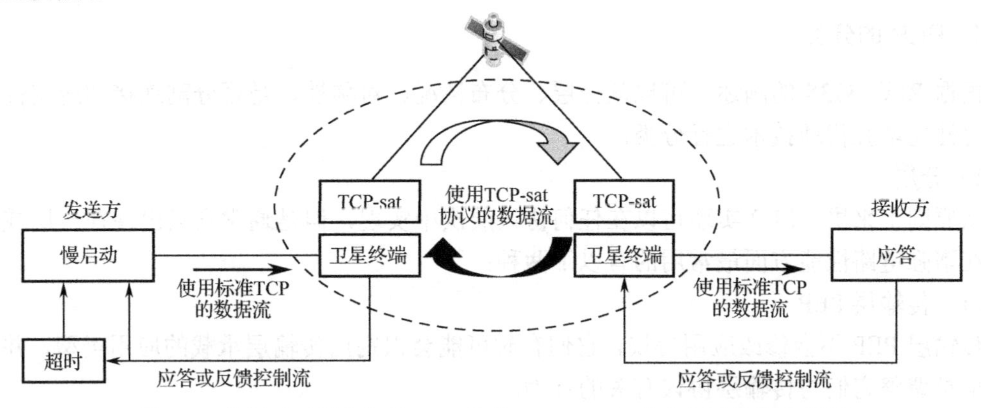

图 4-3　使用对卫星友好的 TCP 协议（TCP-sat）的分割连接概念框图

1. TCP 欺骗

TCP 欺骗是在卫星网络尤其是 GEO 卫星链路中避开慢启动过程的一种方法。这种方法由靠近数据源且连接卫星链路的路由器（而不是报文的目的端）向源端发回 TCP 数据的应答，使源端感觉路径延时比较短，当然这只是一种假象。然后，路由器截获了从目的端返回的应答，并负责对路由器下游所有丢失的 TCP 报文进行重发。

尽管 TCP 欺骗有助于提高 TCP 在卫星网络中的性能，但是这种方法存在以下几个问题。

（1）当路由器向源端发送了假的应答之后，还必须完成很多工作。它必须对数据段进行缓存，因为真正的源端可能已经将数据的副本丢掉（因为数据段已经得到了应答），所以，如果路由器和目的端之间的数据段丢失，路由器必须全权负责报文的重传。这样可能带来的结果是，会在路由器中形成一个队列，存储了可能要进行重传的 TCP 报文段。这些数据段与通常的 IP 数据报不同，它们需要等到路由器从目的端收到相应的应答之后才能删除。

（2）欺骗的实现有赖于对称路径，也就是说，数据和应答必须都要经过路由器。然而，在互联网中，非对称路径非常普遍，以上条件可能根本无法达到。

（3）当网络发生意外故障时，欺骗机制就变得非常脆弱。如果报文传输过程中的路径改变了，或者路由器崩溃了，数据就可能会丢失。甚至在源端发完数据，并收到路由器的应答，通知其数据传输成功之后，数据也有可能会丢失。

（4）如果对 IP 数据报中的数据进行了加密，欺骗方法也会失效，因为路由器根本无法读取 TCP 首部。

2. 级联 TCP 或分割 TCP

级联 TCP 又称为分割 TCP，是将一个 TCP 连接分割为多个 TCP 连接的方法。这种方法的基本思路是针对卫星链路特点，修改在卫星链路上运行的 TCP 协议。因为分割后的每个 TCP 连接都会终止，所以分割 TCP 可以用于非对称路径。但是，在本质上，级联 TCP 面临着与 TCP 欺骗同样的问题。

4.4.2 性能增强代理（PEP）

在卫星网络特殊的信道环境下，性能增强代理（PEP）机制是一种非端到端的解决 TCP 协议传输性能问题的主要方法。不同类型的 PEP 在各种环境中用于克服影响协议性能的不同链路特性，因此它们对网络性能的提升根据网络环境和应用场景而有所不同。

1. PEP 的分类

根据 RFC 3135 的阐述，可以从分层、分布情况、对称性、是否分割连接和透明性五个方面对性能增强代理技术进行分类。

1）分层

从原则上来讲，PEP 实现可以在任何协议层次中实现，但是通常它只出现在一层或两层中。在增强链路性能方面最常用的有以下两种：

（1）传输层 PEP

传输层 PEP 不会修改应用协议，它们有时可能会识别出传输层承载的应用类型，并利用这些信息调整它们与传输层协议有关的行为。

大多数传输层 PEP 实现都与 TCP 有关，所以也被称为 TCP 性能增强代理（T-PEP）。人们有时也把 TCP 欺骗作为 T-PEP 的同义词，但二者是有区别的，TCP 欺骗更侧重于描述在中间拦截 TCP 连接并终止连接，而拦截者表现得就像目的端一样，大多数 T-PEP 实现都会利用 TCP 欺骗。

（2）应用层 PEP

一些应用协议中报文首部过于冗长或首部编码方式效率不高，对性能带来了严重影响，尤其是对长时延的卫星链路。这种不必要的开销可以通过在中间节点使用应用层 PEP 来减小。

当某种应用通过特殊链路时，应用层 PEP 可以提高应用协议以及传输层的性能，其典型实例是 Web 缓存。对于应用而言，应用层 PEP 可以具有与通常意义的代理同样的功能，但是它们针对特定的链路对应用层协议操作进行了优化。

2）网络中的分布

从网络分布来看，PEP 的实现可以是集中式的，也可以是分布式的。集中式 PEP 的所有功能在单个节点内实现；在分布式实现中，PEP 功能通常在多个节点中实现，因此会包括两个或多个 PEP 功能模块，而且分布式 PEP 通常部署在需要提高性能的链路周围。比如，针对卫星连接的 PEP 可能分布在位于卫星链路两端的两个 PEP 设备中。分布式 PEP 的典型实例是 Satlabs I-PEP，集中式 PEP 的实例是 PEPsal，下文将会详细阐述。

3）实现的对称性

PEP 的实现可以是对称的，也可以是非对称的方式。对称方式的 PEP 在两个传输方向上采用相同的处理，即 PEP 执行的处理过程与报文的接收接口无关。非对称 PEP 方式在每个传输方向对报文有不同的处理。这里的传输方向可以根据链路（从中心节点到远端节点）或协议数据流（TCP 数据流的方向，即 TCP 数据信道，或者 TCP ACK 流的方向，即 TCP ACK 信道）来定义。非对称 PEP 实现技术通常用于 PEP 两端链路特征不同的情况，或者协议数据流非对称的情况下。

PEP 的实现方式是对称还是非对称与 PEP 实现是集中式还是分布式是无关的。换言之，分布式 PEP 实现可以在链路的两端对称地运行（两个相同的 PEP 功能实体）；分布式 PEP 也可以非对称地运行，即在链路的两端采用不同的 PEP 实现方法。

4）是否分割连接

TCP 分割连接的实现方法终止了来自端系统的 TCP 连接，并与另一个端系统建立新的 TCP 连接。在分布式 PEP 实现中，允许在链路两端的 PEP 之间使用第三个连接，该连接可以采用针对链路进行优化的 TCP 协议实现方式，也可以是另一种全新的协议。

分布式 PEP 可以为每个 TCP 连接在代理之间使用单独的连接，或者可以在 PEP 之间将多个 TCP 连接的数据复用到一个连接中。在集中式 PEP 实现方法中，PEP 同样终止了来自端系统的连接，启动了到另一个端系统的连接。

5）透明性

PEP 对于端系统、中间节点和应用来说可以以完全透明的方式存在，不需要对它们进行任何修改。另外，PEP 也可能需要同时在数据收发两个端系统进行修改，或者只修改一端的实现，这两种实现方式对用户来说都不是透明的。

2. PEP 使用的增强机制

PEP 实现的关键是其用于提高性能所使用的机制。下面列举几种 PEP 使用的增强机制，一个 PEP 可以同时采用这些机制中的多个。

1）TCP 应答（ACK）处理

许多 T-PEP 实现都是基于对 TCP 应答的处理，处理方式在不同的 T-PEP 实现中可能有很大的区别。

（1）TCP ACK 分隔：当 ACK 可能会发生聚集的情况下，ACK 分隔可以使 TCP 应答流更加平稳地传输。收到连续的 TCP 应答时，发送方会连续发送数据报文，这种方法可以消除数据的突发性，从而提高传输性能。

（2）本地 TCP 应答：在一些 PEP 实现中，PEP 收到 TCP 数据报文后，在本地对发送方进行应答。这种处理方式对具有较大带宽时延积的卫星网络非常有用，因为它加快了 TCP 的慢启动过程，允许 TCP 发送方更快地打开拥塞窗口。

（3）本地 TCP 重传：T-PEP 可以在本地重传那些在它和接收端之间的路径上丢失的报文，这样可以更快地恢复正常传输。为了达到这个目的，T-PEP 可以利用接收端发来的应答，再加上适当的超时机制，最终决定何时在本地重传丢失的数据。发送本地应答到发送端的 T-PEP 需要实现到接收端的本地重传。

（4）TCP ACK 过滤和重构：在链路带宽不对称的路径上，如果两个方向上带宽相差很大，在低速方向的 TCP ACK 流可能会发生拥塞。ACK 过滤和重构机制通过在链路一端过滤 ACK，并在另一端重构删去的 ACK 来解决这个问题。由于 TCP ACK 是具有累积性的，因此对删去的 ACK 进行重构非常必要，只有这样才能维持发送方的应答时钟正常运转。

2）隧道

性能增强代理可以将报文封装到一个隧道中在特定链路上传输，或者强迫报文穿过特定的路径。隧道另一端的 PEP 在将数据最终提交接收端之前，进行拆装操作。分布式分割 TCP 连接的 PEP 实现中可以使用隧道作为在 PEP 节点之间承载数据连接的途径。隧道也可以应用到采用非对称路由的 TCP 连接，这时，需要控制连接经过分布式 PEP 的端节点。

3）压缩

许多 PEP 实现都支持一种或多种压缩方式。在一些 PEP 实现中，压缩甚至可能是唯一用来提高性能的手段。压缩方法减少了需要在链路上传输的字节数。一般情况下这很有用，尤其是对于带宽受限的链路更加重要。使用压缩技术可以提高链路效率和链路利用率，减小时延和交互响应时间，减小开销，降低在误码链路上的报文丢失率。当然，压缩也会带来一些额外的开销。

4）处理 TCP 的周期性断链

在链路断开或故障期间，TCP 发送方将收不到预期的应答，一旦发送方设置的报文重传时钟超时，发送方就会关闭拥塞窗口，导致连接中断。这种情况在 LEO 卫星系统中尤为突出。

而 T-PEP 则会在链路断开之后检测从 TCP 发送方传到接收方的数据流，并保留最后一个 ACK，在这个 ACK 中将发送窗口设置为 0，使 TCP 发送方暂时关闭窗口，进入保持模式。

在集成 T-PEP 的实现中采用这种方法时，链路断开之后的 TCP 接收方能够了解连接当前的状态，在发生断链时，可以暂时中断所有的定时器。

5）基于优先级的复用

当采用分割 TCP 连接的方法时，PEP 可以将低优先级的 TCP 数据流传输无限延迟。也就是说，用户可以为某些特殊连接分配更高的优先级，PEP 根据优先级对 TCP 连接做出相应的处理，或者还可以实现其他的基于优先级的机制。

3．典型的 PEP 实例

1）分布式 T-PEP：Satlabs I-PEP

I-PEP 是由 Satlabs 的 PEP 工作组提出并于 2005 年形成规范的一种分布式 T-PEP。它为 DVB-RCS 系统提出了统一的性能增强代理方法，提高卫星链路上的业务性能，同时确保系统具有高度的互联和互操作性。I-PEP 定义了卫星终端和关口站之间空中接口的基本处理过程和协议交互，其目的是允许用户在客户端（用户终端）和服务器（关口站）之间使用不同厂家的 PEP 产品，并保证用户的基本性能。

为此，I-PEP 规范中假设整个系统部署是：多个卫星服务提供者利用不同厂商的设备和软件为多个用户提供 DVB-RCS 业务，用户会使用各种不同的设备和软件（见图 4-4）。为了实现这种异构环境的通信，I-PEP 规范中对经过卫星链路的数据结构和信息交换基本规则都进行了标准化。例如：服务提供商运行着来自两个不同厂商的服务器，图中分别用浅灰色和深灰色表示。用户则利用三个不同厂商的设备，用浅灰色、深灰色和黑色表示。所有的服务器和客户端都能够利用协议规范进行通信（深灰色箭头）。在基本通信功能的基础上，同一厂商的客户端和服务器也可以向用户提供额外的、更优化的服务，这可以通过制造商对现有协议规范进行特定扩展来实现（黑色箭头）。协议规范要求仅限于空中接口，制造商可以通过在客户端和服务器平台上实现智能化的私有算法，提供更加多样化的服务。由于本地的配置、系统集成、操作和算法都是开放的，所以系统具有极大的灵活性。

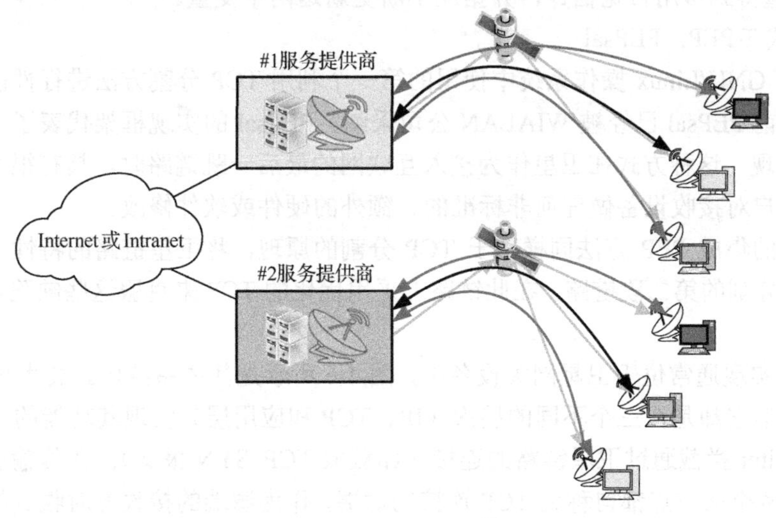

图 4-4　I-PEP 示意图

I-PEP 结构中假设采用一种分割连接的方法，PEP 在其中扮演两个不同的角色，如图 4-5 所示。应用客户端和服务器分别与 I-PEP 客户端和服务器相连。两个 I-PEP 实体通过一条 DVB-RCS 链路建立通信，而应用与 I-PEP 客户端、应用与 I-PEP 服务器之间的通信可以通过任意的本地或广域网实现，并使用基于 IP 的标准通信协议，如 TCP 协议。实际上，应用与

I-PEP 客户端即使不在同一个物理设备上运行，也通常会位于同一个局域网内，而应用与 I-PEP 服务器则通常通过广域网连接。I-PEP 协议规范本身是对称的，对等的 PEP 实体具有同样的功能。

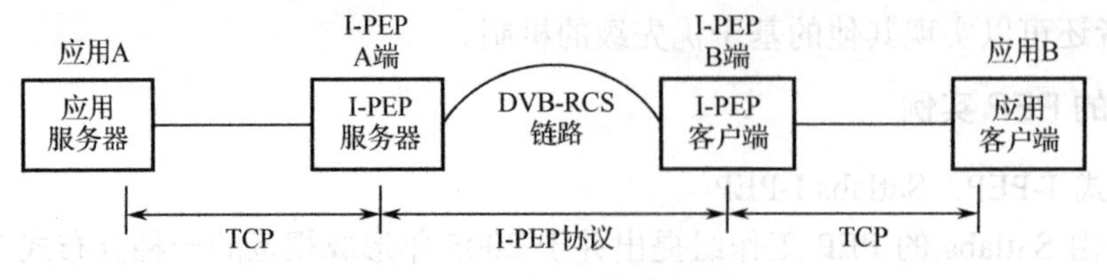

图 4-5 I-PEP 的基本组成

为了避免重新设计全新的协议，并确保与非 PEP 对等实体之间的互操作，I-PEP 中的传输协议通常将互联网标准的传输协议 TCP 作为基础进行设计。为实现高效的数据传输，I-PEP 规范建立在 TCP、SCPS-TP（CCSDS 针对卫星通信环境提出了对 TCP 的一系列扩展方法）及 TCP 扩展的基础上，构成了适合于 DVB-RCS 系统的卫星通信协议框架，并确保与 TCP 和 SCPS-TP 兼容。这里使用的新型传输协议就是 TCP Noordwijk（TCPN），它能够高效地传输较短的、但频繁发生的数据（如 Web 数据流），同时保留了标准 TCP 的可靠性和可扩展性。为了保证与不同厂商传输协议的兼容性，I-PEP 利用 TCPN 协议，仅对 SCPS-TP 参考实现中的发送端进行了修改。另外，TCPN 能够根据瓶颈链路的可用带宽调整传输速率，避免了网络拥塞崩溃的发生，同时不会对竞争链路的标准 TCP 连接的吞吐量有任何限制。

TCPN 利用一种“基于突发”的模式主要修改了传统的“基于窗口”的传输模式。通过两个变量对于报文的传输进行控制：突发大小（BURST），表示一次发出的报文个数；突发传输间隔（TX_TIMER），表示在两次连续的突发传输的时间间隔。在协议运行的过程中，基于 ACK 的测量得到可用带宽估计，并据此不断更新这两个变量。

2）集中式 T-PEP：PEPsal

PEPsal 是 GNU/Linux 操作系统中使用的第一个利用 TCP 分割方法进行性能增强的开源实现方法。目前 PEPsal 已经被 WIALAN 公司采纳。PEPsal 的实现框架代表了一种典型的集中式 T-PEP 实现。这种方式在卫星作为接入互联网的最后一跳链路时，具有很大的优势。因为它不需要用户对接收设备做任何非标准的、额外的硬件或软件修改。

这里使用的集成 PEP 方法同样基于 TCP 分割的原理，将卫星链路的特性（长时延和丢包）限制在被分割的第二段链路，在此链路上采用优化的 TCP 来克服这些缺陷，能够提供较高的传输性能。

PEPsal 的实现通常位于卫星网关设备中，图 4-6 所示是其体系结构。虽然 PEPsal 是一种传输层 PEP，但它却是在三个不同的层次（IP、TCP 和应用层）实现其功能的。PEPsal 在网络层利用 netfilter 拦截通过卫星链路的连接（如截取 TCP SYN 报文）；在传输层对报文进行处理，分别对两个端节点都自称为 TCP 连接的对端，作为源端的接收方对收到的报文进行应答，同时作为发送方与真实的接收端点建立新的 TCP 连接，在第二段连接中使用改进的 TCP 协议以提高性能；为了在两个连接之间交换数据，在应用层实现两个 sockets 之间数据的直接复制。

根据分布情况，PEPsal 可被归类为集成 PEP，因为它只在前向链路卫星网关的单个设备中运行。PEPsal 可以是非对称的或者对称的，这由网络层的配置决定：它可以在前向链路起作用（通常的配置），也可以在返回链路起作用（此时 PEPsal 模块同时作用于连接的前向和反向传输，由于 PEPsal 在卫星链路使用 TCP Hybla 协议，这种协议需要发送方进行修改，所以当前连接的接收端，也就是反方向的发送方，在数据处理上需要进行适当修改）。而且 PEPsal 在通常的非对称配置中是透明的，因为连接两端都无须修改，TCP 用户也不会意识到连接在卫星网关处被分割开了。

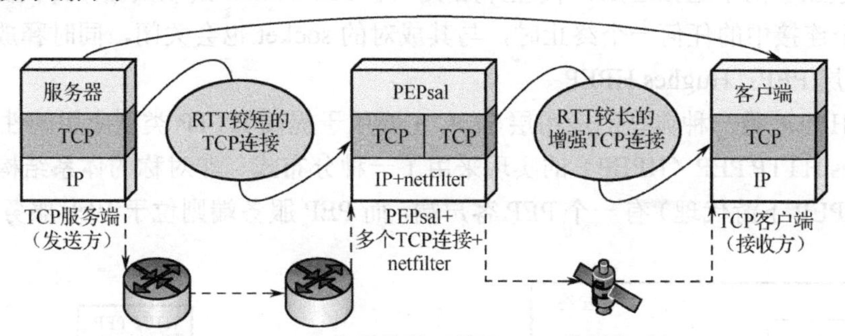

图 4-6　PEPsal 体系结构（基于 TCP 分割方式）

PEPsal 体系结构中采用 TCP 改进协议——TCP Hybla，它是 PEPsal 的作者提出的，协议中包括了一系列处理过程，如拥塞控制算法的改进、强制执行 SACK 机制、时间戳、采用 Hoe 的信道带宽估计以及实现报文分隔技术等，克服了卫星链路上协议性能的恶化问题。

PEPsal 的软件模块组成如图 4-7 所示，图中标注出了各个软件模块的功能。灰色区域表示 Linux 内核，上层功能模块通过访问内核来建立 netfilter 目标，并对所有 TCP 连接使用一种改进的协议。在处理过程中，收到的 TCP SYN 报文通过 libipq 传到 PEPsal 用户应用，而属于该连接的其他报文则被重定向到本地 TCP 端口 5000。图中右边的小区域（Libs）是用来实现 PEPsal 的系统库。PEPsal 进程使用共享内存的方式来共享连接记录及其状态，以及连接的原始端点信息，应用则使用一个位图索引来提高对该内存区域的访问速度。从 libipq 传到用户空间应用的是包括网络层和传输层首部的完整的 IP 报文，PEPsal 可以从中读取 TCP SYN 报文的信息，并转发到目的端发起一个新的连接。

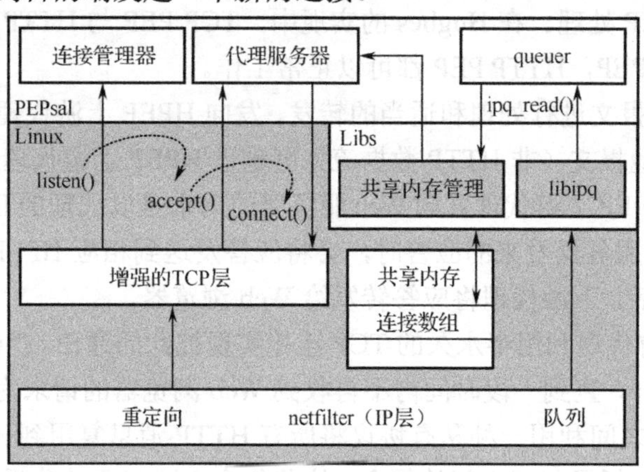

图 4-7　PEPsal 软件模块

顶部的 PEPsal 模块表示用户空间应用，其中包括两个进程：进程 queuer 通过在 libipq 读函数中的阻塞等待从 netfilter 发来的数据。当 Linux netfilter 读取到 TCP SYN 报文时，会将它们复制到一个队列中，同时，queuer 根据收到的 SYN 报文中的信息在共享内存中标注出连接的两个端节点信息（IP 地址和 TCP 端口号）。然后，SYN 报文被释放，继续由 netfilter

进行后续处理。在此之后，SYN 报文以及所有属于该连接的后续报文，都被 netfilter 重定向到 TCP 端口 5000，而该端口有一个“连接管理器”的 TCP 后台程序正在监听这些报文。另一个进程“代理服务器”则负责接受连接，并在共享内存中搜索与连接的主机源地址和 TCP 端口号相匹配的项。找到了目的 IP 地址和端口号之后，就会向实际的目的端发起一个新的 TCP 连接。建立了两个连接之后，代理开始从一个 TCP socket 读取数据，并向另一个 socket 写入。当两个连接中的任何一个终止时，与其成对的 socket 也会关闭，同时释放内存区。

3）应用层 PEP：Hughes HPEP

Hughes HPEP 是一种典型的应用层 PEP，主要用于提高 HTTP 类型应用的性能。如图 4-8 所示，Hughes HTTP PEP（HPEP）的实现采用了一种分布式、非对称的体系结构，其中 Web 浏览器端（HPEP 下游代理）有一个 PEP 客户端，而 PEP 服务端则位于 Web 服务器端（HPEP 上游代理）。

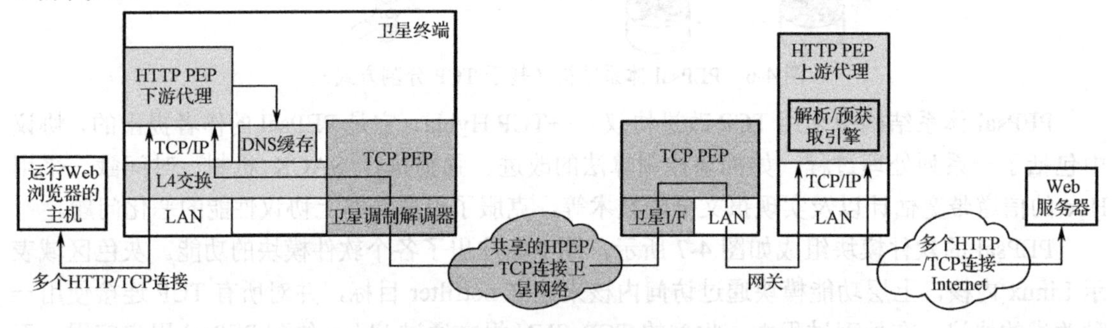

图 4-8 HPEP 体系结构

当 Web 浏览器发出 IP 报文的时候，PEP 中的 L4 交换机将会对报文进行检查。当交换机识别出报文是 HTTP 数据流时，相关的 IP 报文会被传送到 HTTP PEP 下游代理模块。非 HTTP 报文则仅仅被转发，并由 TCP PEP 进行检查和处理。HPEP 代理发出的 HTTP 报文根据它们的目的地址转发到 HPEP 上游代理。被转发到 HPEP 上游代理的 HTTP 报文将与其他数据流一样，需要由 TCP PEP 处理。在 Hughes 的实现中，TCP PEP 与 HTTP PEP 是相互独立的。无论有没有配置 TCP PEP，HTTP PEP 都可以正常工作。

网关 TCP PEP 对报文进行处理和适当的转发，发向 HPEP 上游代理的 HTTP 报文目的地址即为代理地址。其他报文（非 HTTP 数据流）则越过 HPEP 上游代理，直接由 TCP PEP 转发到适当的路由器。HPEP 上游代理发向 Web 服务器的请求是以代理的 IP 作为源地址发出的，当上游代理收到 Web 服务器发来的应答时，会将应答发送到相应 HPEP 下游代理的 IP 地址（通过 TCP PEP）。然后，下游代理将应答转发给 Web 浏览器。

HPEP 下游和上游代理利用半永久的 TCP 连接实现彼此的通信。当收到第一个 Web 浏览器请求时，连接被打开，直到一段时间内不再收到 Web 浏览器的请求为止（超时时间通常为几十分钟）。两个代理之间利用一种私有协议将所有 HTTP 消息复用到一起。这种协议类似于一个管道，管道中还包括了代理之间的信令，这些信令主要与语法分析/预获取操作有关，有时也用来支持多线程。

两个代理之间的“隧道”方式能够带来一定程度的性能提高。但是，提高 Web 浏览性能的机制主要还是通过 HPEP 上游代理的语法分析/预获取引擎的操作实现的。当收到 Web 服务器发来的 Web 页面信息时，上游代理在将其转发到下游代理之前，会对 Web 页面进行语法分析，查找 Web 浏览器分析 Web 页面时需要请求的嵌入对象。然后，上游代理启动 Web 对象预获取操作，同时，将它们转发给下游代理。这样，当 Web 浏览器请求这些对象时，它们已经被获取到了。由于并不是所有的嵌入对象都能够被预获取，所以代理之间的信令还包括上游代理向下游代理明确指出的需要被预获取的对象信息。如果 Web 浏览器请求了一个正在被预获取的对象，而这个对象还没有到达下游代理，那么通过信令就可以告知下游代理无须再向网关转发对象请求。因此，语法分析/预获取操作，加上对哪些对象需要获取进行预测，可以显著减少 Web 页面的下载时间，减少发送的 HTTP 数据流量。

此外，HPEP 还利用了 DNS 缓存来提高性能。Web 页面通常包括从不同服务器获取的对象，当 HPEP 以透明的方式使用时，Web 浏览器需要对访问的每一个新的服务器发出一个 DNS 查询请求。因为 HPEP 上游代理需要代表浏览器获取所有对象，所以，代理也需要发出同样的 DNS 请求。因此，上游代理就可以将收到的 DNS 响应转发到下游代理，并存储在本地 DNS 缓存中。当下游代理的 L4 交换机收到一个 DNS 请求时，可以查找 DNS 缓存，如果查到对应的 DNS 信息（因为另一个 Web 浏览器已经访问过这个站点，或者 HPEP 上游代理为了预获取对象已经访问过这个站点），那么 DNS 请求会在本地得到响应。否则，DNS 缓存会将请求转发到实际的 DNS 服务器。

由此可见，HPEP 通过对 HTTP 协议操作优化的一系列方法，能够改善卫星链路上用户的 Web 浏览应用体验，HPEP 对用户来说就像一个 HTTP 代理，而在卫星链路两端的代理节点之间却通过建立隧道，采用特定的协议交互设计，提高了 HTTP 应用的性能。

4．使用 PEP 可能带来的问题

由于 PEP 实际上是一种解决卫星链路 TCP 协议性能问题的分段方法，因此，4.4.1 节中提到的分段方法可能存在的问题，对于 PEP 而言都可能会发生。具体来说，主要包括：

1）端到端语义问题

TCP 协议是一种端到端协议，然而在路径中加入 PEP 模块后可能会破坏传输层原有的端到端语义，对某些协议处理带来问题。最典型的就是类似 IPSec 这样的传输层安全协议，尽管人们已经提出了多层 IPSec 等方法，但由于方法的复杂性，至今也没有成为标准。

另外，尽管无论是应用层 PEP 还是传输层 PEP 都不会预先返回 ACK 来破坏应用层端到端的正常运转，但是用户和网络管理人员还是需要了解 PEP 的工作原理来防止端到端风险。尤其是当网络出现故障时，网络是否能够恢复正常运转主要取决于有多少状态被保存下来，以及网络运行状态是否能够自愈。因此，当用户希望通过 PEP 提高网络性能时，需要首先考虑可能承担的风险是否在可控范围内。

此外，PEP 的存在还会延迟对网络问题的诊断，因为诊断连接错误的工具往往会受到 PEP 的影响。如 PING，如果它不经过 PEP 节点，而是被路由到其他路径，就会得出源和目的之间有可用路径的判断，而实际上并没有；PING 报文如果经过 PEP 节点，因为它与 TCP 报文会经过不同的处理，所以得到的时延也绝不是 TCP 的真实时延；如果 PEP 截获了 PING 报文并代替目的端做出回应，则 PING 反映出的仅仅是源端到 PEP 之间链路的情况。同样地，Traceroute 也会遇到类似问题。

2）扩展性问题

PEP 主要处理 IP 层以上的报文信息，因此需要有比路由器更高的处理能力，在吞吐量方

面也需要比路由器更高一些（处理 IP 层以上的信息也很难在硬件中实现）。而且，因为大多数 PEP 在实现中需要为每个连接保存连接状态，因此需要的存储量也要比路由器更高。所以 PEP 的实现可能会对连接的个数提出限制，而路由器则不会。

正因如此，PEP 的使用可能会带来网络扩展性问题。当 PEP 应用于高速链路或网络中存在大量连接时，除将 PEP 部署于数据流路径当中之外，还可能引起网络拓扑结构的变化。比如说，如果 PEP 能够处理的数据量有限时，网络中就需要多个 PEP 并行使用，将数据流分流到不同的 PEP 处理，因此，这会增加网络配置的复杂性。

3）非对称路由问题

当使用 PEP 时，需要将数据流路由到 PEP 所在的节点（有时不太可能或很难实现），所以可能无法为报文选择最优路由。另一方面，可能会出现数据传输前向和反向使用不同的路由，引起路由非对称问题。

4）移动主机

在 PEP 为移动主机服务的情况下，当发生切换时，相关的 PEP 状态需要转移到其他的 PEP 节点。这往往需要额外的开销，而且还需要耗费时间，不可能很快完成。

此外，采用 PEP 技术在 multi-homing 网络环境中也会带来一些问题，还会带来 QoS 透明性问题。总之，网络管理者需要综合考虑各方面因素和可能带来的影响，同时充分评估未来的网络应用需求和网络结构的改变。

5. PEP 应用场景

在实际当中，PEP 可以有很多不同的应用场景，这些场景适用于星状或网状的卫星链路拓扑结构。

1）场景一：单个用户

图 4-9 显示了单个用户的应用场景，其中在用户和 PEP 客户端（ST PEP）之间存在一对一的对应关系。多用户场景可在单用户场景的基础上进行扩展，一个 PEP 客户端同时为多个用户主机服务。这种应用是典型的家庭用户或家庭办公的场景。PEP 客户端可以集成到卫星终端中，也可以作为一个单独的实体，独立于端用户设备和卫星终端。

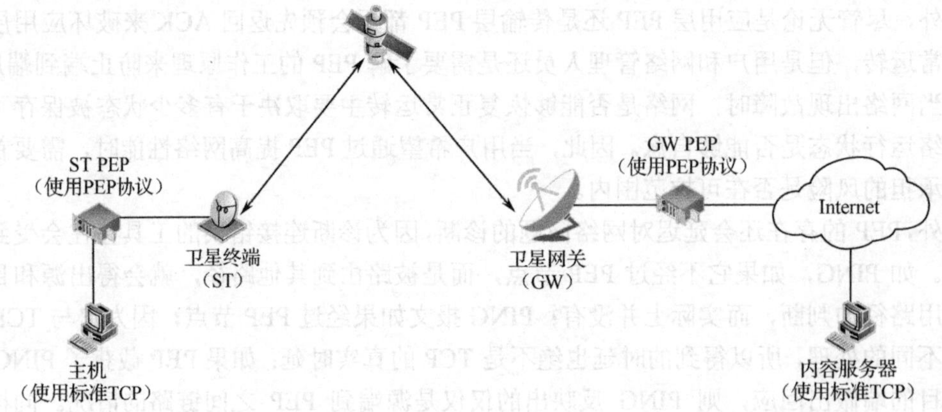

图 4-9 服务于单个用户且 GW PEP 位于卫星网关处的使用场景

端到端 TCP 连接被分为三段：

第一段：服务提供商和 GW PEP 之间（标准 TCP）；

第二段：GW PEP 和 ST PEP 之间，其中的传输协议可以是专用协议；

第三段：主机与 ST PEP 之间（标准 TCP）。

2）场景二：独立的卫星和 PEP 网关

在场景一中，假设 PEP 服务器（GW PEP）部署在网关中，也就是说卫星服务提供者对 PEP 实施管理，或者为系统提供托管设施。在场景二中，PEP 服务器位于 BSM 网关之外，在这种场景下可能出现两种不同的设置：PEP 服务器由单独的 Internet 服务提供商（ISP）来运行与维护；或者由企业来实施。

与场景一类似，端到端 TCP 连接被分为三段。然而，与场景一不同的是：

（1）PEP 服务器与网关之间的通信链路通过广域网（如图 4-10 中的 IP 网）进行了扩展，而这个网络是不可信的。同样地，卫星服务提供者可能也是不可信的。在这种情况下，通常连接可以通过 IP 隧道来实现（还可以利用 IPSec 提高安全性）。

（2）PEP 和卫星网络实体的编址策略可以由两个不同的管理机构进行控制。

场景二还有一种情况，就是传输层和应用层有独立的 PEP。所以，在图 4-10 中，每个 PEP 设备（ST 和 GW PEPs）可能会有两个功能独立的 PEP 模块（即 T-TCP 和 A-PEP）。

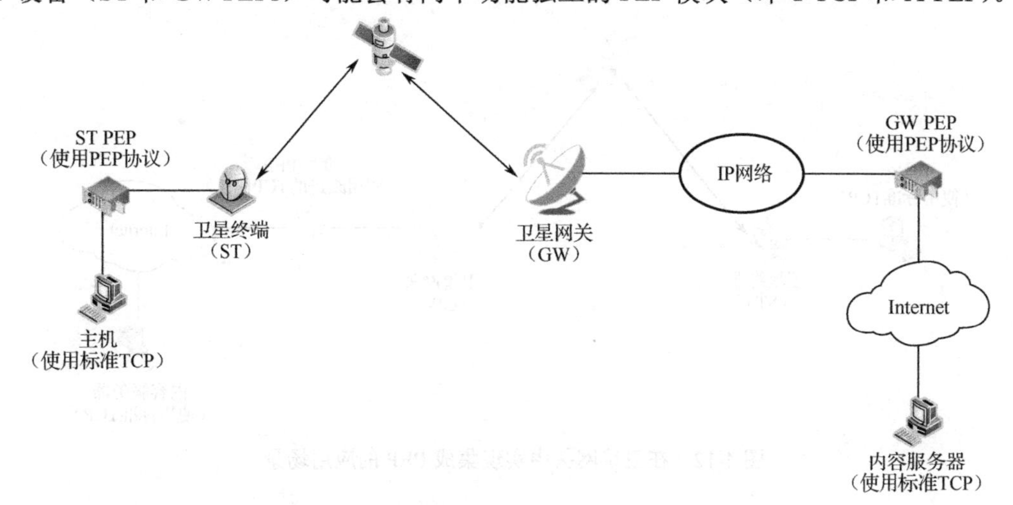

图 4-10　独立于卫星网关的 GW PEP 应用场景

3）场景三：多个 PEP 网关（见图 4-11）

这种场景的一般应用是，远程终端拥有一个 IP 隧道用于企业通信，同时还有一个直接的 Internet 连接用于一般通信。这时，PEP 对于两个连接而言都是需要的，并且也只能独立运行。

在这种场景中，不再出现一个单独的“集中式”网关 PEP，而是使用多个网关 PEP，因为可能存在多个 ISP，或者直接在用户之间进行性能增强处理（如 VPN 的配置情况）。

与场景一和二类似，端到端 TCP 连接被分为三段。与场景二相比，PEP 客户端（ST PEP）需要与来自不同厂商的多个 PEP 服务器进行交互。因此，可以在 ST 中驻留多个 PEP 模块。另一种更加理想的方法是使用 I-PEP 协议，使单个客户 PEP 能够与不同厂商的服务端 PEP 进行无缝通信。

4）场景四：集成 PEP（单个 PEP）

以上三种场景展示了各种分布式 PEP 的配置方式（PEP 客户端和服务端分别在卫星链路的两端，即 ST PEP 和 GW PEP）。场景四则描述了一个集成 PEP 的例子，如图 4-12 所示。

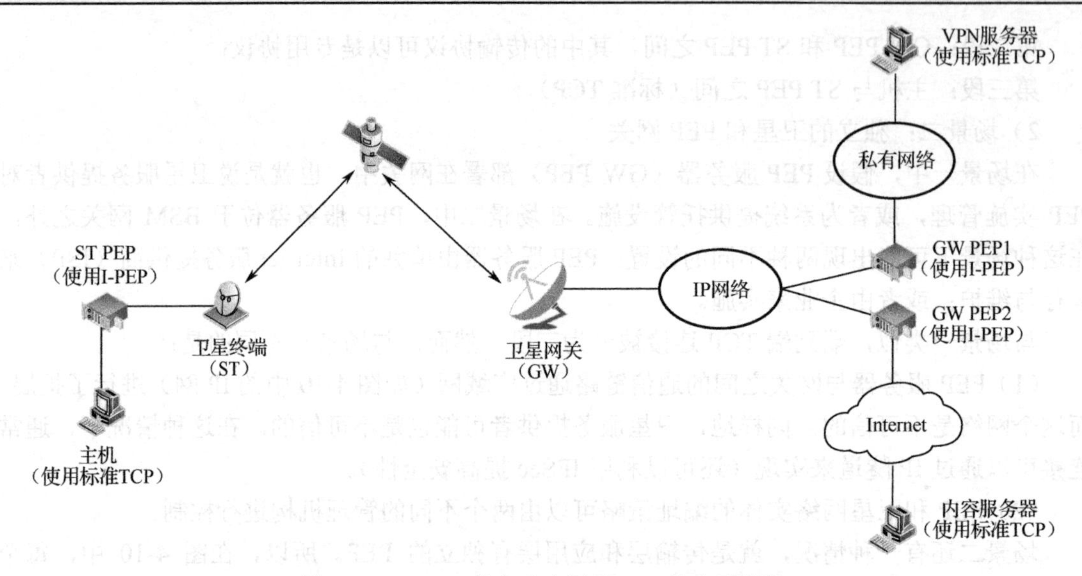

图 4-11 ST PEP 接入多个网关 PEP 的应用场景

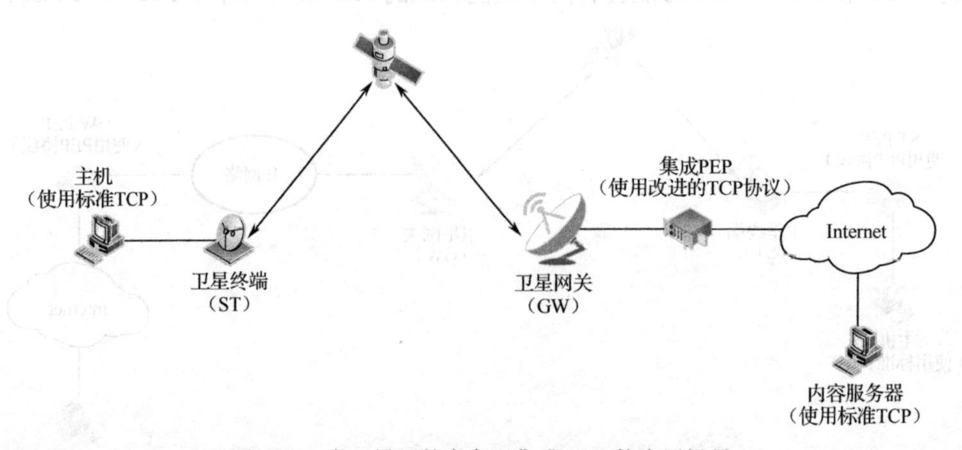

图 4-12 在卫星网关中实现集成 PEP 的应用场景

在这种场景中，端主机之间建立的 TCP 连接被卫星网关中的集成 PEP 分割成两个独立的连接。第一个连接是 Web 服务器和集成 PEP 之间利用标准 TCP 协议建立的连接，并终止于 PEP；第二个连接是在 PEP 与最终用户之间的连接，能够利用与标准的 TCP 接收端兼容的增强 TCP 协议版本（如 Hybla 协议）。与分布式 PEP 场景相比，集成 PEP 更加简单，但是对性能增强的能力有限。

4.5 端到端解决方法——卫星网络环境中的传输层协议

大多数传统操作系统中使用的 TCP 协议栈在拥塞控制算法方面都使用 Reno 算法，在卫星信道上运行 Reno 算法的 TCP 协议时，通信性能会受到很大的影响。为了改善在卫星信道上的 TCP 运行效率，人们提出了各种基于新的拥塞控制算法的传输层协议。有些方法是在 TCP 协议的基础上进行改进，另一些则是针对卫星链路特点提出了新的传输层协议。

4.5.1　TCP 协议在卫星网络环境中的不同版本

人们在改善卫星网络 TCP 协议的性能方面，提出了众多改进版本。以下列举几种典型的版本，并重点介绍针对当前和未来的高速网络而设计的几种改进版本，这些改进已经在典型的操作系统中得到应用，并显示出较高的性能。

1．TCP Vegas

TCP Vegas 是一种 TCP 拥塞控制算法，这种算法没有像 Reno 等机制那样采用丢包来探知网络拥塞的发生，而是不断测量 TCP 连接的往返时延 RTT 的数值，以此来判断网络可用带宽的情况。根据测量的 RTT 值，以及发送方的拥塞窗口大小，估算出网络中当前 TCP 连接实际占用的带宽，并将该值与记录中最理想的可用带宽进行比较，根据二者的差值确定网络状况是通畅、拥塞还是正常，并据此调整发送端的发送速率。

Vegas 算法的慢启动阶段与 Reno 算法基本相同，而在拥塞避免阶段的算法差别较大；Vegas 算法对快速重传和快速恢复阶段，以及时钟机制进行了改进。

在拥塞避免阶段，Vegas 算法根据期望的吞吐量和实际吞吐量的差值 delta 来估计网络中可用的带宽。如果实际吞吐量与期望吞吐量很接近，delta 的值较小，可以认为网络没有发生拥塞；如果实际吞吐量小于期望吞吐量，delta 的值较大，则网络很有可能出现了拥塞。因此，Vegas 算法可以根据 delta 的变化来更新拥塞窗口，以保证网络正常传输。

Vegas 算法中有如下定义：

期望的吞吐量 = 当前拥塞窗口大小 / 该连接最小的一次 RTT；

实际的吞吐量 = 当前拥塞窗口大小 / 当前测量的 RTT 值；

delta = 期望的吞吐量 − 实际的吞吐量。

因此，拥塞窗口调整的方法为：

当 delta < alpha 时，拥塞窗口加 1；

当 delta > beta 时，拥塞窗口减 1；

当 alpha ≤ delta ≤ beta，拥塞窗口不变。

在具体实现中，一般取值为 alpha = 1，beta = 3。为了增强算法对网络的适应性，alpha 和 beta 值还可以自动调整。

TCP Vegas 协议采用更精确的 RTT 值计算方法，通过更快速地重传，避免了对操作系统粗粒度时钟的依赖，提出拥塞预测方法，能够较好地预测网络带宽使用情况，其公平性较好，效率也较高，在高速高延迟的网络中，协议对性能的提升非常明显。但是当该算法与其他算法竞争带宽时，却容易处于劣势。而且，该算法并不是在所有通信环境下都能够得到性能的改善，因此需要针对具体的通信环境来决定。

2．TCP Westwood

TCP Westwood 算法是针对无线误码信道提出的一种端到端的拥塞控制算法，在窗口的控制和回退过程方面都比 Reno 算法有很大的改善，确保了实现更快的恢复过程和更有效的拥塞避免过程。通过实验室仿真实验和实际网络测试证实，该协议无论对有线环境还是无线误码环境，都具有较好的性能。

TCP Westwood 协议采用端到端带宽估计来调整拥塞过后的 ssthresh 和 cwnd，加入了恢复算法，发送端利用检测到的 ACK 的到达率来估测可使用的带宽，避免在一次丢包后将发送窗口减半的操作，提高了链路利用率。

在快速恢复阶段，当收到了 *n* 个重复的 ACK 时，按照以下方式设置 ssthresh 和 cwnd：

```
ssthresh = (BWE * RTTmin)/seg_size;
If (cwnd > ssthresh)    cwnd = ssthresh;     //拥塞避免
```

其中，seg_size 指分组大小，BWE 为带宽估计值（单位时间分组数目×分组大小），RTTmin 是测得的最小 RTT 值，理想情况下等于中间队列长度为零时测得的值。

在拥塞避免阶段需要探测额外的可用带宽，因此，当收到 *n* 个重复的 ACK 时，就意味着已经达到了网络链路容量上限，此时，慢启动门限 ssthresh 被设置为瓶颈缓冲区为空时的可用信道容量，即 BWE×RTTmin，拥塞窗口 cwnd 被更新为 ssthresh，然后拥塞避免重新进入先前比较缓和的可用带宽探测模式。此外，RTTmin 设置为连接过程中的最小 RTT 值，这就允许拥塞之后的队列被排空。由于慢启动阶段仍然需要探测可用带宽，因此将慢启动门限设置为收到 *n* 个重复 ACK 之后的 BWE 值。当 ssthresh 设置之后，只有当 cwnd > ssthresh 时才设置 cwnd = ssthresh，也就是说，慢启动阶段，cwnd 仍然与现有 TCP Reno 协议一样进行指数增大。

如果发生超时，协议进行如下操作：

```
cwnd = 1;
ssthresh = (BWE * RTTmin)/ seg_size;
If (ssthresh < 2)    ssthresh = 2;
```

也就是说，超时之后，cwnd 和 ssthresh 分别被设置为 1 和 BWE，即仍然采用 Reno 中同样的方法，而恢复过程的加快是通过设置 ssthresh 为发生超时时的带宽估计值来实现的。

TCP Westwood 在 Reno 的基础上，通过测量估算出网络的可用带宽，对拥塞窗口 cwnd 进行适当调整，实现更快速的恢复。这种机制尤其在无线网络中非常有效，与 Reno 相比吞吐量成倍提高。

3. TCP BIC

TCP BIC（Binary Increase Control congestion）协议可以保证高速网络中具有不同 RTT 的连接公平共享链路带宽，并已被 Linux 内核 2.6.18 采纳使用。BIC 根据网络当前状态，分别通过二进制搜索增长（binary search increase）和加性增长（additive increase）算法对拥塞窗口进行调整，具有良好的扩展性、友好性和公平性。

在二进制搜索中，协议将拥塞控制视为一个搜索问题，主动搜索一个处于丢包触发阈值的分组发送速率。系统将通过报文丢失判断当前的发送速率是否大于网络带宽。算法中定义了当前最小窗口值 W_{min}，它是当没有任何报文丢失时的窗口大小，如果知道了最大窗口值 W_{max}，则可以利用二进制搜索技术将目标窗口设置为最大、最小值的中点。当拥塞窗口增长到该目标值时，如果还没有报文丢失，则当前的窗口值可作为新的最大值，而丢包后减小了的窗口值则可以作为新的最小值，这样二者之间的中点就成为新的目标窗口值。

由于网络在新的最大窗口值附近可能发生丢包，而在新的最小窗口值附近则不太可能发生丢包，因此目标窗口值的大小一定是在二者之间。当拥塞窗口达到目标值，而仍然没有报文丢失时，当前窗口值成为新的最小值，并可据此计算出新的目标值。该过程反复进行，不断更新最大和最小值，直到二者的差值低于预定的阈值 S_{min}（最小增长量）。这个过程就被称为二进制搜索增长算法。

该算法允许在连接初始阶段更快地探测网络带宽，因为此时的窗口值与目标值相差较大；而当窗口值与目标值比较接近时，带宽探测便缓和一些。因此，算法的特点是其窗口增长是一种对数式的增长，当窗口大小接近饱和点时，降低增长速度。通常，丢包数量与丢包前的最后一次窗口增长量成正比，因此二进制搜索增长算法能够减少丢包数量。而且，该算法最独特的地方是提供了一个凹响应函数，能够与加性增长算法很好地吻合起来。

加性增长：为了确保算法快速收敛，以及 RTT 公平性，TCP BIC 协议将二进制搜索增长算法与加性增长算法相结合。如果目前拥塞窗口大小与目标值相差太大，将拥塞窗口直接设置为目标值会给网络带来很大压力。因此，协议设置一个 S_{max} 值，目前拥塞窗口大小与目标值差值大于 S_{max} 时，并按照 S_{max} 步长增长拥塞窗口，直到差值小于 S_{max}，这时才将窗口值直接增加到目标值。因此，总体来说，窗口值在经过大幅减小之后，起初线性增长，然后按照对数方式增加，整个过程就是窗口的二进制增长策略。图 4-13 显示了 BIC 的窗口增长函数曲线。

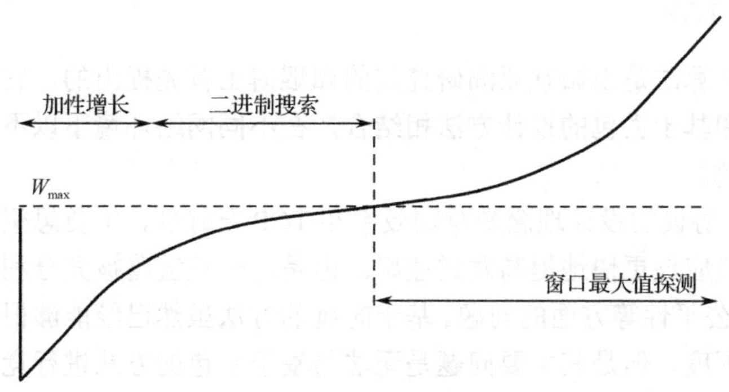

图 4-13　BIC 窗口增长函数曲线图

该策略与乘性递减策略相结合，非常接近在大窗口下的纯加性增长过程。因为窗口较大时，会由乘性递减策略控制使窗口有大幅减小，因此使得加性增长过程经历的时间更长；而当窗口较小时，整个策略更接近于纯的二进制搜索增长，加性增长过程也更短。

4．TCP Hybla

TCP Hybla 协议允许在 RTT 较大的通信环境下使拥塞窗口更大，窗口增加得也更快。通过这种方式，尽可能地使可用的信道资源处于满负荷的使用状态。该算法在无线和卫星信道环境中，或者混合网络环境中，能够较大地提高 TCP 协议的运行效率，提高网络的吞吐量，因此成为解决无线和卫星信道传输层性能问题的新方法。

协议的核心思想是使得窗口增加的速度与连接经历的 RTT 无关，提高了拥塞窗口(cwnd)增加的速度，为不同 RTT 的连接提供了相同的传输速率。为此，Hybla 中引入了归一化往返时延参数 ρ，定义为

$$\rho = \mathrm{RTT} / \mathrm{RTT}_0$$

式中，RTT_0 是用来归一化性能的参考连接的往返时延。通过参数 ρ 首先让窗口与 RTT 无关，之后再对此进行补偿。由此可以为 RTT 较长的连接（无线或卫星信道）获得与参考连接（有线信道）同样的瞬时发送速率。因此，Hybla 的窗口更新按照如下方式进行：

$$W_{i+1}^{\mathrm{H}}=\begin{cases}W_i^{\mathrm{H}}+2^{\rho}-1, & \mathrm{SS}\\ W_i^{\mathrm{H}}+\rho^2/W_i^{\mathrm{H}}, & \mathrm{CA}\end{cases}$$

这种更新方式保留了标准TCP基于ACK的拥塞窗口更新机制，而拥塞避免（CA）阶段的更新更类似于速率恒定的算法。此外，TCP Hybla在实现中可以设置的ρ的最小值为1，在这种情况下，协议对“快”连接（$\mathrm{RTT}\leqslant\mathrm{RTT}_0$）的处理与标准TCP一样，对它们来说保持了标准的增长速度。另外，cwnd和ssthresh的初始值必须都乘以ρ，发送缓冲区大小也要乘以ρ，以处理TCP Hybla发送过程中可能出现的更大的突发数据块。

TCP Hybla协议还同时使用了SACK和时间戳降低无线和卫星链路中多个丢包、不恰当的超时和突发等引起的影响，SACK机制通过选择性的报文应答对TCP累积应答方式进行了改进，而时间戳则加在每个发出的报文中以精确估计RTT。为避免报文突发，协议采用了报文段分隔和信道带宽估计技术。此外，TCP Hybla并不违反TCP的端到端语义，易于与其他增强方法兼容。在卫星链路环境中，TCP Hybla可以作为端到端协议来使用，此时需要对发送方的处理进行修改；也可以用在分割连接的场景中，作为卫星链路段的传输协议。

5．Compound TCP

Compound TCP算法是由微软亚洲研究院的谭焜博士首先提出的，它结合了众多算法的优点，将基于时延和基于丢包的设计方法相结合，在不同网络环境下以不同策略对拥塞窗口（发送速率）进行控制。

Compound TCP协议的设计理念是兼顾效率和TCP友好性，主要思想是如果链路没有被充分利用，高速协议应该更快地提高发送速率。但是，一旦链路被充分利用，过快地提高速率反而会带来TCP公平性等方面的问题。基于时延的方法虽然已经能够根据链路利用率来调整发送速率提高的程度，但是其主要问题是无法与基于丢包的方法进行竞争，而该问题无法仅仅依靠其本身来解决。因此，Compound TCP将两种方法相结合，在标准TCP拥塞避免算法（基于丢包的控制部分）中加入了可伸缩的基于时延的处理部分。

协议中引入了一个新的状态变量dwnd（时延窗口），该变量可以控制协议中基于时延的处理部分，而原有的拥塞窗口cwnd则仍然控制基于丢包的处理部分。Compound TCP发送窗口则由cwnd和dwnd共同决定，即TCP发送窗口可通过以下方式计算：

$$\mathrm{win}=\min(\mathrm{cwnd}+\mathrm{dwnd},\ \mathrm{awnd})$$

式中，awnd是接收端声明的窗口值，win是TCP发送窗口。

参数cwnd按照标准TCP拥塞避免阶段方式更新，即在每个RTT内增加一个MSS，丢包时减半。因此，收到一个ACK时cwnd的更新方式是

$$\mathrm{cwnd}=\mathrm{cwnd}+1/\mathrm{win}$$

协议在慢启动阶段仍然采用传统TCP的方法以指数方式增加窗口。连接处于慢启动阶段时，参数dwnd设置为0，也就是说，基于时延的控制部分只有在拥塞避免阶段才起作用。

由于基于时延的控制部分需要使协议在高速、长时延链路上具有伸缩性，因此协议窗口的调整遵循一种二项式模式。当不发生拥塞时，协议窗口按照以下方式增长：

$$\mathrm{win}(t+1)=\mathrm{win}(t)+\alpha\,\mathrm{win}(t)^k$$

当发生丢包时，窗口乘性递减：

$$\mathrm{win}(t+1)=\mathrm{win}(t)(1-\beta)$$

式中，参数α、β、k 可以调整，从而提供所需要的扩展性、窗口变化的平滑性和及时的响应速度。

由于 Compound TCP 中原本就有基于丢包的控制，因此新加入的基于时延的控制部分只需要补上差值 dwnd，使整个窗口按照上述二项式方式变化。因此，加上算法中采用的 Vegas 带宽估计方法，基于时延的控制部分中 dwnd 的取值可以按照下式进行：

$$\mathrm{dwnd}(t+1)=\begin{cases}\mathrm{dwnd}(t)+(\alpha\cdot \mathrm{win}(t)^k-1)^+, & \text{当diff}<\gamma\text{时}\\ (\mathrm{dwnd}(t)-\zeta\cdot \mathrm{diff})^+, & \text{当diff}\geqslant\gamma\text{时}\\ (\mathrm{win}(t)\cdot(1-\beta)-\mathrm{cwnd}/2)^+, & \text{当检测到丢包时}\end{cases}$$

式中，$(.)^+$表示 max(.,0)，diff 即为 Vegas 中定义的 delta，乘以最小的 RTT 值，表示在上个 RTT 中发出但在本 RTT 中还没有通过网络的报文数量，也就是被置于队列中的报文数。当 diff 小于门限值时，说明网络还没有被充分利用；反之，表示网络处于繁忙状态，这时需要启动基于时延的控制部分，缓慢地减小窗口。因此，在上述公式中，当网络没有充分利用时（第一行），dwnd 需要增加$(\alpha\cdot \mathrm{win}(t)^k-1)^+$个报文，这是因为基于丢包的控制部分（cwnd）已经将窗口增加了 1 个报文的大小。而当发生丢包时，dwnd 被设置为窗口希望降到的值（$\mathrm{win}(t)(1-\beta)$）与 cwnd 能提供的窗口大小的差值。当网络节点的队列增长时，dwnd 的值需要减小（公式第二行），这也正是 Compound TCP 具有更好的公平性的关键所在。参数ζ用来控制发现拥塞时基于时延的控制部分减小窗口的速度。由于 dwnd 为非负值，所以协议窗口的下限就是由基于丢包的控制部分决定的（标准 TCP）。

总体来讲，Compound TCP 协议既可以在高速网络中充分利用信道资源，以较高的传输速率提供可靠通信服务，也可以在低速网络中保持与原有 TCP 协议版本的公平性。目前，在最新的 Windows Vista、Windows Server 2008 操作系统中采用了该协议。

6．TCP CUBIC

TCP CUBIC 是在高速网络环境中的一种新的 TCP 协议，是 BIC 算法的增强版。BIC 算法虽然在扩展性、公平性和稳定性方面在目前的高速网络环境中表现不错，但其窗口增长方式对于低速网络和 RTT 较小的连接而言还是太过激进，而且，将窗口控制分为几个不同的阶段也增加了协议的复杂性。因此，CUBIC 算法简化了 BIC 的窗口控制，同时保持了 BIC 的大部分优点（尤其是稳定性和扩展性），提高了 TCP 友好性和 RTT 公平性。

CUBIC 协议的窗口增加由一个 cubic 函数控制，其窗口的增加形状与 BIC 非常类似，通过 cubic 函数的控制简化了 BIC 窗口控制过程，该函数如下：

$$W_{\mathrm{cubic}}=C(t-K)^3+W_{\max}$$

式中，C 是一个恒定扩展因子，t 是从上次窗口减小到当前经历的时间，$W_{\max}$是最近一次减小前的窗口尺寸，K 定义为

$$K=\sqrt[3]{W_{\max}\beta/C}$$

式中，β 为发生丢包时减小窗口值的常数乘性递减因子，即窗口减小到$\beta W_{\max}$。

图 4-14 显示了 CUBIC 协议的窗口增长函数曲线，窗口初始值为$W_{\max}$。当发生窗口减小时，协议接着会快速增加窗口值，直到接近 $W_{\max}$，然后减缓窗口的增加。在 $W_{\max}$ 附近，窗口的增加接近于 0；而当窗口值超过 $W_{\max}$ 时，CUBIC 又开始探测更多带宽，于是起初缓慢增长，当离开 $W_{\max}$ 附近时，窗口又加速增长。协议在 $W_{\max}$ 附近的窗口低速增加有利于维持协

议的稳定性，提高网络利用率，而当离开 W_{max} 时的快速增长又确保了协议的扩展性。

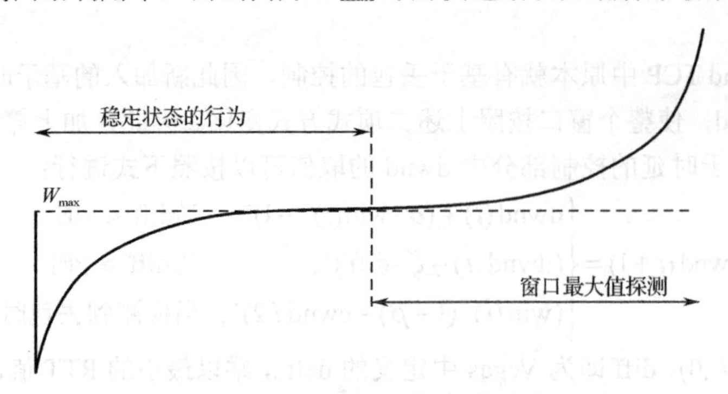

图 4-14 CUBIC 窗口增长函数曲线图

由此可见，协议利用从上次拥塞发生到现在经历的时间为参数的方程，利用其凸凹特性来决定窗口大小，其窗口变化与 RTT 无关，不同 RTT 的数据流可以以相同的速率增加它们的窗口，与传统拥塞控制方法相比提高了对不同 RTT 路径上连接的公平性。实验也表明，CUBIC 能够提供很好的稳定性和可扩展性。由于 CUBIC 在高速网络中的性能表现优越，因此在 Linux 2.6.18 以后的版本中，CUBIC 成为操作系统协议栈的 TCP 默认算法。

综上所述，针对卫星链路特点，人们提出的各种 TCP 协议新版本主要围绕网络拥塞状态的探测，或者对丢包和拥塞进行区分，以及对应的适合长时延链路特点的窗口增加算法来进行研究的。对拥塞的探测可以根据丢包、队列长度、ACK 应答等作为依据。窗口增加则以使发送速率平稳逼近网络可用带宽为原则，充分利用信道资源；同时避免因窗口调整导致的丢包等网络非稳定状态的发生；此外兼顾连接之间的公平性，以维持良好的网络生态。虽然人们提出了很多改进方法，但是到目前为止，还没有哪个版本能够在大部分应用场景下均绝对优于其他版本。图 4-15 显示了前文阐述的各个 TCP 版本的时间轴。

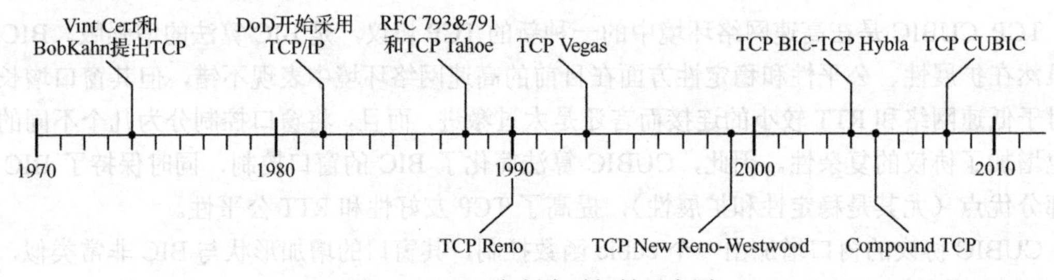

图 4-15 TCP 各版本时间轴示意图

4.5.2 卫星网络传输层协议

除了在 TCP 协议的基础上进行改进之外，人们还提出了一些专门针对卫星网络的传输层协议或框架。

1. 卫星传输协议（Satellite Transport Protocol，STP）

STP 是 1997 年美国加州大学伯克利分校电子工程和计算机科学系的 Thomas R. Henderson 等人提出的一种卫星传输协议。它是为优化大时延、高误码率和非对称网络路径上的传输性能而设计的，其目的是克服 TCP 协议在包括 GEO 卫星链路的环境中性能下降的问题。该协议在休斯公司的 DirectPC 卫星网络和 Metricom Richochet 分组无线网络上进行了试验，结果表明 STP 比通常的 TCP 协议及其改进版本能够提供更高的吞吐量，而在反向信道上所需的带宽却更少；在误码率较高的环境中 STP 同样显示出了更好的性能。

STP 是一种面向比特的同步协议，既可以用作分割 TCP 连接中卫星段的协议，也可以作为卫星网络内部为控制信息提供可靠传输的协议，适用于面向连接和无连接的卫星网络。STP 基于一种用于 ATM 网络环境的 SSCOP（Service Specific Connection Oriented Protocol）而设计，协议中包括流量控制，数据按序发送，以及对检测到的误码发出响应等机制。它的主要功能是向对等用户可靠传输可变长度的报文，发送方对接收方发出数据并将报文储存下来以备重发，当接收方确认收到报文后再删除存储的报文。STP 的自动重传机制（ARQ）只采用选择性重传（SACK）策略，报文按序编号，发送方只重传那些被接收方明确要求重发的报文（即没有超时机制）。

2. 空间通信协议规范中的传输协议 SCPS-TP

空间数据系统咨询委员会（CCSDS）在 TCP/IP 协议体系的基础上，1999 年提出了空间通信协议规范（SCPS），该协议是一套基于 TCP/IP 的从网络层到应用层的空间通信协议，实现了空间通信网络高效可靠的数据传输，为遥感卫星和数据中继卫星之间提供了高效的文件传输服务。

CCSDS 标准定义了 SCPS 的传输协议 SCPS-TP，向空间通信用户提供端到端传输服务，可提供可靠、面向字节的数据流传输服务。可使用与 TCP 协议相同的协议号，并利用 TCP 首部的选项部分实现协议控制，因此可与 TCP 协议方便地互联。该协议在 TCP 协议的基础上，主要进行了以下改进：①使用 TCP 分割技术，协议可靠性通过端到端路径中各分段的可靠性来保证；②SCPS-TP 协议使用选择性否定确定（SNACK），而非 ACK，收方不需要对每个数据包发送确认，仅在出现丢包时向发方返回否定确认，大大减少了数据量，减轻了链路负载；③协议中不依赖丢包作为网络拥塞的标志，而是对丢包原因进行区分，并对误码丢包和拥塞丢包分别设计不同的处理流程，避免了链路资源无法高效利用的问题；④协议中提供报头压缩能力，对低带宽环境的应用可提高 50%以上的效率；⑤协议中还提供不同的应答策略，针对非对称的信道环境，调整应答信息的回传速度。

传输层还包括了主要用于端到端文件传输的 CFDP 协议，既提供传输层功能，又提供应用层文件管理能力，可在卫星、地球站或中继星之间使用。用户只需确定传输时间和文件的目的地，CFDP 负责随端到端连接的变化情况进行动态路由。此外，还有 SCPS 安全协议 SCPS-SP 提供端到端的数据保护能力，包括数据完整性检查、身份认证和接入控制等服务。

空间通信网络由于存在时延大、高误码率、链路容量有限、链路中断以及上下行链路带宽不对称等问题，无法将地面 IP 技术复制到空间领域直接使用，而 CCSDS 协议体系中的各层协议针对空间网络特点进行了改进，并尽量保持与地面 IP 协议体系的兼容，在网络层用户可灵活选择不同的协议实现业务承载，使其能直接支持 IPv4 或 IPv6 数据报而无须任何中间层，易于实现天基网络和地基网络的无缝链接。

4.6 PEP 技术的新发展

目前，PEP 技术仍然是解决卫星网络 TCP 协议性能问题的主要方法。然而，近年来，面对网络速率更高、带宽更宽、应用更多样的趋势，人们又提出了利用 DTN 框架替代 PEP 的方法、通过 IP-ERN 框架提供一种更少使用 PEP 的思路、基于网络编码的 PEP 技术，以及移动 PEP 技术等，此外还包括跨层方法等。在下一代宽带卫星网络中，到底是否还需要使用性能增强技术，使用哪种框架、哪些技术才能满足新型卫星网络的需求是近些年来人们广泛讨论和研究的问题。

4.6.1 利用 DTN 框架替代 PEP

DTN 是容迟网络和中断容忍网络的简称，这类网络的主要特点是具有较大的时延，且可能发生断续连接。现有的 DTN 网络框架为异构网络的互联提供了一种通用的面向消息可靠传输的重叠网（overlay network）网络体系结构（见第 9 章）。

从本质上说，DTN 与 PEP 都可以在不同的网络段使用优化的协议，因此，从这个意义上讲，DTN 与 PEP 的概念有些类似，但是 DTN 又完全扩展了 PEP，在构建新型 PEP 协议模型方面具有很大的优势，因此人们提出利用 DTN 框架替代 PEP 的思想。

DTN 架构中针对特殊网络（如深空通信网络、移动 Ad Hoc 网络、传感网络等）中可能出现的链路频繁断开现象，在传统协议体系架构的传输层和应用层之间引入了新的层次“Bundle 层”，不仅保证了异构网络中协议的端到端特性，屏蔽了不同网络在传输层采用不同协议机制带来的问题；而且将原来在传输层为上层用户提供的传输可靠性功能进行了重新定位，将其移至“Bundle 层”实现，因此，为上层应用保留了端到端可靠传输的统一平台。对于 PEP 而言，可以充分利用这些特点，来解决现有的 PEP 端到端问题。另外，在 PEP 的实际部署过程中，不需要用户对其协议软件进行任何更新，也就是说其对用户而言是透明的，这一点非常有吸引力。

DTN 与 PEP 方法之间的区别主要在于：①DTN 并不违背端到端的协议语义，因为引入了“Bundle 层”，重新定义了传输协议的功能实现；②DTN 框架下协议的健壮性大大提高，因为 DTN 发送方可以将终节点发来的应答和中间节点发来的应答区分开；③DTN 中的 custody 传输方式进一步提高了在可能发生断链的信道上传输数据的可靠性；④DTN 框架有利于加强各种安全机制，不会受到类似 PEP 的限制；⑤从网络体系结构角度来看，DTN 方法更具扩展性和推广价值，可作为一种广泛适用且兼容性好的设计框架。另外，DTN 框架的缺点主要是由于“Bundle 层”的引入，会增加协议开销，因为引入了额外的报文首部和处理过程。

基于以上考虑，人们提出了一种新的卫星网络性能增强模型，如图 4-16 所示。在该模型中，原有 PEP 机制仍然保留，不论采用分布式还是集中式策略，也无论在卫星信道中采用什么样的协议策略，向上都统一到“Bundle 层”，由其提供端到端和传输可靠性保证。同时，当地面网发起连接请求时，只在卫星终端应用层设置 DTN 控制模块（物理上可设置于 DTN 代理内），实现软件定义的模块可重构配置，根据应用场景（应用是否需要保留端到端语义、是否要保证端到端可靠传输）确定是否引入“Bundle 层”。一方面 DTN 机制的引入通过协商确定是否使用，尽可能避免对其他地面用户软件的更新要求；另一方面，是否添加 DTN 机制由具体应用场景和链路特征确定，提高灵活性，减小开销的引入。

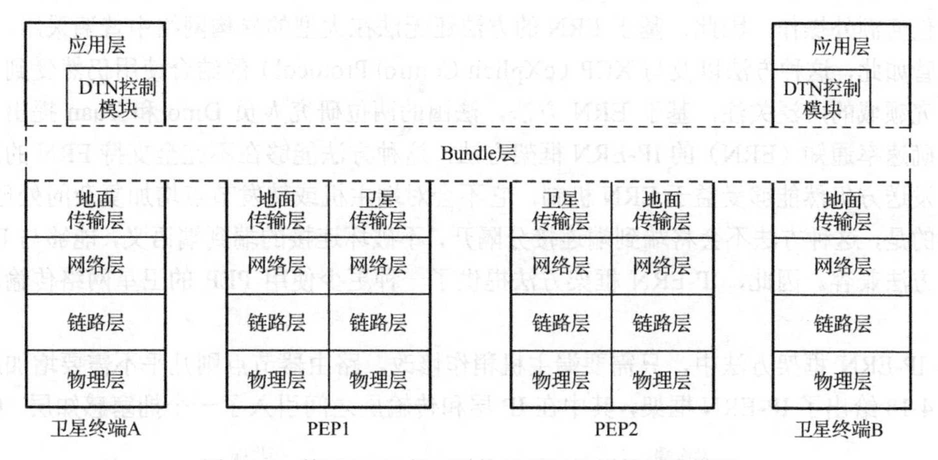

图 4-16　基于 DTN 的可重构卫星网络性能增强模型

在该模型中，DTN 控制模块是核心，它与地面 SDN 控制器交互，根据应用连接所经过的卫星路径中各链路的状态特征，在连接建立的控制信令交互过程中，增加 DTN 选项协商过程，如图 4-17 所示。链路状态特征的收集和 DTN 决策可由网络控制中心（NCC）统一处理，在收到终端发来的连接请求后，确定卫星路由，检查路径上的链路状态，并根据应用类型映射出 DTN 配置选项，最终形成 DTN 决策，下发给卫星终端的 DTN 控制模块。

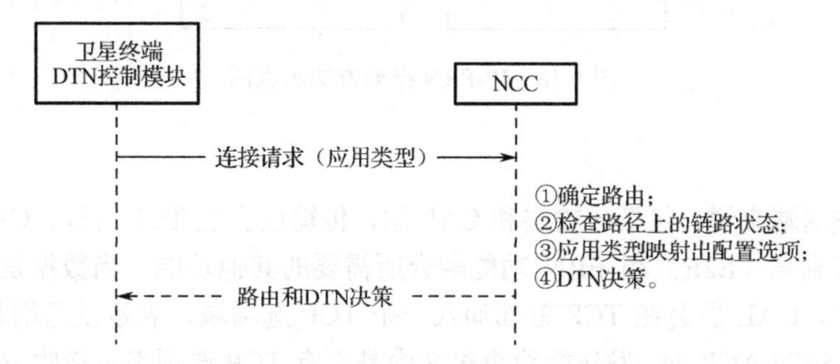

图 4-17　DTN 控制模块与 NCC 交互流程

4.6.2　IP-ERN 框架方法

针对 TCP 协议在卫星信道中的性能问题，虽然人们提出了很多方法，但是在实现中仍然存在一些问题。

对标准 TCP 协议提出的改进方法（见 4.5.1 节）对使用同类协议的连接之间和使用不同类协议的连接之间的公平性问题还无法有效解决；基于时延机制的 TCP 改进协议通过监测 RTT 来确定拥塞的发生，但它们也没有解决公平性问题。除上述端到端解决方法外，人们常采用的分割连接的性能增强代理方法对安全协议的实现造成了一定的障碍，而且还需要 PEP 网络节点配置足够的存储空间来保存连接状态，PEP 节点还需要提供复杂的故障处理机制。因此，人们一直在寻找解决问题的其他途径。

ERN 方法是近些年兴起的一种新的协议类型，这种方法在协议公平性、链路利用率等方面都具有不错的性能。但是这些协议需要网络中所有路由器都支持 ERN 功能。ERN 路由器会向发送方发送最佳发送速率的通知，如果网络中存在不支持 ERN 的设备，则 ERN 路由器不执行任何额外操作。因此，基于 ERN 的方法还无法在大型的异构网络中普遍采用。

尽管如此，这种方法以及与 XCP（eXplicit Control Protocol）的结合使用仍然受到了卫星网络研究领域的广泛关注。基于 ERN 方法，法国的两位研究人员 Dino 和 Tuan 提出了一种基于明确速率通知（ERN）的 IP-ERN 框架方法，这种方法能够在不完全支持 ERN 的网络中使数据发送方仍然能够受益于 ERN 机制，它不会对端主机或转发节点增加复杂的处理机制，更重要的是，这种方法不会将端到端连接分隔开，不破坏连接的端到端语义，能够与 IP-in-IP 隧道等方法兼容。因此，IP-ERN 框架方法提供了一种更少使用 PEP 的卫星网络传输层解决方法。

在 IP-ERN 框架方法中，只需要端主机稍作修改，路由器节点则几乎不需要增加新的处理，图 4-18 给出了 IP-ERN 框架，其中在 IP 层和传输层之间引入了一个拥塞感知层（CAL）。

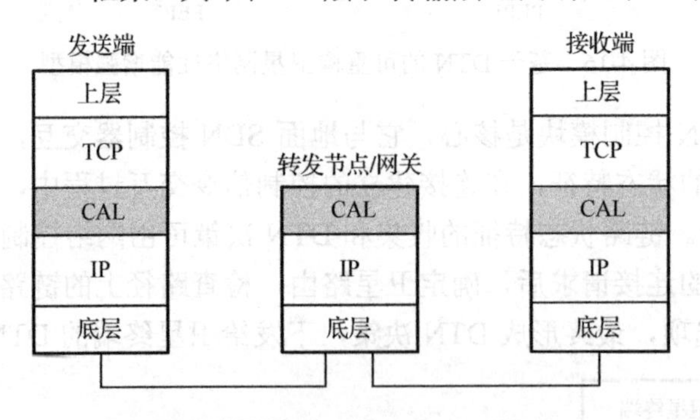

图 4-18 IP-ERN 框架方法示意图

1. 发送端

对于数据发送端来说，包括传输层和 CAL 层，传输层实现 TCP 协议，CAL 层实现 ERN 协议，以及将端到端（E2E）和 ERN 功能融合所需要的其他功能。当数据发送端发送 SYN 报文建立连接时，CAL 层会在 TCP 首部加入一个 TCP 选项域，表示发送端具有 IP-ERN 功能之后，当收到 SYN-ACK 时，发送端检查报文中是否有 TCP 选项表示接收方也支持 IP-ERN 功能。如果接收端也支持，那么将会建立 E2E-ERN 连接，否则仅仅建立标准的 E2E 连接。

为了绕过网络中存在的不支持 ERN 的中间节点，并避免路由器对报文进行软件处理而增加时延，IP-ERN 框架方法采用了将 ERN 首部封装在 TCP 报文中的策略，即每个支持 IP-ERN 的节点均采用此策略。支持 IP-ERN 的服务器将在特定的 TCP 端口上接受连接请求，该端口可能与 ERN 协议端口不同。而且，TCP 报文的第一个选项域将与 SYN 报文中插入的选项保持一致，以此来告知 IP-ERN 路由器该报文来自一个支持 E2E-ERN 的节点。

当端节点收到 ACK 报文时，CAL 层取出 ERN 反馈信息并计算 ERN 拥塞窗口（cwnd_ern_），当 TCP 层的拥塞窗口（cwnd_tcp_）改变时，CAL 将计算出最终的拥塞窗口值 cwnd_，即

```
cwnd_ = min {cwnd_tcp_, cwnd_ern_}
```

因此，可以看出，通过取两个窗口的最小值，可以不需要检查在网络中是否存在不支持

IP-ERN 的路由器节点，也就是说，类似的检查其实已经通过窗口值的比较过程自动完成了。此外，E2E 模式与 ERN 模式之间的转换时间不大于一个 RTT 的时间（因检测到丢包而从 ERN 模式转换到 E2E 模式的时间，或者因收到路由器的信令而从 E2E 模式转换到 ER 模式的时间），发送端的处理过程如图 4-19 所示。

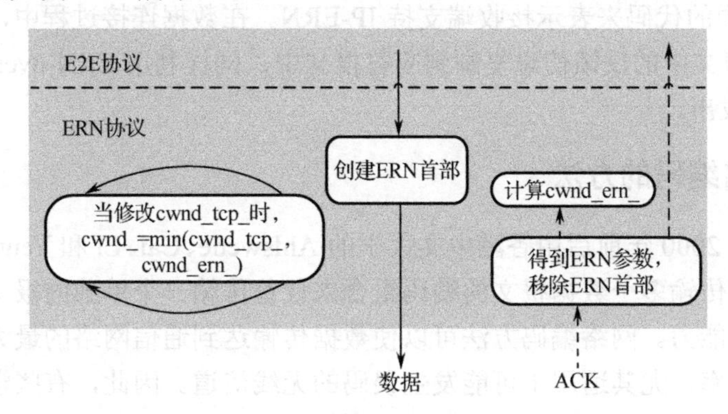

图 4-19　发送端的 E2E 协议与 ERN 协议之间的交互

这里的处理框架与基于 TCP 的拥塞控制机制，以及目前大多数 ERN 协议都兼容，而且不需要修改 TCP 算法，因此允许使用 TCP 协议的各种扩展算法。

2. 路由器

CAL 层中包括了所有 ERN 算法所需要的功能，这里假设实现 IP-ERN 时采用 XCP-over-TCP 的方法。因此，当 IP-ERN 路由器收到报文时，CAL 层检查其中的 TCP 源端口和目的端口与为了封装 ERN 到 TCP 而保留的端口是否相同。如果相同，而且第一个 TCP 选项域又表明发送端支持 IP-ERN，路由器就会通过计算生成反馈信息，并根据 ERN 规则更新 ERN 报头。否则，报文将被当作普通的 IP 报文被处理。

由于 ERN 协议需要通过计算 ERN 数据流的缓冲区占用情况来调整发送速率，防止拥塞，如果对 E2E-ERN 数据流和 E2E 数据流不做区分，将可能导致 IP-ERN 发送端降低发送速率，而主要发送 E2E 报文，因此，需要对这两类数据流进行区分。

在 IP-ERN 路由器中，设置了一个主缓冲器（共享缓冲器），连接两个非共享缓冲器（分别为 E2E 和 ERN 缓冲区，大小为 $x\%$和 $y\%$）。如图 4-20 所示，E2E 缓冲区只存储来自 E2E 数据流的报文，ERN 缓冲区则只存储来自 E2E-ERN 数据流的报文。来自共享缓冲区的报文会立刻送到下一个缓冲区，即使在非共享缓冲区已满的情况下也是如此。

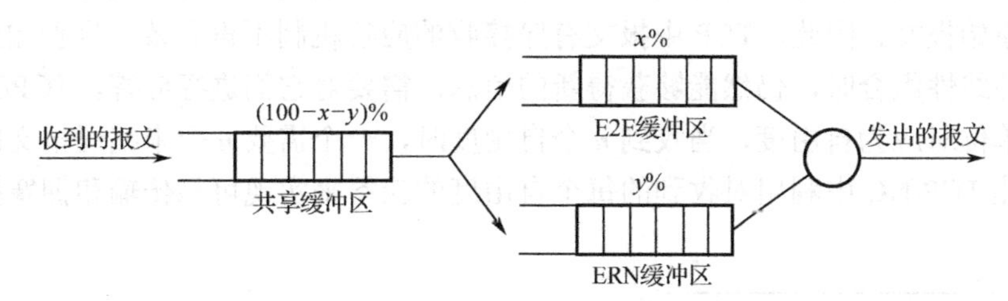

图 4-20　IP-ERN 路由器的输入缓冲器工作流程

因此，总体来说，IP-ERN 路由器不提供公平性的保证，数据流之间的公平性主要依靠 IP-ERN 发送端的 E2E 和 ERN 功能来保证。

3．接收端

接收端的传输层执行与发送端类似的功能，同样包括 TCP 算法层和 CAL 层。当收到 SYN 报文时，CAL 检查 TCP 选项域判断发送端是否支持 IP-ERN，如果支持，CAL 将通过 SYN-ACK 报文 TCP 选项域中的代码来表示接收端支持 IP-ERN。在数据连接过程中，当收到数据报文时，CAL 把数据报文中的反馈信息复制到应答报文中，同样利用 ERN-over-TCP 的方式构建 ACK 应答报文并发出。

4.6.3 基于网络编码的方法

网络编码是在 2000 年前后由香港中文大学的 Ahlswede、Cai、Li 和 Yeung 等首先提出的，其核心思想是通过传输多个数据报文的编码组合来代替传输一个单独的报文，因此具有良好的应对传输误码的能力。网络编码方法可以使数据传输达到通信网络的最大容量，大幅提高了网络资源的利用率，尤其适用于可能发生误码的无线信道。因此，有些学者提出将网络编码与 TCP 协议相结合，提高 TCP 在无线信道传输中的健壮性和有效性。

然而，典型的网络编码方式包括喷泉码[①]（fountain code）和随机线性编码，这些编码方式与传统方式不同，它们都是无速率码[②]（rateless code），编码时基于一批数据报文，在整批数据报文都被收到并解码之前，无法保证原始报文能够被解码出，并提交给上层协议。因此，只有在接收完一批数据后才会发出应答，而这种方式所带来的解码延迟将会妨碍 TCP 本身为解决丢包问题而采用的重传机制，导致 TCP 要么超时，要么得到一个很大的 RTT 值而造成极低的吞吐量。因此，TCP 协议并不能直接与网络编码方法结合使用。

为了解决上述问题，Sundararajan 等人提出了一种 TCP/NC 协议，该协议利用“看见报文”机制对拥塞控制算法屏蔽了丢包的影响，使误码信道对 TCP 协议而言就像无误码一样，传输层只需要解决拥塞控制问题，而不需要处理误码丢包带来的影响。

这里“看见报文”的概念是说，当一个节点有足够的信息能够计算出类似（p_k+q）的线性组合时，称它“看见”了报文 p_k，其中，q 可以表示为 $q=\sum_{\ell>k}\alpha_\ell p_\ell$，对于所有 $\ell>k$ 有 $\alpha_\ell\in F_q$（F_q 是大小为 q 的有限域），因此，q 是一系列序号比 k 大的报文的线性组合。因此，“看见”报文的概念实际上是“解码”报文的自然扩展（也就是传统 TCP 中接收到报文）。比如，如果解码了报文 p_k，实际上就相当于“看见”了 p_k，此时 $q=0$。

由于当 TCP 接收端收到序号正确的报文时返回应答 ACK，以保证提供可靠传输，并将其作为拥塞控制的反馈信号，而当采用网络编码技术时，接收方只有收到足够的线性组合时才能解码出原始报文，因此，TCP 中报文有序接收的应答机制不再有效。尽管如此，每当收到一个报文的线性组合时，仍然能够获得新的信息，需要对它们进行应答。TCP/NC 中将这种新的信息单位对应为自由度，当收到 n 个自由度时，一个需要 n 个未编码报文的消息可以被解码。因此 TCP/NC 中利用对收到的每个自由度的应答来实现可靠传输和拥塞控制。

---

① 所谓喷泉码是指这种编码的发送端随机编码，由 k 个原始分组生成任意数量的编码分组，源节点在不知道这些数据包是否被成功接收的情况下，持续发送数据包。单个源节点如同源源不断产生水滴的喷泉，不停向周围的多个桶（接收者的缓存）发送“水滴”（数据包），当一个桶里的水满之后（缓存满），它才向源节点发送一个反馈。因此，这种编码方式被称为“喷泉码”。

② 是一种无速率约束码，这种编码方式与传统固定码率编码方式最大的不同在于它在发送端不设定固定码率，可以实现自适应链路速率适配。Rateless 的思想可以推广到现有几乎所有固定速率的编码系统中，带来现代无线通信体制的根本变化。

为了通过“看见报文”的机制来进行传输控制，TCP/NC 协议在协议栈的传输层和网络层之间嵌入了网络编码层，对拥塞控制协议隐藏丢包的发生。如图 4-21 所示，发送端和接收端引入的网络编码层并不需要应用层与 TCP 之间的接口做任何改变，TCP 与下层之间的接口也无须更改。网络编码层从发送端接收常规的 TCP 报文，并把常规的 TCP ACK 传回给发送端；同样，该层将常规 TCP 报文传给接收端，并从接收端接收其产生的 ACK 报文。但是，发送端的编码层收到常规 TCP 报文后，将产生一个由编码窗口中所有包的线性组合而形成的新的编码报文，再将其传给 IP 层；而在接收端，当收到编码后的包和系数向量后，由 IP 层传到编码层，通过高斯消元变换后，如果有新的报文被“看到”，则准备向发送端发送确认信息；如果有新的报文被解码，则发送一定数量的报文后，会发送一个冗余报文，冗余因子 R 是传输成功率的倒数。

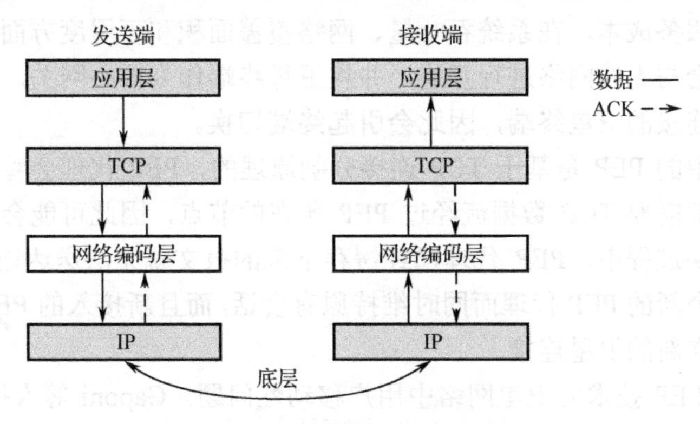

图 4-21　协议栈中增加网络编码层的示意图

如上所述，为了通过使用随机线性编码对 TCP 协议屏蔽丢包的发生，TCP/NC 中采取了相应策略与网络编码进行配合。首先，发送端不再发送原始报文，而是发送拥塞窗口中报文的随机线性组合。这种编码的方式虽然能够对抗信道误码，但是会带来报文应答方面的问题。由于 TCP 的处理以报文为单位，报文通常被定义了严格的顺序，所以，报文序号可用于对收到数据进行应答。而 TCP/NC 中的处理单位是自由度，当报文被编码在一起的时候，自由度并没有清晰的顺序可用于应答。而“看见”机制恰好定义了与报文顺序一致的自由度顺序，因此，可以利用该机制来应答自由度。当接收端收到一个线性组合时，会找出最新被“看见”的报文并发出应答，也就是说，接收端即使没有解码出报文也会假装收到了报文。但实际上，如果一个文件中的所有报文都被“看见”，这些报文是一定可以被成功解码的。

因此，通过发送随机线性组合以及对“看见”的报文进行应答，可以对 TCP 屏蔽丢包。当域空间足够大时，每个随机线性组合都可能使下一个没有被“看见”的报文被“看见”。因此，即使某个线性组合丢失，下一个成功收到的不同的线性组合也会使新的报文被“看见”并进行应答。从发送者的角度来看，这就好像待发送的报文都在一个虚构的队列中排队等待，直到信道不再会导致报文丢失才发送。这样一来，不会有任何重复的 ACK 出现，每个 ACK 都会使拥塞窗口向前推进。因此，链路丢包对 TCP 来说虽然相当于增加了排队时延而导致更大的 RTT，甚至丢包越严重，RTT 越大，但是通过防止丢包导致的窗口关闭，这种机制仍然能够提高传输速率，因为 TCP/NC 能够使网络即使在遭遇丢包时也有更多时间来发送数据。因此，通过这种方式，链路丢包被有效地屏蔽了。

也正因如此，利用丢包作为拥塞指示的拥塞控制方法与上述机制无法结合使用，需要使用根据 RTT 的变化来判断拥塞的算法，如 TCP-Vegas。这里的 RTT 是从报文首次从 TCP 协议栈发出开始，到该报文被“看见”并被应答为止，而这种计算方法正好与 TCP-Vegas 的方法一致，所以无须对协议进行任何修改。

可以看出，TCP/NC 协议通过利用“看见报文”机制和对自由度进行应答，对拥塞控制算法有效屏蔽了丢包的影响，不需要对协议机制做任何修改，解决了 TCP 协议与网络编码技术的结合问题，有效提高了无线和卫星信道下 TCP 协议的传输性能。因此，该方法同样是一种解决卫星信道传输层协议问题的可选方法。

4.6.4 移动 PEP

近年来，基于 Ka 频段和多波束的宽带卫星通信系统越来越受到人们的关注，这类系统能够大幅降低通信服务成本，在系统吞吐量、网络覆盖面积和可用度方面都有很大提升。与此同时，系统通常会与无线网络进行互连，并将卫星终端作为核心网关。为了支持移动性，需要用户动态改变连接的卫星终端，因此会引起终端切换。

由于卫星网络中的 PEP 是基于 TCP 连接分割原理的，PEP 代理会管理连接中的一些状态信息，并且通常都需要 TCP 数据流经过 PEP 所在的节点，因此可能会与用户的移动发生冲突。比如，在切换过程中，PEP 代理已经缓存下来的报文就无法送达连接的目的端，TCP 连接不可能经过一个新的 PEP 代理而同时维持原有会话，而且新接入的 PEP 代理也必须通过三次握手过程来建立新的卫星连接。

为了解决采用 PEP 技术的卫星网络中用户移动性问题，Caponi 等人提出了移动 PEP 方法，用以管理切换所涉及的两个 PEP 之间的 TCP 上下文转移过程，并确保该过程对用户透明，且不添加额外的信令。

在移动 PEP 方法中，PEP 设备位于卫星链路边界，像一般 PEP 设备一样只处理 TCP 数据流，每个移动 PEP 都可以收到传输开始时的报文或者端到端传输过程中的报文。在整个解决方案中，设置连接管理器对报文进行截获，并根据需要触发相应处理。整个处理过程对移动节点是透明的，不会因为移动 PEP 设备的处理对用户带来影响。

每当检测到新的 TCP 数据流（检测到 SYN/SYN-ACK 报文）或已经建立的连接（从其他 PEP 切换过来的连接）时，移动 PEP 中的连接管理器即被激活，该管理器根据从报文中抽取出的 TCP 上下文信息在本地连接表中创建一个新的表项。管理器收到新的未被处理的报文时，会计算并在表中保存一些参数，主要包括：

- 连接标识：根据源端/目的端 IP 地址和端口计算的哈希值，该值用于将每一个端到端 TCP 连接与 PEP 到 PEP 的实际通道建立关联关系；
- 时间戳：时间戳主要用于产生后续欺骗报文，如果时间戳不正确，端系统将会丢弃欺骗报文；
- 移动 PEP 端节点的 IP 地址：该地址是卫星链路另一端的 PEP 的 IP 地址，即连接通道的另一端。对于卫星终端侧的移动 PEP 来说，该地址就是卫星中心站的 IP 地址。

图 4-22 给出了移动 PEP 状态转移图，当收到一个新报文时，移动 PEP 从 IDLE 状态转移到 TUNNEL OPEN 状态，与对应的另一个端点启动打开通道的过程；当收到对方的 OK 反馈时，通道建立完毕，进入 TUNNTL OPEN CONFIRM 状态。这时，具有唯一连接标识的 PEP 到 PEP 的 socket 就建立好了，可用于卫星链路上的数据传输。当移动 PEP 收到连接标识之

后就进入 ESTABLISHED 阶段，PEP 开始对数据报文进行处理。

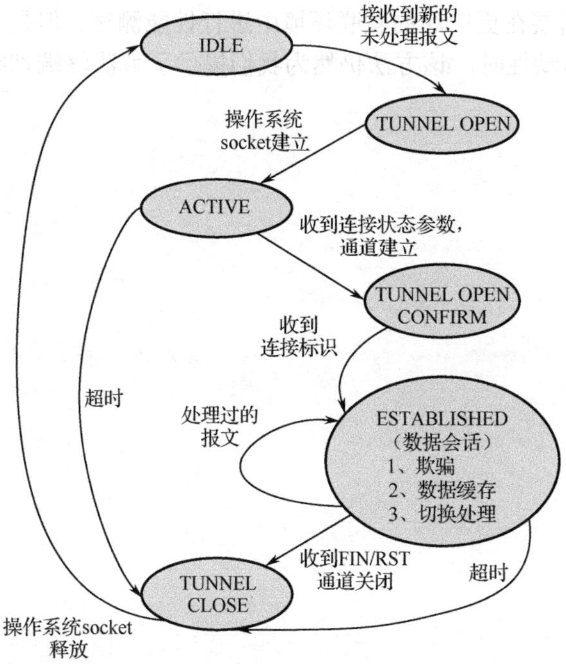

图 4-22　移动 PEP 状态转移图

进入 ESTABLISHED 阶段之后，移动 PEP 需要完成欺骗、数据缓存和切换处理三项任务：

（1）欺骗：从地面网络发来的报文缓存到一个本地缓冲区中，并通过本地产生的“欺骗 ACK”对其进行应答。缓存下来的报文则通过与连接标识相关联的 socket 来完成卫星信道上的处理（比如，利用针对卫星信道优化的 TCP 协议版本），从卫星信道收到的报文则根据连接标识恢复出 TCP/IP 首部，再转发到地面接口。

（2）数据缓存：移动 PEP 的操作很大程度上依赖于对本地缓存的管理，其中涉及两个重要的指针：上一个发送的报文序号和上一个被应答的序号。前者是在卫星信道上发送的最后一个报文的序号，缓存中大于该序号的报文都可以发送；后者是在卫星信道上最后一个被应答的报文序号，缓存中小于该序号的所有报文都会被删去。这些参数由连接管理器针对每个连接进行管理和更新。此外，当收到报文时，移动 PEP 还负责对切换期间来自不同卫星链路的乱序报文进行排序。

（3）切换处理：当移动 PEP 收到一个已经打开的连接的 TUNNEL OPEN 请求时（即该连接原本是已经与另一个移动 PEP 建立通道的连接），其连接管理器将进行如下切换处理：

- 与新请求的移动 PEP 建立通道；
- 记录从新的移动 PEP 收到的第一个报文的序号 SN，并与目标连接标识进行匹配；
- 同时等待接收从两个通道发来的与目标连接标识相匹配的报文：从老的移动 PEP 接收序号小于 SN−1 的报文，从新的移动 PEP 接收从序号 SN 开始之后的报文；
- 当收到老的移动 PEP 发来的 SN−1 个报文之后，利用 FIN/RST 消息强迫关闭通道；
- 只与新的移动 PEP 继续进行报文传输。

当检测到 FIN 报文时，移动 PEP 进入 TUNNEL CLOSE 状态，通道关闭，连接管理器表中的对应表项被删除。

尽管文献中设定的环境主要是卫星和无线 Mesh 网络互联，且卫星网络为星状结构的环境，移动 PEP 方法还需要在更广泛的互联环境中进行性能测试，但是当卫星网络与无线网络互联而需要支持用户移动性时，该方法仍然为我们提供了解决终端切换保持传输会话连接问题的一种有效框架。

第5章　卫星网络的资源管理

卫星通信以其覆盖范围广、通信容量大、通信成本与距离无关等优点成为了为用户提供高效可靠通信的重要通信方式。然而，由于卫星网络与地面网络相比，资源相对匮乏，环境也更加复杂，例如，GEO卫星链路时延较长，会影响用户的端到端时延；天气状况对卫星链路的数据传输也会产生严重的影响。因此，卫星网络的资源管理对系统效率和经济性而言都非常重要。

5.1　卫星网络中的资源管理框架

如何高效利用资源对于网络中的所有协议层都是需要重点关注的问题。尤其是在卫星网络中，系统设计中需要考虑诸多物理层因素，比如衰落、多普勒频移、路径损耗和热噪声等。当这些因素确定时，资源管理的目的就是面对各种具有不同应用需求的业务流，优化带宽利用率和服务质量（QoS）。当用户提出资源使用申请或者它们的资源需求发生变化时，资源管理的目标就是最大限度满足用户需求，同时，在所有用户之间维持资源分配的公平性。

在卫星/地面网络中，端用户的QoS依赖于网络中各层所达到的QoS水平，为此，需要借助层间接口处实现的与卫星链路有关或无关的各项功能。网络自顶向下的所有层以及每个网络要素必须相互协作，以解决各种可能导致性能下降的问题，从而实现用户的性能需求。具体到卫星网络，为了优化系统性能可以考虑在各层分别采取以下措施，通过彼此的高效协作，提高整个系统的服务质量。

首先，在物理层采用频谱效率高的调制和编码方式，在恶劣天气情况下（如大雨）提高误比特率（BER）性能，降低发送功率。

数据链路层必须提供有保证的带宽服务，这就需要利用高效的按需分配多址策略，并研究在发生拥塞和衰落时各种机制的相互作用。物理层向上层提供的特定带宽，也需要采用适当的带宽分配策略，在具有不同类型数据流的用户终端之间实现带宽共享。

网络层是在源端到目的端之间实现报文传输的最低层，它必须了解通信子网的拓扑结构，并选择适当的路径。也就是说，该层必须采用高效的路由策略，选择具有最低拥塞概率的路径。对于IP数据流的管理，还需要充分考虑用户的移动性，必须为处于切换阶段的用户数据流提供能够区分优先级的管理。网络层在提供通信服务时，通常会配置队列对报文进行缓存，此时，不仅需要考虑开销问题，还需要考虑到网络层队列对报文的管理要依赖于MAC层队列机制，而通常情况下，MAC队列与网络层队列并不存在一一对应的关系，因此，需要将保证IP层QoS的机制恰当地映射到MAC层的资源管理机制。

在传输层，目前互联网上传输的主要是TCP连接的数据流，这些数据流往往会占用所有可用带宽。大多数TCP数据流本质上是非对称的，数据在一个方向上传输，而应答则在另一个方向上传输。这会导致发送端和接收端分别有不同的带宽需求。带宽分配策略和链路质量对TCP吞吐量的影响非常大。

对于应用层，不同的业务类型（如实时和非实时业务）都有特定的服务等级约定，同时需要与网络层联合采取一些监控措施，自适应地改变业务处理的优先级。

系统中采用的资源管理技术对系统性能影响很大，除了上述各层采用的方法之外，一些研究人员还提出资源管理的跨层方法，通过各个协议层的相互协作提高资源管理效用。在这种情况下，需要在协议栈中增加新的功能模块来实现相邻协议层之间以及非相邻协议层之间的交互。为卫星网络设计跨层体系结构时，应该仔细考虑体系结构的内涵和层分离原则。

资源管理策略与网络规划和空中接口设计共同决定整个网络和每个用户的 QoS 性能。对卫星网络来说，资源管理技术包括了信道划分、功率控制和用户接入等问题。其目的是控制分配给每个用户的资源数量，实现网络吞吐量、资源利用率等性能的最优化；或者在某些限制条件下(如最大掉话率或最小信噪比)，使另一些指标达到最小(如端到端时延和时延抖动)。

目前，各类文献对资源管理技术的研究大致可分为三类：

① 频率/时间/空间资源分配策略（如信道分配、调度、传输和编码速率控制、波束和带宽分配）；

② 功率分配和控制策略，该策略主要控制发送功率；

③ CAC 和切换算法，控制用户和数据流的接入。

5.1.1 频率/时间/空间资源分配策略

在卫星通信网络中，频分多址、时分多址、空分多址等多址接入技术将频率/时间/空间等各类资源进行了适当的划分，而资源分配技术则提供一定的机制根据用户的需求将这些资源分配下去。

分配策略通常分为三类：固定分配、按需分配、随机接入。这些策略可以满足不同类型数据流在传输速率或传输数据量方面的需求，而且它们既可以单独使用，也可以结合起来使用。

1. 固定分配

在固定分配方式中，将为每个卫星终端永久性地分配固定数量的资源，以供其数据连接长期使用。这也就意味着，当没有数据连接使用资源时，将造成网络资源的浪费。这种方式适用于承载大容量数据传输的主干网络，根据对流量需求的长期预测固定分配网络资源。

2. 按需分配

按需分配方式只在用户需要时才分配资源。这种方式可以按照持续时间和数据速率来分配。持续时间可以是固定或可变的，在特定时间内，数据速率也可以是固定或可变的。采用固定速率分配方法时，分配的带宽资源数量是固定的，当数据速率在一段较长的时间内发生变化时这种分配方式的效率将会下降。

采用可变速率分配方法时，将根据数据速率的变化情况来分配资源，这在一定程度上提高了资源的使用效率。但如果速率的变化模式不可知，就很难满足流量需求。而且，即使通过信令来报告速率的变化情况，由于卫星信道传输时延较大，要想对短期的带宽需求进行响应也同样十分困难。

因此，按需分配方式适用于持续时间较短、流量变化有限（小时或分钟级别）的用户数据连接。

此外，还可以根据流量的瞬时变化来分配资源。为了不同类业务的需求，带宽资源可以分为几个区域，每个区域实施不同的带宽分配策略。系统对流量进行监测并据此对所分配的资源进行动态调整，这种方式称为动态分配策略或自适应分配策略。

3. 随机接入

当带宽需求很小时，比如传输几个比特的数据帧，不论采用哪种分配方式都会带来过量开销而使资源使用效率下降，此时可使用随机接入的分配方式。

这种方式允许卫星终端同时发送数据，由于数据量很小，在整个系统流量负载较低时，数据发送的成功率会很高。当然，数据发送可能发生冲突，而且当负载增加时，冲突的可能性增加。因此，当数据发送发生冲突时，终端将延迟一段随机时间再次发送数据，如果数据发送仍然冲突，则加大延迟时间直到发送成功为止。

随机接入方式能够使吞吐量达到一定水平，但由于数据随机发送，所以无法为单个终端提供性能保证。典型的随机接入方式是ALOHA和时隙ALOHA方式。当然，这些方式也可以跟其他方式结合使用。

5.1.2 功率分配和控制策略

在各类文献中通常讨论的上行功率控制技术主要包括以下三类。

（1）开环功率控制：地球站接收自己发送的载波信号（通过卫星中继），并测量下行链路信标的衰减，据此来实现上行功率控制。

（2）闭环功率控制：两个地球站位于同一个波束覆盖范围内，一个地球站能够收到自己发送的载波。基于这个载波进行上行功率控制是不正确的，因为在上行和下行链路发生衰落的情况下，输入和输出的功率补偿会发生变化。因此，必须通过接收另一个地球站发出的载波进行功率控制。

（3）反馈环功率控制：中心控制站监测接收到的所有载波的电平，并命令受到影响的地球站相应地调整它们的上行功率。这种技术会带来一定的控制时延，而且需要更多的地面段和空间段资源。

在下行链路中，功率控制将增加卫星发送信号的载波功率，实现降雨补偿。当下行链路发生衰落时，下行链路载波功率下降，地球站所见的天空噪声温度提高。因此，需要功率控制来维持一定的载噪比。

5.1.3 CAC和切换算法

1. CAC（Call Admission Control）

CAC是一种拥塞控制和QoS保证技术，目前已在各类网络中得到广泛应用。基于特定规则的CAC可以根据网络的负载情况允许或拒绝到达的呼叫接入网络中。允许进入网络的流量又将由调度、切换、功率和速率控制等资源管理技术进行管理。CAC技术在无线网络要比在有线网络中复杂得多，卫星网络作为一种特殊的无线网络同样需要使用CAC机制。通过采用CAC技术，能够帮助卫星网络实现以下性能目标。

（1）降低卫星网络中的切换失败概率。阻止一个新的呼叫当然要比切断正在进行的呼叫好得多。不论使用什么样的CAC过程，基本原则是维持目前正在进行的通话过程，阻塞可能引起呼叫掉话率升高的新呼叫。因此 CAC 能够帮助卫星网络降低切换失败概率。

（2）限制网络流量，保证报文级的 QoS 参数（报文时延、时延抖动和吞吐量）在可接受的范围内。

（3）保证最小传输速率。这一点可以通过一些方法来实现，比如，限制网络负载；为传输速率设置最低阈值，使速率低于阈值的概率尽量小；或者对需要分配的传输速率进行估计，据此作为接入准则。

我们可以根据不同的设计参数对 CAC 策略进行分类，如集中度、信息规模、服务维度、优化程度、决策时间、信息类型、信息粒度、所考虑的通信链路。

2．切换算法

在移动网络中，众多用户共享无线带宽。这种网络的重要特征之一就是用户设备会多次改变它们的接入点。由于它们所处的覆盖区域不断变化，为了维持连接的不间断性，端用户必须在点波束之间或卫星之间进行转换，因此会频繁发生卫星内和卫星间的切换。这种现象将引起一系列技术问题，尤其是需要在被切换的连接和新连接之间公平地共享带宽。在此类网络中，资源管理需要解决的一个主要问题就是对切换的管理，以提供较低的呼叫掉话率，保持较高的资源利用率。

为了确保切换过程中连接不间断，通常为发生切换的连接设置单独的队列，并给与其最高优先级，使这些连接在切换时优先获得带宽资源。也可以根据用户所在的位置信息为发生切换的连接预留带宽，比如，根据可能来自邻居波束的切换连接在本波束中自适应预留带宽，而当发起新的连接请求时，只有所在波束有足够的可用带宽时，才接受连接请求。

5.2 资源管理中的跨层方法

面对不断变化的信道条件，无线通信系统需要在物理层采用自适应技术才能获得良好的通信效果。为了在资源受限的条件下获得最优的通信性能，除了物理层之外，还需要在网络协议各层进行联合优化，这种思想就是人们提出的跨层思想。

5.2.1 跨层方法概述

传统协议栈中各协议层之间独立设计，因而系统对环境变化的适应能力有限。跨层优化为网络设计提供了一种新模式，使系统能够适应底层信道和上层应用需求的动态变化。实际上，为了优化系统性能，以往的网络设计中已经使用了跨层方法，比如采用信源编码适应信道状态的变化，设计能够适应应用变化的网络协议等。然而，这些跨层机制往往是局部的，缺乏整体框架的支撑，因此在实现效率和能够达到的优化效果方面都比较受限。为了实现跨层优化，各层必须协调设计，这就需要一种新的跨层协议框架，并对其进行标准化。

为卫星网络设计跨层体系结构时，需要仔细考虑层间分离的定义和原则。尤其是，需要定义底层（如物理层）参数对高层控制策略（如网络层 QoS、传输可靠性、应用数据的格式）的影响，这些影响可能与特定环境和对系统的控制类型有关。比如，在一些卫星系统中，往往会在协议栈中使用协议增强代理，由此可能会减轻跨层交互对网络整体性能带来的负面影响。此外，跨层设计不仅需要在相邻层之间采用新型的交互机制，而且还需要非相邻协议层之间的交互。由于优化过程对不同系统存在特殊性，因此跨层设计需要针对特定协议栈和场景进行定制设计。下文中，我们会考虑两种最重要的场景：①基于 DVB-S/-RCS（或 DVB-S2）的 GEO 宽带通信系统；②基于 GEO 或非 GEO 通信的 S-UMTS 移动卫星系统。对于跨层方法的讨论也主要集中在空中接口设计和与卫星信道环境相关的设计方面。

5.2.2 基于跨层方法的空中接口设计

ISO/OSI 参考模型和互联网协议栈是基于分层思想设计的。ISO/OSI 参考模型的目的是定义一个“开放系统”，使不同的网络要素可以独立于制造商，实现相互配合。OSI 协议栈包括七个不同的抽象层次，分别执行独立的通信任务。每个协议层通过利用低层模块提供的服务来解决一个特定问题，并为上层提供新的服务。为方便起见，这里主要关注基于 IP 的网络环境。互联网协议栈（见图 5-1）与 ISO/OSI 模型相比进行了一些修改，主要包括四层。

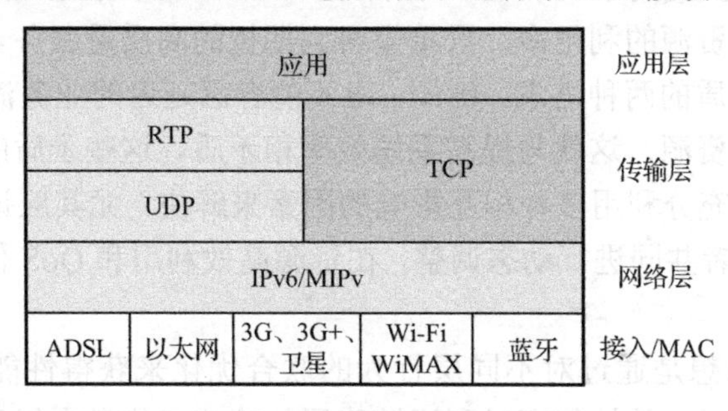

图 5-1 互联网协议栈示意图

标准化组织定义了系统用于交换信息的不同协议，接口的实现则留给制造商去处理，只要它们支持实现服务的原语即可。

严格的分层方法存在以下缺点：

- 通信系统在顶层定义了提供给用户的服务需求，而系统的层次和整体性能则建立在底层的基础上；
- 底层不能直接与顶层进行通信，而要通过所有高层协议，在这种层与层自顶向下的转换中信息可能会丢失；
- 每层的优化是独立进行的。

卫星通信的一些特征非常具有挑战性，其中包括：

- 动态变化的信道特性，在卫星环境中存在慢速变化和快速变化的特征，这取决于考虑的是移动用户还是固定用户；
- 与地面移动信道类似，卫星移动信道缺乏可靠性（需要采取一些措施，如编码、重传、调制技术、分集等以提高可靠性）；
- 系统内存在严重的干扰影响；
- 带宽受限和支持宽带应用的需求更需要系统以高效的方式管理带宽；
- 对各种多媒体业务流的 QoS 支持；
- 在不同的无线网络之间实现互操作（2.5G、3G、4G、Wi-Fi、WiMAX、卫星等）。

严格模块化和层间独立的结构可能导致基于 IP 的下一代卫星通信系统性不能达到最优。而且，异构网络的发展尤其需要采取适应性的措施。由于无线资源和功率的严重受限，需要进行系统优化。在这种框架中，针对系统动态变化和业务流的需求，采用跨层方法是比较可行的方法。

这里，尤其对于空中接口设计需要使用跨层设计方法，才能避免由于以下问题导致的系统效率的降低：

- 无线信道误码引起的 IP 报文丢失在 TCP 层被当作了拥塞的信号，这样就会降低发送速率（拥塞窗口）。发生一次丢包之后，尤其是当发生多个丢包而导致 TCP 超时的时候，需要很长时间恢复（在 TCP 吞吐量方面）；
- 无线资源可能会被分配给信道条件较差的移动用户；
- 系统内和系统间的切换过程可能会耗费很长时间，导致连接中断或高层协议超时。

在无线资源昂贵和稀缺的卫星通信系统中，提高系统效率是一项重要任务。要使卫星业务得以广泛使用，也需要提高系统效率来降低成本。然而，对需要系统提供 QoS 支持的端用户来说，它们并不关心资源的利用率，只希望得到期望的高质量服务。但是，资源利用率和 QoS 要求通常是相互矛盾的两种需求。例如，对不能容忍延迟的业务流，提供最好的 QoS 的条件就是要有大量可用资源，这就与提高系统效率相矛盾。这些矛盾的需求可以通过采用适当的跨层系统设计，并充分利用多种相互影响的因素来解决。尤其应该对 OSI 协议栈的不同层次进行联合优化，或者共同进行动态调整，在资源高效利用和 QoS 保证之间寻找最佳的平衡点。

跨层设计的主要思想是通过对不同层行为的联合优化来获得性能和效率方面较大的收益。例如，应用层信源压缩的性能可以利用链路层传输速率信息来得到提升。此外，通过查看协议栈上下层的行为可以获得路由分集和多链路路由信息(如果链路层提供不可靠的信道，或应用层提出的 QoS 限制条件较苛刻，路由算法可能会增加冗余链路)，使网络层性能得到提高。卫星通信系统的协议优化需要对空中接口协议栈实施一种纵向设计。

跨层方法需要层与层之间具有一种新型接口，通过该接口可以超越标准的 ISO/OSI 结构交换控制信息，从而增强层间交互能力。跨层接口可以设置于相邻抽象层内、相邻抽象层之间或超出相邻抽象层范围。尽管一般情况下接口设置在相邻层之间更为恰当，但有时也需要在非相邻层之间提供更高效、更直接的交互。总之，每层应该知道协议栈中其他层的信息。跨层信息可以从高层交换到底层（自顶向下方法）或者从底层交换到高层（自底向上方法）。

在传统的 OSI 协议栈中，相邻层之间的信息交换是通过“发送”和“接收”原语实现的。传统的分层方法中，非相邻层只能通过中间层进行通信。新型的跨层方法则允许在非相邻层之间交换控制信息（信令）。比如，高层协议可以使用“get 函数”来得到底层协议的内部状态；同时，高层协议也可以利用“set 函数”来改变底层协议的状态。为支持信令信息的跨层交互，人们提出了不同的实现方法。比如，通过“全局协调者”从不同协议层获取内部状态信息，并存储在公共内存中，根据发生的不同事件设置协议的状态，如图 5-2（a）所示。全局协调者可以位于 MAC 层，应用层或者作为一个外部实体。

需要注意的是，在慢变化的环境中，例如，为固定用户提供的交互式宽带卫星信道，MAC 层可以通过一种最优的方式来控制系统的适应能力，这就是图 5-2（b）中显示的以 MAC 层为中心的方法。

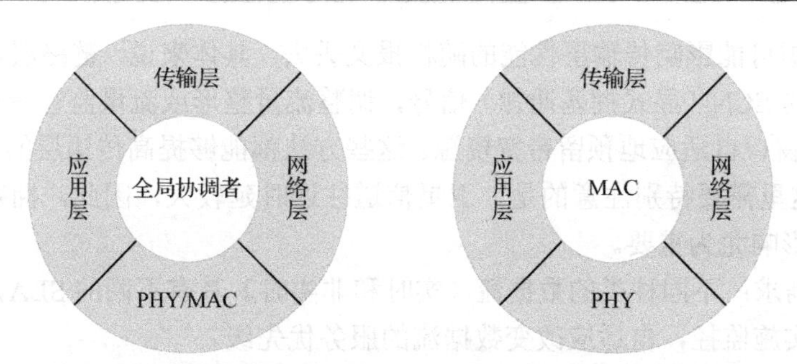

（a）基于全局协调者的跨层空中接口设计　（b）以MAC层为中心的跨层空中接口设计

图 5-2　跨层空中接口设计

5.2.3　卫星网络资源管理的跨层设计需求

1．宽带卫星系统需求（DVB-S/S2）

下一代宽带多媒体卫星网络需要开发能够提高系统容量和效率、降低端用户成本的关键技术。这就要求系统提供较高的吞吐量，具备多波束处理能力，并具有一定的灵活性和对环境条件的适应性。

首先，宽带卫星系统为了提高系统容量，从 Ku 频段向 Ka 频段转变，并采用多点波束覆盖和频率复用。工作在 Ka 频段的卫星转发器具有更高的 *G*/*T* 值，这使返回信道的突发速率也变得更高。其次，在 DVB-S 系统中，为了提高系统吞吐量，还使用了 ACM 技术，ACM 模式与用户信噪比的最优匹配能够使系统充分利用转发器资源，大幅提高系统容量，目前 ACM 已经成为 DVB-S2 系统中用于提供交互式应用的标准技术。ACM 技术的使用让物理层具备了自适应性，这就需要适当的自适应资源管理策略来配合，以充分发挥 ACM 的潜力。此外，面对不断增长的视频和大容量传输需求，诸如视频会议或交互式远程教育（e-learning）等对称应用将越来越多，未来的宽带卫星网络应构建前向与反向链路更为对称的传输能力，确保与地面网络的有效融合。

在物理层采用自适应技术的宽带卫星系统中，跨层设计思想是一种合理的选择，这有利于充分发挥各层的潜力，实现系统性能的最优化。具体到不同的协议层，对于跨层资源管理可能存在以下需求：

（1）物理层需求：以往的卫星调制解调器数据传输的符号速率是恒定的，当信道中通过 TDM 方式传输帧序列时，每帧均采用统一的调制和编码方式。而当使用 ACM 技术时，编码和调制方式可能每帧都会发生变化。卫星终端通过返回信道向中心站发送信道状态信息，主要包括信噪比和终端能够支持的最高效的调制和编码方式，中心站向终端发送数据时，可以根据这些信息选择适当的编码和调制方式，达到最高效的传输性能。因此，资源管理模块需要感知物理层的这些变化，并将信道状态作为分配资源的依据。

（2）网络层需求：为了满足系统的 QoS 需求，需要将 IP 层的 QoS 目标映射到链路层的无线资源管理。IntServ 和 DiffServ 框架分别对资源管理提出了不同的需求。IntServ 体系中，需要为不同的多媒体业务流预留资源，或按需分配带宽；DiffServ 体系中需要将 AF、EF 和 BE 业务流分别映射到第二层功能模块来处理。

（3）传输层需求：资源管理策略应充分考虑传输层数据流的特征，如 TCP、UDP 和多播

/广播，尤其应考虑可能影响传输层性能的随机报文丢失。具体来说，链路层可以使用网络为TCP数据流提供的ECN（显式拥塞通知）信号，调整流量整形或流量监管策略；链路层还可以根据TCP拥塞窗口自适应地预留带宽资源。这些方法都能够提高传输层的数据吞吐量，提高 QoS 水平。这里需要特别注意的是，卫星信道往返时延较大，因此，拥塞窗口的变化对TCP数据流性能影响尤为重要。

（4）应用层需求：不同种类的数据流（实时和非实时）具有不同的SLA，因此应用层可以与链路层共同实施监控，自适应改变数据流的服务优先级。

2. 移动卫星系统需求（S-UMTS）

移动网络环境下的信道传输条件动态变化，这为资源管理增加了难度，此时，使用跨层协议设计显得更加必要。为了提高无线空中接口的资源管理能力，需要充分利用其他各层交互的动态信息，尤其是物理层、网络层、传输层和应用层。

总的来说，在设计空中接口协议时，尤其是资源管理协议，需要重点考虑卫星稀缺的空中接口资源和网络可能发生的拥塞。各层对链路层资源管理模块的跨层需求主要包括：

（1）物理层需求：可为链路层提供信号强度、误码率等参数的估计，基于这些信息，链路层应持续对无线信道条件进行估计，自适应地选择适当的调制和编码方式，以及处理优先级。

（2）网络层需求：在对IP业务流的管理时，应该充分考虑用户的移动性。链路层协议应为处于切换阶段的用户发出的数据流提供优先级管理机制。同时，IP层的QoS机制同样应充分映射到链路层的资源管理模块。

（3）传输层需求：链路层的资源管理策略应为特定的传输层数据流建立相应的服务规则，如 TCP、UDP 和多播/广播。在移动网络环境下，还需要特别注意可能出现的相互关联的报文丢失现象，通过利用适当的信道模型来克服这些丢包的影响。

（4）应用层需求：不同种类的数据流（实时和非实时）具有不同的SLA，因此应用层可以与链路层共同实施监控，自适应改变数据流的服务优先级。

3. LEO卫星环境需求

LEO卫星网络在为用户提供宽带服务方面具有独特的优势，主要包括广域覆盖、独特的广播能力、满足不同QoS需求的能力、支持手持设备、接入成本低。与此同时，这类网络也给网络协议设计带来了特殊的挑战，比如网络中存在切换过程，需要进行移动性和位置管理。

在基于 IP 的 LEO 卫星网络中，IP 路由过程可以在星上实现，此时，卫星网络能够与地面互联网实现无缝连接，同时不需要与地面IP QoS机制之间增加额外的交互过程就可以提供QoS支持，利用星上路由器还能很好地支持多播应用。但是，由于在LEO网络中，卫星相对地球的移动，加上用户终端的移动性，使得路由过程非常复杂，QoS 保证和移动性管理也困难重重。系统的这些关键功能均与资源管理密切相关，采用跨层设计同样有助于满足系统需求。

（1）系统需求：LEO网络中的主要资源是卫星信道带宽和星上的缓冲容量。总体的链路容量需要在多个载波之间进行分割，由于通常星上缓存容量有限，因此必须采用先进的资源预留跨层机制。这些机制应确保公平的带宽共享，并且当终端用户在系统中漫游时，为用户提供经过协商的QoS保证。同时，网络和终端系统还要防止发生拥塞。LEO卫星网络中有两个 QoS 参数非常重要，一是掉话率（CDP），该参数表示由于切换失败而使进行中的连接被迫中断的概率；二是呼损率（CBP），它表示由于缺乏可用资源而拒绝新呼叫请求的概率。跨层设计的目的是优化带宽分配，保证可靠切换具有较低的 CDP，为新的呼叫提供可接受的呼损率，同时维持较高的资源利用率。

（2）网络层需求：在网络层最重要的资源管理功能是呼叫接入控制（CAC）。CAC 算法在网络发起呼叫时起作用，它定义了网络在连接建立阶段的操作过程，能够确定连接请求是否能在不影响现有通话的情况下被接受。如果请求的资源超过了可用带宽，CAC 就会拒绝连接。此时，我们说连接被阻塞了。由于它的重要性，因此 CAC 策略应该不断改进，并被映射到链路层无线资源管理机制中。

5.3　接入策略和报文调度技术

资源管理在网络协议栈中通常主要由 MAC 层完成。在上行链路上，MAC 层协议管理众多地球站向卫星信道上发送数据；在下行链路上，该层协议对卫星发送到地球站的信息进行调度。因此，MAC 层的两个基本组成部分包括：接入协议和调度技术，它们相互配合实现资源管理功能。

5.3.1　上行链路接入策略

自 20 世纪 60 年代早期以来，卫星接入协议已经引起了众多研究者的关注。这些协议可以控制地球站接入传输媒质的方式。通常来说，地面网媒体接入协议并不适用于卫星网络。虽然功能和用户 QoS 需求类似，但由于运行环境的特殊性，卫星接入协议设计更加复杂，限制条件更多。

首先，卫星链路和地面链路有很大差异，尤其是传输时延较长，这限制了接入协议的性能；其次，对于在空间环境中使用的控制器来说，修改硬件模块几乎是不可能的，因此卫星接入协议需要采用简单的控制机制；再次，地面网络拓扑结构不常发生变化，而卫星网络拓扑结构却动态可变，发生故障时就必须进行网络重组，导致用户接入状态发生变化；最后，卫星网络往往功率受限，因此，对缓存空间、转发器容量和处理能力的要求更加苛刻。正是因为这些原因，导致地面网络的接入协议不适用于卫星网络。

在设计接入协议时，主要需考虑应用类型和业务模式。随着新型网络技术和应用的不断涌现，接入协议也在不断发展。总体来说，共有 5 种常用的接入协议类型：

- 固定分配（FA）；
- 随机分配（RA）；
- 固定速率按需分配；
- 可变速率按需分配；
- 自由分配。

固定分配协议是最早应用于商业系统的接入协议，但是由于其效率较低，人们又提出了按需分配协议。由于当时主要的应用场合是电话网络，它是基于固定连接的电路交换系统，因此针对这一网络，提出了固定速率的按需分配方法。后来，随着分组交换数据网的出现，20 世纪 70 年代早期，在卫星通信系统中出现了随机接入协议。尽管针对卫星网络中随机接入协议的各种改进被不断提出，但是其较低的信道利用率促使研究人员不断寻找新的接入协议，这就出现了可变速率按需分配协议。用户根据缓冲区状态，计算并发送资源请求，请求所获得的资源只在有限的时间段内有效，通常在几帧范围内。随着多媒体业务需求不断增长，接入协议必须能够适应不同 QoS 需求的业务流。为了适应这一需求，人们又提出了混合式接入协议，将适应不同业务特征的资源分配机制结合在一起。比如，为了支持实时非弹性业务，可以使用结合了接纳控制的固定分配机制；对于弹性数据业务，将可变速率按需分配和自由分配（如轮询分配）相结合能够提供更好的解决方案。

5.3.2 下行链路调度技术

调度器的基本功能就是对准备好在链路上传输的分组进行仲裁，确定发送的先后顺序。一般来说，通信链路上使用的调度机制对网络所能提供的 QoS 水平影响很大。

1. 常用的调度技术

先进先出（FIFO）是目前互联网上使用最广泛的调度策略，它实现简单，按照分组到达的顺序对其进行服务。这种调度策略对终端用户不提供任何服务保证。

固定优先级机制在两类或多类业务之间进行调度，目的是为最高优先级的用户提供尽可能低的时延。链路复用器为不同优先级的业务维持独立的队列，调度器在发送其他类业务数据之前首先会发送最高优先级队列中的数据。这样，低优先级队列中的数据只有在所有较高优先级队列为空时才能够被发送。由于每个队列的分组按照 FCFS 方式调度，固定优先级调度方式与 FCFS 一样，实现也非常简单，只是增加了队列的维护。虽然这种调度策略能够区分业务，但必须注意的是，要防止饿死低优先级的业务。另外，固定优先级机制并不确保每类业务的端到端性能。

加权循环调度（WRR）是对每类业务根据加权值接入可用带宽的方法，以确保分配的带宽资源最少。调度器采用循环方式，按照权重不同类型的业务提供服务。如果某类业务没有完全使用分配给它们的带宽份额，空闲的带宽部分可以按照权重分配给其他类型业务使用。如果想要使某类业务获得更低的时延，可以为其分配更高权重。

基于分类的排队（CBQ）或分层链路共享（HLS）是所有基于分类机制的更通用的名称。每类业务与链路的一部分带宽相关联，CBQ 的目标之一就是大致确保属于某类业务的带宽能够为该类业务服务。额外的带宽在其他所有类型业务之间公平分配。这里，每类业务内部的调度可以使用不同的调度策略。

通用处理器共享（GPS）调度对每类业务提供最低服务保证，业务类型间公平共享资源。如果知道了某类业务的特征，就可以提供基于业务类别的端到端保证。由于其优异的特性，GPS 已经成为与 GPS 相关的所有分组调度策略的参考标准，低成本的产品也已经供应市场。加权公平排队（WFQ）和其变型策略采用类似方法，为几个加权业务类型分配可用带宽，通过使用加权和定时信息选择为哪个队列服务。加权方法有效地控制了拥塞情况下各类业务的带宽分配比例。然而，也有研究指出，GPS 方式可能会造成速率和时延之间的紧耦合，从而导致次优性能，并降低网络利用率。

最早截止期限优先（EDF）调度是一种动态优先级调度机制，它为每一个接收到的报文分配一个时间戳，该时间戳跟报文的截止期相关联，例如，连接 j 的报文的截止期为 p_j，它

在时刻 t 到达调度器，所以分配给该报文的时间戳为 $t+p_j$。EDF 调度器总是选择具有最小截止期的报文来发送，正因如此，这种调度方法非常适合于管理实时业务流。

基于服务曲线的最早截止期限优先策略（SCED）建立在服务曲线的基础上，该曲线可作为提供给用户的服务特性的一种通用度量。SCED 没有采用单一的性能数值来描述服务，如最小带宽或最大时延，而是利用服务曲线对服务特性提供更全面的描述，即通过函数的方式来描述服务。研究表明，在支持端到端时延上界要求的方面，SCED 策略比其他任何已知的策略都具有更强的能力。

2. 无线系统的调度技术

上文提到的各种调度方法主要是根据特定的目标（如公平性和业务需求）来设计的，并没有考虑传输媒质的特点。目前，无线网络广泛使用各种调度技术，新的调度技术层出不穷，这些新的调度方式不仅能感知传输信道的特性，而且还可以利用获得的信息使系统达到更好的性能。

无线信道的主要特点是其时变性，链路状态与位置相关，数据传输可能遇到干扰、衰减和遮蔽等的影响。也就是说，无线信道传输很容易产生差错。针对这些特点，目前主要提出的调度技术包括：理想的无线公平排队、信道状态独立的公平排队、基于服务器的公平排队方法和无线公平服务调度算法。这些方法的共同点是：当终端遭遇恶劣信道条件时延缓发送，当信道条件变好时再发送。

理想的无线公平排队（IWFQ）算法通过在 WFQ 调度器上采用一个补偿模型来模拟无误码信道。与 WFQ 相同，每个分组都关联了一个开始标签和结束标签。数据流按照经过无误码信道数据流的服务标签递增的顺序得到服务。补偿模型按如下方式工作：如果数据流在某轮中得到服务，它的服务标签增加一个因子 l；如果数据流遭遇处于坏状态的信道，该轮它的服务标签减去 b_i。通过这种方式，在一段时间里遭遇差错信道的数据流由于其服务标签值非常小，一旦它们所处的信道恢复到无差错状态，便能够立刻得到服务。这种方法的缺点是排在前面的数据流，即那些具有较大服务标签值的数据流可能会长时间得不到服务，因此 QoS 要求得不到保证，服务质量也会突然降低。

与 IWFQ 类似，信道状态独立的公平排队（CIFQ）算法通过在随机公平排队（STFQ，一种 WRR 的增强调度算法）之上采用一个补偿模块来模拟无差错信道。这里采用的补偿模块避免了服务质量的突然恶化。其中，为每个数据流分配一个滞后参数 h，如果数据流处于滞后状态，该参数为正；如果数据流处于领先状态，则该参数为负。原则上，数据流是按照 STFQ 算法来调度的。但是，如果已经为一个在差错信道传输的数据流 i 分配了资源，调度器会寻找其他处于无差错信道的积压的数据流。如果找到一个满足该必要条件的数据流 j，则数据流 i 将资源让给数据流 j，同时，更新它们的滞后参数：h_i 增加，h_j 减小。因此，数据流 i 仍然能够得到一部分服务，这样会使业务性能平滑降低。

在基于服务器的公平算法（SBFA）中，将预留出特定数量的传输带宽用于补偿。这是通过一个称为长时公平服务器（LTFS）的虚拟数据流来实现的，该服务器用来管理补偿过程。如果一个数据流由于遭遇较差的信道条件而得不到服务，那么，相应受到影响的分组会在 LTFS 中进行排队。调度器在分配信道资源时，会像对待其他数据流一样对待 LTFS 流。对应于 LTFS 的带宽份额是由相对于总带宽的一个权值决定的（如同 WRR 方法那样）。由于 LTFS 流的滞后没有限制，而且其中的分组按照 FIFO 策略进行服务，因此无法保证分组时延。

通过使用无线公平服务调度器，每个数据流 i 都有一个超前界限 $h_{i,\max}$ 和一个滞后界限 $b_{i,\max}$。每个超前数据流放弃部分超前值 $h_i/h_{i,\max}$ 给滞后数据流。另一方面，每个滞后数据流得到总的被放弃资源的一部分，与滞后值成正比：$b_i/\sum_{i\in S}b_i$，其中 S 是积压数据流集合。实际上，超前数据流释放了与它们的超前值成比例的部分资源，这些资源在滞后数据流之间得到公平的分配。这种方法可以实现公平性，同时也提供了时延和带宽保证。

以上的调度技术中都假设了一个简单的两状态的信道模型，两个状态分别代表差错状态和无差错状态。更符合实际情况的信道模型应该是每个信道状态与一个确定的差错概率相关，这就使调度决策具有更大的灵活性。基于这个假设，人们提出了多种调度技术，它们通过比较有积压分组的用户终端经历的信道质量水平来进行调度。

5.4 呼叫接入控制

5.4.1 概述

卫星网络中的资源管理的目的是确保公平地分配可用资源，因为总的链路带宽必须在多个用户之间进行共享，而且还要在连接建立期间满足事先协商好的 QoS 要求。资源管理是数据链路层（DLL）需要完成的功能之一。图 5-3 显示了卫星网络的通用 DDL 层协议栈，图 5-4 则显示了其中最重要的资源管理实体。

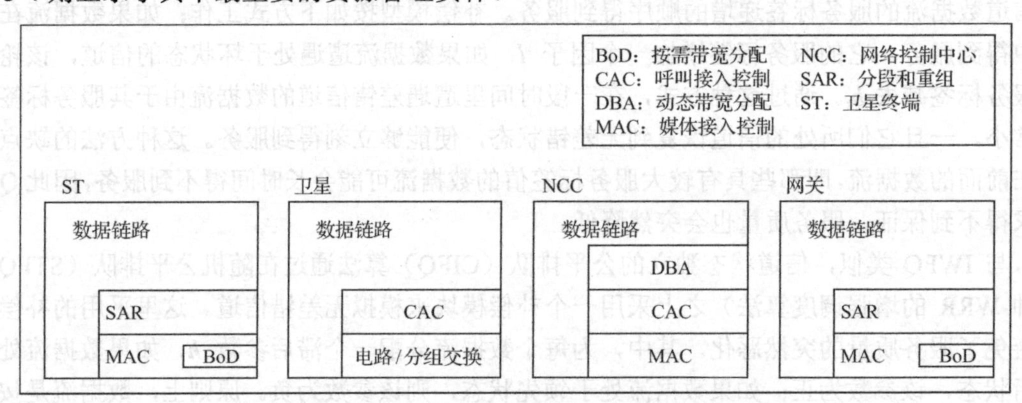

图 5-3　卫星网络的一种通用数据链路层协议栈示意图

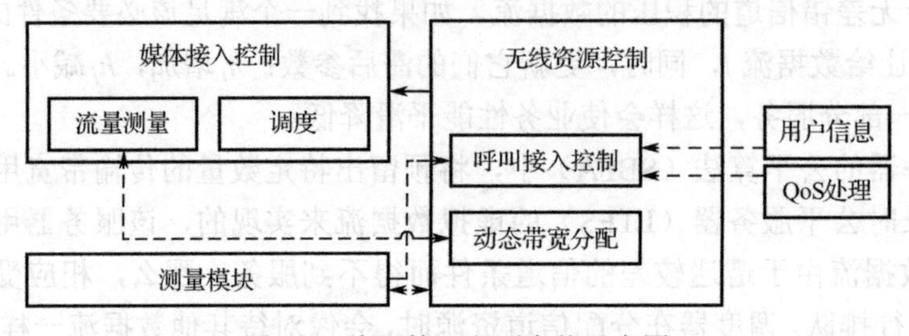

图 5-4　资源管理主要实体示意图

5.4.2　呼叫接入控制（CAC）和 QoS 管理

呼叫接入控制（CAC）是资源管理中最重要的功能之一，其中包括为了决定接受或拒绝用户建立连接的请求，在连接建立或连接重新协商阶段卫星网络完成的功能。只要有足够的资源保证各种连接的 QoS 要求，就可以接受一个新的用户请求。通常，当请求的带宽超过可用带宽时，CAC 会阻塞新的呼叫，或者中断正在进行的呼叫。CAC 作为提高网络资源利用率的重要功能，通常是与特定网络相关的，并由网络控制中心（NCC）来管理。但是，在非 GEO 卫星系统中，CAC 的功能必须在星上实现，这就需要卫星具有星上处理能力。

QoS 几乎在所有网络中都是一项重要功能，在卫星网络中也不例外。通常，人们认为在卫星网络中可以利用综合服务模型 IntServ，根据资源的可用性和提供给其他数据流的服务保证情况来决定接受或拒绝数据流请求。同时，可以结合使用区分服务模型 DiffServ 降低系统复杂度，减少网络中为每个数据流维护的状态信息。在系统中，CAC 功能与 QoS 保证密切相关，通常，CAC 算法可分为两类：提供确定性 QoS 保证的 CAC 算法，提供统计性 QoS 保证的 CAC 算法。

（1）提供确定性 QoS 保证的 CAC 算法：只有当系统资源能够满足连接请求的最大需求时，才能接受新的连接请求，例如，可用带宽大于连接的峰值速率。虽然这种方法相对简单，但是由于会过量使用资源，因此信道利用率很低。

（2）提供统计性 QoS 保证的 CAC 算法：在这种情况下，NCC 实现的是一种统计性资源分配，而不是确保峰值速率，因此，虽然可能会发生丢包现象，但信道利用率较高。实际上，这种方法假设所有连接同时以峰值速率发送数据的可能性非常小，所以可以在信道上对数据流进行统计复用。但是，这种方法需要对业务特性进行估计，实现过程往往较为复杂。

针对有线网络和一般的无线网络，人们对 CAC 中的资源共享问题已经提出了一些策略。完全共享（Complete Sharing，CS）策略是最简单的 CAC 策略，即只有当发出请求时有足够的可用资源时连接才允许接入，而在分配资源时不考虑连接的重要性。在 CS 策略中，唯一的限制条件是系统总容量 C。当存在多种业务时，这种策略可能引起不公平的现象，因为它可能导致对资源的独占，降低资源利用率。另一种方法是完全分段（Complete Partitioning，CP）方法，它与 CS 完全相反，该方法为每种业务类型分配一部分资源，而资源只能为该类型的业务使用。

此外，人们还提出了其他一些策略来实现对资源的最优化使用。有些研究人员认为，最优化方法应该基于 Markov 决策过程，给出一定的代价函数作为优化指标，进行最大化（或最小化）。然而，优化过程必须考虑所有可能出现的网络状态和状态转换，这一点即使在中等复杂度的网络中也是做不到的。而且，最优化策略的函数形式通常是不得而知。于是，人们开发了一系列具有固定结构（通常可以通过一组参数来描述）的次最优策略。这些策略更容易实现，而且在某些特殊情况下，可以达到最优的效果。其中包括 CP、TR（Trunk Reservation）、GM（Guaranteed Minimum）和 UL（Upper Limit）策略。人们对这些方法和最优化策略进行了比较，结果表明，当各种应用对带宽的需求以及网络负载有很大差异时，CP、TR、GM 和 UL 策略的性能优于 CS 策略。显然，当使用这些策略时，可以采用参数优化方法，选择参数的“最佳”值使得给定的代价函数最小化（或者最大化）。

5.4.3 非 GEO 卫星系统中的切换和呼叫接入控制（CAC）

非 GEO 卫星系统由于其较低的传输时延和支持手持终端的特点越来越受到关注。20 世纪 90 年代这类卫星系统进入商业化应用，出现了 Iridium 和 Globalstar 等 LEO 星座系统，提供话音和寻呼业务。之后，提供全球移动电话服务的地面蜂窝系统快速发展，抢占了大部分市场，使这些网络没能取得竞争优势，仅仅作为地面蜂窝系统的补充。近几年，星座卫星系统又重新凸显出强劲的势头，SpaceX、OneWeb、Facebook 等巨头公司纷纷推出低轨星座系统计划，以提供全球高速互联网服务。在这类网络中，由于存在呼叫切换，可能导致当前连接的终端，为此必须采用先进的 CAC 算法和切换技术来提高系统性能。

非 GEO 卫星的覆盖区域，称为覆盖区，被划分为稍有重叠的蜂窝，称为点波束。由于卫星相对于地球表面的移动，导致终端用户必须从一个波束切换到另一个波束，从一颗卫星切换到另一颗卫星，来保证数据连接的持续性。因此，非 GEO 卫星星座系统存在切换问题，这里的呼叫切换主要包括两种：

- 星内切换（波束切换）：指在同一颗卫星下，呼叫在相邻波束间进行的切换，如图 5-5（a）所示；
- 星间切换（卫星切换）：指一次呼叫在相邻卫星之间的切换，如图 5-5（b）所示。

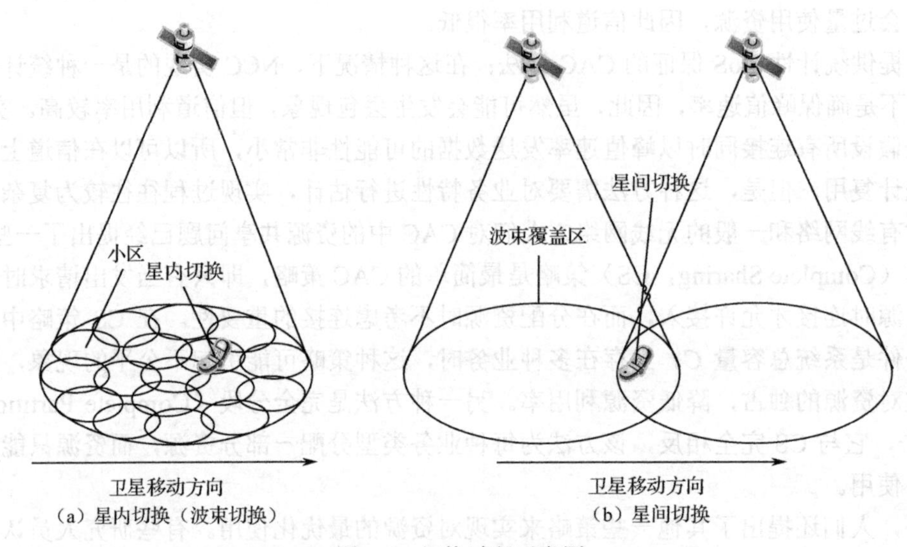

图 5-5　切换过程示意图

CAC 的作用是决定接纳还是拒绝新的呼叫，切换技术则用于保证呼叫不会因为用户在波束间（或卫星间）的移动而中断。也就是说，CAC 的目的是尽量减小呼损率（CBP），切换技术的目的是降低掉话率（CDP）。然而，实际当中，两种技术的目标往往无法同时实现，甚至相互制约，减小某一概率的同时常会导致另一概率的增加。

1．波束切换

在非 GEO 系统中，波束切换需要在同一颗卫星的不同波束的资源管理实体之间通过卫星内部信令通道交互切换信令。在这类系统中，切换速率不是由用户的移动决定的（像地面蜂窝网络那样），而是由卫星的移动决定的。在 LEO 卫星系统中，卫星的地面轨迹移动速度超过5700m/s（地面用户移动最大速度小于80m/s），因此，一颗卫星的可视时间可达10min，而用户在一个波束内驻留的时间可能仅为1min，因此波束间切换发生的频率很高。

另外，这类系统卫星的运动具有一定的可预测性，切换过程通常由星上NCC发起请求并控制执行，在执行切换过程中，需要重点考虑下一波束小区是否具有足够的可用信道资源，如果不能提供资源，则切换过程被阻塞，用户的业务传输也将中断。为了保证切换过程顺利进行，资源管理需要采取适当的措施保证切换中的资源。目前，提出的方法或者是基于动态信道分配（DCA），或者基于固定信道分配（FCA）。前者可将所有可用信道临时性分配给任何申请的小区，可根据业务负载的变化调整分配的信道数；后者预留确定的一组信道分配给每个小区以备切换使用。但由于业务负载随时间和位置会发生变化，对负载的估计需要依据数据流的统计特性和卫星轨迹的准确预测，因此DCA机制的实现难度更大。

一种典型的基于FCA的波束切换引入了保护信道的概念，每个小区中的保护信道专门为切换请求服务，信道数目可根据对未来发生切换的估计进行自适应动态调整。当小区中到达新的呼叫请求时，算法充分利用卫星星座可预测的拓扑信息，计算出用户在该小区的驻留时间。同时估计出在该驻留时间内可能发生的切换请求以及它们可能请求的预期信道数量m，当可用信道数大于m时，才会接受该请求。对切换请求来说，只要在目标小区内至少有一条可用信道，呼叫即可成功切换。

典型的DCA波束切换方法，当收到切换请求时，如果下一小区没有可用信道，则会在在队列中排队等待。由于切换失败比阻塞新呼叫要付出更大的代价，因此队列中的切换请求具有更高的优先级。对于新到达的呼叫请求，只有当当前波束和下一波束内同时具有可用信道时，才允许接受业务请求，否则拒绝。这种方法能够保证较低的掉话率，并可同时提高呼损率。

2. 星间切换

星间切换虽然没有波束切换发生得那么频繁，但是星间切换对卫星分集特性的系统而言非常重要。卫星分集是指卫星终端能够在任意时刻与多颗卫星建立通信链路，它包括两种：交换分集和合并分集。终端选择了一颗卫星并与其建立通信链路时，这种卫星分集方式是交换分集；地面终端同时与多颗卫星通信的方式称为合并分集。采用卫星分集技术，可以对抗地面建筑物或地形因素影响造成的信号衰落，提高通信质量，并提供卫星的冗余备份。通常，卫星选择可依据以下几种准则：

（1）最大容量准则：优先选择具有最大可用容量的卫星，这种方式能够在卫星星座内获得业务负载的均匀分布。

（2）最大服务时间准则：优先选择可以为用户提供最长服务时间的卫星，这可以减少呼叫持续过程中的切换次数。

（3）最小距离（最大仰角）准则：优先选择距离最近的卫星（即以最大仰角看到的卫星），这种方式可以提高通信质量。

对于切换呼叫和新到达呼叫可以分别采用不同的卫星选择准则，有研究表明，这两类呼叫都采用最大容量准则时可以获得最佳性能。切换所需要的信道资源同样可以采用预留的方式，但卫星选择的时刻却决定了用于预留的资源数量。若卫星的选择是在切换发生时做出的，则意味着所有可见卫星都要保留带宽，而最终用户只选择其中一颗进行切换，其他未被选择的卫星所预留的资源将在切换时被释放。另一种情况是，当切换之前确定了下一颗卫星，并在这颗卫星内为切换请求保留了所需带宽，则在其他可见卫星队列里的资源预留请求将被清除掉，无须保留资源，这就是动态带宽回收方法，这种方法能够节省有限的卫星信道带宽。

5.5 动态带宽分配

5.5.1 分配方法概述

由于卫星网络具有覆盖范围广、配置灵活等优点，因此成为提供全球多媒体服务的理想通信方式。然而，卫星带宽非常宝贵，如果不能高效利用带宽，将无法充分发挥其优势。因此，需要采用能在卫星终端之间动态分配带宽并保证QoS需求的分配策略，这一点非常重要。同时，卫星链路的信道条件经常发生变化，带宽时延积也较大，这些因素对带宽分配形成了新的挑战。通常情况下，电信网络中实施的控制需要在很宽的时间粒度下完成，来应对毫秒、分钟、甚至小时的时间频率之间可能发生的事件。卫星通信系统中的多媒体数据流分布以及信道条件通常都是可变的，传播时延也较大，因此，网络运行环境的变化不仅取决于数据负载的变化，而且与大气环境变化带来的卫星链路信号衰落有关。尽管可以通过自适应编码和调制（ACM）技术来应对变化的信道条件，然而，使用这种技术会改变提供给上层使用的带宽，因而会影响动态带宽分配策略（Dynamic Bandwidth Allocation，DBA）。

通常来说，高效的带宽分配和QoS保障是两个对立的目标。因此，DBA策略需要寻求两者之间的一种权衡。为了解决大量的具有突发特性的IP数据流传输问题，需要采用一种能够评估每个卫星终端带宽需求，并实现数据流管理的技术。本节的目的就是介绍将卫星带宽分配给不同用户（地球站）和数据流类型的各种方法。

有些学者认为，网络中各协议层（从物理层到应用层）相互配合可能是应对信道可变性的有效方法。但是，需要考虑到在比较宽泛的范围内实现这种配合可能会增加系统的复杂性，需要为实现控制和信令交互采用一些跨层措施。为了获得最优化的卫星带宽分配策略，卫星网络的物理层采取的措施可以与数据链路层的带宽分配行为相结合，实现更有效的跨层优化。但这种优化过程存在一定的复杂性，因为需要在物理层对快变的信道状态（如信噪比）进行测量，数据链路层根据测量到的状态实现资源分配时就可能会产生波动。因此，需要适当过滤反馈信息，并增加滞后量来维持数据链路层的稳定分配。

与资源分配相关的另一个问题是控制网络的体系结构，该结构可以是集中式或者分布式的。集中式的分配由主站（或NCC）实施，主站从其他站（从站）收集信息并实现最优的带宽分配，因此，主站计算负担较重；分布式分配减轻了主站的运行负担，但需要比较健壮的控制信道和高效的控制协议，由于卫星信道的大时延，因此，信令协议的运行可能会大大减少可用带宽。

然而，不同的卫星网络拓扑对带宽分配机制的需求各有不同。GEO卫星网络更关注在地面网关之间高效地分配带宽；对于LEO卫星网络，切换和呼叫的优先级管理则是需要解决的主要问题。

在GEO卫星系统中，需要考虑的主要问题是信道时延；在LEO卫星系统中，时延的影响被减弱，但系统复杂性增加，为了实现不间断的卫星接入，大型的LEO卫星网络需要在卫星之间进行规范的切换。无缝覆盖的需求为系统提出了严峻的挑战，卫星在地球表面轨迹的移动导致了信道状态的快速变化，带来严重的多普勒频移。而且，如果 LEO 卫星星座需要覆盖全球，那么星座中的卫星彼此之间必须能够互相通信，如通过星际链路或者利用每个波束内的地球站来实现。系统的这些特点使 DBA 成为提供 QoS 保证的关键，也给 DBA 机制的设计带来极大困难。

此外，人们对卫星网状网的带宽分配问题研究较少。迄今为止，系统模型中只考虑了上行链路部分，因为通常来说下行链路不是瓶颈链路。然而，在具有多个受限带宽的下行链路点波束的网状结构中，信道分配中上下行链路都需要考虑，才能维持整个系统的 QoS，这对提供星上交换能力的系统而言尤为重要。

DBA 策略可分为静态策略和自适应策略两类。

- 静态策略：一旦为终端分配了特定数量的带宽，这些带宽将在连接的生命期内保持不变。终端可以在本地将分配到的带宽在高优先级和低优先级的业务流之间进行动态分配，该过程与 NCC 无关。
- 自适应策略：每个卫星终端可以根据其带宽需求的动态估计向 NCC 发送请求，来保留或释放信道容量。

为了满足突发和时延敏感数据流的 QoS 需求，终端可以采用下面的三种方法实现带宽分配：

- 采用与源端最大速率成比例的固定分配方法，并为每个连接请求一次；
- 利用 DBA 策略，以给定的速率为峰值突发固定分配速率；
- 完全动态的分配方法。

第一种方法对于卫星系统而言效率较低，因为在分配带宽时没有考虑地球站的实际需求；而且，源端的最大速率通常是未知的。完全动态带宽分配技术可以高效地利用信道带宽，因为在终端不传输数据时并不占用信道带宽。尽管如此，当数据负载量瞬间变化的时候，传输带宽请求信令的信道可能会超过负荷，导致更大的时延和拥塞。因此，将几种方法相结合看起来是最恰当的方式，即为每个终端都分配适当容量的固定信道，数据量达到峰值时再使用 DBA 方法分配额外的信道。

当使用自适应策略时，由于 GEO 卫星系统传输时延较大，导致从向 NCC 发出请求到卫星终端分配到带宽之间的时间间隔很长，所以终端无法立即使用所分配的带宽。（当 NCC 位于地面时时延约为 500ms，当 NCC 的功能可在星上执行时约为 250ms）

自适应 DBA 策略通常分为反应式或先验式策略。反应式策略根据当时的队列长度、报文丢失情况和平均时延对流量的波动做出反应，而不是事先对流量波动进行估计。与先验式策略相比，反应式策略更容易实现，并能够更高效地利用信道容量，但是，QoS 需求不容易被满足。而且，请求发送到 NCC 时会有延时，因此，此时的请求不一定代表了当时的带宽需求。因此，反应式策略通常更适用于时延较小的 LEO 卫星网络。

先验式策略的目的是分析流量并预测带宽需求，一般通过预测器来实现，预测器中保存了时刻 t 之前的数据（如队列长度、输入流和输出流），在时刻 t 可以通过这些数据对时间间隔$[t,t+k]$（如下一个超帧中的数据量，一个超帧是 k 个连续帧的集合）中的总数据量进行预测。根据同时发生的数据流个数（如 TCP 连接、应用数据流）和使用的 QoS 模型（DiffServ 或 IntServ），可以采用不同的数据流预测技术。在每个卫星终端只为单个用户服务的情况下，可以使用基于 IntServ 的 QoS 模型；而对于每个终端为大量用户服务的情况，DiffServ 模型则更合适。当数据流数目很少时，如每个卫星终端只为单个用户服务的情况，流量预测可以利用已知的流量模式，如 TCP 慢启动和 IntServ 流量信息，来保留适当的资源。如果这样不可行，可以像 DiffServ 模型方法那样，利用 IP 数据流的统计特性来实现流量预测，这样就可以估计出所需要的带宽。为了实现自适应预测，即能够跟踪数据流特性随时间的变化，可以规律性地更新预测器的参数，提高预测准确度，确保先验式策略达到较高的性能。

5.5.2　DVB-RCS 系统中的动态带宽分配

在 DVB-RCS 的返回链路中，用户通过多频-时分多址（MF-TDMA）方式来共享信道。DVB-RCS 标准允许以一种灵活的方式来划分资源，采用的 MF-TDMA 方式在时间和频率轴上对带宽进行独立分割，即带宽被分为若干载波，超帧的时间被分为时隙。每个载波的传输带宽不一定相同（可能存在不同类型的载波），同时，时隙的长度也可能因载波而不同，如图 5-6 所示。

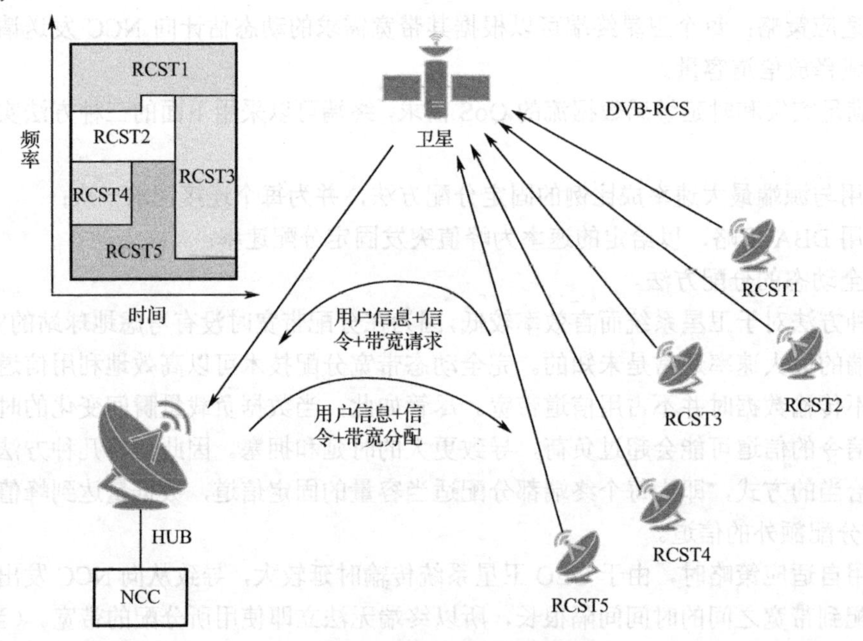

图 5-6　DVB-RCS 系统模型

返回信道卫星终端（RCST）通过带宽请求向 NCC 申请一定的系统容量。在 DVB-RCS 标准中，有三种类型的带宽请求方式，优先级由高到低分别是：CRA、RBDC 和 VBDC。DBA 策略通常不考虑自由容量分配（FCA）的方法，因为由该方法分配的带宽可能是由 NCC 授权的，而不是请求到的。

带宽分配将在每个超帧更新一次，NCC 会向 RCST 发送终端突发时间计划（Terminal Burst Time Plan，TBTP），根据 RCST 的资源请求，通过这个消息告知每个 RCST 可用于发送数据的时隙和频率。

不论在何种情况下，DVB-RCS 标准中并没有严格限制在资源分配过程中使用的算法，因此，可以利用标准中的请求类型开发出各种更先进的分配技术。标准唯一的缺点是请求中包括的信息太少。因此，即使发出请求的 RCST 需要传输不同类型的数据流（如传输高优先级和低优先级数据流），由于少量信息无法实现请求类型的区分，这些请求对系统来说会被看作是完全相同的。

人们对 DVB-RCS 分配策略的改进主要通过跨层方法来实现，比如物理层采用抗衰落技术，上层设置跨层 QoS 管理器，根据底层信道状态调节带宽分配过程，使之满足 QoS 需求。

除此之外，研究人员还提出利用控制论方法实现 DVB-RCS 系统的动态信道分配。在这种方法中，主要基于这样的考虑：先验式 DBA 的一个主要问题是对未来数据流的准确预测。流量预测器通常会受到各种因素的影响，如不可预知的网络行为（如报文丢失、网络拥塞等）、TCP 行为，更普遍的情况是会受到用户交互不确定性的影响。然而，将流量预测与控制理论技术相结合，能够以可接受的计算代价维持所需要的 QoS。

在一个 DVB-RCS GEO 卫星系统中，NCC 接收每个 RCST 的带宽请求，并基于一种在所有 RCST 之间公平共享资源的策略决定是否满足这些请求。为了满足所需要的 QoS，请求算法和 NCC 分配策略都非常重要。

L. Chisci 等人假设每个 RCST 用于传输大容量的数据流，对基于流量预测的不同分配策略进行了比较，提出了如图 5-7 所示的系统模型。可以看到，带宽控制器在满足带宽需求时，必须考虑流量预测、实际的队列大小和报文调度行为。图中，NCC 被描述为一段简单的带有扰动的延时，该扰动是由于可能会拒绝一次带宽请求造成的。

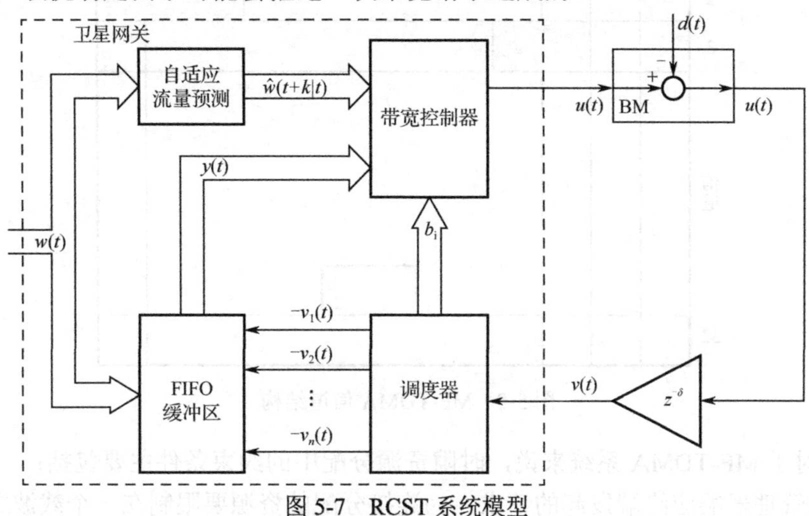

图 5-7 RCST 系统模型

通过仿真实验，评估了基于 Receding Horizon 控制器和 Smith 预测控制器（RHC 和 SPC）的两种 DBA 技术，以及三种具有不同比特速率的固定分配策略的带宽损失和 QoS 性能，这里的带宽损失是每帧中分配给 RCST 而没有被用于传输数据的时隙个数。采用 Hurst 参数为 $H = 0.8$ 的自相似数据流注入每个 RCST。仿真结果表明，通过利用 DBA 技术，带宽损失被大大减小了，而各种流量类型的整体 QoS 仍然可以接受，尤其是使用 RHC 方法的时候。

然而，尽管 DBA 技术在满足 QoS 和资源的高效利用方面具有极大的优越性，但应用时仍然存在一些新问题。特别是：

- “贪心”的流量可能会危及整个卫星系统的 QoS；
- 应该验证不同控制技术和带宽请求方法之间的兼容性；
- 应该分析信令信道的安全问题，以防止基于伪造带宽预留的拒绝服务攻击。

在任何一个实际系统中使用 DBA 技术之前，都应该仔细考虑这些问题。

5.5.3 MF-TDMA 系统中的动态带宽分配

MF-TDMA 技术是新一代卫星通信系统常用的多址方式，可广泛用于各类卫星系统的上行链路设计中。在该技术中，上行链路由多个载波信道构成，每个信道分为若干时隙，带宽分配的对象是一个二维资源池，选择载波信道后还需要确定分配的时隙，因此，复杂度比其他系统高很多。但它能够保证多用户、多业务接入的灵活性，大大提高卫星系统的资源利用率。

我们可以将 MF-TDMA 中的载波/时隙资源占用情况视为一个二维矩阵，如图 5-8 所示（假设 32 个信道，每个信道 70 个时隙），则该系统中的时隙资源分配问题可以描述为：在一定约束条件下，针对某业务对时隙数目的需求，如何从时隙矩阵中的空闲时隙中寻找最优时隙位置的问题。也就是说，当系统收到业务的资源请求时，将从现有的空闲时隙中找到适当的时隙分配给该业务，分配时需要满足约束条件，并保证尽可能为用户分配时隙，使资源利用率最大化。

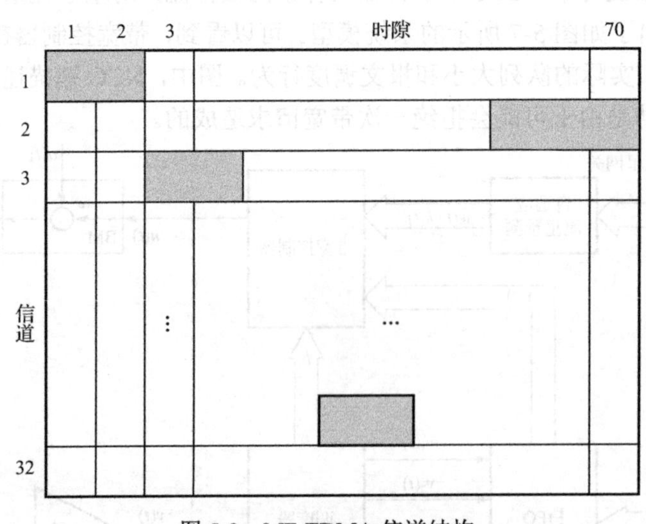

图 5-8 MF-TDMA 信道结构

目前，对于 MF-TDMA 系统来说，时隙资源分配中的约束条件主要包括：

① 资源管理器响应终端发起的请求，为连接分配的资源要限制在一个载波之中；

② 资源管理器为同一终端分配的时隙资源，在时间上不能重叠；

③ 同一时隙资源不能同时分配给两个数据连接，以避免发生冲突；

④ 为终端分配的时隙总数不能超过一个载波的时隙容量。

约束条件①和②是受限于 MF-TDMA 卫星系统的硬件条件，避免终端在通信时频繁跳频而导致系统代价过高，约束条件①同时也简化了时隙分配问题；约束条件②受限于终端设备的调制解调器，以避免生成互调干扰；约束条件③是资源分配时的系统要求；而约束条件④则是根据前 3 个限制的推论。此外，为了避免由于约束条件②带来的时隙碎片，为终端的不同连接分配时隙资源时，要尽量将其分配到同一个载波中。也就是说，为终端分配资源时，还需要遵循一个潜在的规则：同一个用户的所有连接资源都分配到同一个载波中。因此，MF-TDMA 系统中的时隙资源分配问题可以分解为两个步骤：确定在哪个载波信道中为终端用户分配资源；如何在该信道中确定可用时隙资源分配给终端。

系统在实现动态资源分配的过程中，通常需要完成资源计算和资源分配两个阶段，这两个部分的定义和实现方法如下文所述。

1．资源计算阶段

资源计算阶段主要确定为了满足用户的 QoS 要求而需要的资源数量，对于 MF-TDMA 系统而言，就是时隙数量。对于 QoS 需求，这里主要考虑误码率和速率两个指标。当提供一定的时隙资源时，根据链路计算公式，卫星通信系统的 BER 和传输速率存在一定的关系，需要通过选择适当的调制方式来进行协调，由此达到特定的 QoS 水平。

然而，很多情况下，应用既需要误码率方面的保证，又需要有固定的数据传输速率。如果在传输过程中，链路参数发生了变化，就会导致误码率的变化。为了防止误码率超过最大允许的范围，同时又保持恒定的速率，突发速率就需要调整以补偿链路参数的变化。在固定数据速率的情况下，改变突发速率就需要调整分配的时隙数量，也就是说时隙需要动态重分配。对于 GEO 卫星系统来说，进行时隙资源的调整非常耗时，最坏情况下甚至需要 40s 的时间。

为了避免进行这样的资源重新分配，我们可以选择在给定误码率条件下，支持低于所容忍速率的调制方式来为系统的传输信噪比提供安全余量。例如，在美国的 EHF-SATCOM 系统中，根据链路计算结果对信噪比的标称值增加了 12dB 的余量，调制方式则基于这个调整后的信噪比进行选择。

但是，也有研究表明，这种方法效率较低，还可能浪费时隙资源，也无法始终满足用户的误码率要求。因此，有研究者提出一种基于马尔科夫模型的预测方法，根据实际的降雨量来预测最差的信噪比，并根据信噪比来选择调制方式。

2．资源分配阶段

当终端计算出所需要的时隙数量之后，通过向资源控制器发送消息来申请时隙资源。在资源分配阶段，控制器会调用资源分配算法。然而，高效分配时隙并非易事，已证明，它是一个典型的 NP 完全问题。

特别值得注意的是可能出现的一种分段情况，在这种情况下，即使总体资源量能够满足资源请求，但还是无法为用户分配资源。由于资源请求的动态性，以及数据突发为可变长度，再加上前述的分配限制条件，可分配的卫星信道资源往往会出现很多碎片空间。而数据突发又无法分割成更小的部分来匹配这些分段的空间，因此，可能会造成上行信道资源的浪费。显然，如何减少分段的发生将是高效管理信道资源的关键。

我们可以将上行链路时隙分配看作装箱问题的变形。以往，人们常常利用首次适应算法（first fit）或最佳适应算法（best fit）来解决静态装箱问题，这两种算法分别简介如下。

（1）首次适应算法：假设 $B_1, B_2\cdots$ 是最大容量为 C 的一组箱子，$x_1, x_2, \cdots, x_n$ 是需要被放入箱子中的物品，它们将从第一个箱子（B_1）开始分别放到不同的箱子中。为物品 x_i 选择箱子时，要寻找最小的 j，使得 B_j 箱子被填满到 $a \leqslant C - x_i$ 的程度，并将 x_i 放入 B_j 最左边的空位。也就是说，箱子 B_j 相当于填入了 $a + x_i$ 的物品，其大小将小于等于 C。

（2）最佳适应算法：为物品 x_i 选择箱子时，寻找适当的 j，使得 B_j 箱子被填满到 $a \leqslant C-x_i$ 的程度，其中的 a 要尽可能大。如果有多个箱子使 a 达到同样的大小，则选择这些箱子中拥有最小索引的那个。也就是说，物品 x_i 被放入了具有足够空间且放入 x_i 之后剩余空间最少的那个箱子。

对于卫星网络的资源分配来说，信道相当于具有同样容量的箱子，要发送的数据突发相当于需要被放入箱子中的物品。资源分配的目标则是最大化信道利用率，这里的信道利用率代表实际被分配的时隙比例。装箱问题的静态模型并不能直接应用到卫星网络资源分配中，因为它没有考虑物品动态到达和离开的情况，以及这些事件的统计特性，而且也不考虑实际分配中可能存在的限制条件。此外，资源分配还需要考虑尽量减少装箱中产生的碎片。

用于动态带宽分配的一种算法是 RCP-fit 算法，这种算法能够解决静态模型在用于动态资源分配时存在的问题。如前所述，减少碎片是高效分配资源的关键，而可能引起碎片的原因主要有三个：数据突发大小的变化、连接请求到达与离开的动态性、分配限制条件。无论采用什么样的分配方法，前两个原因引起的碎片都是不可避免的。

RCP-fit（Reserve Channel with Priority fit）算法将信道分为独占信道、共享信道和空闲信道。其中，带有独占信道标志的载波信道只能分配给某个特定的终端，而共享信道的时隙资源可以分配给不同的终端，供各个终端共享。RCP-fit 算法的基本思想是利用预约信道方式，使业务量大的终端尽量独占信道以保证其 QoS 要求。下面通过实例来说明 RCP-fit 的分配过程。

假设系统有四个载波信道，每个信道 16 个时隙，有 5 个终端需要使用资源。提出的资源请求依次为：A（3），B（8），A（8），C（2），D（6），E（2），A（5），C（4），E（8）（括号中的数字是申请的时隙数），相应地，请求的资源量由大到小分别是 A、B、C、D、E。为简单起见，这里不考虑连接终止的情况，也就是说，没有资源回收的过程。

当处理第一个请求 A（3）时，会为其分配信道 1 的最前面 3 个时隙，如图 5-9（a）所示，同时信道 1 被标记为“独占”，意思是这个信道只能分给终端 A 的请求。同样，第二个请求 B（8）被分配到信道 2，该信道为终端 B 独占。第三个请求 A（8）则被分配到信道 1，因为那是终端 A 的独占信道。C（2）和 D（6）两个请求被分配到信道 3 和 4。为了处理第六个请求 E（2），由于已经没有空闲信道可以被独占，因此需要有一个信道改为“共享”模式。根据 RCP-fit 算法，这里选择信道 4 为共享信道，因为独占信道 4 的 D 终端，其资源请求总量小于 A、B、C。最后一个请求 E（8）也被分到信道 4，因为该信道为共享信道，且此时仍然有足够的时隙可供分配。

图 5-9 显示了分别利用首次适应算法和 RCP-fit 算法分配的结果，阴影区域表示空闲时隙。从图中可以看出，RCP 算法明显减少了分配碎片，因此大大提高了信道利用率。

需要说明的是，以上实例并未考虑信道回收的情况，如果考虑该问题，则分配结果将更为复杂。有研究表明，当接入终端数远大于载波数量，尤其是面对多用户多连接的需求时，RCP-fit 算法的信道预约方式无法有效管理资源，甚至会造成资源浪费。因此，如何应对终端的动态带宽分配，提高信道利用率，同时满足系统的各种约束条件，依然是人们不断探索的问题。

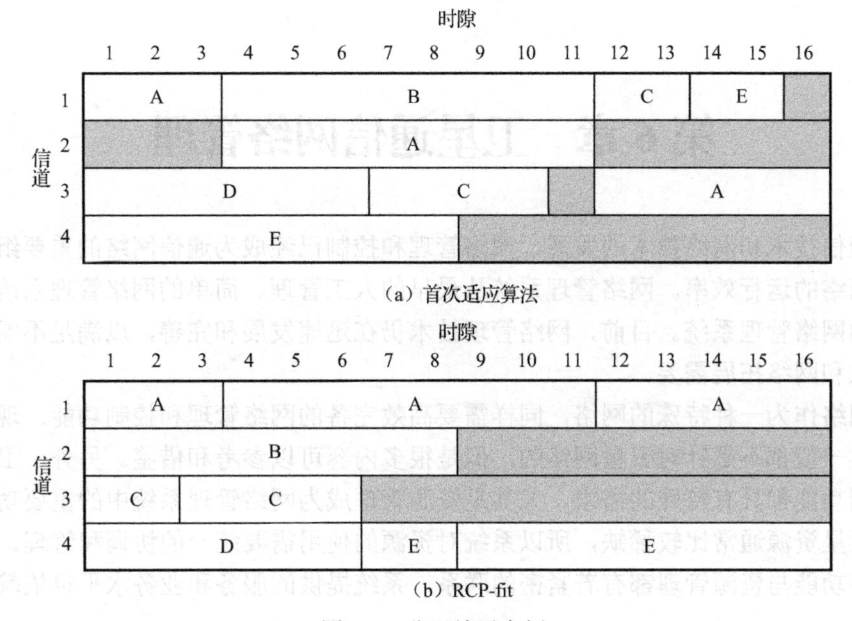

（a）首次适应算法

（b）RCP-fit

图 5-9　分配结果实例

第6章　卫星通信网络管理

随着通信技术和网络技术的发展，网络管理和控制已经成为通信网络的重要组成部分，甚至影响网络的运行效率。网络管理系统从最早的人工管理、简单的网络管理系统，发展到相当复杂的网络管理系统。目前，网络管理技术仍在迅速发展和完善，以满足不断增长的用户业务需求和网络拓展需要。

卫星网络作为一种特殊的网络，同样需要高效完备的网络管理和控制功能。现有网络管理标准虽然一般都不是针对卫星网络的，但是很多内容可以参考和借鉴。另外，卫星网络管理从框架到功能都具有特殊的需求，尤其是资源管理成为网络管理系统中的重要功能，这主要是因为卫星资源通常比较稀缺，所以系统对资源的使用需要统一的协调和管理。而且，卫星网络很多功能与资源管理都有着紧密的联系，系统提供的服务和业务水平也依赖于资源使用的情况。

本章首先介绍网络管理的一般概念及现有的典型网络管理体系结构，然后针对卫星通信网络特点，以 BSM 系统为参考介绍卫星网络管理体系结构，最后介绍几种典型的卫星通信网络管理系统，从这些系统中，可以看出资源管理在其中的重要地位。

6.1　概　　述

6.1.1　网络管理

网络管理（简称网管）的主要目的是对网络的性能、品质进行监测和控制，包括运行、处理（管理）、维护和供给（Operations、Administration、Maintenance & Provisioning，OAM&P）功能。网络管理内容包括对组成网络的各组成部分（软件和硬件）的性能监测、业务监测、故障处理、拥塞控制（路由和业务调度）、网络配置和账务管理等。管理的内容既有实时的、连续的，也有非实时的、离散的。

关于网络管理，目前已经有了一些标准，对网络管理设计中一些具有共性的问题做出了规定。制定网络管理标准或建议的主要机构是 ISO 和 CCITT（1993 年改组为 ITU-T），其代表性的标准包括用于计算机网络的 OSI 网络管理标准和用于电信网的网络管理标准 TMN（Telecommunications Management Network）。此外，还有一些较大的公司和厂家也制定了一些有关的实用标准（这些标准称为非 OSI 的、事实上的网管标准），如用于 Internet 的 SNMP。

6.1.2　卫星通信网络管理简介

在卫星通信系统发展的初期，地球站主要是用于点到点的干线通信，基本上不形成网络，所以也不存在网络管理。后来，开始出现由若干地球站组成的卫星通信网，相应地出现了网络控制（简称网控）系统，如 SCPC 卫星通信网中的 DAMA 控制系统。随着 VSAT 网的出现和发展，卫星通信网的网控、网管技术不断地发展和完善，到 20 世纪 90 年代，卫星通信网的网管、网控技术已经发展为比较完善和实用的技术，成为卫星通信网的一个重要组成部分。随着卫星通信网的数量和规模的发展，也开始出现对卫星通信网络的综合网络管理需求。

从实用的卫星通信网的情况看，在用的网管、网控系统大部分是封闭的，或者说是不开放的。这种情况对于建立孤立的、独立运行的专用网是没有问题的，但是如果需要在若干卫星通信网的基础上建立上一级的综合网管系统，则会出现很大困难。所以卫星网络管理的标准化问题也是一个很迫切的问题，特别是在新建网络的设计、规划中应充分考虑网管标准化的工作。

6.2　现有网管体系结构

现有网管体系结构和标准众多，要从中进行选择，就需要考虑成本效益、灵活性（可扩展、易更新、新功能的模块化程度）、可靠性（冗余设计、可重新配置）、安全性、网管所需的传输带宽和系统兼容性，最终决定使用哪种体系结构。通常，一个网管体系结构中包含 4 个模型，分别是：

- 数据模型，如 SMI、CIM，该模型用来决定信息表达的方式，如面向对象方式等；
- 通信模型，如 SNMP、CMIP，HTTP（即协议）；
- 组织模型（如集中式、分布式），决定与代理和管理模块的通信方式；
- 功能模型（如 FCAPS 功能或 eTOM）。

尽管一些标准的体系结构可能具有上述所有模型，但实际上可以根据需要独立选择不同种类的模型集合，不同模型之间可以通过协议网关来解决其连通问题。

（1）数据模型

数据模型的选择主要取决于对管理数据和管理应用的抽象方法，尤其需要关注灵活性和可靠性，这些抽象方法可分为 4 种类型：

- 被管对象，如 MIB 中的对象（低层次抽象）；
- 计算对象（中到高级层次抽象）；
- 目标（高层次抽象，可包括策略）；
- 趋势（最高层次抽象）。

（2）组织模型

在整个网管系统中，可扩展性通常是通过将管理功能分布于各个逻辑实体和自治域来实现的。网管系统的组织模型主要包括集中式、分布式和分级管理三种。

集中式管理（如以 SNMP 为典型代表的客户端/服务器模型）是最简单的管理方式（至少在概念上），在这种方式中，通常有一个中心管理器集中进行所有管理应用的处理，并通过许多相对简单的网管代理收集数据。SNMP 能够在网络上进行参数的交互（如使用 RMON），但是，由于它不是基于对象概念的，因此在分布式管理和代理上并不适用。

分布式管理系统在电信网中经常使用，如 TMN 和 CMIS 中。这些系统为了更容易地完成网络之间的信息交互，使用了基于对象的数据库。分布式管理中的另一项核心内容是“分布式对象”方法，典型代表是 CORBA 和 Java/RMI。在这些方法中，管理功能（对象）可以灵活地在不同实体上实现，“中间件”软件框架提供了一种统一的机制，使基于现有 CMIP 和 SNMP 框架的分布式软件“模块”、代理及管理者能够在网络中实现彼此之间的通信。

分级管理系统对于复杂庞大的地面电信网来说是不可避免的。例如，美国的网管网采用三级网结构，加拿大的网管网采用四级结构（分为全国、大区、省和地区网管中心）。对于数据网，有可能需要建立综合网管系统。对于卫星通信网，这种需求也有可能产生，例如，需要对若干不同的卫星通信网（如干线网、支线网、话音通信网、数据通信网等在结构和业务上不同的网）实现综合网络管理时，就可能需要采用二级或三级网管的结构。当一个 VSAT 网由若干用户逻辑子网组成时，也可能需要建立二级网络管理系统。

从目前的需求来看，有具体应用要求的专用卫星通信网通常采用一级集中网管（网控）系统，同时兼顾支持二级网管的能力。

6.2.1 OSI 网管系统

网络管理的基本目的是对网络资源的管理。在开放系统中资源可分为两类：提供互联能力的资源和与互联无关的资源。OSI 网络管理只涉及与互联有关的资源而不涉及与互联无关的资源。OSI 网络管理关心的重点是网管通信而不涉及设备的内部操作。

OSI 网络管理主要是在计算机网络的基础上发展起来的，因此其应用以计算机网络为主，而电信管理网（TMN）则是 CCITT（ITU）针对电信网的网络管理提出的，其应用对象是以电话业务为主的电信网。

这两个网络管理模型对结构要素的规定是基本一致的。对于卫星通信网来说，可以参考这些标准来确定具有卫星通信特点的网管系统。

1. OSI 网管系统的基本组成

在 OSI 网络管理标准中定义的网管系统基本组成包括：

- 管理模块（manager，管理者或管理中心）；
- 代理（agent）；
- 管理信息库（Management Information Base，MIB）。

管理模块相当于通常所说的网管中心，或者说设在网管中心。管理模块通过代理实现对网络资源（资源可以包括设备或硬件、软件及各种参数或数据等）的管理，这些被管理的网络资源称为被管对象或管理对象（managed object）。代理通常设在管理对象中或附设在管理对象处。管理信息库通常设在网管中心。管理信息库用于提供网络资源的有关信息，这些信息由管理中心和代理共享。

按照“开放系统互联管理框架”（OSI 7498-4）中的规定（CCITT 的有关对应标准是 X.700 系列建议书），OSI 网络管理框架结构包括 3 个部分：系统管理（SM）、层管理（LM）和层操作（LO），如图 6-1 所示。

系统管理用于管理整个 OSI 系统，通过应用层的管理协议，实现对各被管对象的监视、控制和协调。层管理用于管理某一层被管对象的通信活动，实现监视和控制。管理信息数据库是 OSI 系统所有被管对象的信息集合。

在 OSI 网管模型中，管理信息的传输由通信子网，即 OSI 模型的下三层提供，一般不设独立的传输子网。

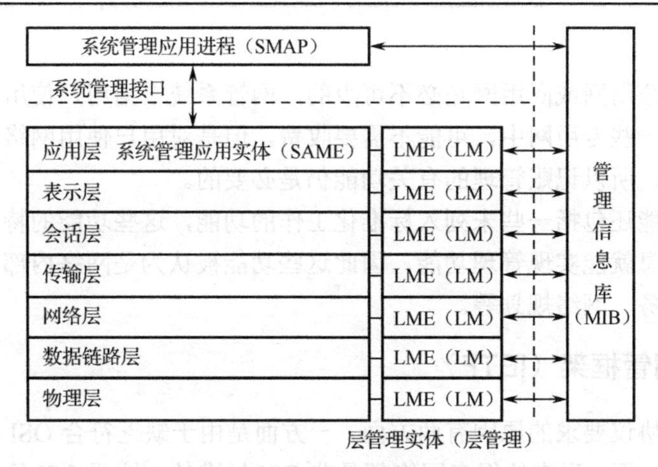

图 6-1　OSI 网络管理框架结构

2. OSI 网络管理的基本功能

按照 OSI 网络管理标准，网络管理的基本功能包括以下 5 个方面：

- 配置管理；
- 故障管理；
- 性能管理；
- 安全管理；
- 记账管理。

（1）配置管理

配置管理是网络管理最基本的功能，配置管理主要是针对网络资源的。对于卫星通信网来说，资源包括地球站设备和卫星信道（或转发器），从网管的角度看，可以统称为被管对象。配置管理的工作包括增减被管对象，为被管对象命名并能够识别被管对象，为被管对象设置初始工作状态，处理被管对象之间的关系，管理被管对象的操作和状态。

配置管理需要一个配置数据库，用于记录与网络组成有关的数据。

（2）故障管理

故障管理包括网络故障的检测、诊断和恢复等工作。故障管理的目的是保证网络能够连续、可靠地工作。原始的故障报告信息通常由被管对象提供，管理系统进行必要的处理工作。故障管理中的诊断和恢复（或故障排除）往往需要操作员操作干预，提高网络的自诊断和自恢复能力也是现代网络管理的一个发展方向。

（3）性能管理

性能管理是针对规定的性能指标进行的，如吞吐量、工作负载、传输时间、响应时间、服务质量等。为了进行性能管理，网管系统需要收集数据、对数据进行记录、统计和分析，得到被管对象的有关性能指标，对网络的性能进行估计和预测，为配置管理和故障管理提供一定的依据。

（4）安全管理

安全管理的目的是防止对网络的非法侵入或非法访问和对传输的信息进行保护（加密），所以安全管理的工作也可以说是包括安全和保密两个方面。

（5）记账管理

记账管理对于公用网或商用网是必不可少的，网管系统根据用户使用网络资源的情况进行记录、收费。在一些专用网中，可能不需要收费，但是对用户使用网络资源的情况进行记录统计也是必要的，所以记账管理的有关功能仍是必要的。

实际上网管功能还包括一些未列入标准化工作的功能，这些功能的特点是不需要在各开放系统之间交换信息就能实现管理功能，因此这些功能被认为是网络内部的或本地的。例如一些面向用户的服务、网络规划等。

6.2.2 SNMP 网管框架（IETF）

产生简单网管协议要求的原因有两方面，一方面是由于缺乏符合 OSI 网管标准的实用网管系统产品；另一方面，现有的很多网络都是非 OSI 标准的，按照 OSI 给出的理论标准开发符合 OSI 网管标准的产品也不是短期可以解决的问题。为了尽快建立可用的网络管理标准，IETF 开发了一种相对简单实用的非 OSI 标准的网管标准，即简单网络管理协议（SNMP）。SNMP 是以 TCP/IP 为基础的。TCP/IP 是针对 Internet 提出的，目前已经在世界范围获得广泛应用，并经过长期的时间考验。自 SNMP 提出后，已有很多公司和厂家（包括 IBM、HP、SUN 等）宣布支持这个协议，从而使 SNMP 成为非 OSI 的、事实上的网管标准。

SNMP 的主要优势在于简单，而且在各类网络中已经被广泛使用。它是一种轻量级网管实现方式，比 CMIP 所需的存储空间和计算能力少。SNMP 对于卫星通信网络网管系统的设计具有重要的参考价值，对于有些网络，也有可能参照这个协议进行网管系统的设计，如建立在若干卫星通信网之上的综合网络管理（Integrated Network Management，INM）系统。

SNMP 的缺点主要表现在：它定义了一种非面向对象的信息模型，这种模型虽然简单，但不易进行抽象，也不适合分布式管理者和代理使用；协议中的指令集有限，功能扩展受到限制；由于该协议并不是为域内管理或网络服务管理而设计的，所以不适合进行网络层以上的管理。SNMP 协议框架使用 UDP 作为传输协议，因此无法保证传输的可靠性，尤其是无法保证网络配置的可靠性；同时，协议缺乏会话支持和安全保证，因此不适合进行网络配置管理。由于 SNMP 通过轮询方式进行网络元素的状态查询，因此系统扩展性有限；而且由于轮询方式带宽效率较低，即使在网络没有故障或报警时也会产生冗余的数据流。

1. SNMP 体系结构

SNMP 标准定义了一种基于管理者-代理模型的体系结构，如图 6-2 所示。

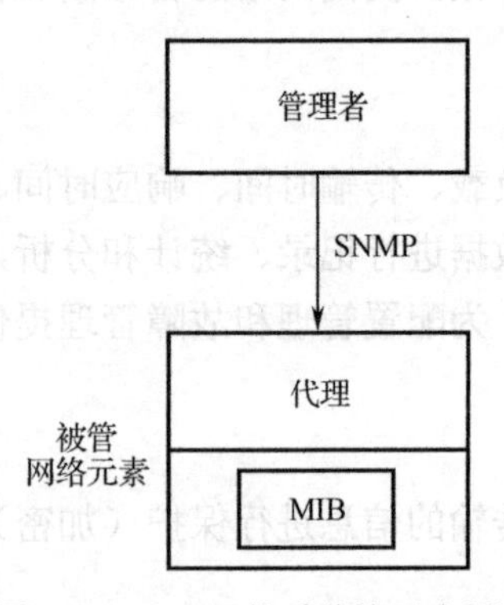

图 6-2 SNMP 体系结构示意图

在 SNMP 体系结构中，通过被管对象（MO）的方式将被管理的资源进行模型化，这些被管对象代表着底层资源，它们提供了一种抽象的访问接口，并存储在 MIB 中。图 6-2 所示的被管网络元素中的代理是一个管理着被管对象的软件实体，可以实施网络管理的具体行为，例如，为被管对象配置参数等。代理如同一个服务器，不仅对从接口发来的管理信令做出响应，同时也通过管理协议向管理者报告网络事件。

管理者的应用程序使用 SNMP 协议访问 MIB 中的被管对

象，从而实现管理策略。管理者在实现网络功能时，相当于客户端/服务器框架模型中的客户端，它发出管理操作请求，同时也接收代理发来的 trap 消息，获取网络状态信息。

SNMP 框架结构中还定义了一些可选项和扩展功能，例如，针对包括多个 MIB 的复杂网络提出的分层 SNMP 管理，管理者到管理者的 MIB 等。在这种情况下的管理应用可能既是代理又是管理者，一般用于需要在对等实体之间进行管理信息交互或分层管理的场景。

管理信息库（MIB）是一个虚拟的信息存储空间，其中包含了被管对象。MIB 中的对象都是利用 SMI 中定义的机制进行定义的。MIB-Ⅱ是目前使用最广泛的 MIB，RFC 1902 中对 MIB-Ⅱ的结构进行了讨论。各个 IETF 工作组都不断地在互联网标准的 MIB 基础上扩充新的 MIB 模块，业界厂商也在不断扩展私有或实验性的 MIB。

2. DVB-RCS

在 DVB-RCS 系统中，可以选择使用 SNMP 网管结构。DVB-RCS 标准文档中定义了一个可用于 SNMPv2c 版本的 MIB 库。一些 DVB-RCS 厂商还实现了私有 MIB，作为对标准 MIB-II 的补充。

SatLabs 为所有制造商定义了一个公共的 MIB，以代替 DVB-RCS 的 MIB，其中包含了 SatLabs 中特定的一些功能，如 QoS、PEP 等。关于 DVB-RCS MIB 的草案也提交给了 IETF。ETSI 为 DVB-S/DVB-RCS 再生转发器网状卫星系统定义了 MIB，该系统归类为 RSM-B。

trap 最早是 SNMPv1 中代理发给管理者的主动上报消息，用来通知管理者发生了某事件，尤其是发生了故障，但是 trap 是不需要应答的。利用 trap 进行通知的方式可以减少对网络和代理资源的耗费，因为它不需要进行频繁的 SNMP 请求。但是，在卫星网络中，为了实现拓扑发现和对拓扑变化信息的及时获取，不可能完全取消 SNMP 轮询方式。而且，当被管对象的设备完全崩溃时，代理是无法发送 trap 消息的，只能通过轮询方式获知。

此外，SNMPv2 中的 PDU 引入了一种 notification 消息，它是带有应答的 trap，使用这种消息就可以使网络实体可靠地将异常情况通知给管理站。

3. RMON

简单网络管理协议（SNMP）能够帮助管理员监视和分析网络运行情况，但是 SNMPv1 存在一些明显的不足，主要有：

（1）由于 SNMP 使用轮询采集数据，而在大型网络中轮询会产生巨大的网络管理通信报文，从而导致网络交通拥挤甚至阻塞，因此不适合管理大型网络。

（2）不适合回收大信息量的数据，如一个完整的路由表。

（3）基于 SNMP 的标准仅提供一般的验证，不能提供可靠的安全保证。

（4）不支持分布式管理模式，网管站完成收集数据的任务，但是当网络规模变大而导致数据量增加时，网管站将成为瓶颈。

（5）管理信息库包括各种被管对象的信息，MIB-II 和各厂家的专有 MIB 主要提供有关设备的局部数据，要想获得一个子网网段的信息非常困难，而在规模不断增大的互联网环境中，更需要对相关网段的性能监控。因此，标准 MIB 提供的设备管理信息已无法满足管理大型网络的需要。

因此，IETF 于 1991 年 11 月公布了 RMON MIB 来解决 SNMP 在日益扩大的分布式网络中面临的局限性，从而使 SNMP 能够更积极主动地监控远程设备。

与 SNMP 类似，RMON 网管框架也是基于客户端/服务器模型的。监控设备（或探测器）中含有 RMON 软件代理，它能够收集管理信息并对报文进行分析。这些探测器相当于服务器，与之通信的网管应用相当于客户端。尽管 RMON 利用 SNMP 进行代理配置和数据采集，但 RMON 的设计与其他基于 SNMP 的网管系统运行存在很大差异。

探测器在数据采集和处理方面承担更多的工作，因而减少了 SNMP 数据流，降低了客户端的处理负载。而且，信息只有在管理应用需要时才进行传输，而不是持续进行轮询。

RMON MIB 由一组统计数据、分析数据和诊断数据构成，具有独立于供应商的远程网络分析功能。RMON 探测器和 RMON 客户端软件相结合，在特定的网络环境下实施 RMON。RMON 的监控功能是否有效，关键在于其探测器要具有存储历史统计数据的能力，这样就不需要依靠轮询来生成有关网络运行状态趋势的视图。

另外，遍布在 LAN 网段之中的 RMON 探测器不会干扰网络，它能够自动工作，并上报任何时间发生的意外网络事件。探测器还提供过滤功能，可根据用户定义的参数来捕获特定类型的数据。当探测器发现某网段处于不正常的状态时，将主动与中心网络管理控制台的 RMON 客户应用程序联系，发送报告信息。客户应用程序则对 RMON 数据进行分析，诊断出问题。同时，通过追踪通信双方的通信过程，RMON 可以帮助管理员实现网络分段的优化。管理员根据事件报告，可以识别出占用了较大带宽的用户，并将其放置于各自的网段内，尽可能减少它们对其他用户的影响。

RMON 的设计理念是基于流的监控，而 SNMP 通常用于基于设备的管理。因此，基于 RMON 的系统的缺点在于它使远端设备承担了更多的管理负担，因而需要更多资源。某些设备通过仅仅实现 RMON 的 MIB 子集来进行权衡，以减少资源的使用。一个最小的 RMON 代理应支持统计、历史记录、报警和事件报告。

6.2.3 TMN

ITU 提出的电信管理网（TMN）是为级联了若干子网域的网络设计的，它按照分级管理的体系结构来组织管理实体，并使其彼此能够互相通信。ITU 在 TMN 中采用了 ISO 的 OSI 系统管理模型（OSI-SM）。

1. TMN 的系统组成

对于电信网的网络管理，CCITT 在 1985 年提出了电信管理网（TMN）。ITU-T 提出的与 TMN 有关的建议是 M.3000 系列建议。TMN 在逻辑上与电信网（电话网）是独立的，但是通常把电信网与管理网合并称为电信网。电信管理网包括以下三部分。

（1）网管中心（Network Management Center，NMC）：包括操作系统（OS）和工作站（WS），其作用与 OSI 网管的管理模块相当。

（2）前端单元（Front-End Unit，FEU）：设在网络元素中的监控设备，其作用相当于 OSI 网管中的代理。

（3）数据通信网（Data Communications Network，DCN）：用于传输管理、控制信息。

电信网中被管理的网络资源称为网络元素（Network Element，NE），如交换机、传输系统、终端设备等。

TMN 的物理结构模型如图 6-3 所示。

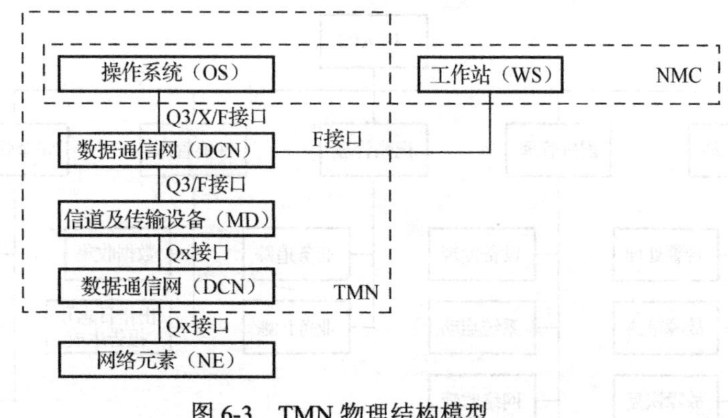

图 6-3　TMN 物理结构模型

在 TMN 网管模型中，OS 和 WS 相当于网管中心（NMC），其中 OS 负责网络管理与维护，WS 用于人机交互。数据通信网（DCN）用于 NCC 与网络元素（NE）之间的远程数据通信或用于连接本地的各网络元素，DCN 可以是简单的点到点连接，也可以是复杂的数据通信网，如分组交换网或卫星数据通信网。MD 是信道及传输设备，MD 是否需要取决于具体的 TMN 实现过程。Q3、Qx、X 和 F 是接口（参考点）。

2. TMN 网管的基本功能

CCITT 提出的电信管理网络 TMN 规定的基本网管功能有 6 个方面：

- 配置管理；
- 故障管理；
- 性能管理；
- 安全管理；
- 记账管理；
- 网络规划。

前 5 项功能的内容与 OSI 标准要求基本一致，最后一项在 OSI 标准未明确规定。实际上，由于网络规划的内容主要是离线（脱机）的处理过程，所以在设计卫星通信网的网管系统时，网络规划可不作为一个独立的功能来考虑，同时将一些可以在线实现动态规划的功能纳入其他相关的方面。

电信网的网络管理功能的另一种表述是 OAM&P，即运行、处理（管理）、维护和供给，再加上规划，包含的网络管理功能实际上与上述 6 个方面是一致的。

3. FCAPS 模型

网管功能包括管理用户所需要的提取或配置基本管理信息的功能，其中包括故障管理（F）、配置管理（C）、记账管理（A）、性能管理（P）和安全管理（S），如图 6-4 所示。故障管理功能包括告警处理、故障检测、故障恢复、测试和验收、网络恢复；配置管理功能包括设备发现、系统启动、网络监管、自动搜索、备份和恢复、数据库配置；记账管理功能包括业务追踪和业务记账；性能管理功能包括数据收集、出错日志和报告生成；安全管理功能包括接入控制、安全功能、密钥生成和管理、访问记录收集、配置控制安全。

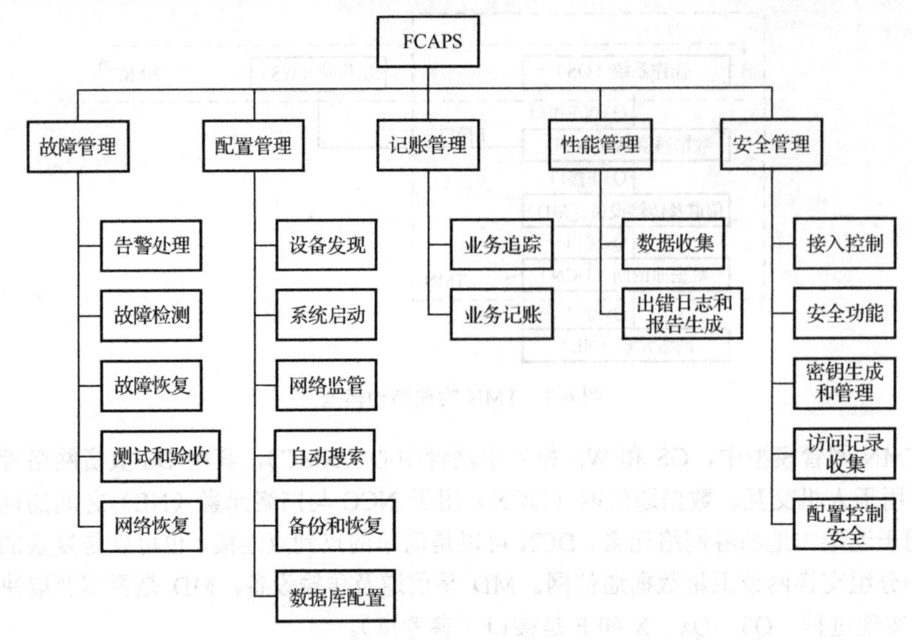

图 6-4　TMN FCAPS 模型

4. CMIP（ISO）

ISO 的 OSI-SM（系统管理）模型通过采用面向对象方法，提供了比 SNMP 更强大的体系结构。在该模型中，通过将网络元素抽象为被管对象来实现管理功能，这些被管对象可以由代理应用来处理，也可被管理者应用访问。在这些代理和管理者之间的通信则通过 OSI 的公共管理信息服务/协议（CMIS/P）来实现。CMIS 向管理者应用提供 OSI 管理服务，CMIP 则为支持 CMIS 提供信息交互的能力。

由于 CMIS 是基于对象的，因此可以使用一种适当的结构将其应用于分布式管理系统中。在客户端/服务器的分布式计算环境中，通常使用一种称为“中间件”的软件架构来为分布式软件模块（如代理和管理者）提供统一的运行机制，使其能够在网络中实现彼此通信。

CMIP 也适用于业务管理层中的对端通信，而 SNMP 基本上只适用于对网络元素的管理。CMIP 适用于电信网络，它是一种基于 OSI 模型的协议，同时，CMIP 也可以运行于 TCP 协议之上，这提高了该协议的可用性，也保证了在广域网中的传输可靠性。

然而，这种基于 TMN/CMIP 的开放网管平台的复杂设计并没有被业界广泛采用，因为在现实网络中，网络管理与其他类型应用并无太大差别，并不需要使用这种复杂设计。因此，该平台目前仅用于进行故障管理，以显示报警和提供网络拓扑图。

除 FCAPS 模型和 CMIP 框架之外，ITU 已经开始考虑下一代网络（NGN）的网络管理问题。

6.3　卫星通信网络管理系统

卫星通信网络管理系统大多借鉴了地面网络管理系统的实现方式和功能框架，网控/网管中心的主要功能是管理所属卫星通信系统，在存在上级网管系统的情况下，还应该能够接受和执行上级网管中心的控制管理命令。

网控/网管中心的主要功能如下：

（1）配置管理

配置管理包括对中心自身的配置管理和对网内各种资源（包括设备和可用的转发器资源）的配置管理，主要有：

- 入网、退网管理；
- 地球站配置管理；
- 转发器资源（卫星信道）管理；
- 用户管理；
- 网控/网管中心配置，包括对各功能单元的配置；
- 软件管理，包括中心软件和地球站软件的维护和更新，对于地球站软件应该是可下载更新的。

（2）故障管理

故障管理主要包括：

- 设置各类时间报告的严重等级；
- 接收中心和各地球站的事件报告，对严重事件及时响应；
- 事件的记录和查询功能；
- 对中心设备和地球站设备的轮询，及时发现故障；
- 对故障的分析和过滤；
- 对规定的严重故障能够发出故障告警。

（3）性能管理

性能管理主要包括：

- 采集性能数据；
- 统计和分析性能数据，并能够生成统计报表（按日、月、年等规定的周期）；
- 查询性能数据；
- 性能告警；
- 系统性能分析。

（4）安全管理

安全管理主要包括：

- 身份认证，只有通过身份认证才能使用操作；
- 设置操作员权限；
- 建立完整的操作日志，使任何操作具有不可抵赖性。

（5）记账管理

记账管理包括：

- 采集账务信息（主要指通信记录）；
- 用户使用记录；
- 分析和统计账务信息；
- 查询账务信息。

（6）运行管理

对于卫星网来说，这部分功能通常是与网管结合在一起的，并且往往是网控的主要工作，主要是指通信业务（包括典型的话音、数据等业务）的交换控制。

可以看出，与地面系统相比，卫星通信网络管理系统在很多方面都存在差异，下面以BSM卫星网络管理系统为例，对卫星网络管理系统从功能需求、体系结构两方面进行阐述。

6.3.1 BSM卫星网管系统规范

1. BSM网管功能需求

地面网的网络管理系统中的总体需求通常来说也适用于卫星网络，但是，卫星网与地面网相比还有一些特殊的约束，例如，通过卫星链路传输的管理信息数据开销应尽可能小，需要考虑卫星网可能会连接的终端规模，卫星链路的时延和可能出现的带宽非对称情况等。

卫星资源非常宝贵，因此，需要减少管理开销。而像SNMP这样的协议无法做到带宽的高效利用，因为管理者要依靠周期性的轮询来访问远端网络元素（即BSM中的ST终端），以获取管理状态信息，这将产生大量重复的数据和冗余流量。同时，SNMP协议数据也无法进行压缩，不能减小冗余数据量。此外，当实际网络中的ST终端数量大幅增加时，SNMP对ST终端的轮询将增加大规模数据量，对于始终在线的卫星管理信道而言，这种情况尤其需要考虑。

此外，在这种环境下，协议和网管处理过程如果能够只在新数据产生时才发出管理信令，或者能够对数据进行压缩，对卫星信道而言则是非常有利的。但是，这也需要管理代理具备更高的智能化，以便在需要时做出正确的响应，并产生适当的信令，如SNMP协议中的traps消息等。

1）BSM网管逻辑分层模型

TMN网管体系结构中的层次化“水平”逻辑层概念通常以金字塔的方式呈现，逻辑层体系结构（LLA）将管理功能和层与层之间的关系进行了结构化的划分。每个逻辑层次都体现了不同抽象层次下的特定管理功能。

eTOM模型保留了这种分层的概念，并对其做了进一步拓展。

图6-5中显示的BSM网络管理系统（BNMS）包含了一部分服务管理及服务管理层之下的功能。服务管理层被分为BSM业务相关的功能和端到端网络服务功能。图中的高层功能通常是更一般的功能，并不是BSM中特定的。因此，这些层的功能可以通过已有的、可配置的现成软件管理系统（OSS）来提供。

在这个模型中，每一层都依赖于下层提供的服务。在底层，BSM物理网络由图中底层的各种网络元素（包括卫星终端、中心站、网关、路由器和服务器等）组成，每个网络元素都能够监视自己的故障状态（F）、被重新配置（C）、维护本地用户的账户数据（ISP号、用户账号等）（A）、报告性能数据（P），并拥有口令和链路加密数据（S）。该层的其他功能则较少包含在管理平面中，因为这些功能主要处理和控制实时事件，所以包含在控制平面和用户平面中。例如，电信交换机中的呼叫管理功能主要在该层实现，交换机在收到呼叫信令时会完成呼叫的路由过程。

网络元素层之上的是网络元素管理层（设备管理），该层主要管理通信路径。在这一层中，包含了用来操作单个设备的管理功能，BSM需要针对不同的故障状态对设备实现自动的重新配置（F 和 C）。还需要对用户提出的性能需求进行响应，如上行功率控制（P）等。在账号管理方面，还需要能为多用户终端保存多个用户账号。

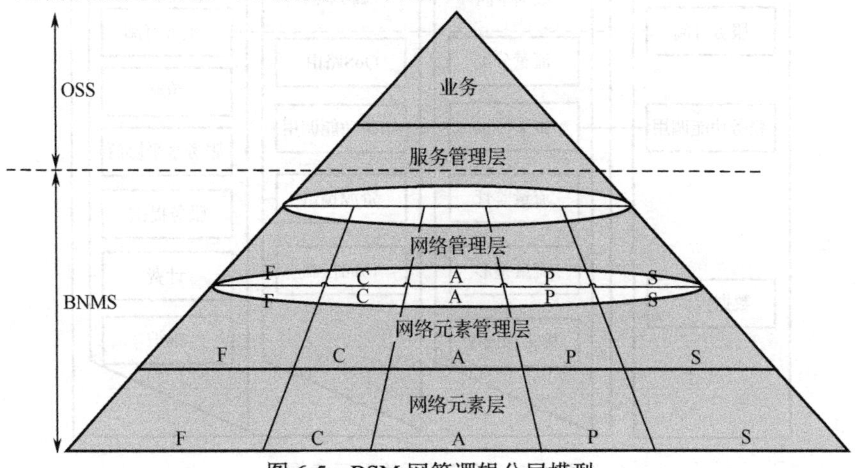

图 6-5　BSM 网管逻辑分层模型

再上一层是网络管理层，主要实现对网络元素管理者的管理。尽管资源管理可能发生在所有的低层上，但通常会在网络管理层实现。在异构网络中，网络管理层的功能可能会在不同的子网之间划分为不同部分，分出的每个部分负责该子网中的网络层功能（如 IP）。

在上面的模型中，FCAPS 功能分别体现在三个低层中。网络元素中的故障管理功能向该元素控制器提交故障报告，元素控制器接着将汇总的故障报告提交给网络管理系统。因此，理论上说，任何一层的设备，只要支持 FCAPS 功能，其相应的功能部分都能够与其他层的相应功能进行通信。最终的目的是使所有网管元素融合为一个管理系统。而这种方式的实现难点在于，许多网络设备和控制器并不支持完整的 FCAPS 功能，所以将它们融合到一个完整的网络管理系统中将变得非常困难。

服务管理层主要负责诸如服务质量监控、计费和规划功能。它与网络管理层采用类似的方式实现端到端的服务管理，但该层同样会在异构网络中的不同子网之间对功能进行划分，划分出的每个部分分别负责该子网的服务资源管理。

2）管理平面

管理功能通常是在共享网络中通过通信协议来实现的，它处于一个独立于控制平面和用户平面的平面中，如图 6-6 所示。

图 6-6 中的管理功能是 FCAPS 或 eTOM 功能集的一个典型实例。在网络运营者和用户之间的交互源于管理平面中最高层的服务订阅请求。接着，会触发控制平面的服务功能调用，最终引起用户平面的数据传输行为。

总体来说，BSM 的 NMS 系统采用了逻辑分层体系结构和 FCAPS 功能模型作为网管体系结构的基础模型。

2．BSM 网管体系结构

1）BSM 管理体系结构基础

BSM 系统中采用一种集中式的管理体系结构，管理中心与安装于网络元素中的代理进行通信。这种结构对卫星系统而言非常适合，因为卫星通信网络通常为星状结构，网络中通常会配置集中式的管理和控制中心。

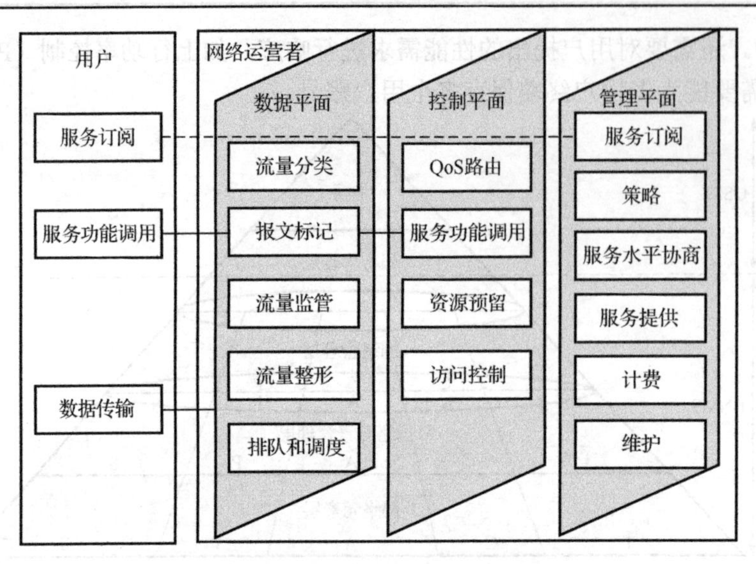

图 6-6 管理平面关系示意图

目前，卫星系统中网管功能的实现主要基于 SNMP 体系结构、MIB 和相关协议。同时，还会采用以下技术：

- 采用现有的 CLI/Telnet 等专用技术（实现网络元素配置）；
- 利用基本的 IP 功能（如通过 ICMP 协议实现的 Ping）进行监测；
- 采用 HTTP 和 Web 浏览器技术，通过 XML 进行数据库管理。

BSM 管理功能体系结构允许这些协议同时使用。

BNMS 包括 NMC 和实现网络与服务管理的所有管理者，其中的网络元素包括：卫星终端、网管 ST、与卫星紧密联系的 NCC（对于 OBP 卫星而言，卫星本身可能被单独编址而成为单独的网络元素）、BSM 网络中的应用服务器、CPE 接入 BSM 服务的部分模块（这些模块被认为处于 BSM 的外部，但有时也可作为同一管理域的一部分），如图 6-7 所示。

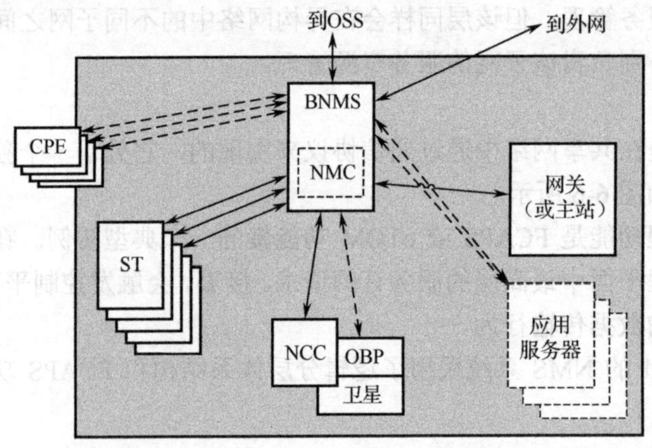

图 6-7 BNMS 和管理元素示意图

从分层的角度来看，管理功能如图 6-8 所示，其中，在 BNMS 到高层 OSS 之间还提供了接口。

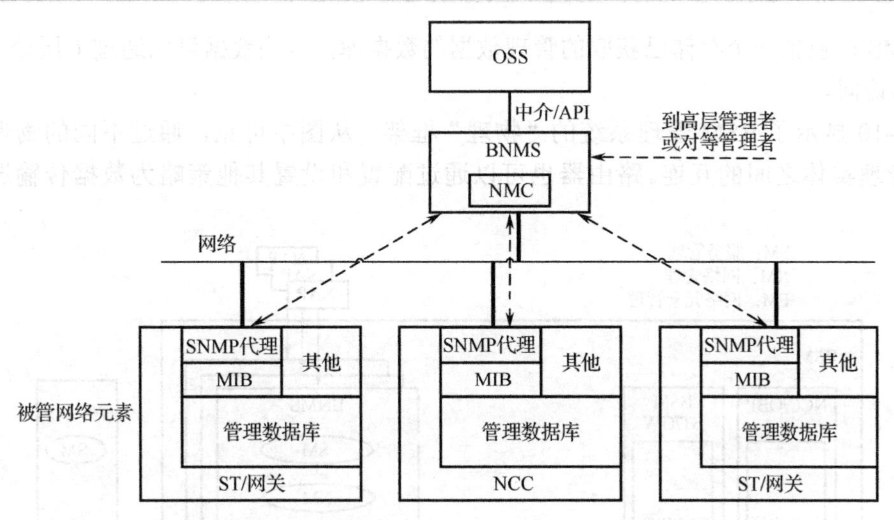

图 6-8 管理框架中的数据库访问和与 OSS 的关系示意图

2）BSM 管理功能体系结构

BSM 的管理功能体系结构主要包括三个功能层：服务管理（SM）、网络管理（NM）和网络元素管理（EM），如图 6-9 所示。

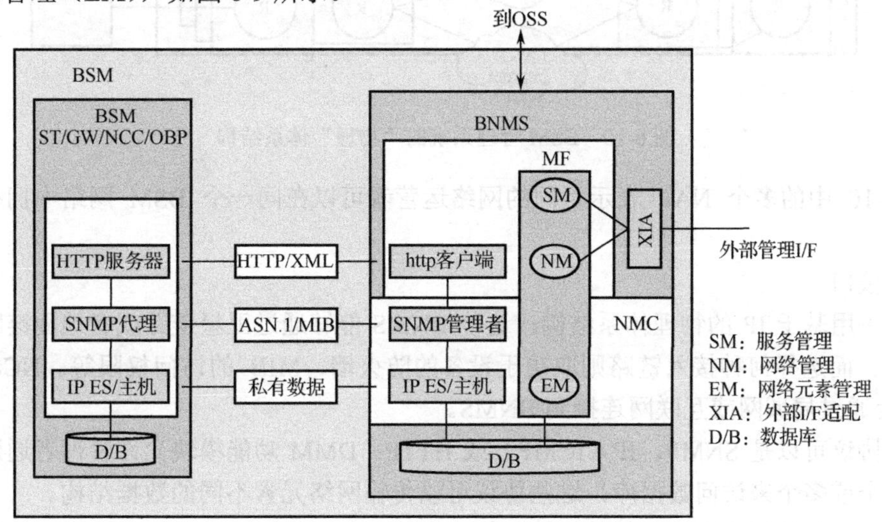

图 6-9 BSM 管理功能体系结构

SM 层负责对 BSM 服务的管理，如本地 SLA；NM 层主要完成对 IP 层服务的管理；EM 层则负责底层的网络元素管理，EM 层中还包含了 NMC 内与卫星相关的功能。要访问网络元素中的数据，可以使用多种协议，如基于 IP 的 ICMP、Telnet、SNMP 和 HTTP 等。

从服务层发起到网络元素层的配置功能对整个网管系统至关重要，它们需要得到可靠的安全保证。因此，系统中需要一种安全协议（如 IPSec、HTTP、SSL），或者对数据进行加密。其他类型的管理数据虽然没有那么关键，但对于系统整体的完整性也较为重要，因此可以使用其他协议。

BSM 网络元素包括存储管理数据的数据库，这些数据可以通过各类适当的协议（如 SNMP、HTTP 等）进行访问，并被转换为一种统一的数据格式（ASN.1）。

BNMS 还包括一个存储已获取的管理数据的数据库，这些数据可以通过上层处理模块或外部接口访问。

图 6-10 显示了 BSM 管理系统的“物理”框架，从图中可见，通过不同的物理网络可以实现管理实体之间的互连。路由器也可以通过配置和设置其他策略为数据传输选择适当的网络。

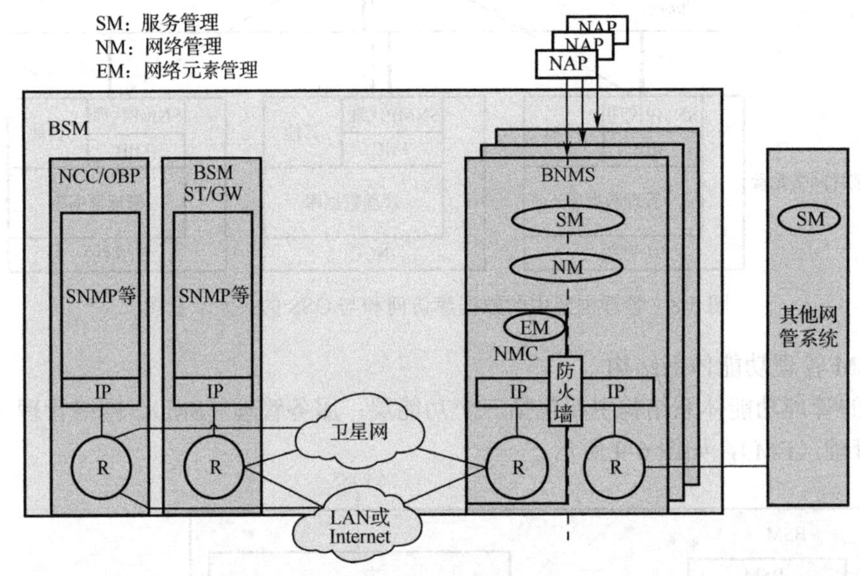

图 6-10　BSM 管理系统的“物理”体系结构

图 6-10 中的多个 NAP 表示不同的网络运营者可以在同一个 BSM 网络中拥有各自的 BNMS。

（1）接口

底层采用基于 IP 的物理体系结构，这使 BNMS 能够通过卫星链路或者地面链路来管理网络元素。而选择何种接入链路则取决于设备的防火墙、MIB 的访问权限等。NCC 和网关 ST 通常会通过局域网或互联网连接到 BNMS。

管理协议可以是 SNMP、IP（ICMP）或 HTTP。DMM 功能模块允许管理者通过这些协议中的一个或多个来访问数据库，这些协议可以传输网络元素不同的数据结构。

系统中到其他网络管理者的外部管理接口支持 TMN X 或 SOAP 等多种选择。外部 BNMS 接口也可以提供给 BSM 网络内部的一个 OSS 系统。BNMS 系统为实现对外的信息交互维护着自己的管理数据库。这个数据库可以利用其他的传输格式（如 XML、MIB 等）由数据传输模块来访问。此外，如果接入权限允许，外部管理者还可以直接访问 BSM 网络元素中的数据库或 MIB。

（2）基于 Web 的网络管理体系结构

Web 浏览器和相关协议在为网络提供虚拟工具（GUI）方面越来越受到人们的关注。为了支持远程服务，使用 HTTP 在基于浏览器的管理应用和 OSS 服务器或代理之间进行通信也成为近年来的趋势。但是，在现有系统和完全基于 Web 的网络管理之间仍然存在一些问题。下面将阐述三种基于 Web 的网络管理体系结构的实例。

① 基于 SNMP 的 BSM 系统中基于浏览器的管理结构

在这种结构中，基于 SNMP 的网络元素不需要做任何修改，网络管理者利用 Web 浏览器作为实现所有管理任务的单一接口，基于 SNMP 的管理平台（NMC）则改为 HTTP-SNMP 网关（通过增加 BNMS）。BNMS 使用一个公共数据库来存储 BSM 系统内的管理数据，这些数据以一种方便的格式进行存储，可以通过适当的格式转换由 SNMP 管理者和 HTTP 服务器进行读/写操作，如图 6-11 所示。

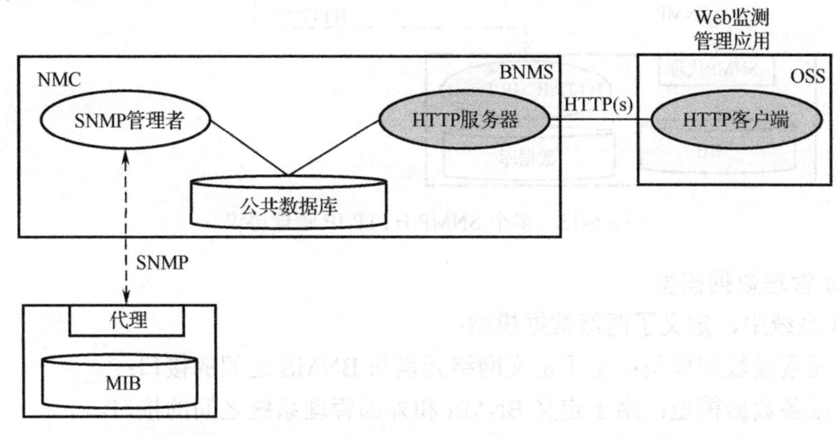

图 6-11　配备 SNMP 元素的基于浏览器的管理系统

② 需要修改 SNMP 元素的基于浏览器的管理框架

在这种结构中，需要对网络元素进行修改，使其成为一个完全基于 Web 的管理者，与这些网络元素之间的通信过程仅仅通过 HTTP 协议方式来实现，而这些元素内部则既支持 SNMP，又提供 HTTP 服务器功能，如图 6-12 所示。

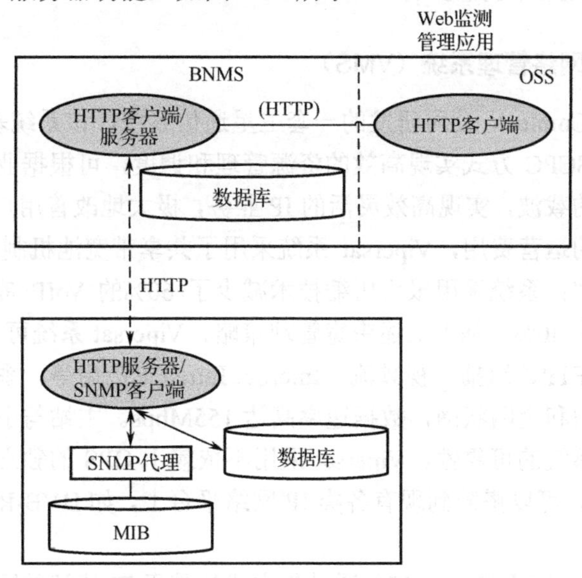

图 6-12　修改了相关元素的基于浏览器的管理系统

③ 多个 HTTP/IP/SNMP 管理协议

在这种结构中，需要对网管代理进行修改，除支持现有的 IP 协议（ICMP、RSVP、Telnet 等）和 SNMP 接口外，还需要支持基于 Web 的接口，如图 6-13 所示。

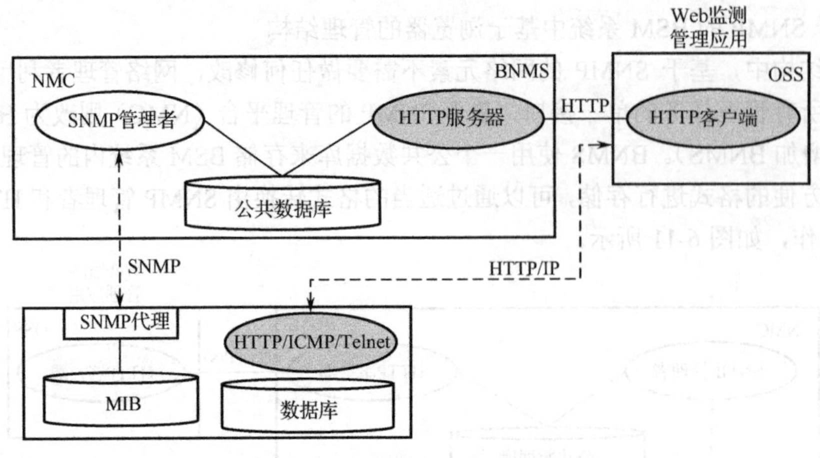

图 6-13 多个 SNMP/HTTP/IP 管理协议

3）BSM 管理数据模型

在 BSM 系统中，定义了两级数据模型：

- 网络元素级数据模型：用于定义网络元素与 BNMS 之间的接口；
- 网络服务数据模型：用于定义 BNMS 和外部管理系统之间的接口。

系统中的 MIB 采用 ASN.1 格式写入各个被管网络元素，具体内容包括被管对象的各个参数和其上下限。

MIB 中对特定 OID 的访问权限决定了提供给不同管理者的网络元素管理数据视图，BSM 中的 MIB 应该允许根据网络管理者的权限来访问各种参数（如性能参数）。

6.3.2 典型的卫星通信网管系统

1. Vipersat 卫星网络管理系统（VMS）

Vipersat 是美国 Comtech 公司研发的一套卫星通信系统，该系统基于 Comtech 公司的 Modem 产品，通过 dSCPC 方式实现高效的资源管理和调度，可根据业务需要和网络设置为远端站提供不同速率的载波，实现高效灵活的 IP 业务，极大地改善用户业务的服务质量。为了降低卫星通信网络的运营费用，Vipersat 系统采用了共享带宽池机制，利用先进的调制/编码技术节省了卫星带宽；系统采用报头压缩技术减少了 60%的 VoIP 带宽，载荷压缩技术使得业务带宽最高能减少 40%。基于上述带宽管理策略，Vipersat 系统可支持各类基于 IP 的应用，如 VoIP、VTC、FTP、组播、视频流、Internet/Intranet 应用等。系统支持多种网络拓扑结构，如典型的星状网和全网状网，数据速率高达 155Mbps。主站与小站设备均采用冗余备份配置，大大提高了系统的可靠性。Vipersat 采用不依赖于 GPS 的独立时钟机制，其定时信息由 IP 组播方式提供，可以搭载到现有各类 IP 网络平台上，如 DVB-RCS，便于实现静中通和动中通应用。

Vipersat 卫星网络管理系统（VMS）通过集中式的基于 IP 协议的网络控制方式，实现对网络运行和控制的自动管理，尤其是基于 SCPC 和 STDMA 的高效资源管理。VMS 系统基于 C/S（客户端/服务器）工作模式，可以收集和处理从网络中的调制解调器设备收到的各类信息，并可以对主站和远端站的系统配置、带宽分配、业务响应、告警处理做出快速响应。此外，VMS 系统还可以同时管理多转发器和多颗卫星上的业务，并行管理多个子网，通过定制的图形化界面为用户提供全面、直观的管理手段。图 6-14 给出了 VMS 的结构示意图。

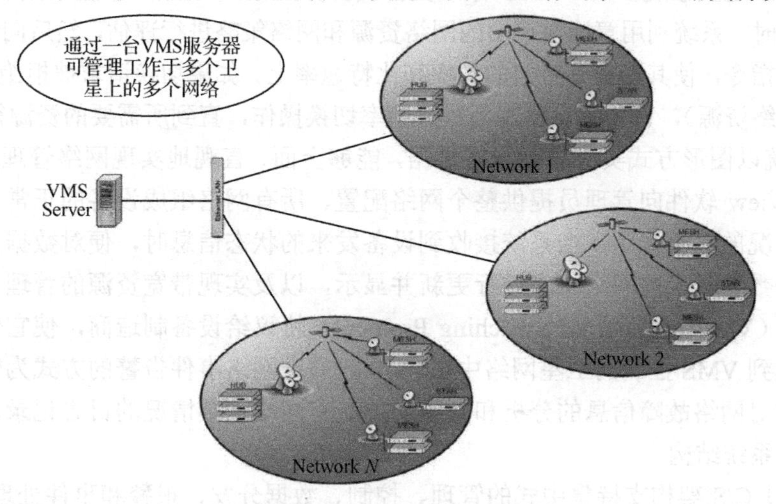

图 6-14　VMS 结构示意图

1）VMS 的主要功能和特点

VMS 网络管理软件能够实现系统和设备配置、网络状态显示、动态带宽管理、频率和工作模式（调制/编码方式）切换、诊断监视和控制、故障告警处理、统计数据收集和日志管理等功能。此外，系统还提供对管理的安全性支持和关键设备的冗余配置，可提高系统运行的可靠性。系统的具体功能包括以下几项。

- 频带管理：系统通过简洁直观的方式对空间段资源进行配置和管理；可根据用户业务流量和使用需求进行自动上行载波切换控制；支持虚拟网络频谱分析仪功能，使用户能够浏览整个卫星资源。
- 子网管理：为用户提供制定切换策略的手段；可限制使用者的最小/最大 SCPC 比特速率；可定义切换速率。
- 集中式的网络管理：通过集中式控制方式管理多个网络；提供初始网络规划功能和设备自动探测功能；提供详细的事件日志和策略集合。
- 故障管理：可自动探测、识别系统发生的故障，并进行故障告警。
- 网管配置：可设置系统各组成部分的工作参数，实现系统的优化配置。
- 统计管理：系统可以将统计数据输出到计费系统，帮助网络管理者实现完备的统计。

VMS 提供详尽的网络设备管理功能，管理员可通过双击设备图标显示其状态信息和组成情况，单击右键可通过下拉菜单发出命令、修改配置或设备状态。网络中的调制解调器内部基于微处理器的输入/输出（I/O）控制器可以实时测量、获取网络运行参数，并将这些参数通过报文发送给 VMS，VMS 会显示调制解调器的详细信息，包括调制解调器的系统配置、传输配置、卫星链路状态、每条链路的 E_b/N_0（说明链路的 QoS 水平）、每条链路的切换次数、连接类型和持续时间，显示网络硬件 IP 和 RF 连接情况的告警，显示带宽资源分配情况，以及调制解调器、RF 设备和 VSAT 站的管理状态等。

VMS 系统启动时对所控制的每一个卫星网络都会进行规划，并识别出每个网络可用的带宽资源和资源使用限制条件。VMS 为资源使用的上限和下限、支持的服务类型和定义每种数据流带宽资源分配的其他网络参数设置了触发点。当网络资源分配需要进行重新配置时，管理员可以随时修改这些触发参数。VMS 系统支持资源分配模式切换，当收到来自调制解调器的频率切换请求时，系统利用算法对可用的网络资源和网络策略进行评估，然后向请求的调制解调器返回切换指令，使其切换到特定的频率和比特速率上。如果切换请求被拒绝（例如，由于缺少可用的网络资源），调制解调器则不执行频率切换操作，直到所需要的资源得到了满足。

VMS 系统以图形方式实时显示网络数据，能够全面、直观地实现网络管理和控制，系统提供的 ViperView 软件向管理员提供整个网络配置、所有网络组成设备的正常工作情况和当前带宽使用情况的完整视图。当系统接收到设备发来的状态信息时，便对数据进行处理或存储，利用这些数据对当前网络状态进行更新并显示，以及实现带宽资源的管理。此外，系统还提供 VESP（Vipersat External Switching Protocol）协议给设备制造商，使它们可以方便地将其产品集成到 VMS 控制的卫星网络中。VMS 还通过网络事件告警的方式为管理员发出通知，同时通过对网络故障信息的分析和处理支持所有网络连接情况的日志记录。

2）VMS 系统结构

VMS 通过 C/S 架构支持集中式的管理、控制、数据分发、报警和事件处理，图 6-15 显示了 VMS 系统中的 ViperView 客户端/服务器（VOS）关系。系统可同时支持多个客户端实现网络管理，提供整个网络控制管理的完整视图。网络单元，如调制解调器，也会对网络运行的情况进行检测和分析，并向 VMS 提供详细报告。VMS 收集、存储、分析这些信息，并根据这些信息控制网络运行，同时对调制解调器发出指令，最终实现系统的最优化运行，提高整个网络的性能。

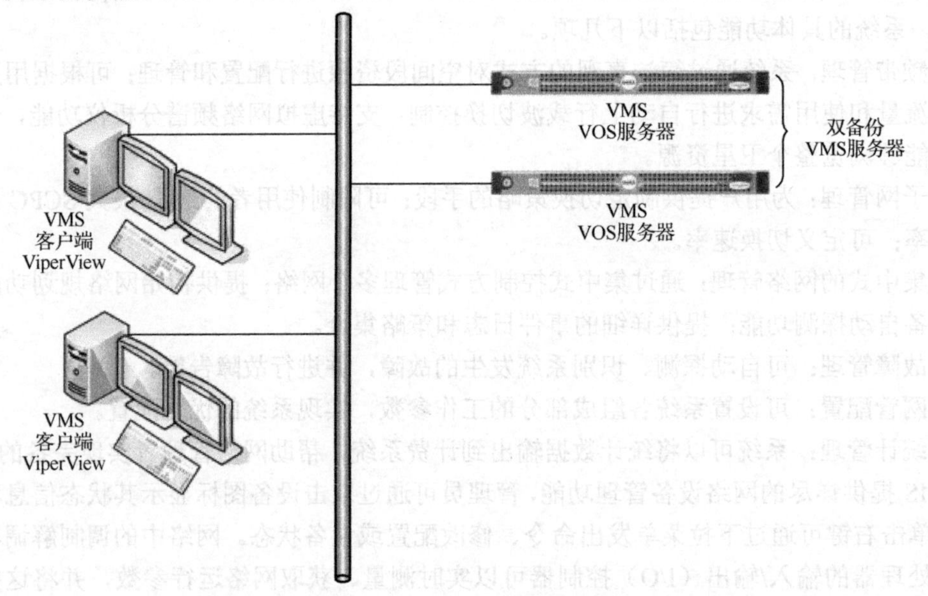

图 6-15 ViperView 客户端/服务器（VOS）关系

系统在网络节点之间使用 IP 协议，支持 UDP 和组播连接。调制解调器中包括一个带有嵌入式微处理的路由器，它作为 LAN 业务流和卫星链路的接口，可以将远端站和中央站连接起来。

3）VMS 资源管理

VMS 采用集中式的卫星链路带宽管理方法，如图 6-16 所示，它利用低时延的动态 SCPC（dSCPC）技术对带宽进行按需分配，可处理多转发器和多颗卫星业务。

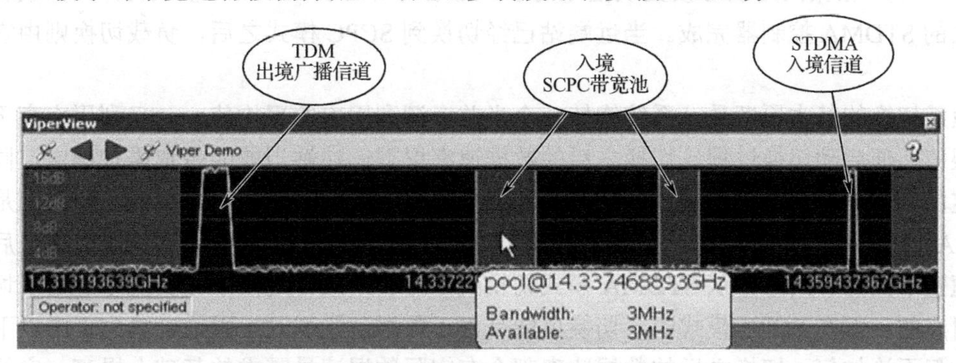

图 6-16　VMS 资源管理示意图

单载波单路（SCPC）是实现实时业务连接的最佳手段，典型的 SCPC 链路均采用固定数据速率的方式，如果需要增加应用流量，需要通过手工方式重新设置参数。而按需分配（DAMA）系统可以为单个应用按需分配带宽。但是，要支持多重应用的 DAMA/SCPC 链路，需要增加调制解调器硬件设备。在这种情况下，将会带来一些问题，例如，当某些业务没有数据需要传输时，却需要 24 小时支付转发器费用。因此，如何根据每天的业务变化来自动调整链路带宽就成为系统需要解决的重要问题，此外，还要考虑如何降低硬件费用并保持较低的运营费用。

为了解决这些问题，Vipersat 系统采用了 dSCPC 机制实现带宽分配。系统的整个带宽资源被划分为 TDM 出境广播信道、入境 SCPC 带宽池、STDMA 入境信道。网络中的外向信道采用 TDM 方式，内向信道采用私有的 STDMA（选择性时分多址）方式由所有远端站共享带宽资源，从而提高了空间段的资源利用率。

通过 STDMA 分配的时隙持续时间和数量可以根据系统的带宽分配情况进行调整，满足网络中的突发数据负载需求。

系统根据不同的应用类型（H.323、SIP、ToS、QoS）、数据负载情况及带宽预分配情况可以从 STDMA 模式切换到 SCPC 模式，SCPC 模式下的带宽是在一个带宽池中分配的，系统根据链路上的不同业务种类可以动态增加或减少载波带宽的分配数量，以此来应对各种应用需求，满足连接过程中的 QoS 等需求。当不再需要 SCPC 连接时，带宽将被归还到带宽池中提供给其他用户使用。这种方式使 VMS 管理的网络具备高度的灵活性和最优化的网络利用率。

VMS 能够智能地对调制解调器/路由器收集到的网络统计信息进行处理，并根据这些数据向调制解调器/路由器发回控制命令，以实时的方式高效管理网络，并通过带宽分配对每个用户的带宽使用情况进行优化，以满足 QoS 和成本方面的需求。因此，系统能够通过自动响应用户的需求来确保稳定的卫星网络连接，并连续地对网络负载、数据类型和 QoS 需求进行监控和响应。

4）负载切换

负载切换是指 Vipersat 网络根据数据流量将远程终端从 STDMA 模式动态切换到 SCPC

模式，或者在 SCPC 模式下切换到不同的频率。Vipersat 中的负载切换需要 VMS（Vipersat 网管）和调制解调器配合实现。调制解调器根据设定的策略或可用资源情况向 VMS 提出切换请求，VMS 根据网络状态接受或拒绝请求。当远端站处于 STDMA 模式时，其负载切换由中央站的 STDMA 控制器完成。当远端站已经切换到 SCPC 模式之后，负载切换则由它自己实现。

负载切换的基本原理是：系统维持一个当前资源利用率的平均值，一旦利用率高于预定的门限值，便启动切换过程。切换之后的数据速率根据远端站当前的带宽需求确定，同时加入一定的余量。从 STDMA 模式切换到 SCPC 与在 SCPC 模式内进行调整的主要区别是：在 STDMA 模式下，当前的可用带宽是不断变化的，而在 SCPC 模式下，切换之前或之后的带宽是恒定不变的。同时，从 STDMA 模式切换到 SCPC 模式都是由于数据流量超过了切换门限而引起的；而在 SCPC 模式中，切换可能是由于数据流量超过上限或者降到下限以下时引起的。但不论如何，切换之后的数据速率都会在实际数据流量需求的基础上提高一定的余量百分比。此外，根据 VMS 系统中设定的策略，如果远端站请求的带宽小于带宽的门限值，它会被置回 STDMA 模式。

2．SkyWAN 卫星网络管理系统（SkyNMS）

SkyNMS 是德国诺达公司的卫星通信系统 SkyWAN 的网络管理系统，可通过以太网接口与系统内的地面站连接。SkyNMS 可用于设置和监视网络中所有地面站，并执行业务量统计、故障管理、软件及配置管理、用户管理和许可证密钥管理等功能。SkyNMS 提供的 GUI 图形用户界面能够显示多层信息，其中心数据库存储着所有事件和告警信息，以便进行故障诊断和告警管理。

SkyNMS 基于标准的 SNMP 协议，系统内地面站的各个设备与网管代理进程之间通过该协议进行通信。

SkyNMS 可以按照用户意愿连接到 SkyWAN 的任意地面站上，即使在网管系统计算机崩溃的情况下，网络仍然能够正常运行。当地面站开机时，系统软件将会自动运行，同时代理也被激活，地面站将会被自动纳入网络中。地面站也可随时停止工作，而不会对网络的其他部件造成影响。此外，新的地面站可在任何时候加入正在运行的 SkyWAN 网络中开始工作。

SkyNMS 提供了一套先进的网络管理工具，可帮助网络操作人员进行网络设置、操作和监视。SkyNMS 主要包含以下应用。

1）配置管理器

配置管理器提供 GUI 图形用户界面来设置 SkyWAN 节点（见图 6-17），系统支持两种模式：

- 标准模式：标准版，简化用户操作；
- 扩展模式：用于高级应用。

通过配置管理器可以执行以下操作：

- 上传/下载 IDU 配置文件；
- 修改配置文件中的 MIB 属性；
- IDU 识别和管理；
- 显示 IDU 日志文件。

SkyNMS 提供一个快速安装菜单以帮助那些缺乏经验的工作人员轻松安装并开通 SkyWAN 地面站，只需要少量参数即可使地面站正常运转起来。相关的配置文件可预先在中心处准备好，之后再由现场工程师在远端站建站时使用。

2）软件管理器

软件管理器提供 GUI 图形用户界面，可以大大减少向远端 SkyWAN IDU 分发软件镜像所需的时间和精力。同时，该工具还提供基于 Web 的接口。软件的分发过程分为 2 个阶段：

阶段 1：通过 FTP 上传新的软件镜像，系统会对此过程进行监视。

阶段 2：通过预置重启激活新的软件镜像。

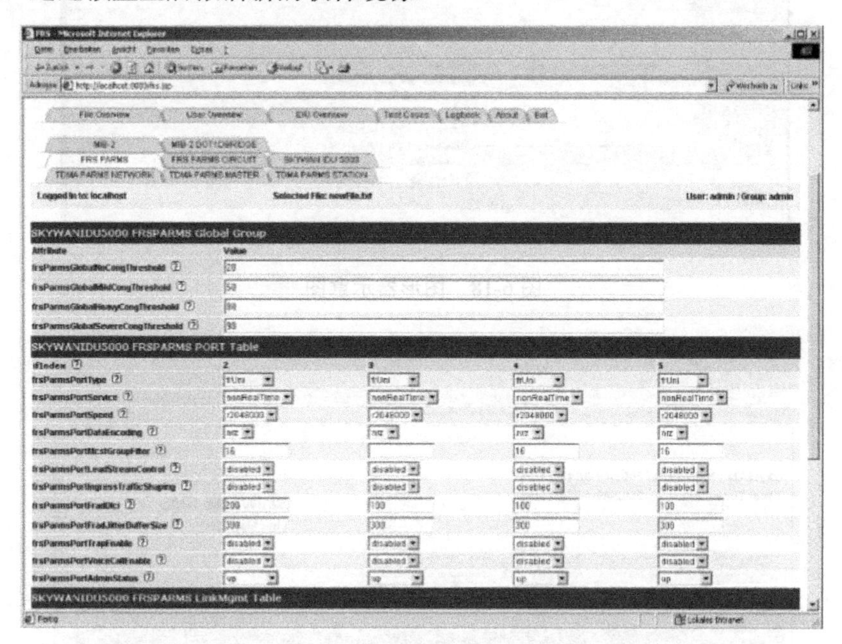

图 6-17　配置管理器 GUI

3）图形器

图形器可用于监视和分析网络行为。每个地面站、每组地面站或整个网络的登录数据均可实时地以图形方式显示出来，如图 6-18 所示。

4）链路管理器

SkyNMS 还提供了扩展选项——链路管理器，支持服务提供商开展新的按需业务，如视频会议、媒体流、大文件传输等。

链路管理器含有基于 Web 的计划制定工具，可用于 SkyWAN 网络中视频会议或其他偶发应用的日程安排，方便了用户的使用。用户还能在其专网中通过 PC 访问 SkyWAN NMS 来建立连接。图 6-19 所示界面显示了链路管理器中的带宽容量使用情况。

数据连接既可以通过 ISO Frad（同步透明数据传输）端口，也可以通过以太网接口来建立。其中，ISO Frad 端口可为所有的同步比特流业务提供最小抖动的传输，以确保最高的通信质量；而以太网端口则适合流应用。这两种接口可以连接各种各样的视频设备。链路管理器提供容量占用的总体情况，以防止带宽使用发生冲突。对于那些通过 ISO Frad 建立的连接，还可以生成有关时间、IDU 端口的计费记录。

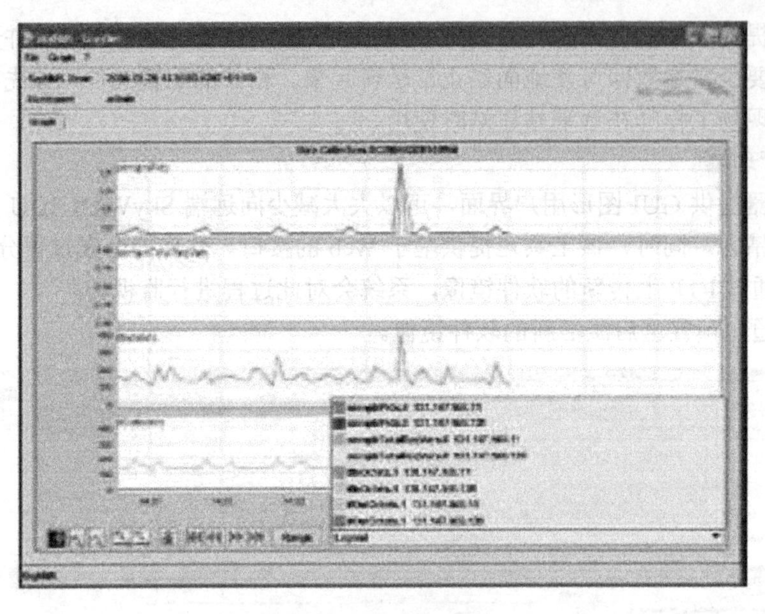

图 6-18 图形器示意图

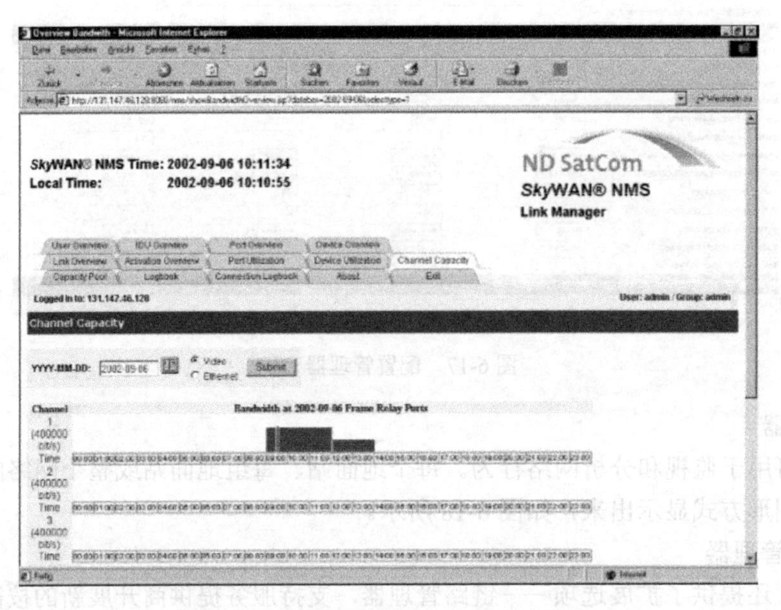

图 6-19 链路管理器带宽容量使用情况

5）Line-up 管理器

SkyNMS Line-up 管理器可以大大简化 SkyWAN 站点的安装和入网过程，它是一个独立的软件包，可存放在光盘等介质中。现场工程师可以将该软件安装到任意 PC 或笔记本电脑中。Line-up 管理器包含了 SkyWAN 系统大量复杂的功能，在对一个远端站进行设置时，大部分参数已经被预先设定好。这样，工程师只需要修改并加入少量参数，如 IP 地址、RTT、发射和接收频率等即可使远端站进入运行状态，一旦远端站进入运行状态，位于中心站的网络管理员可以通过 SkyNMS 网络管理系统完成该站点的最终配置。因此，通过 Line-up 管理器，即使是未经培训的现场技术人员也可以在很短的时间（如 15min）内完成远端站的安装和开通。安装人员无须了解 SkyWAN 站点的大量复杂功能，通过易于使用的 GUI 界面，只需配置少量参数就可完成。在该管理器中，还包括一个 RTT 计算工具，以避免远端站进行复杂的计算。同时，还可以实现在线的参数修改，而无须重启远端站。

3．iDirect 卫星网络管理系统（Global NMS）

美国 iDirect 公司的卫星网络管理系统 Global NMS 为卫星网络提供全面的配置、监控、诊断和分析功能，该网络管理系统提供多层次的数据检查/验证、组播下载/升级、多用户操作、可视化诊断、信息图形展示和数据分析能力。Global NMS 基于图形操作界面（GUI）设计，功能完备、操作便捷。该网络管理系统具有以下功能：配置管理、故障管理、性能管理、操作员管理、卫星载波管理、业务流管理、安全管理、统计和报告产生管理、用户认证和管理。

iDirect 卫星系统构成的网络是一个基于卫星的 TCP/IP 星状网络，下行信道采用 TDM 广播方式从主站发送信号给众多远端站，远端站通过一个或多个共享的上行载波通过确定性 TDMA（D-TDMA）方式发回给主站，具体哪个载波由主站的协议处理器产生的动态时间计划时隙分配信息决定。据统计，一般的卫星网络中 80%的业务发生在小站与主站（及分中心）之间；同时可能会有少量的业务（20%）发生在小站与小站之间。因此如果小站之间的业务通信需要经过主站进行中转，则会影响实时性要求高的业务的服务质量。考虑到这一点，iDirect 网络提供星状+网状的网络拓扑结构，其主要应用通过星状网实现，同时可以在星状/树状网络拓扑结构的前提下，实现部分小站的网状单跳直接通信，保证了实时业务（如话音、视频）的通信质量，同时节省了带宽。系统所有的网络配置、控制和监控功能都通过综合的网管系统来提供，网管软件提供基于报文和基于网络的 QoS、TCP 加速，以及 AES 链路加密、本地 DNS 缓存、端到端 VLAN 标记、卫星链路上基于 RIPv2 的动态路由协议、IGMPv2 或 IGMPv3 多播、VoIP 支持等。图 6-20 显示了 iDirect 卫星网络管理系统的一个运行实例。

另外，iDirect 卫星网络管理系统还支持 SCPC 功能。当 TDMA 网络在运行过程中，如果某一小站临时有大容量业务传输需求，iDirect 卫星网络管理系统可以通过简单的软件设置，利用现有设备，在相应的站点之间迅速建立一条直接的大容量 SCPC 通信电路，这样能在不影响其他小站正常通信的前提下，保障某小站的特殊通信要求。iDirect 网络的 SCPC 电路既可以建立在主站与小站之间，也可以建立在小站之间。支持的 IP 速率范围为 64kbps～18Mbps。

相比较而言，对于其他仅支持星状拓扑的 TDMA 系统，如果某一小站临时有大业务下载要求，要么只能增加主站的下行载波带宽，使得所有小站相应的参数都需要进行调整，影响面大；要么挤压其他小站的带宽，其他站的正常业务将会受到影响。

iDirect 主站的单个机箱就可以支持多个网络，支持多达 5 颗不同的卫星，或 5 个不同的频段。iDirect 主站机箱能同时支持若干独立的网络，这些网络之间的业务完全独立。在同一 iDirect 主站机箱中，不同卫星、不同频段、不同网络应用拓扑可以共存，这给运营商提供了极大的组网灵活性，节省了投资。图 6-21 显示了 iDirect 卫星网络管理系统的部署情况。

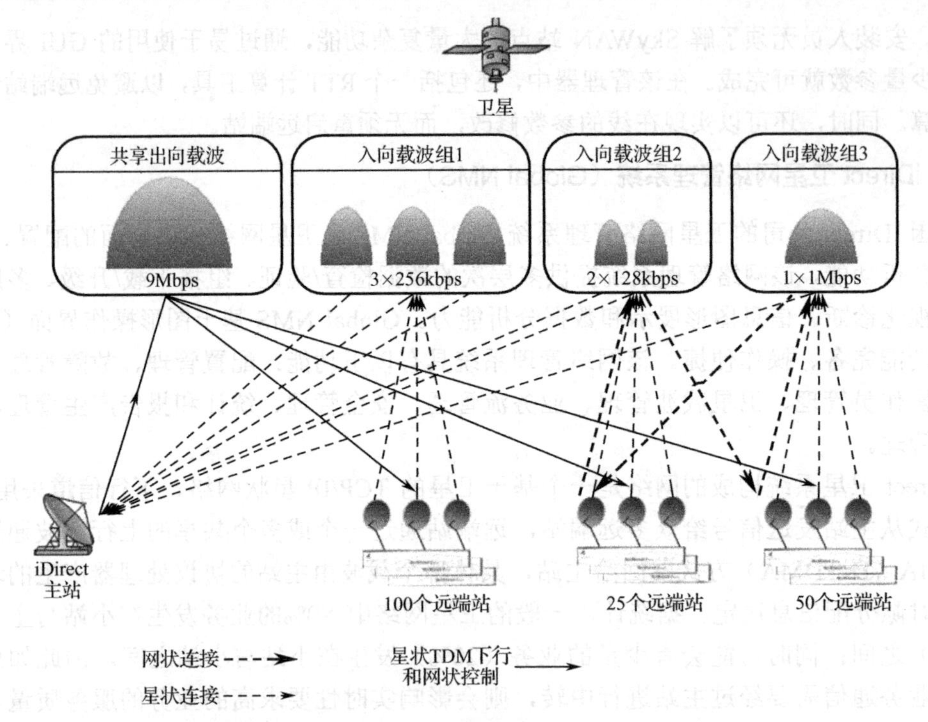

图 6-20 iDirect 卫星网络管理系统运行实例示意图

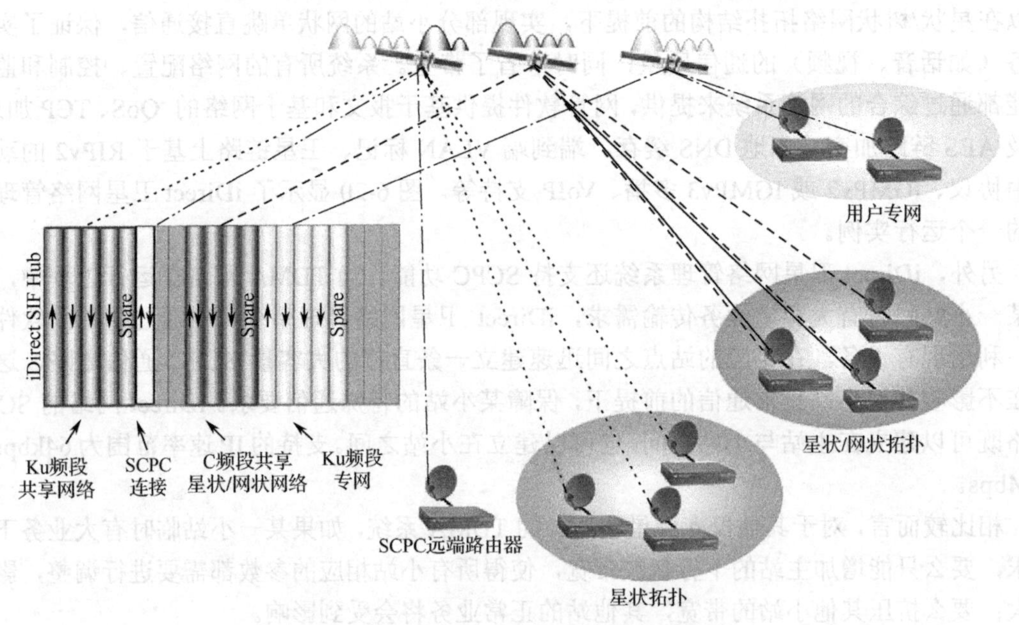

图 6-21 iDirect 卫星网络管理系统部署图

iDirect 卫星网络管理系统的卫星带宽利用效率从多方面体现出了先进性。

1）卫星层次上的效率体现

（1）实现了真正的“空中 IP”：通过对 IP 数据简单的、直接的 HDLC 封装，使得承载用户信息的效率比采用额外 MPEG 封装的 DVB 系统高 15%～30%，给用户带来了更高的 IP 传输效率。

（2）双向 TPC（Turbo）前向纠错编码：与 RSV 系统相比，在同样的误码率下，TPC 需要较低的功率。TPC 系统相比 RSV 系统具有 1.5dB 的功率优势，这相当于 41%的额外功率，支持更高的 IP 传输效率。

（3）自动远端同步：iDirect 通过自动上行功率控制、频偏控制、定时偏差控制支持业界最紧凑的 TDMA 帧结构，其时隙保护间隔是其他厂家的 1/4，减少了对卫星带宽的需求，提高了 IP 传输效率。

（4）MF-TDMA 方式：可以通过"快速"跳频优化小站之间的业务负载均衡，降低了入向载波分配失败所带来的负面影响，提高了卫星带宽的利用效率，提高了 IP 比特速率。

（5）确定性 TDMA（D-TDMA）：即使在网络拥挤的状态下，无争抢访问机制也可以提供 98%的数据负荷效率，这也意味着更高的 IP 比特速率，而大多数竞争对手的方案（如 ALOHA）只有 60%的效率。

（6）精细到 1bps 的上/下行载波微调：相较于采用固定跳跃式步进速率（如 128kbps）的其他厂家，iDirect 系统能根据用户的需求量身定做，提高数据传效率。

（7）下行载波速率最低可达 128kbps：支持用户的网络建设从小规模卫星系统开始，有利于充分有效地利用投资。

（8）载波 1.2 间隔系数：先进的集成数字滤波电路支持更小的滚降系数，iDirect 的 1.2 载波保护带宽系数符合 Intelsat IESS-308 标准，并已在众多卫星网中运用。这比需要 1.4 间隔系数的其他系统节省 14.5%的卫星带宽，提高了 IP 传输效率。

2）IP 层次上的效率体现

（1）承诺信息速率：系统设置承诺信息速率，为有突发能力的小站提供带宽保证。卫星带宽可以按实际需求量（而不是按过载量）进行设计，保证了 IP 数据传输效率。

（2）应用触发承诺信息速率：只当特定类型的业务出现时才分配带宽，提高了带宽的利用率和 IP 数据传输效率。

（3）带宽按需快速分配：确定性 TDMA（D-TDMA）的快速带宽分配算法可以高效实施带宽按需分配，以支持话音等实时业务的需求。iDirect 系统以每秒 8 次的频率来进行带宽分配的调整，大大提高了系统的 IP 数据传输效率。

（4）应用 QoS：对重要应用提供带宽保证支持，按实际需求有效地调整网络的规模，提高了 IP 数据传输效率。

（5）内置 cRTP 压缩、UDP 包头压缩、UDP 数据包压缩、TCP 数据包压缩：这些措施大大降低了对带宽的需求量，如 cRTP 压缩可以降低 VoIP 业务 50%的带宽需求。

（6）支持端到端 802.1q VLAN：提供业务传输隔离，使得运营商无须采用多个不同的室内单元（IDU）设备来实现业务传输的隔离。

（7）本地 DNS 缓存：缓存在远端站本地的 DNS 可以实现 DNS 请求的本地响应，不需要将 DNS 请求通过卫星电路发送至远端，节省了卫星带宽。

（8）访问控制列表（ACL）：通过 ACL 可以限制业务访问，避免了不必要的带宽浪费。

由于采用多种新技术、新思路，iDirect 的 TDM/D-TDMA 系统具有超强的 IP 宽带网络特性，更贴近地面宽带网络技术要求，为卫星宽带网与地面网络的互联提供了更高性能的保障，提高了系统整体的性价比。

Global NMS 基于客户端/服务器方式架构。全功能的 Global NMS 可以跨多区域管理多主站、多网络，真正实现功能的集中和统一，集中管理所有远端站和主站配置；可以通过卫星线路对远端站进行软件升级和配置更改；提供强大的功能帮助用户进行网络性能分析、流量监控（IP 层、卫星层），全面监视网络的运行状态、性能指标，使用户能够掌控全网的运行。

Global NMS 可以跨多区域管理网络，使小站具有“漫游”功能。当移动远端站（如远洋船只、移动车）从一个主站覆盖区域（网络）移动到其他主站覆盖区域（网络）时，小站会在新的主站（网络）自动入网，无须人为干预（如修改配置、天线转星等）。

系统为不同的操作人员设置不同的网络管理权限，可以在同一个网管系统上实施分层次、分级管理。

Global NMS 主要包括 iBuilder 和 iMonitor 两部分。iBuilder 主要提供对全网的配置和控制，包括通过卫星链路对远端站进行软件升级、配置更新。可通过简洁明快的图形用户界面（GUI）直观地查看和配置系统参数。iBuilder 界面示意图如图 6-22 所示。

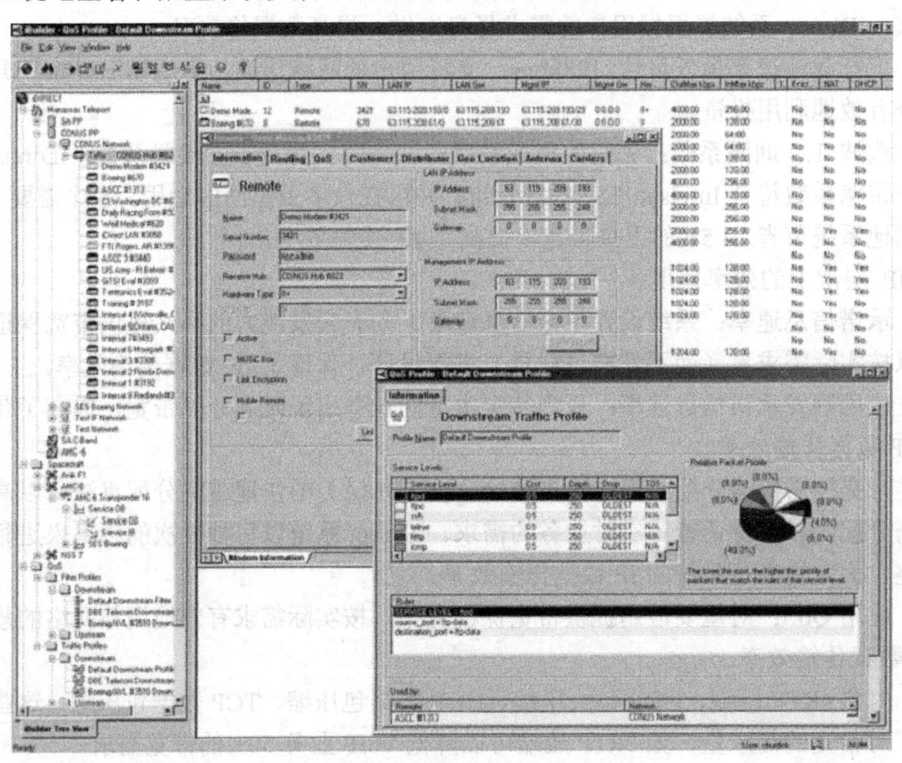

图 6-22 iBuilder 界面示意图

iMonitor 提供一系列丰富的工具来监视网络的运行，并能及时给操作员提供网络运行性能报告和故障报警。操作员可以从详细的图形显示和统计信息中分析和定位问题。所有的网络数据，包括告警、事件和统计，均可从实时或历史监控数据中得到，如图 6-23 所示。

Global NMS 的网管业务流带宽需求量非常小，即使用拨号线路也可以支持最复杂的图形显示的数据传输。

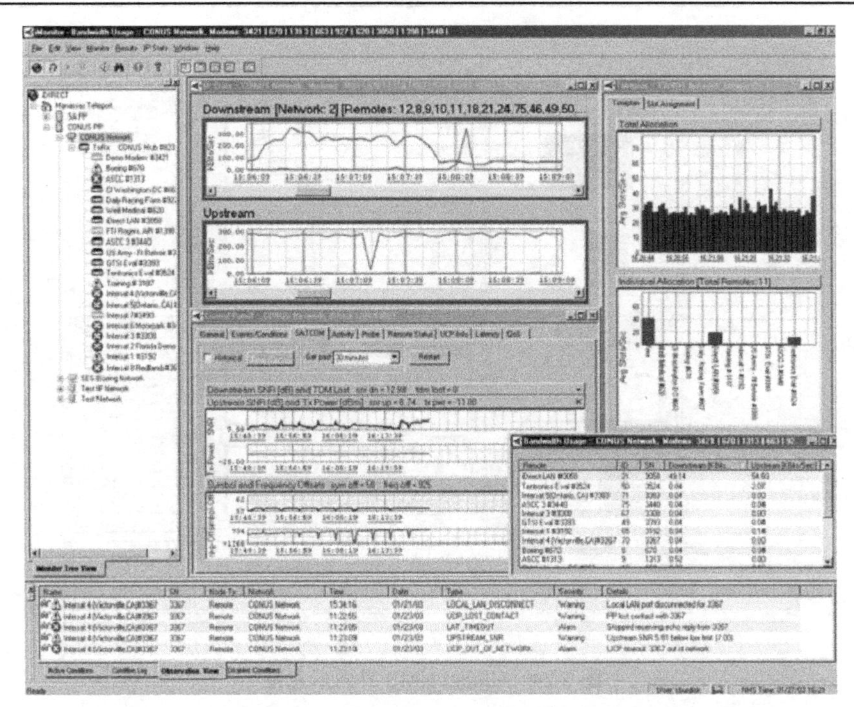

图 6-23　iMonitor 界面示意图

Global NMS 提供灵活的远端站访问功能，全面实施对远端卫星路由器的远程控制，通过远程命令可以改变 VSAT 频率或工作模式（如端口速度、端口协议配置、运行软件版本），对远端站的软件或配置更新可直接从主站通过卫星链路来完成；可以提供丰富的统计报告，包括信道利用率、端口利用率、呼叫记录等；对各个小站的应用 QoS 和系统 QoS（最小、承诺和最大信息速度）进行双向配置；可将获取到的节点、端口和逻辑连接的状态和报警信息存储在 SQL 数据库中，以便将来参考，标准的 MySQL 后台关系数据库可以通过标准的 ODBC 功能支持用户进行任意的二次应用开发，例如，能与用户已有的计费系统结合，对不同小站使用卫星资源的情况进行计费；系统在安装远端站点时无须使用频谱仪，而是提供相应的卫星工具软件；此外，系统使用配置数据库来执行网络配置管理，Global NMS 体系结构允许脱机更改配置，只有当操作人员确定需要更改时，才会应用更改后的配置。同时，NMS 还内置一个完整的自动升级管理器，为用户提供充分的升级管理。利用 Global NMS 中的地理位置图功能，iDirect 可以以图形化方式跟踪显示远端站在全球的位置变化，实时地理位置显示功能可以动态显示各移动站的方位变化。图 6-24 显示了 Global NMS 的界面。

iDirect 的虚拟网络运营商（VNO）功能（见图 6-25）使卫星服务商无须购买或建造 VSAT 主站，无须配置天线、室外单元、机房、供电设施。每个 VNO 都从主网络运营商（HNO）租赁机箱插槽和卫星带宽，而这些资源与其他网络相互独立。每个 VNO 独立管理/运营自己的网络，可以随意定义本网内小站之间的资源分配，随意使用其私有 IP 地址。

有了 VNO 功能，无须花费巨大的投资，运营商就可以提供有竞争力的宽带 IP 业务。VNO 方式对没有自有主站的运营商来说是个极佳的方案。同时，主站所有者（即 HNO）通过租赁机箱插槽也可以增加额外的收入。图 6-26 显示了 VNO 的功能部署。VNO 拥有一套完整的网络管理方案，可以使其网络的运行管理与 HNO 脱离。因此系统具有良好的可扩展性，能根据用户需求扩展网络，保持最优的成本效益。

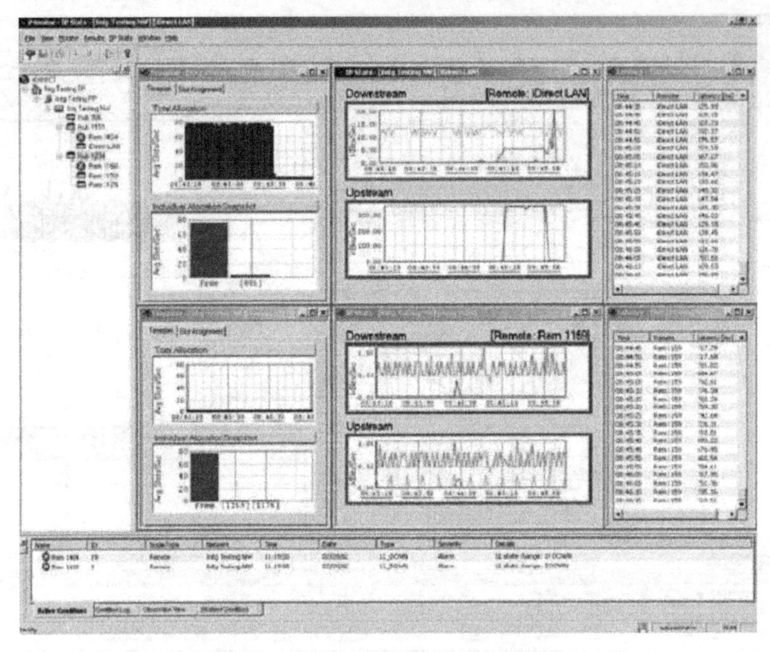

图 6-24　Global NMS 界面示意图

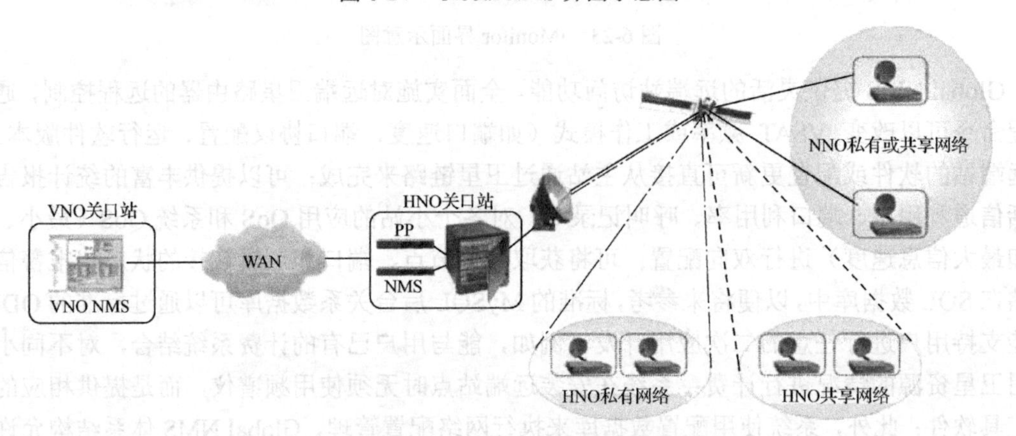

图 6-25　iDirect 的 VNO 功能示意图

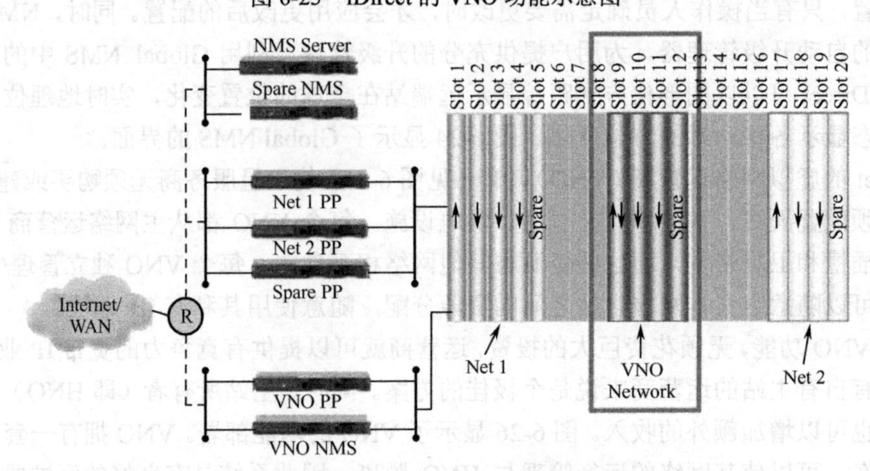

图 6-26　iDirect 的 VNO 功能部署图

第 7 章　卫星通信网络安全机制

对于卫星网络环境而言，安全方面的挑战是卫星 IP 组播和卫星多媒体应用得到广泛应用的主要障碍。这是因为卫星固有的广播特性使得这种通信环境比地面固定网络和移动网络更容易受到被动和主动攻击；而且，卫星信道较大的时延和较高的误码率可能导致安全机制失去同步。因此，这就需要对加密系统仔细评估，以防止由于增加了安全操作而导致系统 QoS 性能下降。此外，对于组播应用而言，组播组中的成员数量可能很大，而且会经常处于动态变化中，这些也对安全机制的实现带来了影响。

7.1　概　　述

7.1.1　卫星网络面临的主要安全威胁

对于卫星网络而言，遇到的安全威胁主要包括网络节点和链路可能存在的安全隐患。由于本书侧重于对卫星网络方面的阐述，因此，如干扰和反卫星武器等物理威胁不在本书的讨论范围内。

1. 网络节点面临的安全威胁

网络节点面临的安全威胁包括软件和硬件方面的威胁。

某些系统使用临时文件以防在系统崩溃时造成数据丢失，或者采用虚拟内存来增加可用的存储空间，这些方法都使用了明文方式存储数据，给未经授权的人以可乘之机。这些都是可能出现的软件威胁，需要采取以下措施来解决：

- 软件的病毒防护；
- 通过完善的软件设计防止对系统未经授权的访问或者缺乏经验的用户可能引起的意外事件；
- 采用具有较强加密措施和数字签名算法的安全软件设计，使用安全可靠的随机数发生器，对密钥和内部数据进行安全存储。

硬件威胁主要来源于系统中的硬件设备，主要包括主机、卫星终端和网络设备，如果这些设备配置不当，可能会成为攻击点。对这些设备进行未经授权的访问会给系统带来安全威胁。此外，主要的硬件设备还需要进行备份配置，否则在出现断电或发生拒绝服务攻击的情况下，存储在这些设备上的数据就会受到严重威胁，系统甚至可能中断服务。例如，地面的网控中心负责卫星网的资源配置、卫星运行控制和轨道控制，网关或网控中心一旦受到攻击，整个卫星网络将完全瘫痪。

因此，为了防止硬件威胁，可以采取以下措施：系统内提供安全可靠的备份配置，以防止数据丢失；采取硬件防盗措施。

2. 网络链路面临的安全威胁

卫星采用广播方式通过无线传输媒介传递信息，使卫星网络在安全管理方面存在很大难度。

通常来说，网络可能遇到的最直接的安全威胁是被动攻击。被动攻击包括对数据传输进行窃听和监视，试图获取传输的信息内容。在广播网中，尤其是使用低成本的 DVB 设备的网络，更需要对此采取对策。

主动攻击与被动攻击相比更难实现，需要更复杂的操作。典型的主动攻击包括：身份假冒、未经授权的信息篡改、数据收发的抵赖行为、拒绝服务攻击等。

在卫星上行、下行链路及星际链路上都存在被动窃听的威胁，虽然这不会篡改系统中的任何信息，也不影响网络的操作和状态，但可能造成严重的信息失密。同时，在被动窃听的基础上，如果攻击者将被动窃听与重演相结合，则可实施冒充授权实体进行消息篡改等主动攻击。例如，未经授权地改变信息的目的地址或信息的实际内容，使信息发送到其他地点或使接收者得到虚假信息；假冒网控中心对卫星进行配置，控制卫星的运行，甚至在卫星上放置特洛伊木马程序，利用受控卫星窃取信息、删除信息、插入错误信息或修改信息等。此外，攻击者可以在物理层和 MAC 层制造无线信道拥塞来干扰信道。这些都会使卫星网络的可用性、完整性、机密性、安全认证受到威胁。

解决网络安全威胁的措施包括：

- 源端身份认证；
- 数据加密和从源端到端用户的数据完整性检查；
- 通过对网络的监测和利用日志文件对网络行为进行记录，保证数据的可追踪性（如使用入侵检测系统）；
- 采取针对拒绝服务攻击的保护措施。

7.1.2 安全目标

节点面临的安全威胁可以通过改善软硬件设计和进行完备的设备测试等方式来克服。对卫星网络而言，主要的安全威胁来自网络威胁，如假冒身份、篡改信息、拒绝服务等，这些威胁都需要采取相应的安全措施来应对。

卫星网络与地面网络的安全目标是一致的，包括可用性、访问控制、数据机密性、数据完整性、安全认证、不可抵赖性、密钥管理等。

（1）可用性：确保所有合法用户对网络服务的正常使用，卫星网络即使受到攻击，仍然能够在需要时提供有效的服务。例如，某颗卫星出现故障时，其他卫星组成的网络应仍然能够正常传输数据，并防止入侵者干扰网络服务而导致拒绝服务攻击的发生。

（2）访问控制：通过相应的安全措施防止对资源的未授权使用。具体来说，就是防止未经授权而使用卫星网络的通信资源，未授权地读、写或删除数据。

（3）数据机密性：对数据进行保护，使之不被泄露，尤其是卫星网络中传输的敏感信息必须保证机密可靠，需要能够对抗监听、伪装、数据流分析和敏感信息泄露等攻击方式。

（4）数据完整性：保证数据没有遭受未经授权的篡改或破坏。网络中的恶意攻击或无线信道干扰都有可能改变发送的信息，如果没有完整性保护，就无法保证收发信息的一致性。

保护数据完整性可以使用加密、消息验证码（MAC）和数字签名等方法。

（5）安全认证：对通信中的对等实体和数据源进行身份鉴别，例如，卫星应能够鉴别地面网关或终端的合法性，星际链路两端的卫星应能够对彼此的合法身份进行互相鉴别，最简单的方法是用户标识和口令，相对复杂一些的措施包括加密、消息验证码（MAC）和数字签名等，认证可以是双向或单向的。

（6）不可抵赖性：防止数据发送方或接收方对其操作进行抵赖，可采取数字签名的方式来实现。

（7）密钥管理：主要包括将密钥安全地传递给对应的通信方。可以采用两种密钥管理方式：人工方式和自动方式。人工方式由系统管理员管理密钥，而自动方式则通过密钥管理协议自动进行。需要注意的是，密钥管理对于卫星网络这样的全球通信系统来说难度很大。

7.1.3　卫星链路特性对安全机制的影响

卫星网络与地面网络存在很多差异，这些差异对网络提供的安全服务产生了诸多影响。

卫星单跳时延通常在 240～280ms，因此，需要最小化安全服务的处理时间，以保证整个卫星链路的传输性能，尤其是当经过多跳卫星链路时，最好避免采用逐跳进行的安全处理措施。

卫星链路较高的误码率可能会导致安全处理中同步信息的丢失，或者影响保护隐私和数据完整性的安全服务效率，从而影响整个网络的吞吐量性能。此外，密钥管理消息对于传输误码率也非常敏感，所以，密钥管理协议需要采用保证可靠性的一些措施，确保在出现错误时及时恢复。

通常来说，卫星链路的可用带宽都是受限的，在这样的网络中采取安全措施通常会增加卫星网络的开销，开销的大小依不同的安全技术而不同，对卫星网络性能的影响也有所不同。

很多协议都会假设网络路径是对称的，而卫星网络恰恰经常出现网络路径不对称的情况，如果在这些路径上有安全设备，则需要考虑到不对称带来的影响。

综上所述，由于卫星链路的长时延，需要将安全机制的处理时延降到最小；带宽限制和链路不对称的特性需要安全机制的开销尽可能小；卫星网络的高误码率需要在密钥交互相关的过程中保证传输的可靠性。

7.2　网络模型中的安全策略

对应于 ISO 网络参考模型的层次结构，每层能够采用的安全机制各有不同，包括链路层、网络层、传输层和应用层。安全措施如果在应用层实现，那么端用户和应用可能会参与安全操作；如果在底层实现，则对用户来说，这些安全措施是透明的。卫星网络可以根据用户和系统需求，选择使用不同层次的安全机制。图 7-1 显示了现有网络中各层常用的安全机制。

7.2.1　链路层安全

在某些系统中，安全服务可以由链路层提供，如 DVB-S 和 DVB-RCS 系统。链路层安全的主要优点包括：

- 安全操作与上层无关；

- 可以防止卫星链路遭受数据流分析的威胁，以及对卫星网络配置进行非法更改；
- 可以对卫星终端进行身份验证。

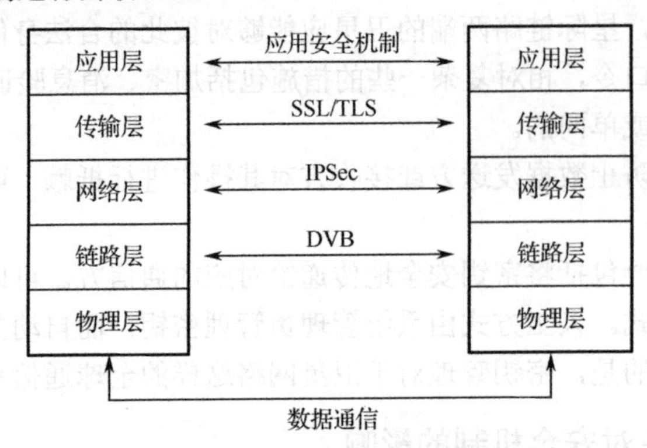

图 7-1 现有安全机制

链路层安全的主要缺点是无法提供端到端的安全保证，而且只能保证卫星链路段的安全，在可能包括多段卫星链路的混合卫星/地面网络中，还不足以保证系统的安全。

（1）DVB-S 系统的有条件接收

有条件接收（Conditional Access，CA）机制允许发送广播信息的节点将特定的节目限制在特定观看者之中，这是通过对广播节目的加密来实现的。因此，当接收者收到节目信息之后，必须在观看之前进行信息解密。CA 能够提供按次付费的观看服务（PPV），提供包括视频点播（VoD）、游戏等业务所需的交互特性，并能够发送消息到特定的机顶盒。

DVB-S 系统中的 CA 机制主要包含三种功能：扰码和解扰、权限检查、权限管理。

扰码和解扰功能使未授权用户很难理解信息内容，配置了解扰器并且拥有秘密控制字的接收方才能对信息进行解扰。扰码可以对所有通信方使用公共控制字，或者对每个通信方使用单独的控制字。

权限检查功能包括对接入服务所需要的条件进行广播，并将解扰所需要的加密码字发送给授权的接收者。这些码字是放在专门的权限检查消息（ECM）中发送的。

权限管理功能包括向接收者发布授权，系统针对不同的使用需求提供不同类型的权限。这些信息通过专门的权限管理消息（EMM）发送。控制和管理功能都需要使用密钥和相关的加密算法。

（2）DVB-RCS 系统中的安全

DVB-RCS 规范定义了网关站和返回信道卫星终端（RCST）之间的返回信道。DVB-RCS 安全规范目前支持每个 RCST 向 NCC 进行身份认证。每个 RCST 持有一个预先共享的密钥，即 Cookie，只有特定的 RCST 和 NCC 才知道该信息数据，它主要用在密钥交换的过程中。登录过程通常由 RCST 发起，比如连接到 RCST 的第一位用户想要使用卫星链路传输数据时。接着，NCC 和 RCST 之间会进行初始的握手过程，以协商相关的安全配置（如使用的加密算法和密钥长度）。目前的 DVB-RCS 规范支持为每个 RCST 分配单独的单播会话密钥的工作方式，会话密钥用于卫星链路双向通信时对数据进行加密。对多播来说，则使用其他的会话密钥。

在身份认证阶段，可以使用三种密钥交换机制：主要密钥交换方式（MKE）、快速密钥交换方式（QKE）和直接密钥交换方式（EKE）。这些机制和消息的目的是首先对 RCST 进行认证，然后在 RCST 和 NCC 之间对会话密钥进行协商。

7.2.2　网络层安全

安全服务也可以由网络层提供，此时，安全操作的实现可以与上层协议无关，同时能够防止对网络数据流的重路由操作，以及对网络配置的非法更改。

然而，网络层安全也存在一些缺点，例如：

- 只能对远端实体（配置 IP 地址的卫星终端或主机）进行身份验证；
- 当采用 IPSec 机制时，IP 层安全机制可能会与相关协议产生互操作问题，例如，无法使用网络地址转换（NAT）机制（除非使用 UDP 封装方式）；由于报文内容被加密，所以用于增强无线或卫星链路性能的 PEP 机制将无法使用；
- 如果 IPSec 以透明方式运行，则 IP 地址将会以明文的方式传输，这同样也存在安全隐患；而 IPSec 如果采用隧道模式运行，则需要考虑隧道开销。此外，IPSec 不提供对基于 ULE 封装的其他网络协议的安全服务，也不提供对广播信道中端用户的身份保护。

IPSec 是 IETF 制定的安全标准，用于在 IP 层提供基于加密的可互操作性安全服务（如保密、身份验证、数据完整性和不可抵赖性）。该标准工作于 IP 层之上，TCP 和 UDP 所在的运输层之下，包括身份验证协议（Authentication Header，AH）和加密协议（Encapsulated Security Payload，ESP），同时，还包括互联网安全管理建立密钥管理协议（ISAKMP）。这些安全协议在 IPv4 和 IPv6 网络中都可以使用。

AH 协议为 IP 报文提供无连接完整性和数据源身份认证，同时也提供对应答的保护。AH 协议可以单独使用，也可以与 ESP 结合使用。AH 协议有两种工作模式：传输模式和隧道模式（嵌套方式）。

传输模式仅用于主机到主机的认证，而隧道模式则可用于两个主机之间、主机与网关之间、或网关与网关之间。隧道模式允许主机将安全服务授权给网关，这种方式适合于那些通过互联网连接两个远程内部子网的用户。在处理过程中，主机/网关为每个报文添加一个 IP 首部，用于计算和检查 AH，而报文原有的 IP 首部则保留在新构造的 IP 报文中，并置于 AH 之后。

ESP 首部提供多种安全服务，包括数据机密性、数据源身份认证、无连接完整性、重放攻击防护和有限数据流机密性。具体提供的安全服务可在建立安全关联时进行选择。ESP 可单独使用，也可与 AH 结合使用，它可以工作于传输模式或隧道模式。

在卫星网络中 IPSec 可用于多种场景，例如，可以使用端到端传输模式在用户之间提供强验证能力，或者在隧道模式下由用户或网络决定通过 IPSec VPN 提供安全服务等。

7.2.3　传输层安全

传输层安全服务的典型实例是 SSL（Secure Socket Layer），以及在其基础上提出的 TLS（Transport Layer Security，RFC 2246）。二者运行于 ISO 协议栈的第四层，目前主要用于保护 TCP 连接的安全，其应用包括网上银行等。

然而，这些机制中端节点的 IP 地址在传输过程中是暴露的，因此容易受到数据流分析的攻击。此外，对于像 UDP 这样的不可靠传输协议，并没有类似的安全机制，而目前多播和实时业务流则主要采用 UDP 协议来承载。

7.2.4 应用层安全

原则上说，安全系统应该尽可能靠近端用户，因此应用层安全是提供系统安全保证的一种理想方法。在应用层，安全服务是由每个应用提供的，并嵌入应用代码中。应用层安全的主要优势在于，安全服务与底层协议无关，并且能够提供与底层网络所有者无关的安全保证。而且，即使数据传给错误的主机或应用，也没有任何危险。

但是，由于应用层安全机制分别置于每一个应用中，因此增加了软件开发和测试的复杂度；每个应用都有单独的密钥，因此给密钥管理也带来了负担；由于端节点的地址采用明文方式，因此容易受到数据流分析的攻击；此外，还可能会受到拒绝服务攻击，比如攻击者发送大量虚假报文时，虽然应用层安全机制能够检查出并拒绝，但是却会耗费 CPU 大量的处理时间。

综上所述，目前各层的机制在解决安全问题时各有特点。

DVB-S 的有条件接收机制只适用于广播应用，DVB-RCS 中的安全机制能够在终端与网关之间，以及终端与终端之间提供安全服务。这些机制能够为网络提供充分的安全保证。

IPSec 机制没有对链路层技术提出任何要求，能够用于包括卫星链路的所有网络中。目前，它已广泛用于安全防火墙中，以构建 VPN 网络，为用户远程接入所在公司的网络提供了方便。因此，IPSec 机制具有充分的灵活性，可用于主机、卫星终端或网关中。

SSL/TLS 基于 TCP 协议，提供了一种高效的端到端安全保证和用户认证机制。与 IPSec 类似，SSL/TLS 可用于包含卫星链路或不包含卫星链路的所有网络中，唯一的不足是它们不支持多播和 UDP 协议的安全操作。

应用层安全机制同样提供了高效的端到端安全保证和用户认证机制，但是，这类安全机制需要为每个应用进行定制。

各层安全机制的优缺点如表 7-1 所示。

表 7-1 各层安全机制比较

	链路层	网络层	传输层	应用层
优点	能够对卫星链路的安全进行完全控制	IPSec 是提供互联网安全的最佳解决方案	广泛用于为 TCP 连接提供安全保证	能够很好地满足应用的安全需求
缺点	只保证卫星链路的安全，当用于长寿命的 IP 数据时，需要考虑私有 CA 机制中使用的安全机制强度和认证算法	IPSec 仅能用于 IP 网络	不提供保证 UDP 和多播安全的机制	对应用不透明，为提供安全服务需要修改应用

从另一个角度来说，卫星网络协议栈中的安全机制可分别提供如表 7-2 所示的安全服务。

表 7-2 各层提供的安全服务

	链路层	IP 网络层	传输层	应用层
卫星终端认证	提供	提供（通过 IP 地址）	不提供	不提供
用户终端认证	不提供	提供（通过 IP 地址）	不提供	不提供

续表

	链路层	IP 网络层	传输层	应用层
用户认证	不提供	不提供	提供	提供
卫星链路加密	提供	提供（IPSec IP 隧道）	不提供	不提供
端到端加密	不提供	提供	提供	提供
卫星链路数据完整性	提供	提供（IPSec IP 隧道）	不提供	不提供
端到端数据完整性	不提供	提供	提供	提供

此外，在实际的网络中，需要根据应用、系统、用户等多方面的安全需求联合使用多种安全机制，如图 7-2 所示。例如，通过 DVB-RCS 中的安全机制为所有数据通信提供安全服务，同时利用 SSL 为需要更高安全保证的应用提供特殊的安全服务。

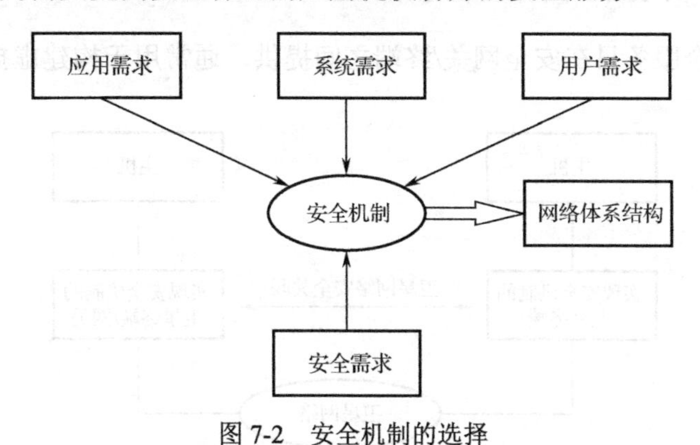

图 7-2　安全机制的选择

7.3　与卫星网络安全相关的场景

在主机与安全网关（卫星终端或网关）之间，可以在很多场景下提供卫星网络安全服务，安全服务的端点由安全关联（SA）进行定义。本节将列举四种典型的应用场景，这些场景除了场景二是卫星网络内部的应用，其他场景都是卫星与地面混合网络中的典型应用。在场景二中，为了提供卫星网络安全，可以采用 IPSec 或链路层安全机制；其他场景由于包括地面网络部分，因此更适合使用 IPSec 协议，其中卫星链路仅为整个连接中的一跳。

7.3.1　端到端安全

在这种场景中，系统为所有采用了 IPSec 和 SSL 等安全技术的主机之间提供安全服务，对网络而言，这些服务是透明的。

主机之间可以使用 IPSec 透明模式或者 TLS/SSL，以提供数据的机密性和完整性，提供的安全保障是端到端的，如图 7-3 所示。用户也可以提出特定的安全需求并选择使用相应的方法。但是，如果卫星网络中使用了性能增强代理（PEP），那么 IPSec 协议的实现则会受到限制。

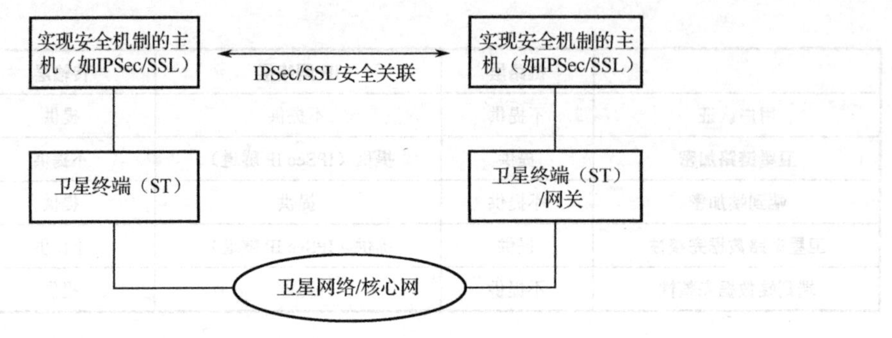

图 7-3　主机之间的安全关联

7.3.2　安全网关（网关/终端）之间的安全

这种场景中安全服务只在安全网关/终端之间提供，通常用于构建虚拟专用网（VPN），如图 7-4 所示。

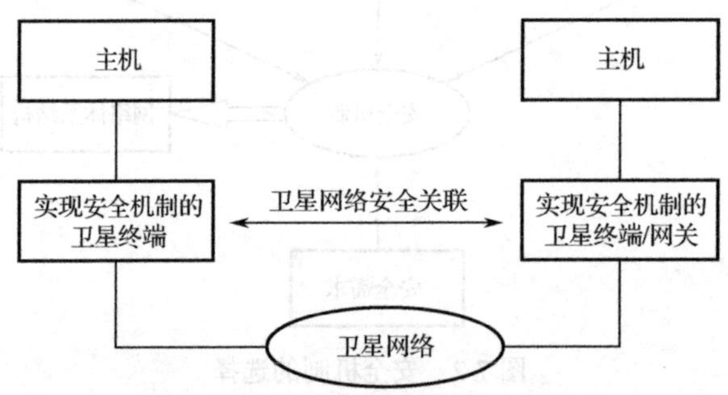

图 7-4　卫星安全网关之间的安全关联

如果使用链路层安全机制，则安全服务不会影响网络协议、数据压缩和 NAT 等功能的实现。另外，用户基于安全策略，可以使用 IPSec 作为安全机制构建 IPSec VPN，这时通常利用隧道模式为企业网提供安全保障。在这种环境下，主要问题是对卫星终端（ST）进行身份认证，同时保证链路的完整性。

如果使用网络层安全机制，在网络部署合理的情况下（如在靠近卫星终端/网关的 TCP 性能增强和数据压缩之后使用 IPSec），同样不会影响网络协议、数据压缩和 NAT 等功能的实现。

7.3.3　联合主机和网关的安全

这种场景在安全网关之间的安全的基础上增加了端到端安全机制，网关/终端之间的隧道在二者之间提供了身份认证或数据机密性的安全保证，同时单独的主机也可以采用 IPSec/SSL 提供更多安全服务，如图 7-5 所示。

在这种场景中唯一可能出现的问题是，两种技术同时使用可能会带来额外时延，导致通信性能下降。

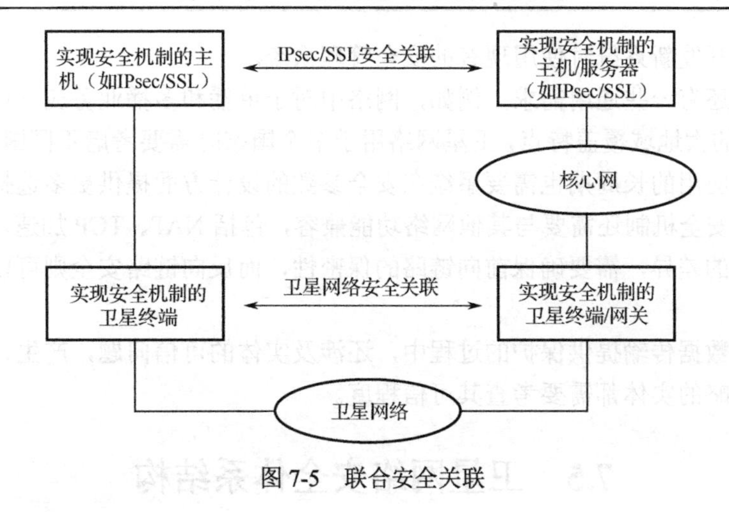

图 7-5　联合安全关联

7.3.4　远端主机到网关的安全

这种场景主要用于远端主机通过 Internet 访问内部网络的情况。远端主机和安全网关/终端之间采用隧道模式提供卫星网络传输的安全保证，如果还需要端到端安全，远端主机还可以与相应的主机之间采用 SA 机制，如图 7-6 所示。这种方式与端到端场景比较类似，如果在卫星网络中使用性能增强代理（PEP）机制，安全机制对于协议适配或者数据压缩过程并不是透明的，可能与它们之间产生相互影响。

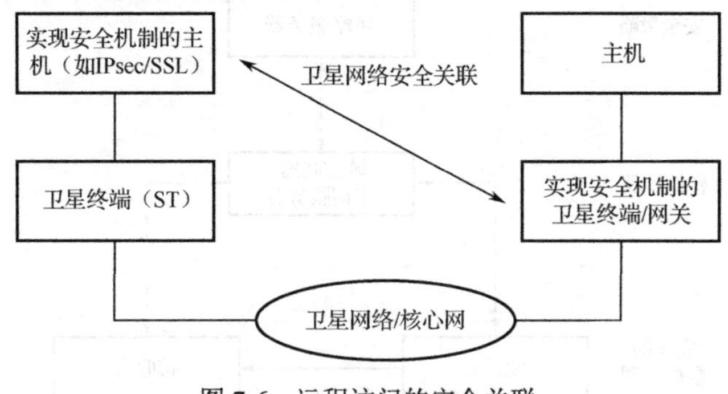

图 7-6　远程访问的安全关联

7.4　卫星网络安全需求

总体来说，卫星网络的安全需求与地面网络有很多类似之处，而卫星网络在链路特性和应用场景方面体现出的差异性又对安全服务提出了特殊的要求。

基于以上考虑，在卫星网络中端到端安全机制和链路层安全机制需要结合使用，并确保互不影响。为了防止被动攻击，需要提供数据机密性保护，而链路层 MAC 地址的保护则可视情况实施。卫星终端的身份认证可作为密钥管理的一部分，在初始交换密钥阶段或认证阶段进行；为了对抗主动攻击，需要实现身份认证和数据完整性保护，由于主动攻击比较难实现，因此在卫星网络中这些安全措施并不是必需的，但是如果有多个独立的网络共享传输资源，则上述安全措施就非常重要。此外，卫星网络中的密钥管理和数据加密过程要尽量分开进行，以便于在开发新系统时使用现有的安全管理系统。

除此之外，还有一些通用需求，例如，网络中对于单播和多播业务应该使用同样的安全机制。由于卫星的大地域覆盖特点，卫星网络用于多个国家时需要考虑不同国家的安全法规，卫星网络部署和应用的长周期也需要系统在安全参数的设计方面提供更多选择，以提供应用的灵活性。网络安全机制还需要与其他网络功能兼容，包括NAT、TCP加速。不同链路的安全需求存在一定的差异，需要确保前向链路的保密性，而反向链路安全则可以视具体情况进行部署。

最后，在为数据传输提供保护的过程中，还涉及实体的可信问题，产生、发布和管理加密密钥和安全策略的实体都需要考查其可信程度。

7.5 卫星网络安全体系结构

本节将参考IETF安全参考模型框架和BSM安全框架来阐述卫星网络安全体系结构的组成和功能。卫星网络安全体系结构可由三个功能模块组成，即安全的数据处理、密钥管理和安全策略。在该体系结构中，定义了主要功能模块之间的接口关系，各个功能模块仅表示逻辑关系，具体实现中如何对应到物理实体则根据不同的网络需求而定。

卫星网络安全体系结构包括集中式和分布式两种，集中式体系结构如图7-7所示。图中方框表示功能模块，箭头表示的接口需要通过标准协议来实现。

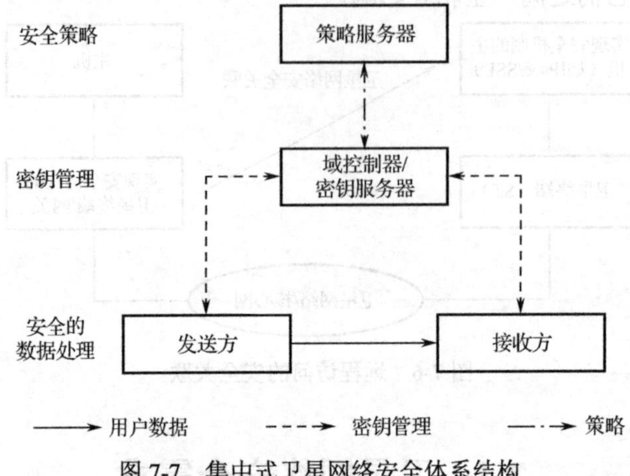

图7-7 集中式卫星网络安全体系结构

域控制器/密钥服务器（DCKS）代表了网络中与加密密钥的发布和管理有关的实体和功能，DCKS同时也执行用户身份认证和授权检查。在实现密钥管理功能时，DCKS通常也就是负责创建并向发送方和接收方分发密钥的网管中心。

图中的发送方和接收方必须与DCKS交互，以实现密钥管理。具体操作主要包括用户或终端的认证和鉴权，根据特定的密钥管理策略获取密钥，密钥更新时获取新的密钥，获取与密钥管理和安全参数相关的其他信息等。发送方和接收方可能从DCKS接收安全策略，也可能直接与策略服务器交互。此外，在进行数据处理时，发送方和接收方可以是端用户或卫星终端，数据的保密性和完整性需要采用安全机制来保证，这些安全机制是根据网络安全策略和规则在密钥管理消息的交互过程中协商确定的。

策略服务器表示那些创建和管理与卫星网络应用有关的安全策略的功能和实体，策略服务器与 DCKS 交互，实现安全策略的安装和管理。策略服务器与其他实体的交互关系则由采用的特定安全策略决定。卫星网络中的安全策略可由网控中心创建，这些策略必须分发到卫星网络中的所有安全实体，可以利用密钥管理协议等安全机制进行分发。

分布式安全体系结构主要用于跨越多个网络管理/安全域，需要提供具有可扩展性的网络环境，如图 7-8 所示，例如，使用卫星网络连接的公司 VPN 就是一个单独的管理/安全域。在这种环境中，卫星网关可能会根据不同的安全策略和规则将数据传送给不同 VPN 的卫星终端。

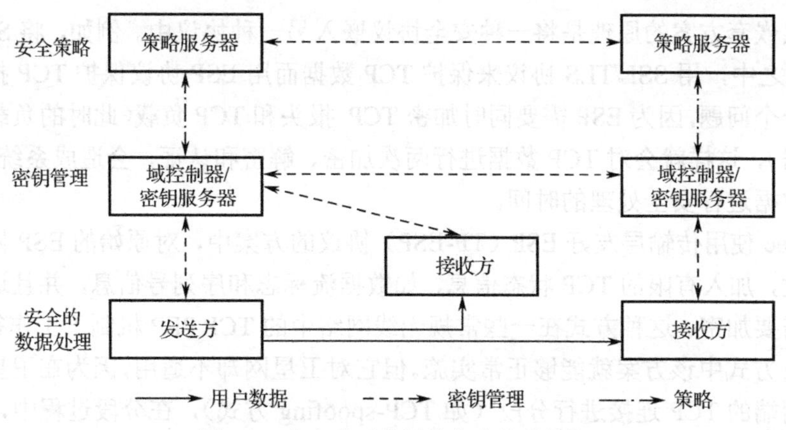

图 7-8 分布式卫星网络安全体系结构

在分布式体系结构中，DCKS 实体需要与其他 DCKS 实体进行交互，实现密钥管理服务的扩展。因此，DCKS 实体需要采取一些措施对其对等 DCKS 实体进行身份认证、鉴权，并保证密钥和策略交互的安全性。同样，策略服务器也需要与其他策略服务器进行安全交互，保证跨网络的策略传输和实现。

7.6 卫星网络安全的相关问题

卫星网络安全体系中采用与地面网络类似的技术为卫星网络提供安全保障，如差错控制、数据加密、网络层 IPSec、SSL 等。由于卫星网络环境的特殊性，地面安全机制在应用中存在诸多问题，本节主要对这些问题进行讨论。

7.6.1 卫星网络中的 IPSec

卫星信道长时延、高误码率及信道不对称的特征影响了地面网络传输协议（如 TCP 协议等）在卫星链路上的正常运行，目前广泛采用性能增强代理（PEP）技术来提高卫星网络的传输效率和带宽利用率。然而，在 PEP 技术中，中间节点需要读写 IP 协议封装的数据包中的传输层协议首部信息，而这破坏了安全服务和安全协议的端到端加密特性，使得网络中广泛应用的 IPSec 协议无法正常使用。

1. 常用解决方案

为了解决性能增强代理技术与 IPSec 端到端安全协议的冲突，在保障 PEP 性能的同时提高卫星网络的安全性，研究人员提出了几种解决方案，主要有传输层机制替代方案、安全协议嵌套方案、传输层友好（TF-ESP）方案，以及多层 IPSec 协议方案。

用传输层安全机制替代 IPSec 的方式，能够避开中间节点不能存取加密 TCP 报头的问题，但它同时也可能导致协议安全性不足：因为在目前已有的传输层安全机制（如 SSL/TLS）中，都只对 TCP 数据部分进行加密，而对 TCP 首部字段不进行任何形式的加密和认证，这种方式便于中间节点利用 TCP 报头中的状态信息，但由于 TCP 报头完全可见，攻击者能够很容易地对 TCP 流进行攻击，特别是通过恶意的流量分析，能够轻松窃取发送者和接收者的身份信息。

安全协议嵌套方案的原理是将一种安全协议嵌入另一种协议中。例如，将 SSL/TLS 嵌入 IPSec 的 ESP 之中，用 SSL/TLS 协议来保护 TCP 数据而用 ESP 协议保护 TCP 报头。但这同样也引发了一个问题，因为 ESP 需要同时加密 TCP 报头和 TCP 负载(此时的负载为 SSL/TLS 加密后的数据)，这样就会对 TCP 数据进行两次加密、解密和认证，会造成系统资源的浪费，也增加了对数据进行安全处理的时间。

在对 IPSec 使用传输层友好 ESP（TF-ESP）协议的方案中，对原始的 ESP 协议格式进行了适当的修改，加入有限的 TCP 状态信息，如数据流标志和序列号信息，并且这部分报头仅需认证而不需要加密。这种方式在一些常规无线网络中的 TCP PEP 机制下工作得较好，如在 TCP Snooping 方式中该方案就能够正常实施。但它对卫星网却不适用，因为在卫星网中的 TCP PEP 常将端到端的 TCP 连接进行分段（如 TCP-spoofing 方式），在分段过程中，通常需要修改 TCP 的报头，而这种方案中 TCP 首部字段被加密，无法修改，因此该方案不适用。

最后一种是 IPSec 的多层安全保护方案（Multi-Layer IPSec，ML-IPSec）。其主要思想是将 IP 数据包分成几个部分，并对不同部分采用不同的安全参数，实施不同的保护措施，并且彼此间相互隔离。为了在卫星 IP 网中实现 ML-IPSec，首先需要在数据的发送端对 IP 报文进行分区，并为不同的数据分区分配不同的密钥，例如，对 TCP 报头所在的分区分配密钥 K1，而对 TCP 数据所在的分区分配密钥 K2。当数据包被发送到 PEP 时，PEP 可以通过某种密钥交换机制（如互联网密钥交换协议 IKE 等）从端节点处获得密钥报头分区的密钥 K1，从而获得解密 TCP 报头的授权，这样就可以通过解密报头信息来获得 TCP 流的状态等信息。同时，PEP 还可以对 TCP 报头进行写操作。在这种保护方式下，可以实现卫星网络中 TCP 连接的分段传输，保证卫星网较高的传输性能。

多层 IPSec 方案是由美国著名卫星运营商休斯实验室（HRL）和美国国家航空航天局（NASA）分别独立提出的。对 IP 数据包中的不同数据段进行分段处理，不同层次的数据用不同的安全关联（SA）进行安全处理。除两端节点具有全部的 SA 外，被授权访问部分数据段的中间节点只被分配相应数据段的 SA。以此达到既不破坏 IPSec 的端到端安全特性，又与 PEP 兼容的目的。

多层 IPSec 协议在解决性能增强代理技术与安全传输协议的冲突方面具有显著的优越性，但该协议在卫星网络环境下还存在一些问题，需要进行改进。

2. 多层 IPSec 协议应用于卫星 IP 网中存在的问题

多层 IPSec 协议为解决性能增强代理技术与 IPSec 协议的矛盾提供了可靠的解决方案。它能够支持 TCP 欺骗等技术，为性能增强网关提供了可控的、有限的访问 IP 数据包上层协议信息的权限，并且能够较好地保持 IPSec 的端到端安全特性。然而，多层 IPSec 协议在设计时没有充分考虑数据分区长度需要动态调整的问题，以及密钥协商与分配的问题。而在卫星网络环境中，采用某些技术时会导致协议首部分区的长度发生变化，因此需要实现对数据的动态分区；此外，由于长时延等原因，密钥协商与分配的效率和安全性问题也显得尤为突出。

（1）分区长度

多层 IPSec 分段保护的实现是根据复合型安全关联（CSA）中的区域映射信息来划分每个段的区域的，而 CSA 在它的生存期内不会改变，区域映射信息也不会改变。这样，在一个端到端连接的过程中，每个 IP 数据报都按照最初商定的分段长度来对数据包进行分区，该功能的实现需要在两个端节点每次开始建立通信连接时就获知后续传输的数据包中 IP 或 TCP 首部信息的长度。在一些常规应用中，由于其首部长度不会改变，因而能够方便地使用通用的首部信息长度来确定分区。然而在采用分段连接技术时，一旦端节点改变 TCP 或 IP 的选项，首部长度发生变化，就会使分段映射失效，直接影响多层 IPSec 的实现。

具体来说，在端到端连接中使用多层 IPSec 协议时，有些应用会添加 TCP 报头和 IP 报头的选项字段，这都会使区域范围发生改变，导致实际的分区与 CSA 中的分区不一致。例如，在卫星网络中，就经常会采用 HTTP 加速技术来提高 Web 浏览的响应速度。在该技术中，中间节点需要获知 Web 页面的链接对象，从而提前从服务器下载页面对象。这些链接对象的长度根据页面内容的差异而不同，没有固定的长度，其报文格式如图 7-9 所示。

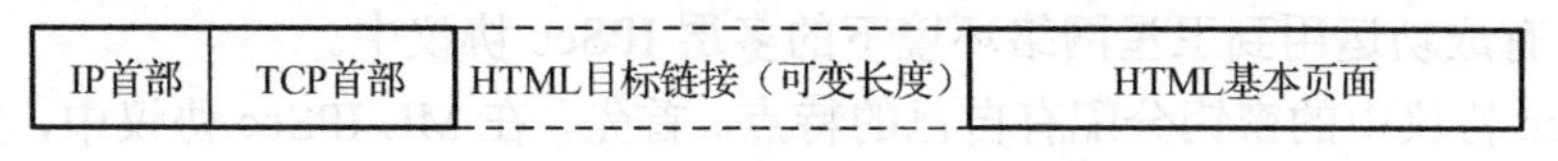

图 7-9　HTTP 加速技术的报文格式

因此，需要改变在 CSA 中固定分区大小的做法，让数据的发送端节点有权按照自己的数据应用类型来决定数据的分区大小，而不是由 CSA 确定，也就是说，发送端可以动态地调整分区大小，而不是一成不变地按照 CSA 中固有的分区大小来进行 IPSec 分段处理。通过实现数据的动态分区，改变现有的通过 CSA 分区表的静态映射方式。

哈尔滨工业大学通信实验中心首先发现了 ML-IPSec 中数据包静态映射分段区域带来的问题：当复合型安全关联（CSA）建立之后，IP 数据包中的分区不可更改，可能会由于实际分区与 CSA 中所定义的分区不符，导致性能增强网关或终端的完整性校验失败。他们经过研究，对多层 IPSec 协议的数据分区问题进行了改进，提出了支持可变区域的多层 IPSec 协议（CZML-IPSec），该协议能够更好地支持应用层相关协议。

（2）ESP 数据处理

在现有 ESP 的分段处理中，每个分区的加密数据之后紧跟着下一分区的加密数据，所有分区加密数据的验证数据统一放在所有加密数据的末尾。在这种方式下，中间节点收到第一个分区的加密数据后无法立即进行验证，要等收到最后 ESP 数据尾部的验证数据后，再从级联的数据中读取出该分区的验证数据。而中间节点对数据完成了解密验证处理后，如果对数据做了修改，还需要重新计算并生成完整性验证数据，重新级联到尾部的验证数据字段中，因此，这种模式会在一定程度上影响中间节点的处理效率。如果中间节点收到加密数据后紧接着的字段就是完整性验证数据，就能够立即验证加密数据的完整性，如果验证不通过，则可以不再接收之后的分区数据，从而大大提高处理效率。同样，在端节点处，对数据完整性的验证也必须等到所有的ESP尾部验证数据收到后才能从中提取出各分区的验证数据。因此，为了提高处理效率，可以考虑改变验证数据在 ESP 协议中的存储方式。

（3）密钥分配

现有的 ML-IPSec 及可变分区的多层 IPSec 协议（CZML-IPSec）实现方案中，主要是采用人工分配密钥的方式或者改进的 IKE 协议分配方式。但是人工分配的方式不够灵活，而且当网络规模扩大时基本无法实现有效的密钥分配与管理。

以往的研究主要针对点对点或点对多点等小规模的卫星网络，随着网络技术的发展和用户需求的不断增长，网络的应用规模将会越来越大。然而，在扩展到大规模的应用后，上述密钥分配方法会出现以下两个方面的问题：第一，由于安全连接数增多，可能对 PEP 中间节点性能产生影响；第二，由于现有 IPSec 协议中的密钥分配协议 IKE 只适用于点对点的密钥分配，当有多个安全连接，并且每个连接需要三到四个节点联合协商和交换密钥时，整个系统的密钥分配和管理将变得非常复杂。

当前，在多层 IPSec 协议的密钥分配方面，主要通过对 IKEv1 协议进行修改来适应其密钥分配特点，但 IKEv1 协议本身在密钥分配上就存在效率低下、安全性不高等缺点。IKEv2、ML-IKE 协议相比 IKEv1 在多节点密钥协商的效率和安全性方面都有了进一步提高。然而，为了实现多节点的密钥协商，ML-IKE 的第一阶段协商就有 17 条消息，第二阶段的协商也有 9 条消息，消息数量相比原来的 IKE 协议大大增加，因此导致参与密钥协商的节点处理时间延长，系统资源也长时间被这些节点占用，从而增加了系统在密钥交换中的通信开销。因此，这些方法并没有成功运用到卫星网络环境下的多层 IPSec 协议中。

多层 IPSec 协议中的密钥分配有自己的特点。首先，在 ML-IPSec 协议中，参加密钥分配的主体不只是两端的主机，而是包括中间节点在内的至少 4 个节点；其次，要根据每个节点的访问权限分配密钥，中间节点只能有访问某一部分数据分区的密钥，而两端节点要持有所有的密钥；再次，中间节点需要解密和加密部分分区的数据，每个节点需要知道相邻节点的安全参数索引（SPI），以便在数据重新加密后传输到下一个节点时能够准确定位需要采用的安全策略和安全关联；最后，密钥协商需要高效，以尽量少的消息数量协商完成密钥的分配与管理，在卫星 IP 网中，尤其要注重密钥协商的效率，由于卫星链路时延较大，如果协商密钥时传递消息数量过多，必将影响后续通信的效率。除了这些特点，还要满足密钥协商最基本的要求，如密钥的机密性、消息传递的抗重播攻击能力等。

7.6.2 构建卫星 VPN 网络

在构建卫星虚拟专用网时，可采用图 7-10 所示结构的安全机制。其中的防火墙包括两个进行 IP 报文过滤的路由器和一个应用网关，其中，内部过滤路由器检查出网的报文，外部过滤路由器检查入网的报文。在路由器之间的应用网关实现对高层协议数据的进一步检查，这些协议数据包括 TCP、UDP、电子邮件、WWW 等应用数据。这种配置方式可以保证所有进出数据都经过应用网关。报文过滤通过表来驱动，并检查原始报文。应用网关检查报文的内容、消息大小和首部。IPSec 用于在跨越公共互联网的网络之间提供安全的数据传送通道。

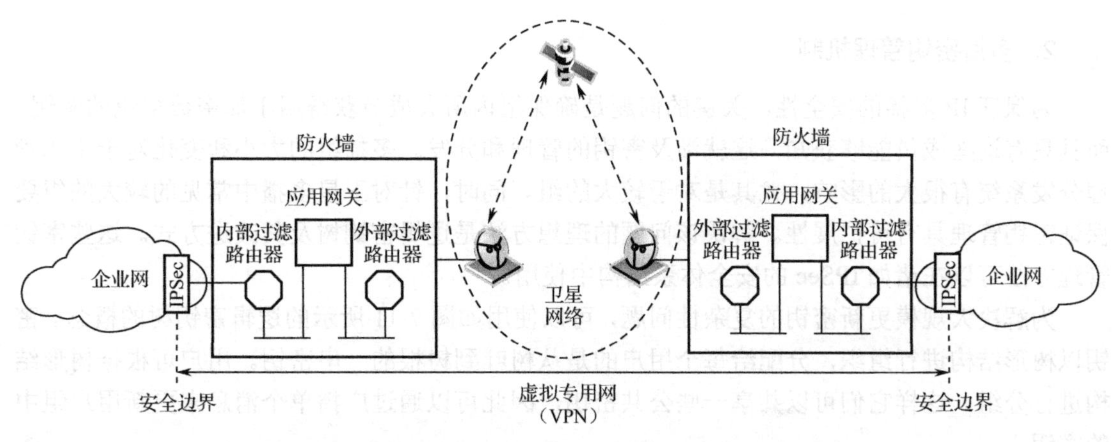

图 7-10　包括两个路由器和一个应用网关的防火墙示意图

7.6.3　卫星 IP 网络的多播安全

1．卫星多播安全保证

卫星链路具有广播特性，因此在提供广播和多播服务方面具有天然的优势。然而，从提供安全服务的角度来看，多播业务除了可能受到前文所述的单播业务的诸多安全威胁，由于多播服务是通过广播信道来实现的，再加上卫星信道的特殊性，因此还会遇到其他方面的安全威胁。

首先，入侵者可能会监听卫星广播信号，获取数据信息或者对通信双方进行跟踪；或者在不被发现的情况下截断原有的卫星数据传输，并将修改后的数据发向一个或一组接收者；还可能向所有接收者发送被篡改的数据。因此，保密性和用户认证是卫星安全多播需要解决的重点问题。

提供数据保密性的基本方法是所有多播组成员共享一个非授权成员无法获取的组密钥，组密钥是对称密钥，所有组内的通信都通过这个密钥进行加密和解密。用户认证则可以利用地面网络中的认证方法，但需要在数据源身份验证时使状态数量尽量少，同时减小认证所需的计算代价和通信代价，这一点对卫星网络而言尤其重要。

另外，为保证数据保密性的组密钥在组成员发生变化时必须更新，以保证数据的前向和反向安全性；同时，在卫星网络中，多播组成员可能较多，且经常会发生动态变化，因此多播密钥管理是提供卫星 IP 网络多播安全传输服务需要解决的又一关键问题。在诸如 VPN 网络的应用场景中，多播组成员相对固定，密钥管理服务器负责对进入组内的卫星终端成员进行身份验证，并向这些终端发送加密密钥和密钥管理消息，这些密钥可能在多播会话的整个过程中保持不变，或者根据系统的组策略进行周期性更新；对于多播组成员随时间发生变化的情况（如 ISP 为一组用户提供实时流业务），密钥管理服务器除对进入组内的成员进行身份验证和发布密钥外，还需要根据终端进出多播组的情况重新发送密钥。

综上所述，卫星多播业务的安全性重点需要考虑数据保密性、数据源身份认证和高效的密钥管理机制。

2．多播密钥管理机制

为保证 IP 多播的安全性，关键的问题是确保组内所有成员获得用于加密数据流的密钥，而且只有这些成员能够获知，这就涉及密钥的管理和分发。多播组的大小和变化对于密钥管理分发系统有很大的影响，尤其是对于较大的组。同时，针对卫星多播中常见的较大的组要保证密钥管理具有可扩展性。解决该问题的理想方法是逻辑密钥树及其改进方式。这些密钥管理方法可以在诸如 IPSec 的安全体系结构中使用。

为解决大规模更新密钥的复杂性问题，可以使用如图 7-11 所示的逻辑密钥树的概念。密钥以树形结构进行组织，分配给每个用户的是从树叶到树根的一串密钥。用户可根据树形结构进行分组，这样它们可以共享一些公共密钥，因此可以通过广播单个消息来更新用户组中的密钥。

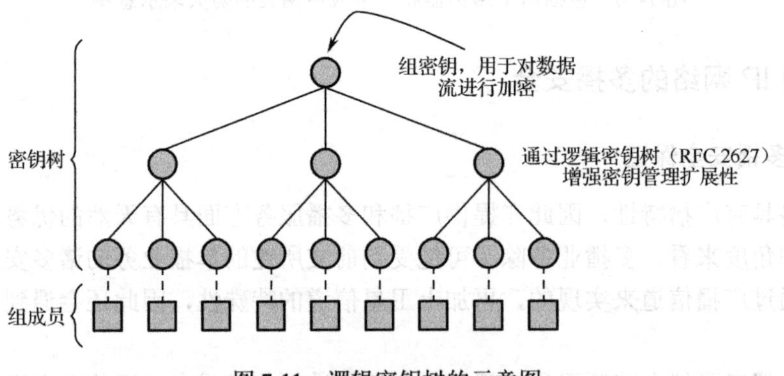

图 7-11　逻辑密钥树的示意图

7.7　卫星网络安全体系结构实例

7.7.1　SATSIX 系统安全体系结构

欧洲的 SATSIX 系统中采用了 SatIPSec 协议来构建安全体系结构，该协议是一种基于平坦密钥管理交换协议（Flat Key Management Exchange Protocol）的密钥管理协议，在 DVB-RCS 网状和星状拓扑结构的前向和反向链路上，该协议提供了对单播和多播卫星传输的新型、透明、高效的安全保证方法，由 IPSec 标准协议演变而来。

1．IP 层的 SatIPSec

图 7-12 显示了 SatIPSec 针对 IP 报文处理的体系结构，SatIPSec 客户端、组控制器和密钥服务器（GCKS）独立于其他卫星设备，在每个卫星终端后面都设置一个 SatIPSec 客户端，实际上，SatIPSec 机制也可以直接在卫星终端的 IP 协议栈中实现。GCKS 通常位于星状拓扑结构的网关侧。SatIPSec 客户端之所以设置在终端后面，是因为这样便于在需要时对经过卫星网络传输的数据流进行保护。数据在经卫星系统传输之前，SatIPSec 客户端对每个 IP 报文进行加密，并计算身份认证值；在卫星链路接收端，SatIPSec 客户端对数据进行解密并验证身份，然后将数据传给地面网络。SatIPSec 可以对星状网或网状网、中心站到卫星终端、卫星终端到中心站、或者终端之间的单播、多播 IP 数据传输实施安全保护。

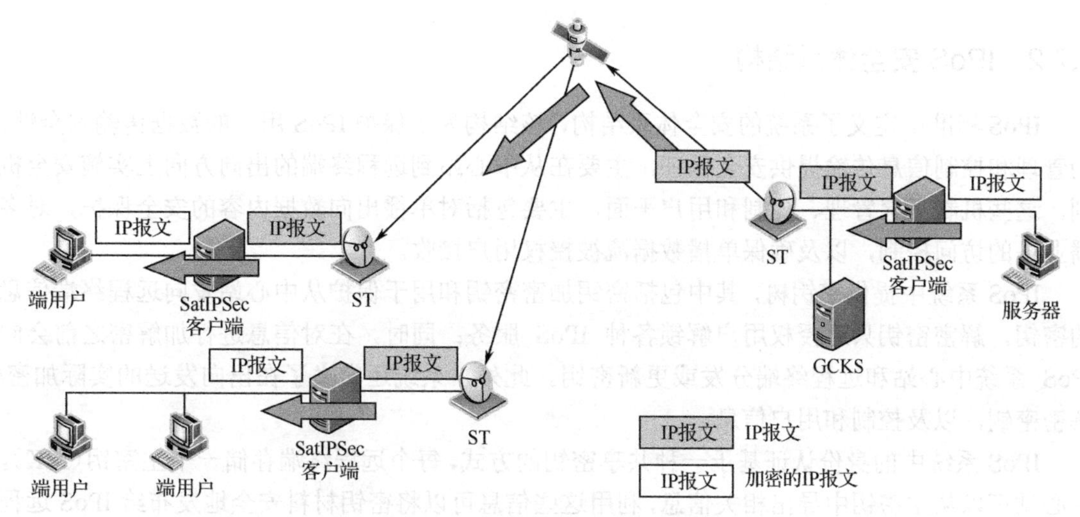

图 7-12　SatIPSec 体系结构示意图

2．链路层的 SatIPSec

在 SATSIX 系统中，SatIPSec 也可用于提供链路层安全。此时，需要每个卫星终端和网关都配置一个 SatIPSec 客户端模块。由 GCKS 对 SatIPSec 客户端进行配置，GCKS 位于 DVB-RCS 网关（GW）或网控中心（NCC），如图 7-13 所示。

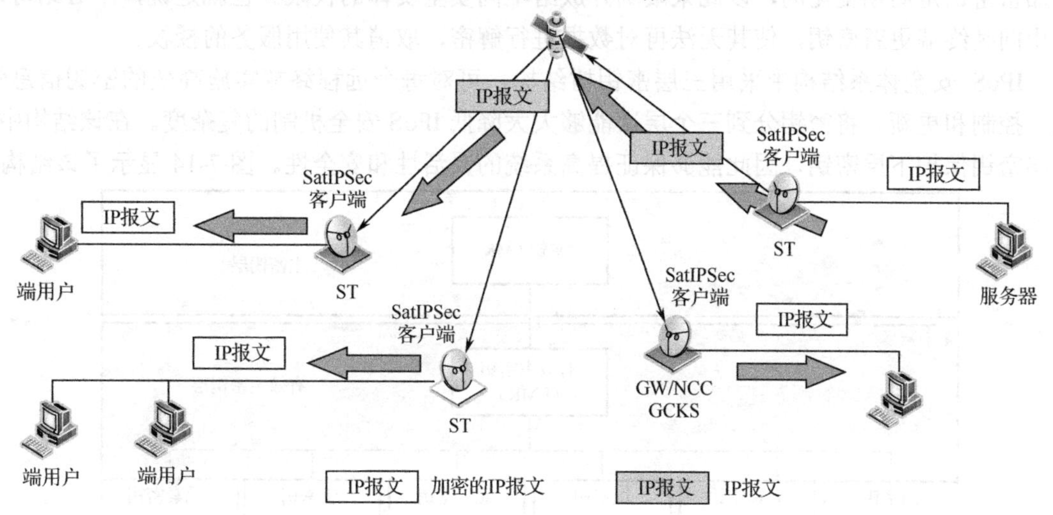

图 7-13　链路层的 SatIPSec 结构（DVB-RCS 网状拓扑）

SatIPSec 在链路层可提供的安全服务包括：

① 提供链路级的数据机密性，以对抗被动攻击；

② 在链路层对数据源进行身份认证和数据完整性验证；

③ 对抗重放攻击；

④ 对二层地址进行保护；

⑤ 卫星终端/网关的身份认证和鉴权。

对数据的保护则可以针对每个接收地址或 IP 数据流实施，密钥管理功能可以与数据保护功能分开。

7.7.2 IPoS 安全体系结构

IPoS 标准中定义了系统的安全体系结构，该结构为了保护 IPoS 用户的数据传输安全性，为管理和控制信息传输提供安全保证，主要在从中心站到远程终端的出向方向上实施安全机制。这些机制贯穿管理、控制和用户平面，主要包括对单播出向数据内容的安全保护，对多播业务的访问控制，以及确保单播数据流被授权用户接收。

IPoS 系统中提供密钥树，其中包括密钥加密密钥和用于保护从中心站发向远程终端信息的密钥，解密密钥只对授权用户解锁各种 IPoS 服务；同时，在对信息进行加解密之前会向 IPoS 系统中心站和远程终端分发或更新密钥。此外，系统还定义了在出向发送的实际加密/解密密钥，以及控制和用户信息。

IPoS 系统中的身份认证基于一种共享密钥的方式，每个远程终端存储一个主密钥（MK），中心站可以从主密钥中导出相关信息，利用这些信息可以将密钥材料安全地发布给 IPoS 远程终端。终端的 MK 与中心站的安全信息之间的绑定通常是在终端入网时完成的，当终端注册时，用于识别远程终端的参数，如硬件序列号、用户名称、联系信息等，被发到中心站，并存下来用于识别远程终端。中心站安全管理实体可以利用这些参数来确定终端的业务和所需的密钥类型，以及相关的 MAC 地址，之后通过消息将 MK 分发给终端。终端可以利用这个 MK 解密中心站发来的消息，这些消息中包含用于加密各种数据信息的密钥。此外，系统中的加密密钥是周期变化的，以此来限制开放给不同安全实体的权限。也就是说，中心站可以停止向某终端更新密钥，使其无法再对数据进行解密，取消其使用服务的授权。

IPoS 安全体系结构中采用三层密钥树结构，可对每个远程终端实施高效的密钥信息管理、控制和更新。将密钥分到三个层次能够大大降低 IPoS 安全机制的复杂度。在该结构中，上层密钥保护下层密钥，因此能够保证提高系统的灵活性和安全性。图 7-14 显示了该结构。

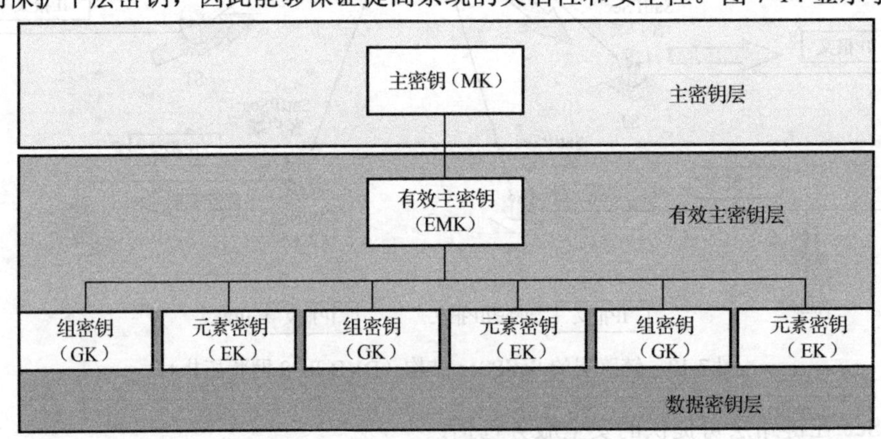

图 7-14 IPoS 安全密钥体系结构

密钥树的上面两层包括用于加密底层密钥的密钥加密密钥（KEK），例如，主密钥层的密钥对有效主密钥（EMK）层密钥进行加密，EMK 层密钥则对数据密钥（TK）层密钥进行加密。每层都有各自的密钥材料，以及密钥分发和管理过程。

MK 层是 IPoS 安全体系结构中的最高层，该层的每个 MK 密钥分给特定的 IPoS 远程终端，对终端来说是唯一的。MK 密钥同样也用来解密 EMK 的解密密钥，但 MK 不对用户数据流进行加解密。

EMK 层密钥对每个 IPoS 远程终端来说同样是唯一的，EMK 是密钥的解密密钥，它对 TK 进行解密，TK 是分给 IPoS 终端或组播组的数据密钥，EMK 同样不对用户数据流进行加密/解密。

TK 层包括两种密钥：GK 和 EK。GK 用于对发送给组播组中多个 IPoS 终端的数据进行加密；EK 则对发送给终端单播地址的数据进行加密，EK 与 IPoS 元素相关，这里的元素是指由安全系统控制的最小数据单位，通常与 IPoS 业务有关，如 Internet 网上冲浪服务就可以被看作一个元素。

第 8 章　卫星通信网与地面网的互联

网络技术的迅猛发展催生了层出不穷的业务与应用，对地面电信网来说，通常终端与网络之间功能耦合性较大，因此，解决网络互联问题的方法主要侧重于将用户终端与网络的功能进行分隔，避免出现彼此的发展相互限制的情况。对卫星网络而言，如何与各种不同的异构网络互联同样是其面临的严峻挑战。本章将遵循与地面网同样的互联原则，讨论地面网在与卫星通信网互联时的主要需求，以及卫星通信网如何满足这些需求。

8.1　概　　述

网络互联是将不同的通信网络通过一定的方式，用网络通信设备相互连接，构成更大的网络系统。其目的是允许任何网络中的用户与其他网络中的用户进行通信，允许网络中的用户访问其他网络中的数据。网络互联可以通过网络体系结构中各个层次的设备来实现，如物理层的集线器、数据链路层的网桥、网络层的路由器、传输层或应用层的网关等设备。

通常，我们也将大型网络划分为接入网、传输网，根据 ITU-T 建议书 Y.101 中的定义，接入网包括了能够在网络和用户设备之间保证电信服务所需要的传输承载能力的实体（包括电缆线路、传输设备等）；传输网则是一系列节点和链路的集合，它们能够在两个或多个节点之间提供连接以实现彼此之间的电信服务。在将接入网和传输网互相连接的过程中，用户设备和网络之间的接口需要在功能和性能方面进行清晰的定义，这样才能确保用户设备和网络能够独立发展，而非相互牵制；同时，一旦出现了具有新功能或性能更高的用户设备，则需要定义新的接口对其进行匹配。

8.2　卫星网络与异构网络的互联

网络互联是网络发展的必然需求，也是互联网的核心问题。实现网络互联时，需要解决两方面的问题：异构性和扩展性。当不同类型网络上的用户之间进行通信时，中间可能会经过若干其他网络，这些不同网络在物理链路、编址方案、媒体访问协议和服务模型等方面都可能存在差异，也就是说网络存在异构性，由此会导致为用户提供可靠通信服务时将面临极大的困难。扩展性主要体现在网络规模的增长上，主要问题是如何通过路由选择为网络中的众多节点选择高效的路径，与此相关的还涉及节点的编址问题。

卫星网络能够提供多种方式来适应包括基础速率、主要速率和高速 IDR 在内的不同传输速率。正因如此，卫星网络在与不同网络的互联方面存在很大差异。卫星网络可以作为连接地球站的路由器，也可以作为接入网提供基础速率和主要速率，或作为传输网络与链路容量上千的主干网进行互联。

另外，从网络协议的角度来看，大部分现有卫星通信网络支持协议栈的底层功能，包括物理层、链路层、网络层。随着卫星通信网络的发展，网络必将支持更多层次。因此，从总体上说，卫星网络除了需要在带宽和传输速率方面考虑物理层的相关问题，还要考虑高层协议的互操作问题。通常，当与不同类型的网络进行互联时，需要引入各类互联单元来处理高层协议的互联问题，才能与异构网络有效融合，为用户提供到达用户终端或地面网络的直接连接。

由于卫星网、地面网和卫星终端中所使用的协议可能存在差异，因此需要采用不同的技术实现互联，主要包括以下几种：

- 协议映射：在不同的协议之间对协议功能和报文首部进行转换；
- 隧道：将某种协议看作在隧道协议中传输的数据，隧道协议只在隧道端点进行处理；
- 复用和解复用：将多个数据流复用为单个流，在连接的另一端将数据流解复用为多个数据流；
- 流量整形：将速率和时延等数据流特性进行整形，使它们与传输网络相适应。

8.2.1　业务互通

异构网络通常会提供不同的通信业务，所以，网络之间的互联涉及不同业务之间的互通（interworking）。例如，ISDN 网络支持可视电话业务，电话网支持话音业务。当这两种网络互联时，如果 ISDN 网络的一个用户发起了到电话网用户的呼叫，则视频信息必须被去掉，以保证成功连接。在这种情况下，可视电话终端由于提供话音业务，即话音业务是可视电话功能的一个子集，因此能够被视为一个普通的电话终端来工作。也就是说，可视电话业务与普通电话业务之间能够实现互通。而对于像电子邮件和传真这样的业务之间，要实现互通则会更加复杂，因为其中包括了提供不同业务的不同终端。更进一步地说，某些业务不需要总是能够与其他业务实现互通，如文件传输；而某些业务可能根本无法与其他业务实现互通。从这个角度来讲，业务级别的互通需求实际上定义了异构网络实现互联的功能需求。

8.2.2　编址方式

在异构网络中，编址是需要考虑的重要问题。一方面，需要维护不同网络各自独立的组网方案，另一方面，还要确保用于区分网络终端的每个地址必须是唯一的。

用于连接两个网络的互连单元都应该配置两个地址，分别在所连接的不同网络中使用。当终端需要与其他网络中的终端建立连接时，从连接的源端到目的端可能跨越很多异构网络，这就需要通过互连单元来建立连接，此时需要获知终端与互连单元之间的映射关系。

典型的地址类型包括：互联网地址、本地网络地址（如以太网地址）和电话网络地址（如电话号码）。在大多数卫星网络中，通常使用本地网络地址对卫星终端进行编址，在提供话音业务的卫星网络中，还会为卫星终端分配电话号码。因此，在与地面网互联时，会使用诸如 NAT 这样的地址映射方法来解决异构网络互联中的地址问题。在卫星移动通信系统中，卫星终端的网络地址还需要进行特殊处理（如切换时的位置更新等）来实现对终端的移动性管理。

8.2.3　路由问题

路由是网络互联涉及的又一重要问题，因为两个网络可能有完全不同的传输速率、路由机制、协议功能和 QoS 需求，因此，在每个网络中保持路由的独立性是非常重要的。另外，互连单元在路由过程中需要面对和解决的网络差异性主要包括接入网络的协议、报文、帧的大小和格式，以及维持端到端连接的服务质量。此外，除了要在不同类型的网络之间传输信息，还要考虑信令和管理的问题。

8.3 卫星网络与 IP 网络的互联

当不同类型的网络互联时，在协议栈不同层上都会遇到一些问题，如不同的传输媒质、传输速率、数据格式、协议等。总体来说，卫星网络与其他类型的网络可以在不同的协议层次实现互联，由于大部分卫星网络包括协议栈下三层部分，因此，在与其他网络进行互联时，主要涉及这些层的问题。不同的互联方式从功能上对卫星网络与地面网络互联进行了定义，而在实际当中，一个卫星终端可以为不同的应用或用户提供不同种类的互联方式。下面以 IP 网络为例进行说明。

8.3.1 物理层互联

由于物理层功能比较单一，因此互联的实现比较简单。需要解决的主要问题是数据传输速率的匹配，因为地面网络的传输速率往往比卫星网络高；同时，作为互连设备的中继器需要能够对数字信号进行处理。因此，可以看出，物理层的网络互联建立在比特的基础上，也正因如此，这种互联方式最大的缺点是不够灵活。

8.3.2 链路层互联

这种互联方式的优点是卫星网络能够利用链路层的一些功能，如差错检测、流量控制和帧重传机制，以此提高传输可靠性；缺点是卫星网络需要面对各种不同类型的网络，需要完成协议转换。

链路层典型的互连设备是网桥，为了实现不同网络间的互联，网桥需要完成的操作主要在协议栈的 IP 层以下进行。在地面网络环境中，网桥在实现网络互联时主要用于连接 LAN 网段。网桥与转发器不同，除数据转发之外，它还可以提供一些额外的功能。例如，网桥会对数据进行差错检查，只转发有效的数据帧；网桥还可以基于 MAC 地址对数据帧进行过滤。

在卫星网络环境中，网桥为实现网络互联主要进行对数据帧的转换操作，即其他网络的帧格式必须转换为卫星网络的帧格式，如图 8-1 所示。卫星终端收到其他地面网络的数据帧时，将把 IP 数据负载封装到不同的卫星数据帧中，然后发到卫星网络进行传输。同样，当网桥收到卫星网络发来的数据帧时，将根据路由表和目的地址进行检查，确定是否将该数据帧转发到地面网络，如无须转发，则丢弃数据帧。在转发之前，将依照地面网络的协议对数据帧进行封装。

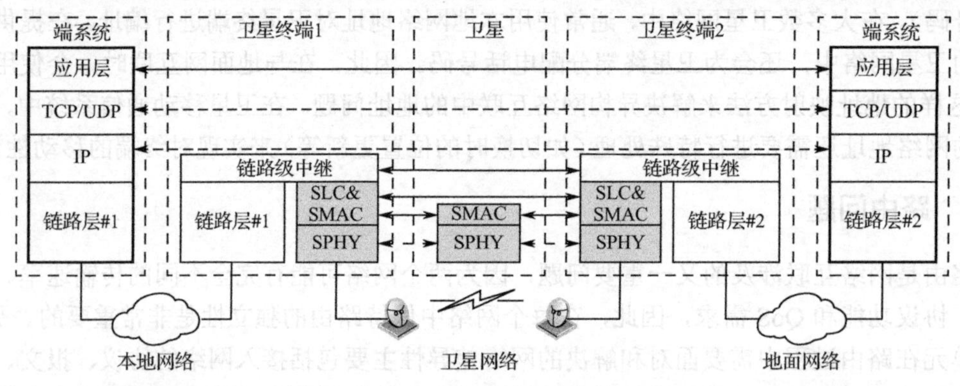

图 8-1 通过网桥实现互联

8.3.3 网络层互联

网络层互联是通过在协议栈的 IP 层进行处理来实现的。在地面网络环境中，IP 互联功能通常是由路由器实现的。根据路由器在整个 IP 网络体系结构中所处的位置不同，可以使用不同种类的路由器。

在卫星网环境中，路由功能与地面路由器功能基本类似。然而，许多地面路由协议对于卫星网络而言不适合直接使用，卫星网络内部需要使用不同的协议，如图 8-2 所示，经过路由处理的 IP 报文可以被封装到同样的卫星网络数据帧结构中实现互联，与网桥的操作类似。

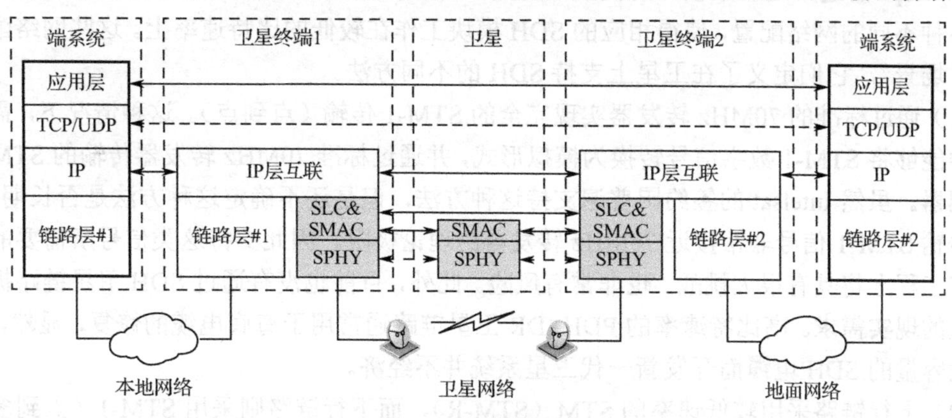

图 8-2　网络层互联

8.3.4 通过网关实现互联

通过网关实现互联是在协议栈的 IP 层以上实现的，即在比网桥和路由器更高的层次上实现。这种情况下，通常支持从一个子网到另一个子网的地址映射，也可以利用应用层互联功能实现数据的转换。在 IP 层以上实现互联时同样要使用到 IP 互联的操作，也就是说，报文在进入不同网络时，需要在 IP 层及其上层都实现转换操作，如图 8-3 所示。

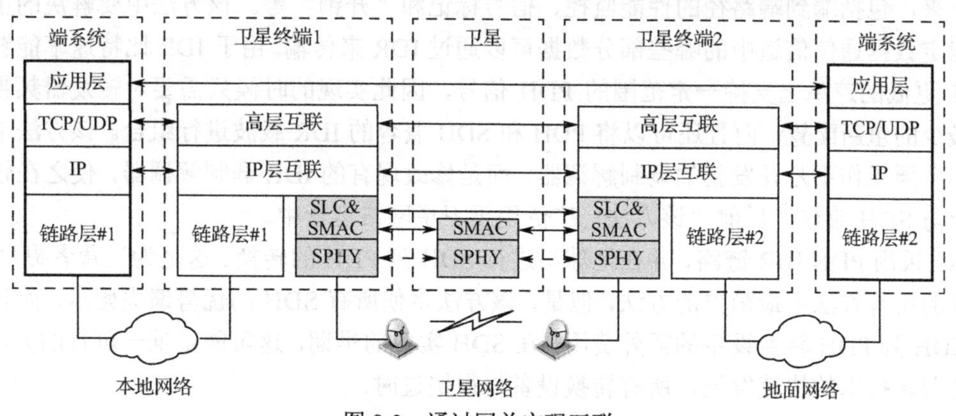

图 8-3　通过网关实现互联

在地面网络环境中，这类互联功能通常由 IP 路由器与高层网关共同实现，路由器负责将报文分发到不同的高层处理模块。

在卫星网络环境中，通过网关实现互联与地面网络基本类似。唯一不同的是，卫星网络中通常需要使用协议增强代理（PEP），以解决卫星链路特殊的传输问题。

8.4 卫星网络中的 SDH——Intelsat

ITU-T 和 ITU-R 标准化组织和 Intelsat 及其签约国共同开发了一系列与卫星链路兼容的 SDH 网络配置，同时，ITU-R 第四研究小组（SG 4）负责研究 ITU-T 推荐意见对卫星网络的适用性。这些工作使得 SDH 信号能够在卫星链路上传输。

SDH 的设计并不是用来传输基本速率信号的。对卫星网络的实现和运行而言，支持 155.520Mbps 的速率是一个极大的挑战，因此，当需要将 SDH 信号通过卫星传输时，人们研究了各种不同的网络配置，使得相应的 SDH 模块工作在较低的比特速率上。这些网络配置被称为“场景”，它们定义了在卫星上支持 SDH 的不同方法。

（1）通过标准的 70MHz 转发器实现完全的 STM-1 传输（点到点）。这种情况下，需要开发一种能够将 STM-1 数字信号转换为模拟形式，并通过标准 70MHz 转发器传输的 STM-1 调制解调器。虽然 Intelsat 的签约国普遍支持这种方法，但是还不确定这种方法是否长期有效。由于传输 STM-1 信号非常接近 70MHz 转发器的理论极限，因此支持这类信号所需要的传输质量在工程上将具有很大挑战，也非常有风险。此外，目前也没有通过 SDH 卫星链路提供此类容量的现实需求。高比特速率的 PDH IDR 卫星链路通常用于海底电缆的修复，显然，为了修复大容量的 SDH 电缆而开发新一代卫星系统并不经济。

（2）上行链路采用较低速率的 STM（STM-R），而下行链路则采用 STM-1（点到多点）。这种场景假设了一种多目的系统，所以需要在星上完成大量的 SDH 信号处理工作。其优点是对网络运营者来说，能够灵活使用转发器资源。然而，大多数网络运营者出于可靠性和未来发展的考虑，通常不愿意接受这种方法。因为该方法可能会妨碍卫星转发器在未来移作他用，而且复杂性的大幅增加可能会降低系统的可靠性和卫星寿命，增加系统建设初期的费用。

（3）扩展的中等数据速率（IDR）方法。大多数签约国都接受这种方法，因为它保持了卫星固有的灵活性，对卫星和地球站的设计修改也最少。而且，SDH 管理上的一些优点也被保留下来，包括端到端路径的性能监控、信号标记和“开销”等。该方法中要解决的主要问题是确定数据通信信道中的哪些部分数据可以通过 IDR 来传输。由于 IDR 比特速率能够在比 STM-1 更低的速率上支持一定范围的 PDH 信号，因此实现的时候只需要对转发器频带规划进行最少的重新配置，而且还可以将 PDH 和 SDH 兼容的 IDR 载波进行组合。该方法中需要进行的主要工作不是开发新的调制解调器，而是修改现有的 IDR 调制解调器，使之在较低的速率上与 SDH 兼容。目前，该方法已广泛用于卫星网络运营中。

（4）采用 PDH IDR 链路，并在地球站进行 SDH 到 PDH 的转换。这是为运营者提供 SDH 兼容性的所有方法中最简单的方法，但是，该方法将使所有 SDH 的优势遗失殆尽，而且还增加了 SDH 到 PDH 转换设备的额外费用。在 SDH 实现的早期，这可能是唯一可行的方法。然而，随着新技术的快速发展，所有转换设备将很快过时。

8.5 卫星网络中的 ISDN

由于卫星网络的广域覆盖能力，利用卫星网络对 ISDN 网络进行扩展、实现全球覆盖是很自然的选择。尽管 ISDN 并没有对使用的传输系统提出任何限制，但是从卫星链路传输的工程实现角度来看，以下问题仍然需要研究：在支持 ISDN 方面，卫星传输系统与传统系统的差异在哪里？卫星信道的误码特性和传输时延对 ISDN 的信号传输有什么影响？

ITU-R SG4 负责定义卫星链路承载 ISDN 信道传输时的相关条件和性能需求，并且对 ITU-T 标准中与整个 ISDN 连接的卫星部分紧密相关的内容进行了说明。

8.5.1 ITU-T ISDN 假设参考连接（IRX）

ITU-T G.821 建议书定义了 ISDN 假设参考连接（IRX）的概念。IRX 是可以对总的性能进行研究的一个参考模型，并以此为依据形成各种标准和指标，它是一个具有规定结构、长度和性能的假设参考连接。其中全数字化端到端连接的距离全长参考值定义为 27500km，该距离是在用户（在参考点 T）之间沿着地球表面实现数据连接的最长距离。

建议书中定义了三个基本传输段，分别表示低、中、高三个质量等级。三段的误码性能门限分别是 30%、30%和 40%。分配给低级数字通路的误码性能指标为 30%，对应为用户终端到本地交换机连接两端的部分。类似地，从本地交换机到网络互联交换机有两个中级数字通路，误码性能指标分别分配 15%。承载固定业务的卫星链路如果用在端到端 ISDN 连接中，则对应于高级数字通路的一半，即允许性能最多下降 20%。

高级数字通路总长为 25000km，在低级和中级数字通路的每一边长度分别为 1250km。如果卫星链路用于端到端 ISDN 连接中，则将覆盖 12500km。

8.5.2 ITU-R 的卫星假设参考数字路径（HRDP）

ITU-R 在 ITU-R S.521 中定义了假设参考数字路径（HRDP），以研究在 ITU-T 定义的 ISDN HRX 部分中使用固定卫星链路的各种问题。如图 8-4 和图 8-5 所示，HRDP 应包括一段地球-卫星-地球链路，空间段可能还包括一个或多个星际链路，此外，路径中还包括与 HRDP 适配的地面网络接口。

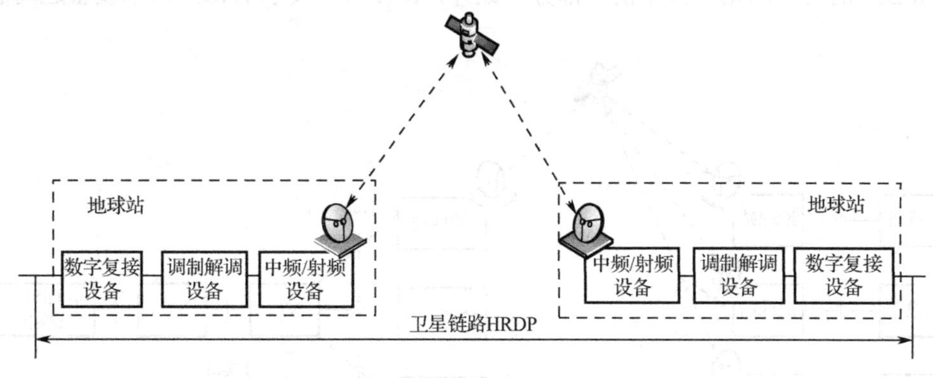

图 8-4　假设参考数字路径（HRDP）

HRDP 应该将不同接入类型的数据适配到单个信道或 TDMA 中，并允许在数字复接设备中使用诸如数字话音插空（DSI）或低速率编码（LRE）等技术。

此外，地球站应配备一些设备，当卫星的移动导致卫星链路传输时间发生变化时，这些设备可以补偿由此带来的影响，传输时间的变化在时间域对于像 PDH 这样的数字传输过程的影响很大。

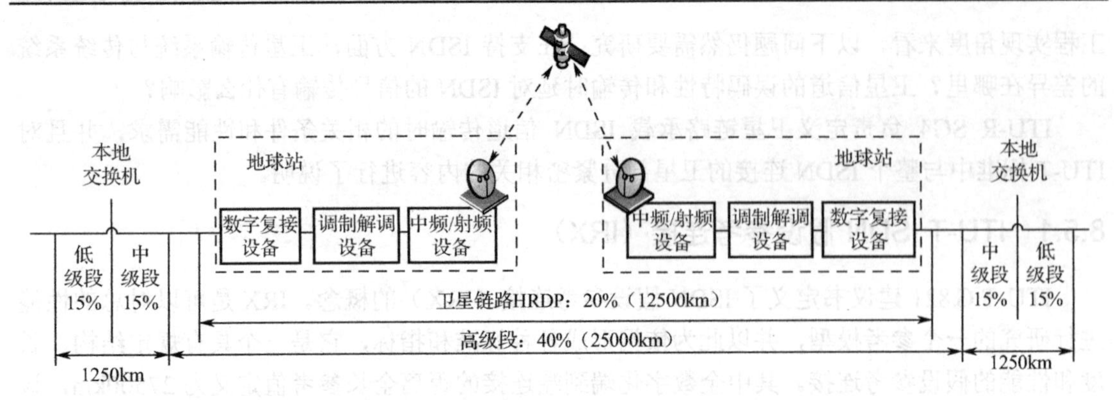

图 8-5 64kbps 的 ITU-T IRX 中的 HRDP

ITU-R 的 HRDP 利用 IRX 中的 12500km 来拓展性能和可用性目标。在定义这段距离时，考虑了各种卫星网络的配置情况，其中最大单跳链路能够覆盖相当于 16000km 地面距离的范围。因此，在大多数情况下，在距离用户小于 1000km 的两个地点之间进行的连接中，卫星主要完成远程数据传输。实际上，卫星网络的接入点应该尽量靠近用户终端。

8.5.3 卫星网络与 ISDN 互联

当卫星网络与ISDN互联时，需要能够支持所有ISDN业务。卫星网络最起码需要支持ISDN电路模式承载业务；如果用于数字通信，则还需要支持 ISDN 报文模式承载业务；此外，卫星网络还应该能够支持一些 ISDN 附加业务，如子地址-SUB、直接拨入、多用户号码等。

图 8-6 显示了单节点分发 ISDN 用户网络，ISDN 可以通过网络终端 NT1 在 T 参考点（接口）提供基本速率或基群速率接口。NT2 后面接用户网络部分，尤其是利用 VSAT 系统组成的网络。图中 NT2 可被视为一个分布式 PABX 节点，卫星网络通常被视为通过网络终端 NT2 连接到 ISDN 的用户网络连接中的一部分。此外，S 接口定义了 PABX 终端设备之间的接口标准。

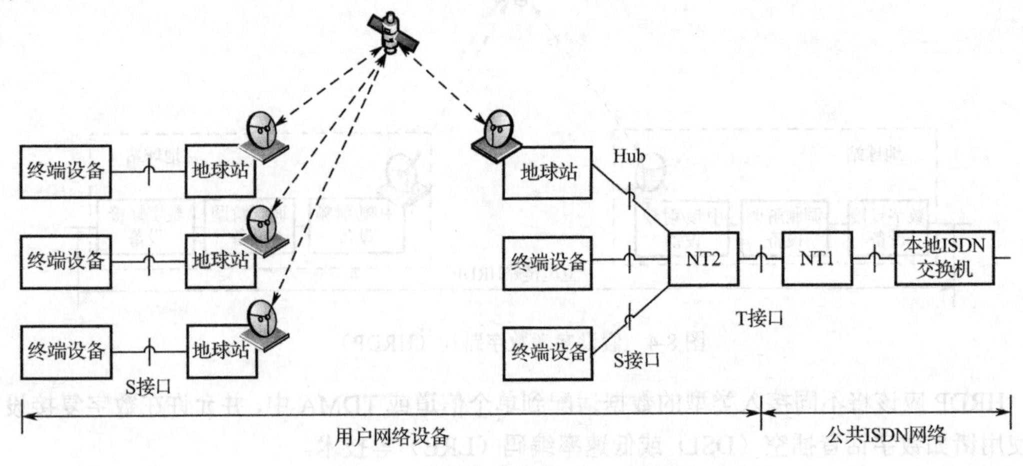

图 8-6 单节点分布式 ISDN 用户网

图 8-7 显示了多节点分布式 ISDN 用户网络。卫星链路将多个私有 ISDN 网络（或节点）连接起来，每个网络都包括地球站、网络终端 NT1 和几个用户终端。在以上两种场景中，私有 ISDN 网络（节点）通过中心站连接到公共 ISDN 网络。在由 VSAT 系统构成的网络中，

如果采用星状拓扑结构，终端能够通过中心站与其他终端进行通信，如果采用网状结构，则终端之间可以直接通信。

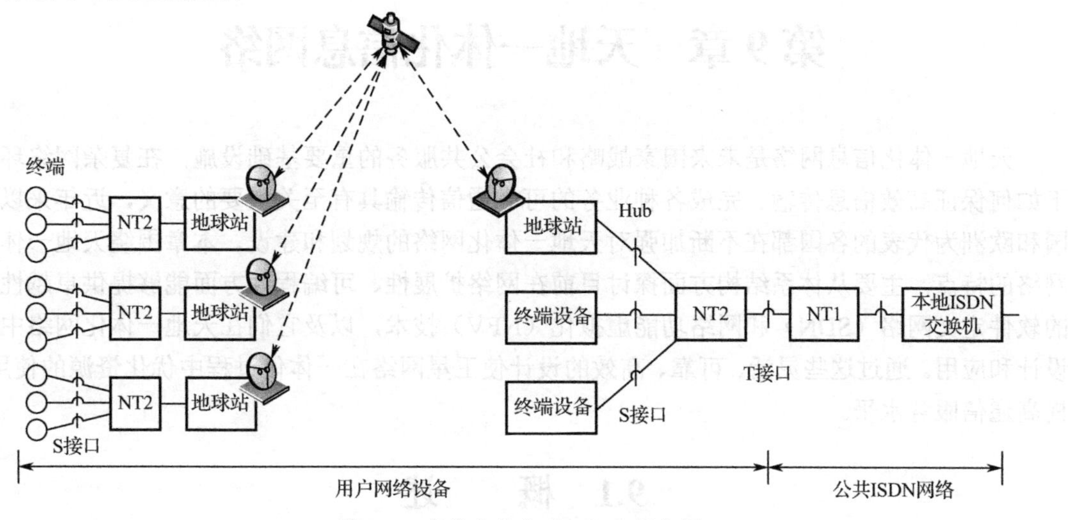

图 8-7　多节点分布式 ISDN 用户网

第9章　天地一体化信息网络

天地一体化信息网络是未来国家战略和社会公共服务的重要基础设施，在复杂网络环境下如何保证高效信息传输、完成各种业务的可靠通信传输具有至关重要的意义，近年来以美国和欧洲为代表的各国都在不断加强对天地一体化网络的规划和建设。本章围绕天地一体化网络的特点，主要从体系结构方面探讨目前在网络扩展性、可编程性方面能够提供卓越性能的软件定义网络（SDN）和网络功能虚拟化（NFV）技术，以及它们在天地一体化网络中的设计和应用。通过这些灵活、可靠、高效的设计使卫星网络在一体化过程中优化资源的使用，提高通信服务水平。

9.1　概　　述

2006年，沈荣骏院士首先提出了我国天地一体化航天互联网的概念和总体构想，提出建设的总体目标是“建成一个综合性的星间、星地及地面互联互通的网络系统，凡与航天器有关的数据接收、传输分发、运行控制等资源均应一并予以有机整合，服务不再局限于一种卫星，也不再对应于一类用户，而是向多种用户提供多种类型的信息，实现信息共享和统筹建设。”

2015年，张乃通院士发表文章，提出天地一体化的概念为天基信息系统支持并融入地面应用为用户服务；提出天地一体化信息网络的目标是“建立一套区别于由任何任务驱动的适应于单一任务的垂直基础设施：1）天基网的功能是以各类天基信息资源共享为目的，在不用全球建地面站网络的条件下，实现不间断的广域天基数据获取、处理、传输功能。从而扩展了‘专用’系统的有效覆盖范围。2）网络化统揽全系统，将‘烟囱式’分散或独立的各类系统以网络化方式综合起来，实现互联互通和必要资源共享，而绝不是为了‘砍倒’各个独立‘烟囱’。”并且定义了“天基”的边界为：地球到静止轨道为主，可以论证延伸到月球、火星，以适应当前实际工作需求。文中对网络的定位和边界的明确定义为我们勾画出天地一体化信息网络的外延，提出的网络基本架构设想和建设建议为我们提供了研究依据。

2016年，在第十二届卫星通信学术年会上，电子科学研究院天基信息系统研究所陆洲所长提出“天地一体化信息网络是以地面网络为依托、天基网络为拓展，采用统一的技术架构、统一的技术体制、统一的标准规范，由天基信息网、互联网和移动通信网互联互通而成。天基信息网包括天基骨干网、天基接入网、地基节点网三部分。”这一定义的提出主要从组网的角度，涉及网络设计和构建的关键问题，揭示了天地一体化组网的内涵。因此，后文中将主要围绕这一定义进行阐述。

随着我国国际地位的不断提高，政治、经济、军事、文化等领域各种活动涉足的地理范围越来越广，具有大覆盖优点的天基通信系统在这些活动中成为重要的通信手段；另外，在各国空间资源的争夺中，导航、遥感、测控等信息的获取、传输和交换也越来越需要天基通信系统的支撑。大数据量、多种类业务、可靠性和有效性要求高的信息交互需求对天基系统提出了前所未有的挑战。可以预见，天基系统在未来将发挥越来越重要的作用。经过近几十年的发展，星上处理能力大大加强，多颗卫星或多个飞行器之间的协同任务已在很多卫星系统中得以实现，空间技术的发展催生了各类天基通信系统的产生。同步和低轨通信卫星、导航卫星、遥感卫星、各类飞行器和航天器共同构成了一个复杂的空天网络系统，其具有与地基系统截然不同的特点，在体系架构、协议体制、交换、安全等组网需求方面更是有很大差异。多系统并存对空间通信架构提出了更高的要求，需要通过先进的组网技术保障天基信息系统与地面信息网络的一体化，实现天地网络互联和融合，保证天基系统的高效应用，提高大地域行动的保障效能。

因此，需要研究适应未来社会发展需求的天地一体化组网体系架构，能适应各类信息传输需求、实现异构网络融合的高效天地互联系统结构、网络传输协议体系架构、传输和资源管理技术，以及空间安全防护技术，进一步增强天地一体化信息网络的应用效能，为未来的天地一体互联网络的构建提供重要的技术支撑。

国外的天地一体化信息网络项目是由互联网技术发展和军事、航天任务的需求推动的，主要集中在美国和欧洲，包括美国的星际互联网（IPN）项目、OMNI 项目和空间通信与导航计划（SCaN），以及美军的转型通信架构（TCA）；欧洲全球通信一体化空间架构（ISICOM）等。

1998 年，美国国家航空航天局（NASA）的喷气推进实验室（Jet Propulision Lab，JPL）启动了星际互联网（IPN）项目，该项目主要研究在地球外使用互联网实现端到端通信的解决方案。已经完成了相关体系结构和数据格式定义等工作，正在对协议进行详细定义和演示验证。2000 年 10 月，JPL 开始下一代空间互联网（NGSI）项目的研究。该项目在数据链路层仍然使用 CCSDS 建议，对现有的 MPLS 和移动 IP 进行了适合空间环境的扩展，提出了一套基于 CCSDS 的空间互联网有关建议。

2001 年，美国哥达德航天中心开展了 OMNI（Operating Mission as Nodes on the Internet）的研究项目，主要研究利用地面 IP 协议实现空间通信的方案，该项目利用 IP 网络、数据中继卫星（TDRSS）开展了地面试验，并在航天飞机上进行了飞行搭载试验。项目证明了在空间使用地面 IP 协议的可行性。

NASA 的 SCaN 计划的主要目标是向 NASA 和其他外部机构提供能够保障航天任务成功的一体化的空间通信、导航与数据系统服务。该网络主要包括 NASA 原有的近地网络（NEN）、空间网络（SN）和深空网络（DSN）三个组成部分。SCaN 计划的主要目标之一是通过网络技术融合原本具有不同功能和定位、相互独立工作的系统，从而提高一体化服务能力，减少重复建设。

军用方面，美国国防部于 2002 年提出了转型通信架构（TCA），其目标是适应美军的转型通信需求，打破通信瓶颈；提供用户之间进行安全、高速通信的体系结构；无缝集成国防部、NASA 和情报机构的空间和地面系统。其工作重点是天基网络及其与地面网络的集成，并由此产生一个完整的、无处不在的基于 IP 的全球网络。TCA 的天基部分由 5 颗转型通信卫星（TSAT）组成，实现天基骨干网络。尽管该计划由于预算原因于 2009 年已被取消，其部分功能由先进极高频卫星系统（AEHF）代替，目前仍在快速发展。

欧盟建立的欧洲技术平台在 2007 年末发起的“一体化卫星通信计划”（ISI）中提出了全球通信一体化空间架构（ISICOM）的概念。ISICOM 工作组一直在开展具体战略研究工作，明确在欧盟 Horizontal 2020 和欧洲航天局（ESA）工作计划中必须完成的研发工作，其目标是建立一个基于 IP 的独立的通信网络，结合微波和激光链路实现大容量空间信息网络。ISICOM 同样由天基网络和地面网络两部分组成。

除了类似的规划较为完整的天地一体化信息网络，基于新技术的发展，目前在商业领域出现了一些新的发展趋势。首先是低成本火箭发射技术的推动，其中的代表是美国 SpaceX 公司，其 Falcon 系列火箭单次发射费用已大幅降低。其次是微小卫星平台逐渐成熟，并走向实用，如 2013 年美国雷声公司的“空间工厂”。由于发射成本和制造成本的大幅下降，利用微小卫星多星组网方式实现的针对具体需求的天地一体化信息网络正不断涌现。2014 年底至今，全球范围内至少提出了 6 个大型低轨卫星星座项目，最具代表性的是 OneWeb、SpaceX 的 STEAM 互联网星座和 Kymeta 公司的 Leosat 系统。2015 年，在谷歌等互联网巨头的推动和支持下，OneWeb、SpaceX、Samsung、Leosat 等多家企业提出要打造由低轨小卫星组成的卫星星座，为全球提供互联网接入服务。这些新技术和新系统的出现必将对天地一体化组网进程起到极大的推动作用。

在天地互联网络协议体系结构方面，目前主要包括两大体系：CCSDS 和 IP。CCSDS 体系结构参考地面 IP 协议栈体系结构开发了一套涵盖网络层、传输层、安全层、应用层的空间通信协议规范（SCPS），并允许在网络层使用地面互联网 IP 协议。如前文所述，IPN 建立在 CCSDS 体系之上，并且基于空间特点对 CCSDS 进行了改进。目前对基于 IP 协议的大多数网络而言，这套协议体系除传输层协议仍在一些商用性能增强设备中使用之外，其他协议并未得到广泛应用。即通常的使用模式是网络层 IP 协议+运输层 SCPS 协议+应用层 IP 体系协议。与此同时，为了支持各航天机构地面设施的交互操作，欧洲航天局（ESA）开发了基于 CCSDS 空间传输协议的地面传输协议 SLE（空间链路扩展），目前已纳入 CCSDS 建议体系结构，将 CCSDS 空间传输协议延伸到地面航天设施。另外，地面互联网使用的 IP 协议体系结构也成为一些天地互联网的首选体系结构，如上文提到的 OMNI 和 ISICOM 基于 IP 协议体系，并验证了 IP 协议在空间环境中的可行性。

在天基系统建设方面，我国目前已初步建成卫星通信、卫星对地观测、卫星导航定位三大卫星应用系列，为建立我国天基综合信息网提供了一定的技术基础。2008 年 4 月 28 日发射的“天链一号”是我国首颗中继通信卫星，可为卫星、飞船等航天器提供数据中继和测控服务，实现了中、低轨道用户航天器准全球覆盖，开创了我国星间通信的新局面。我国载人航天工程已完成了多艘载人飞船和一座空间实验室的发射和相关试验，多次成功地通过数据中继卫星传递信息，为天基综合信息网的建设提供了宝贵经验。我国临近空间飞行器的研究和应用已取得初步成绩。因此，我国已初步具备了研究和建设天基综合信息网的条件。但是，在天地一体化体系结构、互联协议体系结构等方面，仍然处于初步的方案论证阶段，还未形成统一的技术体制和标准规范。

9.2 天地一体化信息网络基本结构

天地一体化信息网络是以地面网络为依托，扩展到天基网络的天地一体化网络系统，系统由空间的多颗 GEO、LEO 卫星、中继卫星、航天器、无人机、装载在各种平台（如车载、船载、机载平台等）上的地面终端、地面中心站和测控站组成，形成一个多层次、多链接、多用户的多源数据传输和处理系统。卫星具有星上处理、交换和路由能力，多颗卫星之间具有星际链路，并形成星座，还可进一步扩展以增加覆盖区域和服务范围。

天地一体化网络系统结构如图 9-1 所示。该网络主要分为天基骨干网、天基接入网、地基骨干网三部分。天基骨干网由空中的骨干节点组成，具备宽带接入、数据中继、路由交换、信息存储、处理融合等功能，由多颗卫星组成多层次协同处理综合系统。天基接入网由高轨或低轨接入节点组成，满足多层次海量用户的各种网络接入服务需求。地基骨干网由地面互联的骨干节点或终端组成，包括信关站、网络运控中心、信息存储中心及应用服务中心，主要完成网络控制、资源管理、协议适配、信息处理和融合等功能，并实现与其他地面系统的互联互通。

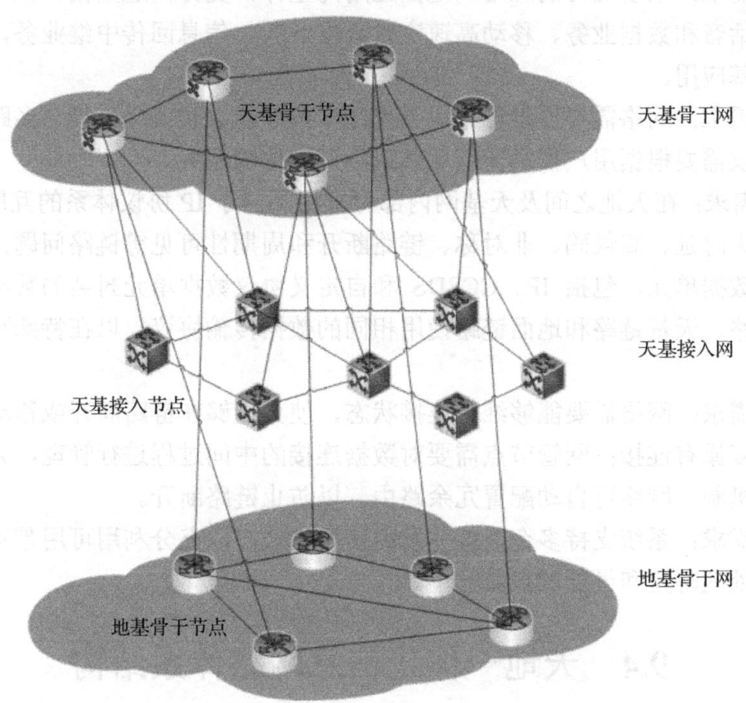

图 9-1　天地一体化网络系统结构示意图

天地一体化信息网络由于受到空间传输环境与网络异构组成等因素的影响，与地面网络存在显著差异，使得大量地面网络中的成熟技术难以直接应用于天基网络。其特殊性主要表现在：①空间链路具有传输时延长、中断概率高、非对称等特点；②空间节点高度动态、稀疏分布、网络拓扑结构动态变化；③由若干专用网络构成，缺乏统一标准，网络的管理实体应用需求和习惯大相径庭，不同管理域的异构网络互联互通困难，节点资源协同困难。

目前，我国天地一体化网络刚刚起步，基础设施建设仍然相对落后，各个信息系统和网络基本是独立发展的，在网络资源的优化使用和信息服务能力方面都无法满足快速发展的应用需求，且卫星网络中基本采用专用设备，多种网络体系和技术并存，网络协议自定义居多，这些都严重阻碍了天地一体化网络融合，造成资源得不到充分利用，新型网络服务部署周期长、网络更新和维护困难、扩展性差等诸多问题亟待解决。

9.3 天地一体化网络的系统需求

天地一体化网络在网络协议设计方面既不同于地面网络互联，也不同于空间网络互联，具有其特有的应用需求和设计要求。

（1）节点需求：通信过程可能发生在地基网络内部、天基网络内部，或者跨越地基和天基网；在天基网中数据传输可能通过包括数颗卫星在内的若干中继实体进行连接，发挥中继作用的实体包括 GEO、MEO、LEO 卫星、航天器、地球站、关口站。

（2）应用需求：系统支持的应用以地面应用为主体，支持高速数据、视频等综合业务，支持中低速率话音和数据业务、移动高速实时数据业务、信息回传中继业务，此外还包括测控、导航等天基应用。

（3）服务需求：网络需要提供可靠、无差错、按序的、具备优先级、多路径等服务质量保证，传输协议需要根据用户需求提供可靠或不可靠传输服务。

（4）兼容需求：在天地之间及天基网内部可采用不同于 IP 协议体系的互联协议，要能够解决空间链路大时延、高误码、非对称、链路断开和周期性可见等链路问题；协议体系需要兼容各种协议数据单元，包括 IP、CCSDS 和自定义协议数据单元封装的数据；另外，应该允许在天地链路、天基链路和地面链路使用相同的数据传输协议，以在特殊环境中提供互联的便捷。

（5）管理需求：网络需要能够维持连接状态，使其能够在链路断开或移动环境中需要切换接入点时恢复原有连接；网管节点需要对数据连接的中间过程进行管理，并提供优先级和抢占式的传输机制；网络可自动配置冗余路由，以防止链路断开。

（6）性能需求：系统支持多个连接并发的使用方式，以充分利用可用带宽资源；网络服务提供最小化处理时延和最低的报文开销。

9.4 天地一体化信息网络体系结构

近年来，SDN 和 NFV 技术已广泛用于地面网络，针对这些技术的应用人们开展了大量研究，各大网络厂商还推出了相关产品，未来网络的发展和部署将全面围绕这些技术进行。而 SDN 和 NFV 概念同样也可以用于卫星网络，并能够为卫星网络带来极大的灵活性、可扩展性并降低系统成本，还可以引入新的用户定制服务。

9.4.1 软件定义网络（SDN）

软件定义网络（Software Defined Networks，SDN）是美国斯坦福大学首先提出的，它诞生于 GENI 项目资助的 Clean Slate 课题，该项目的最终目的是要重新发明因特网，旨在改变设计思路受限、难以进化发展的现有网络体系结构。最初，SDN 是为解决传统网络架构控制和转发一体的封闭架构而造成难以进行网络技术创新的问题而提出的，其基本思想是将路由器/交换机中的路由决策等控制功能从设备中分离出来，如图 9-2 所示，统一由集中式的控制器来进行控制，从而实现控制与转发的分离。SDN 自提出以来，网络的集中控制和可编程性得到了学术界和工业界的广泛关注和大力支持，世界各国的研究机构、网络运营商和设备商都积极参与，对 SDN 开展了大量的研究和实验，并已在某些领域得到了成熟的应用，逐步构成了一个完善的 SDN 生态系统。

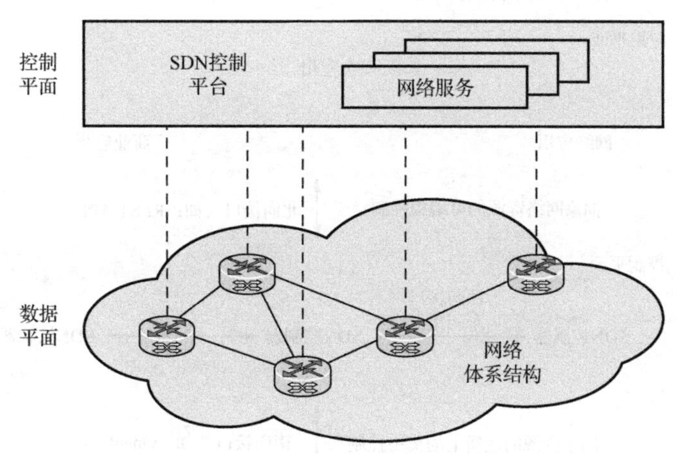

图 9-2　软件定义网络（SDN）

从实用角度出发，SDN 可定义为：在功能上使网络能被运营商以编程方式来访问，从而实现自动化管理和服务编排，跨多个路由器、交换机和服务器应用配置策略，以及对执行这些操作的应用程序与网络设备的操作系统进行解耦合。

SDN 是一种集中式管理下的分布式控制平面、应用平面和数据平面构成的体系结构，如图 9-3 所示，其中数据平面包括物理交换机和虚拟交换机，不论运行在哪一平面，交换机都仅负责报文的转发，缓存、优先级参数和其他与转发有关的数据格式可能随设备厂家各有不同。但是，每个交换机必须实现一个报文转发的模型或一种逻辑抽象，对于 SDN 控制器是统一的和开放的。该模型根据控制平面和数据平面之间的 API 接口（南向接口）进行定义。目前最典型的开放接口是 OpenFlow，该规范不仅定义了控制和数据平面之间的协议，而且还定义了控制平面调用 OpenFlow 协议的 API。SDN 控制器可以直接在服务器上实现，或者在虚拟机上运行。同时 SDN 控制器还定义了北向接口，允许开发人员或网络管理者实现各种定制的网络应用，而这些应用可能在 SDN 出现之前根本不可能实现。目前，关于北向接口还没有制定任何标准。此外，水平的东向和西向接口也没有定义，它们主要用来实现不同组或控制器联盟之间的通信和合作，完成状态的同步，实现系统的高可用性。应用平面包括各种与 SDN 控制器交互的应用。SDN 应用是一些能够利用网络的抽象视图实现决策的程序，应用将其网络需求和网络行为预期通过北向接口发送给 SDN 控制器，典型的应用包括高能量效率的组网、安全监控、访问控制和网络管理。

9.4.2　现有卫星网络的特点

SDN 技术能够为卫星网络带来灵活性、可扩展性、定制能力和成本的降低，还可以引入新的用户定制的服务。通过 SDN 技术建立天地一体化网络体系将对卫星产业链上的各个环节产生深远的影响。卫星网络运营商可根据客户需求定制服务，通过 NFV 降低成本，可在公共服务节点运行网络功能，可快速且更容易地升级和替换现有功能。对于用户来说，可获得灵活的体系结构，提高管理和配置能力，可利用地面和卫星连接通过单独的虚拟切片获得服务，网络资源可根据需求随时重新规划，通过 NFV 可将硬件组网应用移到运营商的云架构上。对设备制造商而言，星上和地面设备的平台具备可编程、可重新配置等能力，并与标准北向接口趋于统一，从而可以增加其目标用户群。

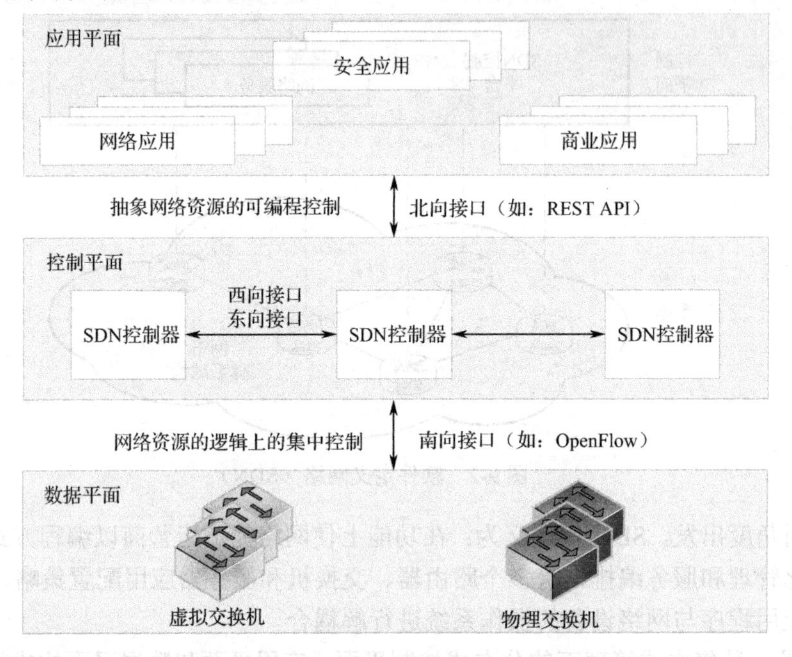

图 9-3 软件定义体系结构

天地一体化网络需要在现有网络的基础上进行扩展和创新，传统系统与新系统在很长一段时间内将并存。现有卫星网络系统在控制平面和数据平面主要有以下特点。

1. 控制平面

首先，由于卫星资源使用的特殊性，目前大部分卫星网络本身具备集中控制的特点，控制的对象主要是系统的资源，在这些系统中，通常有一个网控中心，某些系统中还具备多级控制中心或备份控制中心。网控中心统一处理用户的资源使用请求，并根据现有资源情况进行分配，同时在资源使用过程中进行监控；系统中的卫星、地球站和网络设备通过管控代理接受网控中心的管理，实现参数的配置和调整，执行中心发来的各种命令。因此，天基系统中的控制和管理功能分布于整个系统的不同组成部分中，包括卫星、地球站、网控中心。

其次，根据星载设备的能力，不同系统还会在星上部署一定的管控功能，以实现星载网控，克服卫星信道长时延带来的不便，提高管控效率。采用弯管式转发器的系统在星上没有任何控制能力，而采用具备星上处理和星上交换能力的转发器的系统则可以在星上部署少量控制功能，有些新型卫星系统具备星上路由的能力，这些系统可以在星上部署更为复杂的处理和控制功能。此外，还有些系统需要保障一定的系统自主运行能力，当地面网控失效时，需要保证星上自主管控的有效性。

此外，由于受到卫星链路大时延、高误码、非对称等特点的影响，以及卫星信道资源有限，控制平面上节点之间的控制交互信令和交互流程都尽可能简单，并且大部分为定制的自定义协议流程，因此，在与地面网络互联时存在管理和控制上的体制和方法差异。

最后，由于卫星信道的特殊性，相应的信道设备与地面传输设备相比，配置参数种类多、相关性大，配置过程复杂，这些使设备的管理和控制变得更加困难。

2. 数据平面

卫星链路具有大时延、高误码、非对称等特点，在数据平面的报文转发通常要经历更长的时间，可能存在误码丢包的现象，还可能导致某些基于时间反馈的机制由于链路带宽的非对称性而引起性能下降，因此，地面网络的协议机制在卫星链路中会遇到很多问题。

地面网络的传输层协议 TCP 采用应答方式建立反馈回路，依赖报文往返时间信息监测链路中的报文分布情况，并及时调整发送策略，实现拥塞控制。这种机制在卫星链路中性能受到严重影响，为了提高卫星信道传输效率，地球站通常配置性能增强代理（PEP），将标准传输层协议转换为适应卫星信道传输的特殊协议机制，通过连接分割、拥塞和误码的区分克服卫星链路引发的问题。

卫星网络拓扑结构与地面网络存在差异，通常 GEO 卫星网络的拓扑结构简单，LEO 星座网络节点众多，断链现象较多，拓扑具有周期性变化和可预测性。因此数据平面的报文转发对于 GEO 网络而言，主要解决节点的地址识别和转换、路由消息的广播分发、报文投递；对于 LEO 网络主要解决拓扑动态性、路由信息收敛问题。

卫星网络在数据平面的业务种类和承载方式方面与地面网的差异逐渐变小，随着卫星带宽资源逐渐丰富，数据传输速率不断提高，这些差异将趋于消失。但是，卫星网络 QoS 保证能力与地面网络相比仍然非常欠缺，缺乏保障实体和保障机制。因此，需要在中央站和地球站增加相关的处理模块，需要设计 QoS 保障机制和交互协议，以提高卫星网络的服务质量，与地面网络实现业务上的融合。

9.4.3　基于 SDN 的天地一体化网络体系结构

国防科技大学的研究人员在软件定义蜂窝网架构的基础上提出了一种基于 SDN 的卫星网络体系架构——SDSN，如图 9-4 所示。该架构分为三个层次：应用层、控制层和基础设施层。网控中心作为应用层，以一种集中控制的方式对整个网络进行最优化控制和管理。根据用户请求和网络监控结果对用户信息数据库和路由数据库进行实时更新，每颗卫星的硬件配置也需要 NOCC 来进行控制，以实现全局最优化，它还管理星上通过软件定义的载荷的配置，实现与其他异构卫星通信系统和终端的兼容。卫星地面站为控制层，它接收 NOCC 的配置策略和路由控制信息，并将其转换为一种简单的可被底层模块理解的数据格式，该转换对于开放接口设计来说非常关键，通过统一的转换才能为系统提供极大的灵活性，实现各种复杂的功能。卫星作为系统中的基础设施在 SDSN 框架中得到了极大的简化，它们从地面站接收路由表信息并进行更新，接收各种管理策略和硬件配置指令，实现对卫星网络的具体部署；同时，各种卫星还需要向 NOCC 发送卫星状态信息和网络运行状态信息，帮助 NOCC 构建网络的全局视图。这种网络架构能够实现灵活性高、细粒度、可扩展的网络控制和负载均衡的路由算法，可以提高卫星网络的弹性覆盖能力和异构系统的兼容性，还能大大降低卫星网络的建设成本。但是，该框架中仍然存在一些关键性问题需要深入探讨。主要包括：①接口问题，北向接口如何设计才能满足应用需求，南向接口现有的 OpenFlow 协议无法提供对卫星系统软硬件的完全控制；②卫星载荷设计需要考虑潜在的卫星应用需求，由于地面通信技术发展迅速，因此设计中需要充分考虑未来可能的应用需求和技术发展；③系统灵活性和最优化的集中控制给系统带来很大开销，性能和开销之间如何维持平衡是需要考虑的重要问题。

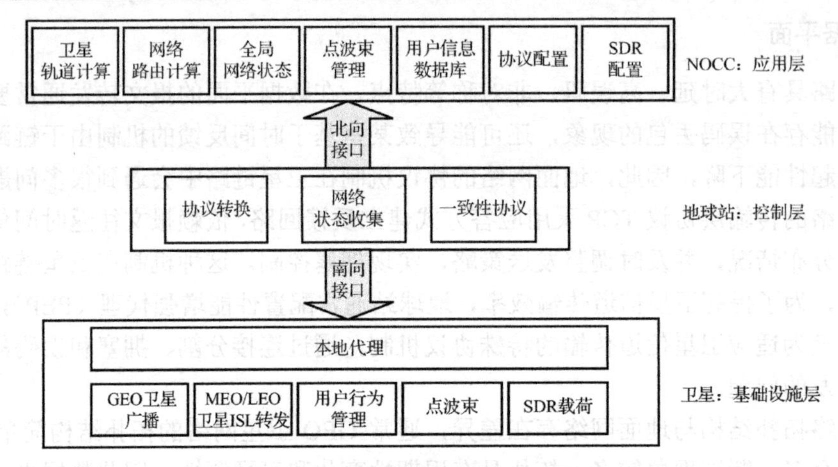

图 9-4 SDSN 体系结构示意图

研究人员分析了在地面网络技术飞速发展的背景下，卫星网络在下一代以 5G 网络为代表的网络架构中的地位问题，着重描述了在网络虚拟化和多用户卫星网络、4G/5G 网络场景和卫星地面混合接入三种应用场景下，利用 SDN 和 NFV 技术，如何使卫星系统实现灵活高效的网络融合（见图 9-5），其中还分析了存在的主要难题。对于卫星网络运营商而言，提供对网络设备和管理的高度控制，需要将网络基础设施分成逻辑上独立的虚拟卫星网（即网络切片），运营商可以通过网络切片对不同的端用户在其宿主网络内提供资源和运营能力。但是在增加一种新的网络服务时，对于网络切片生命周期的管理在现有卫星网络中非常具有挑战性，因为需要对多个硬件和软件部分的重新配置。这些操作非常复杂，并可能引起配置的不一致性。唯一的方法是手动配置，采用提前确定的 SLA 来静态管理，但是这会造成管理不灵活，网络利用不够优化。采用 SDN/NFV 技术，网络切片过程更加容易，SDN 控制的虚拟化不同于隧道或封装之类的虚拟化，它有更好的动态性和对数据流的管理精度，建立服务的时间更快。SDN 控制器可作为实现网络切片抽象和通过适当的北向接口实现多租户应用的虚拟化中间件，VNF 可为特定租户实现虚拟 PEP，虚拟防火墙、虚拟带宽优化器等，可实现灵活的卫星网络资源共享，在更高层次上与网络成员交互，更快地提供服务和实现网络部署。

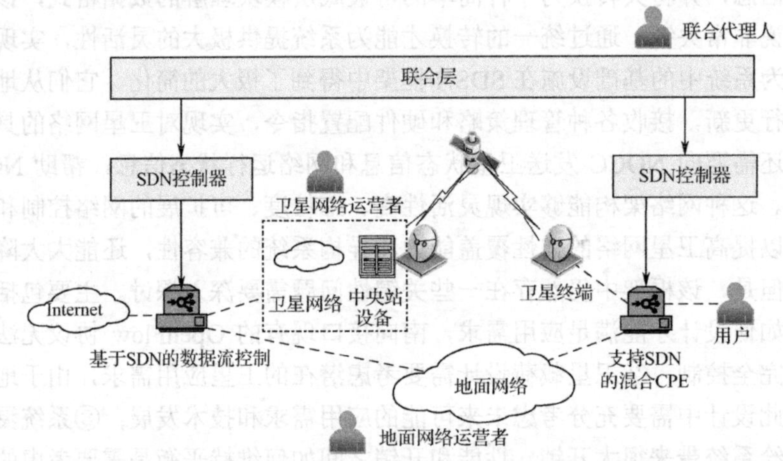

图 9-5 基于 SDN 的卫星与地面网络联动示意图

法国空间署资助的宽带卫星网络中的 SDN 和 NPN 技术，即构建基于 SDN 的卫星/ADSL 混合体系，如图 9-6 所示。SDN 和 NFV 能够使卫星网络提供更好的通信服务，可以帮助其实现与地面网络的无缝融合。研究通过对四种典型场景的分析，探讨了引入网络可编程性和虚拟化对卫星网络带来的好处。其中在卫星地面网融合的场景中，在实现多链路传输和负载均衡时，需要系统结构提供对承载数据流的细粒度控制，将数据流或其中一部分分发到传输质量最好的链路上。这种路由过程应该对上层应用是透明的。目前，通过一些技术的复杂组合可以实现这种控制，如策略路由（PBR）、多链路协议（MLPPP、Oracle IPMP、SCTP 等），以及流量识别机制（报文标记、DPI、七层过滤等）。然而，所有这些技术都不能提供在不同链路上分发数据流的控制能力。而且，它们的行为缺乏动态性，转发规则都是静态的，没有考虑链路条件和应用流量的变化。而通过在 SDN 控制器中运行一个特定的应用，可以实现对数据流分发的动态控制，包括前向和反向流的分发，所以 SDN 能够为报文转发带来很大的自由度。基于 SDN 的方法可用于多种场景，例如，当开始一次话音通信时，为了满足 VoIP 的 QoS 需求，低时延的 ADSL 链路可被临时动态保留给承载话音业务的报文，而其他所有经过这条链路的数据报文都重定向到卫星链路。此外，利用 NFV 方法，可以使 PEP 不再在一个专门的设备中实现，而是通过软件实现，并运行在服务器中。PEP 功能可以专门针对一次通信过程的上下文进行配置，并可根据应用需求（安全、移动性、性能）进行调整。当卫星终端从一个网关切换到另一个时，其“专有的虚拟 PEP”将转移到新的网关，继续保证 TCP 性能的优化。基于 SDN/NFV 的卫星地面网络的体系结构和相关的资源管理方法已经在欧盟 H2020 VITAL 研究项目中开展了研究。

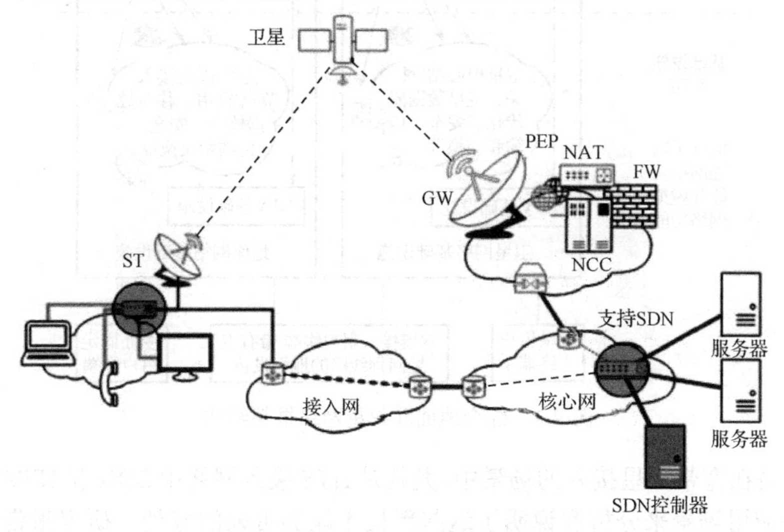

图 9-6 基于 SDN 的卫星/ADSL 混合体系

在欧洲的 EU H2020 VITAL 研究项目中也讨论了利用 SDN、NFV 技术实现卫星和地面网络互联的问题。研究中提到这些技术的使用创建了更智能的网络，它是开放的、可编程的、应用可感知的。SDN 的使用可涵盖很多不同的领域，如细粒度的控制、带有综合网络全局视角的 QoS 策略分布式增强、当遇到拥塞时对网络资源的实时控制等。研究提出了综合地面和卫星组网络框架结构，如图 9-7 所示。该框架可以实现卫星和地面段更灵活的互联。框架中包括基础设施平面、管理和控制平面，卫星和地面段的一些网络功能将成为运行于 NFV 基础设施（NFVI）上的虚拟网络功能（VNF），NFVI 包括物理资源和提供给 VNF 使用这些资源的虚拟层，NFVI 可以跨越多个地点和数据中心，整个基础设施平面包括在专用硬件上实现的网络功能和在 NFVI 平台上运行的虚拟网络功能。基础设施平面之上是分别在卫星和地面网内的管理和控制平面，它们包括两个集中化的功能：NFV 管理器和 SDN 控制器。前者负责 NFV 资源的协调和管理，着重于虚拟管理任务；SDN 控制器则开发出不同网络功能的若干编程接口，不论它们在什么环境下实现，都将确保实现集中式的控制平面功能。在此基础上，还引入联合网络资源管理器的概念，它提供一套 API 给客户前端，实现对端到端服务规范的制定并进行网络描述，基于这个网络规范，联合网络资源管理器根据申请的资源的可用情况做出决定，并以统一的方式确保资源的使用。因此，它负责协调管理和运行 NFV 资源，并在卫星和地面段实现端到端网络服务的 SDN 控制平面功能。该项目提出的框架能提供虚拟化网络服务，可在同一平台上同时提供多个网络切片，每个网络切片有特定的策略，由不同实体控制。虚拟网络服务可根据每次请求来提供，或动态提供，提供时还会考虑时间和资源的可用性。研究中提出的方法可以提高网络覆盖度，优化通信资源利用，并提供更好的网络弹性和商业灵活性。

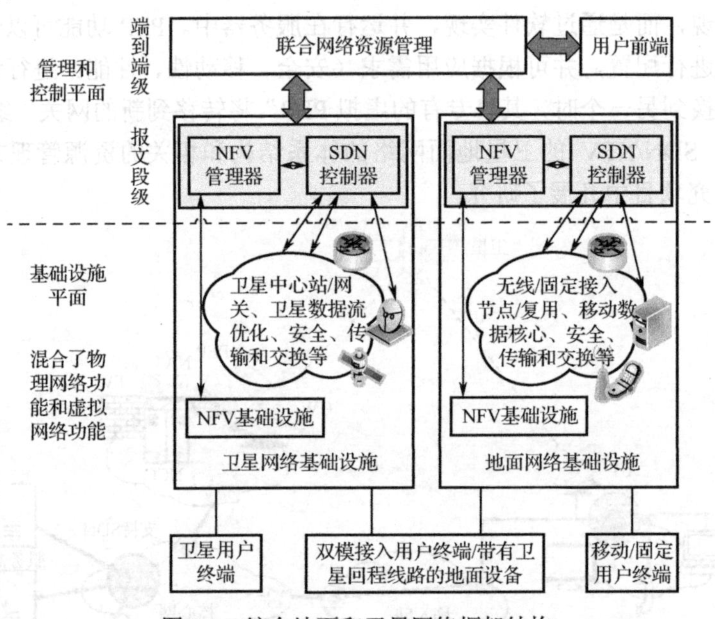

图 9-7　综合地面和卫星网络框架结构

有研究人员在宽带卫星接入的场景中，尤其是 HTS 接入网络中 SDN 和 NFV 技术的使用，通过选择一些应用场景来分析和说明了这些新技术能够带来的好处。研究报告提出了地面-卫星一体化网络利用 SDN 技术设计的功能体系结构，如图 9-8 所示，并分别选择了四种场景进行阐述。其中，卫星智能网关场景中主要利用 SDN 来提供快速和动态切换过程的可编程逻辑，其中将网关作为 NFV 设备利用软件来实现，SDN 主控制器则位于中央站，使得 SDN 可编程功能在报文处理流程中具有了可操作性；在卫星和地面网络无缝融合的场景中，利用基于 SDN 的体系结构对每个数据流提供精细控制，并实现能够动态适应链路变化的控制行为；在对传统卫星接入和 RS（Responsive Space）网络的优化场景中，利用 SDN 技术动态连接不同的网络用户节点，创建按需方式的虚拟网络来收集交互和报文处理信息；在 LEO 星座网络中，可利用 SDN 和 NFV 提供统一的控制平台，高效管理和优化卫星星座网络行为，建立完全可操作的虚拟卫星网络提供给网络运营者，同时提供更好的系统覆盖能力，优化通信资源使用，提供更优的网络弹性。

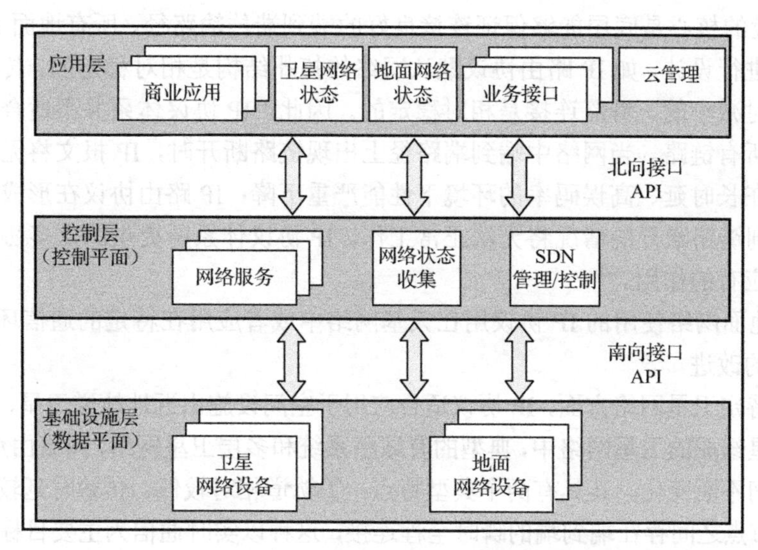

图 9-8　地面-卫星集成的 SDN 功能体系架构

9.5　天地一体化信息网络协议体系结构

下一代宽带卫星网络将面临网络环境的巨大变化，对天地一体化网络的互联互通提出了新的挑战。尽管卫星链路本身传输质量的提高和带宽的扩展使其暂时摆脱了资源受限的影响，然而高昂的通信费用和用户急剧上涨的应用需求仍然是其现阶段面临的巨大挑战，同时，卫星网络需要与时俱进，紧跟地面网络和终端的发展步伐，提供高质量的通信服务。同时，用户的大规模应用又能够极大地推动卫星技术的发展，未来的宽带卫星网络甚至需要从体系架构开始进行重新反思和设计。在此过程中，一体化网络的协议体系结构设计是网络实现高效互联的关键，本节主要讨论现有空间通信协议体系的特点，包括 IP 体系结构、CCSDS 体系结构和 DTN 体系结构。

目前，空间通信网络协议体系结构主要有三种：基于 IP 协议的体系结构、CCSDS 体系结构和 DTN 体系结构。

9.5.1　基于 IP 协议的体系结构

IP 协议作为目前地面互联网广泛使用的协议体系，利用对数据报的网络层编址为上层提供了可独立于底层数据链路技术的统一平台，在解决异构网络互联的问题方面具有很大的优势。IP 协议体系所包含的各种机制，如路由、域名服务、地址映射、网管等已经非常成熟，在大范围应用中得到了不断改进，协议运行稳定，可靠性高，其优势不言而喻。IP 协议的主要特点包括：

- 提供尽力而为服务，不保证传输的可靠性；
- 报文可根据底层链路要求进行分段和重组；

● IP 协议体系包括一系列成熟的路由、管理、安全协议；
● 提供传输层协议（如 TCP）保证传输的可靠性。

然而，IP 体系结构对底层网络所做的隐含假设并不适用于所有的网络环境，尤其是空间环境。这些假设的核心是底层能够保证连接良好的端到端传输路径，所有地面 IP 协议机制都基于这一假设进行设计，如 IP 路由协议默认网络的拓扑结构是相对稳定的，传输协议默认网络的时延是相对减小的、链路连接是相对稳定的。因此，IP 协议体系并不适合于天地一体化网络环境中的所有链路。当网络中端到端路径上出现链路断开时，IP 报文将无法投递而被丢弃；TCP 协议在长时延、高误码率的环境下性能严重下降；IP 路由协议在形成网络统一的连接拓扑时，遇到链路断开的情况将无法正常工作。IP 协议体系所提供的众多协议都很难在空间环境中发挥应有的作用。

所以，在地面网络使用的 IP 协议用在天基网络中或者应用在特定的通信环境中时，需要进行协议机制的改进。

在适用的特定卫星网络方面，IP 协议适合应用于空间设施由近地轨道卫星、中低轨道和地球静止轨道卫星组成的卫星网络中，典型的有铱星系统和多层卫星网络，网络由众多卫星组成，拓扑结构随时间不断变化。其具有两个典型特点：①轨道相对较低、传输时延较小；②卫星部署较多，通信节点之间存在端到端的瞬时全程连接，这种以实时通信为主要目标的网络仍然是以 TCP/IP 协议为核心构建体系结构的，重点是需要适应动态网络拓扑的路由机制。

IP 协议体系的改进则主要包括各种协议机制的改进，如 TCP 协议针对无线和卫星链路的各种改进体制（TCP Vegas 等），以及使用网络架构上的隔离方法，如性能增强代理，将端到端链路分割为多段链路，每段链路分别使用不同的协议机制。

9.5.2 CCSDS 体系结构

空间数据系统咨询委员会（CCSDS）成立于 1982 年，该组织旨在开发适合航天测控和数据传输系统的各种通信协议和数据处理规范，适应航天器所处的复杂环境，实现空间资源的高效利用。空间通信环境传输时延大、信道误码率高、突发噪声强、多普勒频移大，且存在链路断续的问题，如果采用地面网络中的 TCP/IP 协议将无法正常工作。CCSDS 在 TCP/IP 协议体系的基础上，进行了协议的机制修改和扩充，制定了空间通信协议规范（SCPS），该协议实现了空间通信网络高效可靠的数据传输，为遥感卫星和数据中继卫星之间提供了高效的文件传输服务。

该体系结构自上而下分为物理层、数据链路层、网络层、传输层和应用层，每层又包括可选的若干协议，其参考模型如图 9-9 所示。

（1）物理层

物理层协议包括无线射频和调制系统，以及 Proximity-1（见图 9-9 中的 Prox-1）。无线射频和调制系统对星地之间使用的频率、调制方式进行了定义；Proximity-1 通过跨层方式定义了邻近空间链路物理层的特性，包括物理层和数据链路层。物理层主要为同步和信道编码子层提供比特时钟和状态信息，数据链路层则包含 5 个子层：同步和信道编码子层、帧子层、媒体接入控制子层、数据服务子层和 I/O 子层。

（2）数据链路层

数据链路层包括遥测（TM）、遥控（TC）和 AOS 空间数据链路协议，可以提供空间链路传输各种类型数据的能力，统称为SDLP（Space Data Link Protocol，空间数据链路协议）。TM协议通常从航天器发送遥测信息到地面，TC协议则通常从地面发送指令到航天器。空间数据链路协议的基本数据单元为传输帧。TC协议使用可变长数据帧保证长度较短的信息（如命令信息）具有较短的传输时延。为保证命令信息无间隔、无重复、按序到达接收端，TC协议中引入了重传控制机制，并由通信操作程序（COP-1）提供。TM协议和AOS协议使用定长数据帧，以实现空间链路可靠的帧同步，二者无法保证数据传输的完整性，因此若需保证完整、可靠，则需上层协议通过重传机制来保证。

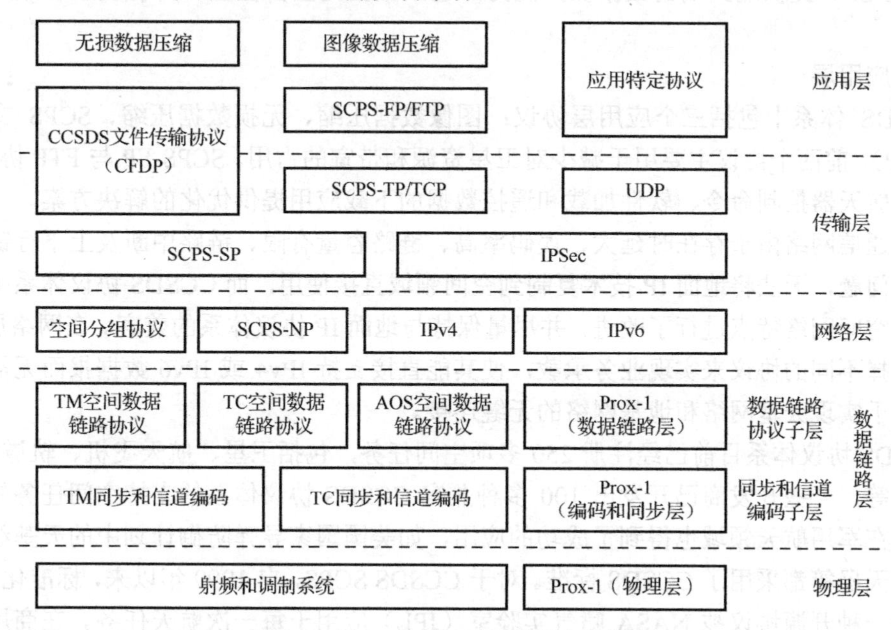

图9-9 CCSDS空间通信协议参考模型

（3）网络层

CCSDS标准定义了两个网络层协议：空间分组协议（SPP）和SCPS-NP，实现空间网络路由功能。二者均不提供重传机制，而由高层负责。为实现与地面网的兼容，网络层通过封装技术使得IPv4和IPv6分组可通过空间数据链路协议传输，与SPP和SCPS-NP复用或单独使用空间数据链路。

SCPS-NP（SCPS 网络协议）支持静态路由、动态路由和泛洪路由，可应用于多种信道环境。协议报文可随业务不同而改变首部结构，以达到最优比特效率。该协议的主要缺陷是不支持与IP协议的互操作。如果要实现与IP协议的互联，必须转换协议首部。

（4）传输层

SCPS传输协议（SCPS-TP）向空间通信用户提供端到端传输服务，可提供可靠、面向字节的数据流传输服务。该协议可承载于SCSP-NP或IP协议之上，可使用与TCP协议相同的协议号，并利用TCP首部的选项部分实现协议控制，因此可与TCP协议方便地互联。该协议在TCP协议的基础上，主要进行了以下改进：①使用TCP分割技术，协议可靠性通过端到端路径中各分段的可靠性来保证；②SCPS-TP协议使用选择性否定确定（SNACK），而非ACK，收方不需要对每个数据包发送确认，仅在出现丢包时向发方返回否定确认，大大减少了数据量，减轻了链路负载；③协议中不依赖丢包作为网络拥塞的标志，而是对丢包原因进行区分，并对误码丢包和拥塞丢包分别设计不同的处理流程，避免了链路资源无法高效利用的问题；④协议中提供报头压缩能力，对低带宽环境的应用效率可提高50%以上；⑤协议中还提供不同的应答策略，针对非对称的信道环境，调整应答信息的回传速度。

传输层还包括主要用于端到端文件传输的CFDP协议，该协议既提供传输层功能，又提供应用层文件管理能力，可在卫星、地球站或中继星之间使用。用户只需确定传输时间和文件的目的地，CFDP负责随端到端连接的变化情况进行动态路由。此外，还有SCPS安全协议（SCPS-SP）提供端到端的数据保护能力，包括数据完整性检查、身份认证和接入控制等服务。

（5）应用层

CCSDS体系中包括三个应用层协议：图像数据压缩、无损数据压缩、SCPS文件协议（SCPS-FP）。前两个协议主要用于减少对卫星资源和带宽的占用。SCPS-FP与FTP协议类似，主要为对航天器控制命令、软件加载和遥控数据的下载应用提供优化的解决方案。

空间通信网络由于存在时延大、误码率高、链路容量有限、链路中断及上下行链路带宽不对称等问题，无法将地面IP技术复制到空间领域直接使用，而CCSDS协议体系中的各层协议针对空间网络特点进行了改进，并尽量保持与地面IP协议体系的兼容。在网络层，用户可灵活选择不同的协议来实现业务承载，使其能直接支持IPv4或IPv6数据报而无需任何中间层，易于实现天基网络和地基网络的无缝连接。

CCSDS协议体系目前已经注册250多项空间任务，包括卫星、航天飞机、轨道空间站、运载火箭等。一些开发商已开发出100多种兼容CCSDS协议体系的支持空间任务的产品。此外，其在军用航天领域也得到了成功的应用，如美国国家导弹防御计划中的天基红外系统使用的航天器等都采用了CCSDS标准。对于CCSDS SCPS，自1999年以来，标准化的SCPS一直作为一种开源协议被NASA喷气实验室（JPL）应用于每一次航天任务。在商用领域也出现了很多基于SCPS协议的产品。实际应用中，主要有端到端SCPS方式、分布式增强网关方式和集中式增强网关方式。尤其是在天基与地基网络互联的结构中，分布式增强网关方式不需要对现有地面网络和终端设备进行改动，而又可以利用SCPS-TP克服卫星信道的诸多制约因素，因此商用产品通常使用这种方式，支持SCPS-TP协议。在商用产品方面，主要有Comtech EF Data公司的TurboIP、Xiphos公司的XipLink、LTI公司的Mini Accellerator、Avtec公司的SCPS通信协议网关等。CCSDS协议簇已经成为一种先进的、成熟的数据系统体制，已成为航空航天领域默认使用的国际标准，实现了高效的空间数据通信，优化利用了空间资源。同时，它具有的充分开放性为天地互联提供了坚实的技术基础，面向多用户任务提供了高度灵活的服务，使得越来越多的航天器平台和地面设备不断进入市场。

CCSDS标准进入我国已有十多年，各大高校和多个研究机构对其进行了研究和应用。在工程应用方面，我国先后在载人飞船和双星探测卫星等有效载荷系统上采用了CCSDS标准。神州飞船、探测一号、探测二号、实践系列卫星等的成功在轨运行充分体系了CCSDS标准的优越性。

因此，在天地一体化网络协议体系结构设计中，可以使用CCSDS空间协议框架中专门针对卫星链路设计的各种协议机制，解决卫星链路存在的问题；重点解决天地网络协议融合问题，即在协议机制方面的兼容和转换问题。此外，还需要建立天地网络的统一服务平台和体系，为用户提供高效灵活的使用接口，最终实现天基通信与地面通信融为一体的目标。

然而，与地面网络用户之间 TCP/IP 协议运行模式相比，用户之间的端到端连接被分割为几段，不同段之间的机制差异较大，需要复杂的协议转换过程和相关设备，且端到端的一些安全机制无法采用（如 IPSec 等），还存在非对称路由、移动性支持能力差等问题；空间段连接主要靠人工管理和配置，灵活性差，资源利用率低。因此，有些学者提出了利用 DTN 框架实现天地互联的方案。

9.5.3 DTN

DTN 是延迟容忍网络和中断容忍网络的简称，最早于 2002 年由 Kevin 等人提出，最初主要用于高延迟网络，尤其是星际互联网中。NASA（JPL）最早开始对行星际互联网的研究，目的是为行星际空间网络提供端到端的连接。与 TCP/IP 网络基于存储转发不同，IPN 借鉴了邮件的传输模式，将一次事务的信息尽量多地打包在一起，在适当的时机将打包数据发送到下一个节点。后来此概念被推广到容易出现链路断开现象或高误码率的网络中，如地面移动网络、Ad Hoc 网络、无线传感器网络等，提出了延迟容忍网络（Delay Tolerant Networking，DTN）的框架。DARPA 资助的部分项目又提出了中断容忍网络的概念（Disruption Tolerant Networking，DTN）。两者融合成为延迟中断容忍网络（DTN），其后 DTN 网络得到广泛研究。与传统方式相比，基于 DTN 体系结构实现空间网络互联具有明显优势，CCSDS 最终将这一方向纳入了其标准开发体系，将其作为空间网络互联服务（Space Internetworking Service，SIS）的发展方向，该服务体系通过提供相关服务和协议，在空间通信实体间实现网络化的交互，SIS 独立于特定的链路技术，解决空间任务中异构网络的互联问题，提供端到端的数据传输服务。总之，DTN 的基本思想是为异构网络的互联提供一种通用的面向消息可靠传输的覆盖层网络体系结构。

为了处理具有断续连接和大时延特征的网络互联问题，DTN 在 OSI 模型的传输层和应用层之间部署了众多组件，包括消息转发机制、节点和端点机制、命名与编址机制、路由和转发机制、安全机制、服务质量（QoS）保障机制和会聚层适配模块，如图 9-10 所示。

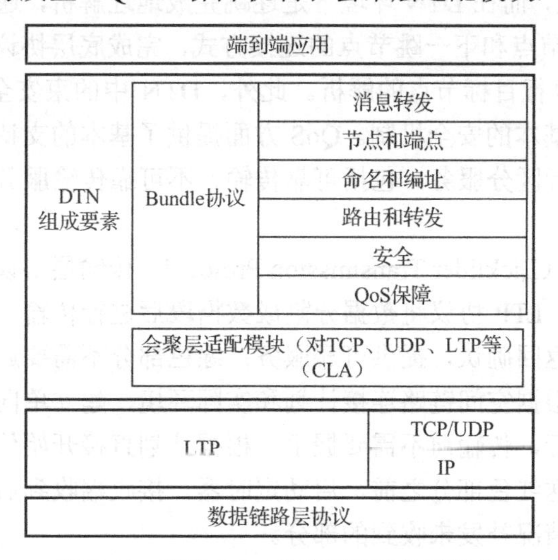

图 9-10　基于 DTN 的空间网络体系结构

DTN 在传统的传输层和应用层之间加入一个“Bundle 层”，该层协议是 DTN 体系的核心部分，它通过不同的“会聚层适配模块”（CLA）与不同的底层协议进行交互，如 TCP/IP、以太网、串行线路等，每一个 CLA 都会负责完成采用特定技术的网络传输任务，而在 Bundle 层提供一个统一的数据传输平台，采用统一的编址、数据格式、协议。在该框架中，特定传输协议将端到端特性限制在混合网络段内，而整体的端到端数据传输由 Bundle 协议通过在 DTN 节点之间的存储转发实现，如图 9-11 所示。

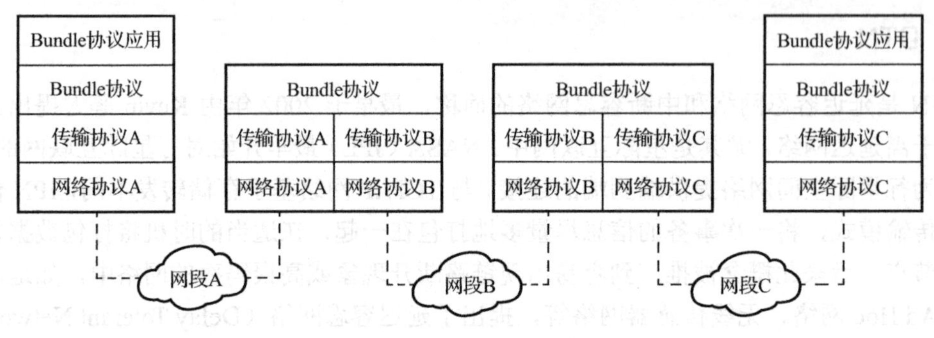

图 9-11　DTN Bundle 协议体系

DTN 节点内存储的是较大的长度可变数据报文，即数据束“bundles”，RFC 5050 中定义了束协议（Bundle Protocol，BP），给出了协议的基本数据单元，并定义了在 DTN 节点之间传输和处理数据单元的过程。作为数据传输基本单元，它由不同数据块组成，基本块中包含数据源、数据目标、数据生命期等控制信息。另外，可通过增加扩展块提供附加功能。这主要是考虑到较大的数据报文可以减少协议交互的次数，对于长时延的链路更有吸引力。当然，这种设计源于星际互联网（IPN）。DTN 节点收到数据束之后，可选择适当的时机发送报文，且传输过程中数据束可能被分割重组。

DTN 采用 URI 命名网络中的节点，并采用迟绑定机制，以适应穿越异构网络的需求。地面网中采用早绑定的策略（将上层地址解析为下一层地址的过程），在数据传输之前就将 DNS 地址解析为 IP 地址，而在 DTN 环境下是逐跳完成地址解析，通过路由计算得到下一跳 DTN 节点后，根据当前节点和下一跳节点的连接方式，完成底层协议地址解析，直到传输到最后一个 DTN 节点才执行目标节点的解析。此外，DTN 中的束安全协议（Bundle Security Protocol，BSP）可提供基本的安全机制。QoS 方面提供了基本的支持，提供三种可选的优先级，中继节点可据此进行区分服务，包括可靠传输、不可靠传输服务，以及数据的生命周期和传输状态报告。

DTN 体系中的 LTP（Licklider Transmission Protocol）传输层协议可提供点到点传输，以适应深空网络的大时延。LTP 协议将数据分割成数据段后进行传输，数据段表示为红色或绿色部分，红色部分需要返回确认，提供可靠服务；绿色部分不需要返回确认，提供不可靠服务。传输前，LTP 协议根据空间链路连接计划和实际环境，建立单向会话，开始数据传输，多个数据会话可并发进行，传输前不需要握手，根据计划直接开始传输。为提高链路效率，采用选择重传策略，发送红色部分之前，启动定时器，接收端收到后对需要可靠传输的部分发送应答报告，发端视情况补发未收到的部分。

空间网络连接的终端特性使协议难以准确设定定时器的时间，需要操作环境配合，在 DTN 中，定时器按照链路永久可用的状态，根据链路速率、节点间距离等信息，计算和设置过期时间；操作环境通过轨道计算、飞行计划等得到链路的可用信息，链路不可用时，操作环境通知定时器挂起，链路可用时操作环境通知定时器恢复。

DTN 结构的典型应用代表是图 9-12 中的火星探测网络协议栈，其中地面使用 IP 体系结构，而 BP 协议则部署于 TCP 协议之上形成覆盖网络（overlay network）；其中的控制中心、地面站、轨道器、火星网络 DTN 入口和火星网络终端均支持 DTN，空间段传输层采用 LTP 协议，数据链路层和物理层采用 CCSDS 定义的协议。因此，该框架中分别融合 CCSDS 和 DTN 体系体制，同时又实现了与 IP 网络的互联，而在整个融合过程中，BP 协议对收到的报文进行存储，并在适当的时候进行转发，转发完成后可返回应答以通知发送者报文已被成功接收，以此实现报文的分段可靠投递，解决了空间链路可能出现的链路断开等各种异常情况引发的问题。

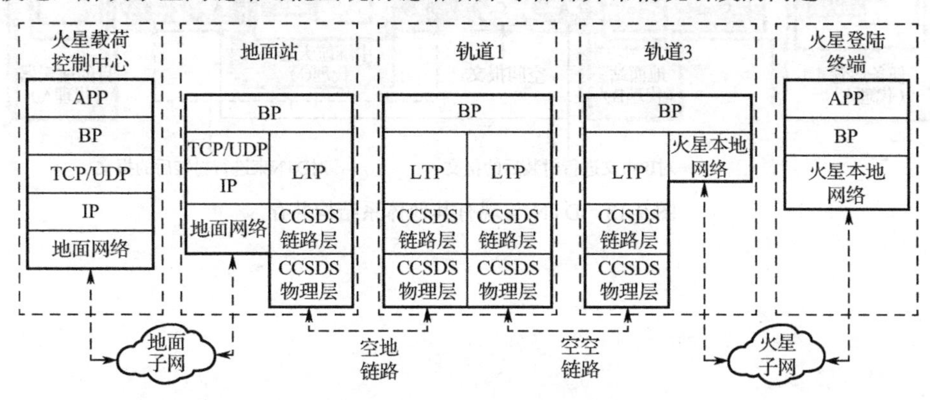

图 9-12　火星探测网络协议栈

目前，基于 DTN 许多机构开展了众多空间网络应用研究，例如，NASA 的深度撞击航天器进行的数据传输飞行验证、国际空间站的飞行验证实验、灾难检测星座（disaster monitering constellation，DMC）中的飞行验证实验，以及 ESA 的“扩展 Internet 到太空”项目等都对 DTN 的各种体制进行了验证，实验结果充分表明了 DTN 架构的可行性。由于目前空间大部分实体使用了 CCSDS 协议，因此 CCSDS 提出了 DTN 体系与现有协议体系共存，并最终发展到以 DTN 为主的体系结构演进方案。

当然，DTN 体系也存在一些问题，如拓扑变化时的路由问题、由于无法实时交付导致的密钥管理和验证等安全问题，以及 DTN 中的 QoS 评价问题、数据束分割问题等。随着我国航天事业的发展，基于 DTN 实现天地一体化，可满足多用户、多业务、动态、可扩展的数据传输需求。

9.5.4　IP、CCSDS 和 DTN 并存

正如上文提到的，CCSDS 在其最近的报告中提出 DTN 与现有其他体系结构并存的解决方案，并着力推崇未来以 DTN 为主的体系结构。

图 9-13 给出了在体系结构并存的环境中，各协议报文的传输过程。图中 A 站通过 B、C 站提供的通信服务与其目的航天器进行通信。在源端 A 和其目的端同时存在 IP 和 DTN 应用，分别用来处理相关报文，中继航天器 C 上也可能会有这两类应用。在整个报文路径中，空间报文 C 仅在单独的数据链路连接上传输，而不进行中继，图中显示 A 站通过地球站与其中继站之间建立了 CSTS（Cross Support Transfer Services）服务通道。与之类似，IP 报文和 DTN 束也承载在 CSTS 通道上，当然，未来可能会更新 CSTS 服务，使之允许 IP 和 DTN 报文在

地球站进行复用。图中，IP 和 DTN 报文都作为网络层数据在数据链路层之上被处理，因此在跨越 CCSDS 数据链路时，二者都被封装在 CCSDS 报文中。

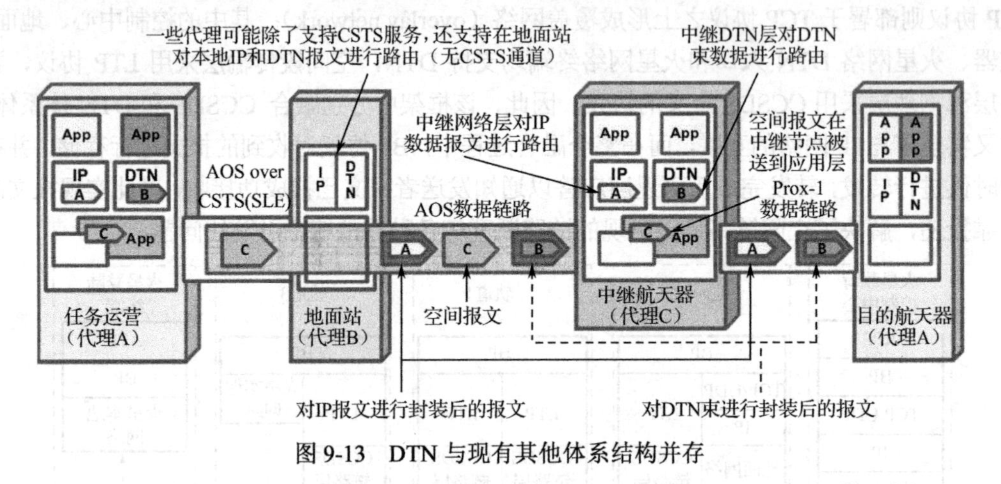

图 9-13　DTN 与现有其他体系结构并存

第 10 章　基于卫星网络的下一代互联网

10.1　概　述

互联网发展到今天，已经融合了各种类型的网络，其规模之大、用户之多、技术之复杂远远超出了最初的设想。在向下一代互联网发展的过程中，互联网不论是技术还是提供的服务都逐渐呈现出新的趋势。卫星网络作为下一代互联网中的重要组成部分，也同样紧跟地面固定和移动网络的发展趋势。本章就将对下一代互联网背景下卫星网络的发展进行疏理和总结。

首先，地面固定和移动网络已发展为全 IP 的解决方案，卫星网络也必然会向全 IP 的方向发展。同时，随着业务和应用的不断会聚，卫星网络终端将与地面网络终端一样，提供同样的用户接口和功能。在卫星网络与地面网络的不断融合中，未来的卫星终端将与标准地面网络终端完全兼容，仅在协议栈的底层具有不同的空中接口（物理层和链路层）。

其次，在计算机网络设计之初，QoS、流量工程和安全等问题并未受到关注。但是，对于实时业务而言，QoS 和流量工程却非常重要。下一代互联网将会有越来越多的电脑和移动设备用户，会有更多商务交易，互联网在商业和公共方面的应用使得安全问题成为下一代互联网需要解决的重要问题。这些问题也同样是卫星网络在未来的发展中需要着重关注和解决的。

再次，下一代互联网还需要解决 IPv4 地址耗尽等问题，采用 IPv6 的解决方案。然而，尽管 IPv6 能够解决这些问题，但是要使卫星网络适应 IPv6，还需要做很多工作。

10.2　新业务与新应用

下一代互联网需要承载高质量宽带业务，卫星网络支持的新业务和新应用应该包括在宽带网络上传输的绝大多数高质量数字音频、图像和视频（以及这些业务的组合）信息。在互联网上，不同的业务和应用将会产生两种数据流：弹性数据流和非弹性数据流。卫星网络同样需要支持这两类数据流。

弹性数据流采用 TCP 作为传输层协议，可以根据网络中时延和吞吐量的变化调整其速率，这是基于 TCP 流量控制来实现的。这类数据流也被称为机会数据流，也就是说，如果有足够的资源可以使用，这些应用会尽量使用资源；而如果资源暂时不可用，它们会停止数据传输并等待新的资源，同时不影响上层应用。弹性数据流包括电子邮件、文件传输、网络新闻，以及远程登录（Telnet）和 Web 访问（HTTP）等交互式应用。这些应用能够很好地处理网络中时延和吞吐量的变化。根据数据流存活的时间长短，这类数据流又可分为长期和短期响应式数据流。例如，FTP 是一种长期响应式数据流，而 HTTP 是一种短期响应式数据流。

非弹性数据流使用 UDP 协议作为传输层协议。非弹性数据流与弹性数据流完全相反，当网络时延和吞吐量变化时，这类数据流无法改变其传输速率。因此，为使应用维持正常运行，必须为其保证最少量的资源供应；否则，应用将无法正常运行。非弹性数据流包括会话式多媒体应用，如IP上的音频和视频；交互式多媒体应用，如网络游戏或分布式仿真；非交互式多媒体应用，如包含连续多媒体信息流的远程教育或音频/视频广播。这些实时应用无法容忍时延抖动（平均时延的变化），也被称为长期非响应式数据流。

在应用方面，目前互联网承载的几乎全部是计算机数据业务流。以往，这些应用包括文件传输（使用FTP协议）、远程登录会话（使用Telnet协议）和电子邮件（使用SMTP）。但是，World Wide Web（HTTP）已经超过了这些传统应用。IP上的话音和视频、音频流应用正在逐步成为互联网数据流的主要组成部分，也将成为下一代互联网消耗网络带宽的主要流量。

针对IP网络，IETF提出了一种综合服务的概念。这一概念涉及一系列对IP的改进，使其支持综合业务或多媒体业务。这些改进中包括了与电信网络极其类似的流量管理机制，主要通过网络中的QoS体系结构来实现。在互联网QoS体系结构的定义中，定义了三种QoS服务：

（1）尽最大可能的服务，是互联网在源端和目的端之间提供给数据报的默认服务方式，是不保证可靠传输的服务方式。

（2）受控负载服务，主要是为了在互联网中支持尽可能多的应用类型，但是这类服务对网络超过负载的情况非常敏感。例如，典型的自适应实时应用在网络轻载时运行良好，但在网络超负载时性能急剧下降。

（3）保证类服务，能够确保数据流在规定的流参数配置下，在有限的时间内以可接受的丢包率到达接收方。因此，该类服务适用于需要严格的时延保证、必须在特定时间内到达目的端的应用。例如，一些音频和视频“重放”应用就无法接受在重放时间之后到达的数据报，具有严格实时要求的应用同样也需要保证类服务。

下一代互联网中的卫星网络需要在QoS保证方面提供与地面网络更接近的服务质量，这将涉及网络在体系结构、功能模块、协议流程等方面的全面设计。

10.3 卫星IPv6网络

10.3.1 IPv6概述

IPv6（IP version 6）是IETF开发用来代替目前的IPv4协议的，它对IPv4协议进行了扩展，解决了互联网面临的一些问题，IPv6具有以下特点：

- 支持更多主机地址；
- 减小了路由表的大小；
- 简化协议，允许路由器对报文进行更快速的处理；
- 提供更高的安全性（鉴权和保密）；
- 为不同种类业务提供QoS，包括实时数据；
- 支持组播；
- 支持移动性（不改变地址的漫游）；
- 允许协议演变和发展；
- 允许原有协议与新协议共存；

● 在报文首部中增加了一个流标记用来区分数据流，能够支持综合业务，并为数据流提供 QoS 保证，支持类似 RSVP 的协议机制。

与 IPv4 相比，为了在网络层功能上实现下一代互联网的目标，IPv6 对 IPv4 报文格式进行了重大修改。图 10-1 显示了 IPv6 报文首部格式。其中各个字段的功能如下：

● 版本字段，与 IPv4 功能相同，IPv6 为 6，IPv4 为 4；
● 优先级字段，对具有不同实时传输需求的报文进行区分；
● 流标识字段，允许源端和目的端建立具有特殊性能和需求的伪连接；
● 负载长度字段，表示首部后面的数据字节数，而不是 IPv4 中的总长度；
● 下一个首部字段，表示应该将报文传送到上层的哪个传输处理单元，类似于 IPv4 中的协议域；
● 跳数上限字段，是用于限制报文生命周期的计数器，以防止报文无限期存在于网络中，相当于 IPv4 中的生存时间域；
● 源地址和目的地址字段，表示报文的发送和接收方，包括网络号和主机号，比 IPv4 长 4 倍。

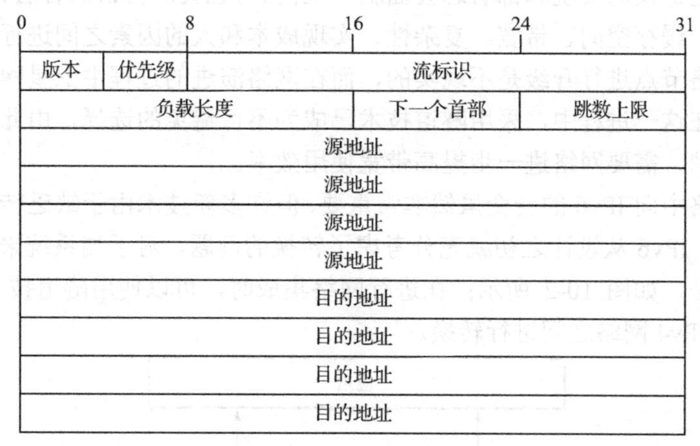

图 10-1　IPv6 报文首部格式

此外，与 IPv4 的选项字段类似，IPv6 还包括扩展首部，表 10-1 中显示了 IPv6 扩展首部的种类。

表 10-1　IPv6 扩展首部

扩 展 首 部	描　　述
每跳选项	提供给路由器的其他信息
目的地选项	关于目的地的其他信息
路由	路由器访问列表
分段	用于对数据分段的管理
身份认证	用于进行发送方身份验证
加密安全负载	关于内容加密的信息

每个扩展首部都包括类型、长度和值字段，还包括下一个首部字段。在 IPv6 中，以往可选的特性成为了强制执行的特性，如安全、移动、组播等。IPv6 协议做出的这些修改主要基

于以下考虑，希望实现高效、可扩展的 IP 报文传输：

- IP 首部包括更少的字段，以实现高效的路由过程，获得更高的传输性能；
- 通过提供更加灵活多样的选项增强报文首部的扩展性；
- 首部增加流标识使得 IP 报文的处理过程更加高效。

IPv6 引入了更大的地址空间，用于解决 IPv4 地址耗尽的问题。它使用 128 位编址方式，是目前 IPv4 32 位地址的 4 倍，能够支持大约 3.4×10^{38} 个可编址节点，相当于为地球上每个人提供 1030 个地址。此外，在 IPv6 中，没有隐藏的网络和主机。所有主机都可以成为服务器，并实现外部访问，这一特点被称为全球可达性。它还支持端到端安全，支持灵活编址和地址空间的多层次体系结构。

10.3.2 卫星上的 IPv6 网络

卫星网络作为一种特殊的网络，能够通过 IP 技术与其他网络实现互联，在下一代互联网向 IPv6 转换的过程中，所有的概念、原理和技术也都能够应用于卫星上的 IPv6。但是，任何新版本或新类型协议的实现和部署总会面临一些问题，也会对协议的各层带来潜在的影响，需要在处理能力、缓存空间、带宽、复杂性、实现成本和人的因素之间进行权衡。因此，通常来说同时对网络节点进行升级是不现实的，而在网络演进的过程中卫星网络又往往滞后于其他地面网络。在这一进程中，采用隧道技术已成为不可避免的选择，由此可能会给卫星网络带来极大的开销，需要网络进一步提高带宽使用效率。

在下一代网络中向 IPv6 的转变虽然非常重要，但许多新技术由于缺乏转换场景和相关工具而以失败告终。IPv6 从设计之初就充分考虑了转换的问题。对于端系统来说，可以使用一种双协议栈的方法，如图 10-2 所示；在进行网络集成时，可以使用隧道技术在只支持 IPv6 的网络和只支持 IPv4 网络之间进行转换。

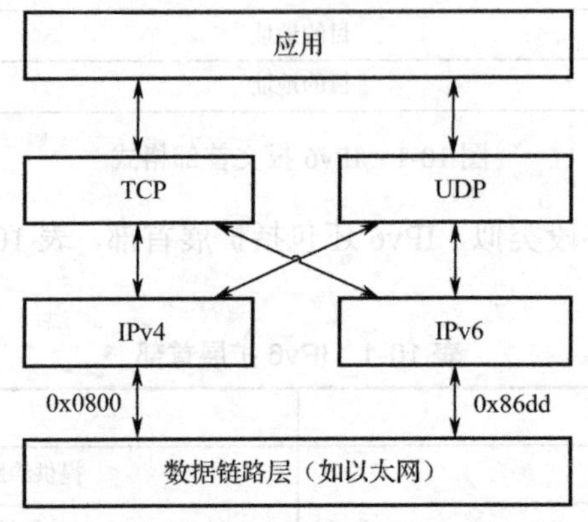

图 10-2 双协议栈主机示意图

图 10-2 中显示了一个同时具有 IPv4 和 IPv6 协议栈和地址的网络节点，支持 IPv6 的应用同时请求查询 IPv4 和 IPv6 的目的地址，DNS 解析的结果将向应用返回 IPv4、IPv6 地址或者将二者同时返回给应用。IPv4/IPv6 应用选择适当的地址，利用 IPv4 地址与 IPv4 节点通信，也可以利用 IPv6 地址与 IPv6 节点通信。

10.3.3　通过卫星网络建立 IPv6 隧道

将 IPv6 通过 IPv4 隧道传输时，可以将 IPv6 报文封装到 IPv4 报文中，并将 IP 报文首部协议字段设置为 41（见图 10-3）。

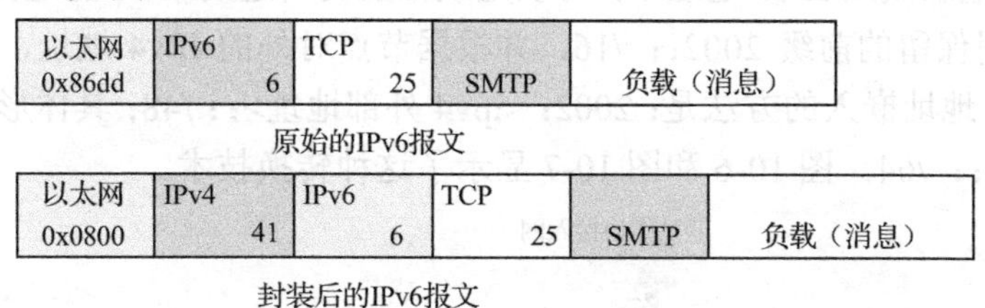

图 10-3　将 IPv6 报文封装到 IPv4 报文中

通过这种方法可以支持包括路由器到路由器、主机到路由器、主机到主机之间的数据连接。隧道的端点负责封装过程，这些处理对中间节点而言是“透明的”。

在隧道技术中，需要对隧道端点进行明确的配置，而且端点必须支持双协议栈。如果隧道端点采用 IPv4 地址，则需要对其配置可达的 IPv4 地址。因此，这种方法需要对源和目的 IPv4/IPv6 地址进行手工配置。隧道可以被配置在两个主机之间、主机和路由器之间（见图 10-4），或者两个 IPv6 网络中的路由器之间（见图 10-5）。

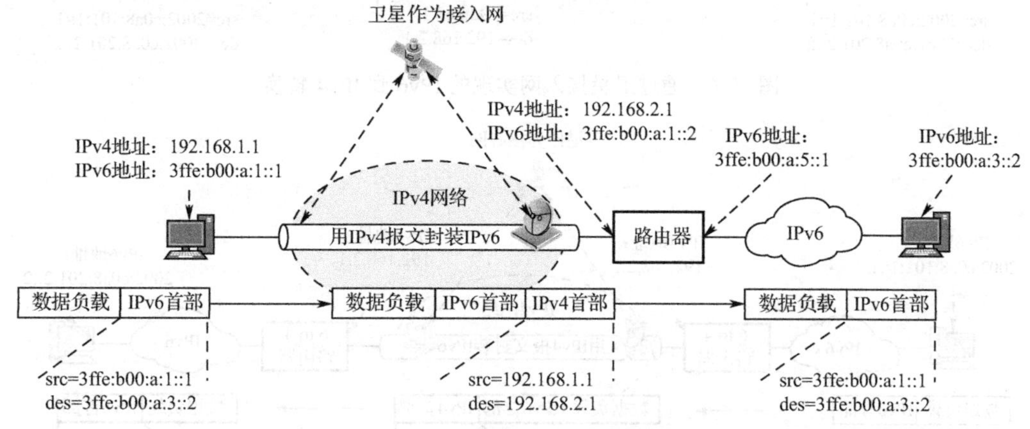

图 10-4　通过卫星接入网建立隧道连接主机和路由器

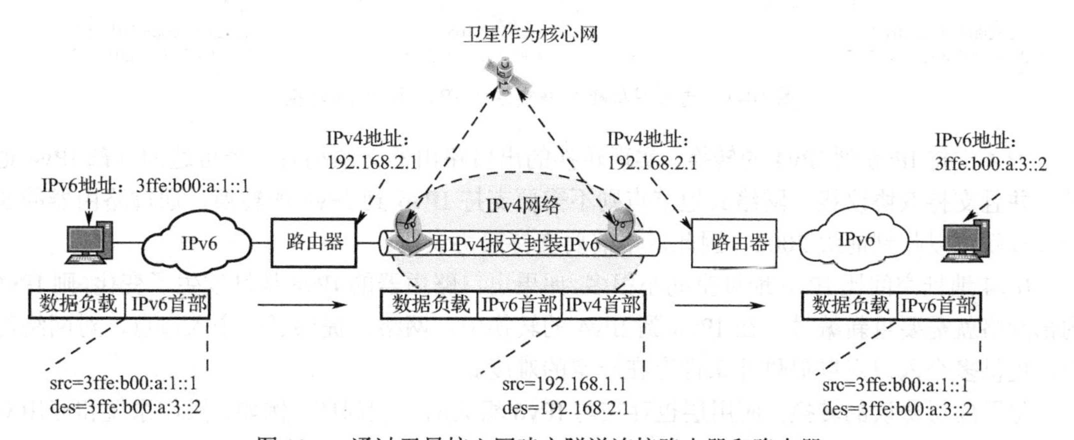

图 10-5　通过卫星核心网建立隧道连接路由器和路由器

10.3.4　卫星网络中 IPv6 到 IPv4 的转换

从 IPv6 到 IPv4 的转换方法是通过自动建立隧道将被隔离的 IPv6 网络连接到 IPv4 网络。通过将 IPv4 目的地址嵌入 IPv6 地址中，可以无须像上文所述的 IPv6 隧道技术那样建立明确的隧道。这里使用保留的前缀 2002：：/16，并根据节点对外的 IPv4 地址，分配给其一个 48 位地址。IPv4 对外地址嵌入的方法是：2002：<ipv4 外部地址>：：/48；具体形式为 2002：<ipv4 地址>：<子网号>：：/64。图 10-6 和图 10-7 显示了这种转换技术。

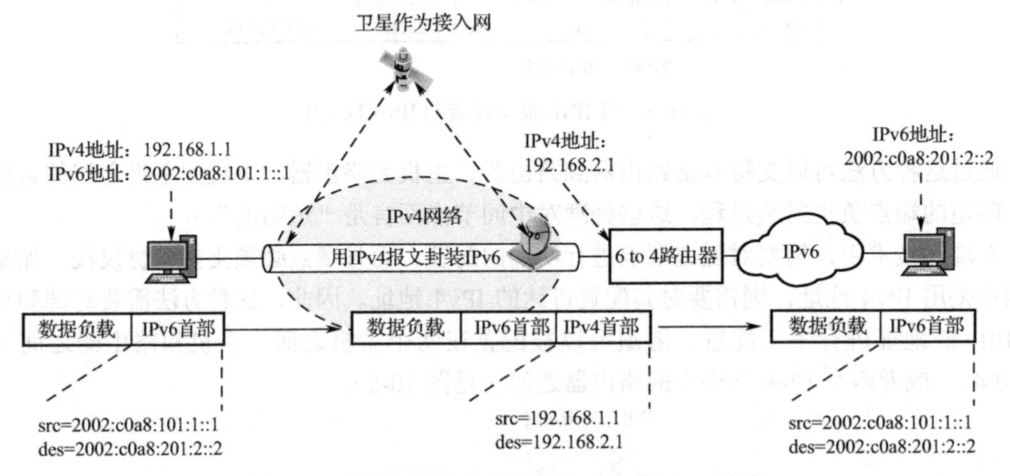

图 10-6　通过卫星接入网实现的 IPv6 到 IPv4 转换

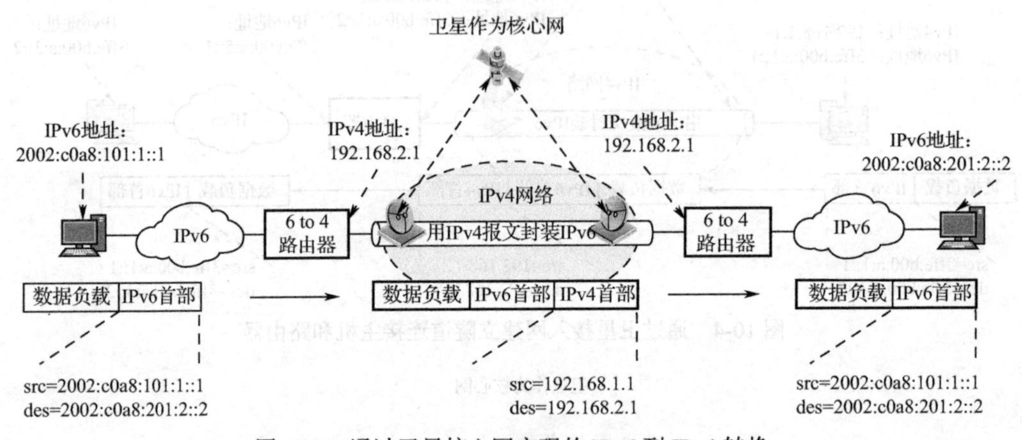

图 10-7　通过卫星核心网实现的 IPv6 到 IPv4 转换

为了支持 IPv6 到 IPv4 的转换，实现转换的出口路由器必须拥有一个可达的外部 IPv4 地址，并且支持双协议栈。网络其他节点则不需要支持 IPv6 到 IPv4 的转换，通过路由器的通告过程就可以收到前缀 2002，因此，不需要支持双协议栈。

IPv4 地址空间比 IPv6 地址空间小很多，如果出口路由器的 IPv4 地址发生了变化，则 IPv6 内部网络就需要重新编号。在 IPv6 到 IPv4 的转换中，网络只提供了一个入口点，对网络而言，提供多个入口点以提供冗余性存在一定的难度。

除了底层协议的转换，应用层也存在与 IPv6 相关的一些问题，例如，操作系统和应用对 IPv6 的支持通常是无关的，支持双协议栈也并不意味着同时会有 IPv4 和 IPv6 应用；而对 DNS

来说，它无法确定到底使用哪种 IP 版本；另外，支持应用的多个版本对用户来说也比较困难。

因此，可能涉及的应用转换可以通过以下方式实现，它们分别对应图 10-8 中的四种场景：

场景 1：对支持双协议栈的节点中的 IPv4 应用，需要将应用移植到 IPv6。

场景 2：对支持双协议栈的节点中的 IPv6 应用，应将 IPv4 地址映射到 IPv6 地址"::FFFF:x.y.z.w"，使 IPv4 应用能够在 IPv6 双协议栈中运行。

场景 3：对支持双协议栈的节点中的 IPv4/IPv6 应用，则应该提供与协议无关的 API，方便用户调用。

场景 4：对只支持 IPv4 协议的节点中的 IPv4/IPv6 应用，应该根据应用和操作系统支持的情况做出相应的处理。

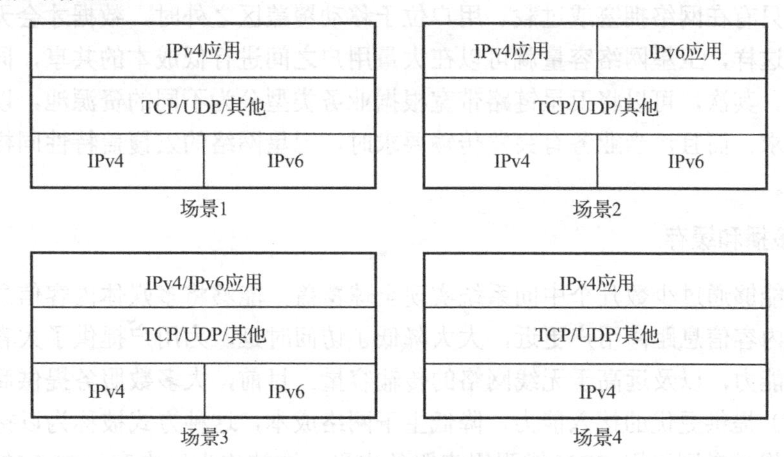

图 10-8　IPv6 应用转换场景

10.4　卫星网络与 5G 的融合

5G 给以往的移动通信系统带来了很大的改变，如何在保证时延的基础上传输大量数据流，如何在降低能耗的同时为用户提供更优的用户体验，将是 5G 网络面临的巨大挑战。与此同时，物联网技术的发展使网络中的节点和连接数量剧增，这也为未来的系统带来了新的问题。可想而知，5G 网络将是一个拥有大量微型小区的、软件控制的自适应密集网络。

在未来的 5G 网络中，卫星网络将成为在海洋和偏远地区扩展覆盖范围的有效手段。不仅高通量卫星通信系统能够对地面蜂窝系统形成有力的覆盖补充，而且卫星网络与未来 5G 网络的融合也将会成为地面通信基础设施的重要组成部分，以提供应急救援等方面的服务。此外，卫星网络还能对物联网中各种传感器的数据进行采集和分发，提供给地面网络。卫星网络提供的智能化路由、大容量视频流缓存等功能能够解决 5G 网络中频带受限的关键问题。因此，卫星网络将在覆盖扩展、内容分发、提供流量弹性、提高频带利用率等方面对 5G 网络形成有力的支撑。

1．覆盖和融合

卫星网络能够为 5G 网络提供有效的广域覆盖补充，它们会在异构网络环境下形成更大的小区，为应急业务提供充分保障，同时能够缓解未来软件定义的网络配置下 5G 网络面临的信令和管理压力。

卫星网络与 5G 网络融合使系统能够通过数据流的智能化路由提高 QoE，通过智能化缓存大容量视频数据解决地面网络的传输问题，以及卫星网络的传输时延问题，充分利用卫星链路天然的组播和广播特性。另外，来自地面网络的数据流被转移到卫星系统，能够节省宝贵的地面移动网络带宽，提高移动和卫星网络的弹性和安全性。

2．网络弹性

卫星网络与 5G 网络的融合为整个系统提供了充分的弹性保证，能够有效解决网络过载和拥塞问题，使 5G 能够以低成本为任何用户提供随遇接入的服务。首先，网络中的智能路由功能可以根据应用需求对数据流做出适当的路径选择决定，通常只有很少的数据会经过卫星链路传输，只有在网络拥塞或过载、用户位于移动覆盖区之外时，数据才会无缝切换到卫星链路传输。这样，卫星网络容量就可以在大量用户之间进行低成本的共享，同时保持较高的网络可用性。其次，可以将卫星链路带宽根据业务类型分为不同的资源池，以保证高速率的数据传输需求；而且，当业务有突发传输要求时，卫星网络的宏覆盖特性同样能够实现业务传输的切换。

3．内容多播和缓存

卫星网络能够通过少数几个中间系统实现全球覆盖，能够将多媒体内容信息缓存至网络边界，从而使内容信息距离用户更近，大大降低了访问时延，为用户提供了大容量多媒体信息的即时接入能力，以及远高于无线网络的传输容量。目前，大多数服务提供商采用内容传送网络（CDN）提供更优的接入能力，降低主干网络成本，这种方式被称为以接入为中心的 CDN；而内容提供者则采用 CDN 增强用户服务水平，这被称为以内容为中心的 CDN。在未来的 5G 网络中，这两种 CDN 技术都将大量使用，以提供对大容量多媒体信息的即时接入能力。面对未来移动设备产生的大量视频数据下载需求，采用多播传输实现内容的缓存将大大提高终端用户的 QoE，降低网络流量负载。这类传输可以通过信息中心网络（ICN）系统或结合 SDN/NFV 的集中控制功能对卫星链路传输进行优化的方法来实现。

因此，如何将卫星天然的多播特性与 5G 规范中采用的 CDN/ICN 系统相结合是需要解决的首要问题。

4．基于卫星网络的物联网

未来的 5G 网络将连接大量传感器和物联网设备来提供各类应用服务，而每个设备在连接网络时都会消耗能量。如何在由各种轨道构成的卫星系统中支持物联网服务也是人们非常关心的问题。其中一个主要问题是如何为连接 5G 网络以提供物联网服务的卫星终端降低能耗。这里，需要研究的关键技术包括：通过与空中接口相适配来降低卫星终端处于空闲状态时的能耗；采用新的物理层和数据链路层设计来减少能量消耗；对 IETF 协议进行改进。

5．频率资源

频率资源的匮乏仍然是 5G 网络体系结构设计需要考虑的主要问题。在移动与卫星系统之间动态共享频率资源将极大地提高两类系统可用的带宽资源数量。在未来系统中采用数据基站和认知无线电等技术将能够实现这种频率资源的共享，同时，网络融合也将促进这种共享状态的实现。

总之，卫星网络在拓展 5G 宽带网络的同时，将提供更优的 QoE、性价比更高的用户终端、更高的频带利用率和能量效率，将 SDN、NFV、认知和软件无线电等技术用于卫星系统中将会为频率的共享提供技术支撑，两类系统的融合也会促进新业务的产生。然而，卫星网络与 5G 网络的融合在支持灵活、可编程、安全的体系架构方面存在不少难题，移动终端也必须支持地面连接和卫星连接两种模式，这对卫星系统来说是很大的挑战。

10.5　卫星网络未来的发展

通信和网络技术的迅猛发展让我们对未来发展的预测变得越来越难，尽管如此，对于卫星网络将来如何发展，我们依然可以通过以往和现有系统的发展窥见一斑。

在过去的几十年里，卫星的质量从 50kg 增长到了 3000kg，功率从 40W 增加到 1000W，今后的卫星质量和功率将分别提升到 10000kg 和 20000W 甚至更高；卫星系统的可用带宽不断增加、容量迅速增长；卫星终端的体积越来越小，天线尺寸从 20～30m 减小到了 0.5～1.5m，并出现了手持终端，这种演变还在不断持续。另外，以低轨星座、卫星星群（OneWeb）等为代表的系统，通过大量微小型卫星组成覆盖地球广大区域的太空网络，单星容量远远高出传统卫星，将为用户提供超高速宽带服务。

从卫星组网的角度来看，卫星将作为网络节点提供星上路由能力，卫星还将作为端系统部署服务器直接由星上提供信息服务，卫星终端则演变成为连接私有网络或传感网络的互联设备。卫星网络的空间部分不再像从前那样具有简单的拓扑，而将由众多卫星组成星座网络，需要实现复杂的网络管理。正如本书第 9 章所述，卫星网络将融入全球互联网体系结构中，形成空天地一体的信息基础设施，卫星网络将不再作为特殊的网络出现，从体系结构上与其他网络越来越难以分开，从实现上越来越趋同于地面网络，基于公共的平台，提供统一的网络接口，为满足人们的需求创造出新的、种类繁多的服务和应用。

参考文献

[1] Satellite Earth Stations and Systems（SES）；Broadband Satellite Multimedia（BSM）；Management Functional Architecture，Technical Report，ETSI TR 101 672 v1.1.1（2009-11））

[2] 马刈非. 卫星通信网络技术. 北京：国防工业出版社，2003

[3] 谢希仁. 计算机网络（第 5 版）. 北京：电子工业出版社，2008

[4] Zhili Sun. Satellite Networking Principles and Protocols. USA: John Wiley&Sons, 2005

[5] 马刈非. 卫星通信网络技术. 北京：国防工业出版社，2003

[6] 刘爱军. 军事通信系统. 南京：通信工程学院院编教材，2003

[7] 张更新等. 卫星移动通信系统. 北京：人民邮电出版社，2001

[8] ITU. Handbook on Satellite Communications. 3rd edition. John Wiley & Sons, Inc., 2002

[9] M. Allman. Ongoing TCP Research Related to Satellites. RFC2760, 2000

[10] Satellite Earth Stations and Systems(SES); Broadband Satellite Multimedia(BSM); Services and architectures, Technical Report, ETSI TR 101 984 v1.2.1(2007-12))

[11] Satellite Earth Stations and Systems(SES); Broadband Satellite Multimedia(BSM); Services and architectures; Functional architecture for IP internetworking with BSM networks, Technical Report, ETSI TS 102 292 v1.1.1(2004-02))

[12] 李广侠，冯少栋，甘仲民，张更新. 宽带多媒体卫星通信系统的现状及发展趋势. 数字通信世界，2009 年 1 月

[13] 张国平，徐展琦. 基于 DVB 的卫星宽带网络. 卫星电视与宽带多媒体，2005 年第 21 期

[14] 张乃通，张中兆，李英涛. 卫星移动通信系统. 北京：电子工业出版社，1997

[15] GMR-2+ 3-002, Technical Specification, GEO-Mobile radio interface specification

[16] 闵士权编著. 卫星通信系统工程设计与应用. 北京：电子工业出版社，2015

[17] 王秉钧，王少勇编著. 卫星通信系统. 北京：机械工业出版社，2014

[18] ITU-T Recommendation Y.1291, An architectural framework for support of Quality of Service in packet networks, 05/2004

[19] IP over Satellite(IPoS), TIA Standard TIA-1008-B, April 2012

[20] L.Fan etc. The SATSIX architecture for next-generation Satellite System with IPv6 and DVB

[21] 卢勇，赵有健，孙富春，李洪波，倪国旗. 卫星网络路由技术. 软件学报，2014(5): 1085-1100

[22] RFC 2210, The Use of RSVP with IETF Integrared Services, 1997

[23] RFC 2475, An Architecture for Differentiated Services, 1998

[24] Transmission Control Protocol, RFC 793

[25] Requirements for Internet Hosts — Communication Layers, RFC 1122

[26] TCP Extensions for High Performance, RFC 1323

[27] TCP Congestion Control, RFC 2581

[28] TCP Selective Acknowledgment Options, RFC 2018

[29] Satellite Earth Stations and Systems(SES); Broadband Satellite Multimedia(BSM); Performance Enhancing Proxies(PEPs), Technical Report, ETSI TR 102 676 v1.1.1(2009-11)

[30] Performance Enhancing Proxies Intended to Mitigate Link-Related Degradations, RFC 3135

[31] Carlo Caini, Rosario Firrincieli, Daniele Lacamera, PEPsal: a Performance Enhancing Proxy for TCP satellite connections, Vehicular Technology Conference, 2006

[32] Carlo Caini, Rosario Firrincieli, TCP Hybla: a TCP Enhancement for heterogeneous networks, International Journal of Satellite Communications and Networking 22(5):547-566, September 2004

[33] Alain Pirovano, Fabien Garcia, A New Survey onImproving TCP Performances over Geostationary Satellite Link, Network and Communication Technologies; Vol. 2, No. 1; 2013

[34] J. Stepanek, A. Razdan, A. Nandan, M. Gerla, and M. Luglio, The Use of a Proxy on Board the Satellite to Improve TCP Performance, GLOBECOM, page 2950-2954. IEEE, 2002

[35] Igor Bisio, Mario Marchese, Maurizio Mongelli ,Performance Enhaced Proxy Solutions for Satellite Netowrks:State of the Art, Protocol Stack and Possible Interfaces, Personal Satellite Services-Lecture Notes of the Institute for Computer Sciences, Social Informatics and Telecommunications Engineering Volume 15, 2009

[36] Jouko Vankka, Performance of Satellite Gateway over Geostationary Satellite Links, IEEE Military Communications Conference, 2013

[37] VAlessio Botta and Antonio Pescape, Monitoring and measuring wireless network performance in the presence of middleboxes, Eighth International Conference on Wireless On-Demand Network Systems and Services, 2011

[38] Mark Allman, On the Performance of Middleboxes, Internet Measurement Conference, October 2003

[39] Alberto Medina, Mark Allman, Sally Floyd, Measuring Interactions Between Transport Protocols and Middleboxes, Proceedings of the 4th ACM SIGCOMM conference on Internet measurement, 2004

[40] Ehsan, Navid; Liu, Mingyan; Ragland, Roderick J., Evaluation of Performance Enhancing Proxies in Internet over Satellite, International Journal of Communication Systems 16(6): 513-534, 2003

[41] C.A.C. Marcondes, A. Person, M.Y. Sanadidi, M. Gerla, R. Firrincieli, D. R. Beering, G. Romaniak, TCP in Mixed Internet and Geo-Satellite Environments: Experiences and Results, 2nd International IEEE Creatc.et Conference on Testbeds and Infrastructures, March 1-3, 2006

[42] Jing Zhu, Sumit Roy, Jae H. Kim, Performance Modelling of TCP Enhancements in Terrestrial-Satellite Hybrid Networks, IEEE/ACM TRANSACTIONS ON NETWORKING, VOL. 14, NO. 4, AUGUST 2006

[43] Savio Lau and Ljiljana Trajkovic, Analysis of Traffic Data from a Hybrid Satellite-

Terrestrial Network, The Fourth International Conference on Heterogeneous Networking for Quality, Reliability, Security and Robustness & Workshops Article No. 9, 2007

[44] Michael Walfish, Jeremy Stribling, Maxwell Krohn,Hari Balakrishnan, Robert Morris, and Scott Shenker, Middleboxes No Longer Considered Harmful, 6th Symposium on Operating Systems Design and Implementation, 2004

[45] Cruickshank, H., Mort, R., Berioli, M. ,PEP architecture for Broadband Satellite Multimedia(BSM) networks, PEPs workshop at ESTEC 2nd, December 2008

[46] E. Dubois, J. Fasson, C. Donny, E. Chaput ,Enhancing TCP based communications in mobile satellite scenarios: TCP PEPs issues and solutions, Advanced satellite multimedia systems conference (asma) and the 11th signal processing for space communications workshop (spsc), Sept. 2010

[47] Muhammad Muhammad, Matteo Berioli, Tomaso de Cola, A Simulation Study of Network-Coding-Enhanced PEP for TCP Flows in GEO Satellite Networks, Communications (ICC), 2014 IEEE International Conference on, June 2014

[48] Brakmo L S, Peterson L L. TCP Vegas: End-to-end congestion avoidance on a global Internet[J]. IEEE Journal on Selected Areas in Communications, 1995, 13(8): 1465-1480

[49] LS Brakmo, SW O'Malley, LL Peterson, TCP Vegas: new techniques for congestion detection and avoidance, ACM Sigcomm Computer Communication Review, 1994, 24(4):24-35

[50] S Mascolo, PD Bari, PD Torino, TCP Westwood: Bandwidth estimation for enhanced transport over wireless links, MobiCom '01 Proceedings of the 7th annual international conference on Mobile computing and networking Pages 287-297, NY, USA, 2001

[51] L Xu, K Harfoush, I Rhee, Binary increase congestion control (BIC) for fast long-distance networks, Proceedings - IEEE INFOCOM 4:2514 - 2524 vol.4 April 2004

[52] Kun Tan, J. Song, Q. Zhang, M. Sridharan, Compound TCP : A Scalable and TCP-Friendly Congestion Control for High-speed Networks, 4th International workshop on Protocols for Fast Long-Distance Networks (PFLDNet), 2006

[53] Sangtae Ha, Injong Rhee, Lisong Xu, CUBIC: A New TCP-Friendly High-Speed TCP Variant, ACM SIGOPS Operating Systems Review - Research and developments in the Linux kernel, Volume 42 Issue 5, July 2008 Pages 64-74

[54] 续欣. 卫星通信系统中数据传输协议的分析和设计. 2000

[55] 续欣、马刈非. 数据传输协议在卫星网络中的性能分析. 解放军理工大学学报（自然科学版），2001 年第 6 期

[56] Henderson, T.R. and R.H. Katz，Satellite Transport Protocol(STP): An SSCOP-based Transport Protocol for Datagram Satellite Networks, 2nd International Workshop on Satellite-based Information Services(WOSBIS'97), Budapest, Hungary, Oct.1, 1997

[57] C Caini, R Firrincieli, H Cruickshank, M Marchese, Satellite Communications: From PEPs to DTN, Advanced Satellite Multimedia Systems Conference and the Signal Processing for Space Communications Workshop 2010, Asms-Spsc 2010, Pula, Italy, September, 2010:62-67

[58] Giovanni Giambene, Snezana Hadzic, Cross-Layer PEP-Spoofer Approach to Improve

TCP Performance in DVB-RCS Networks, Workshop at ESA-ESTEC "Satellite PEPs - Current Status and Future Directions", ESA, ESTEC, Noordwijk, Dec. 2008

[59] T T Thai, E Lochin, An IP-ERN architecture to enable hybrid E3E/ERN protocol and application to satellite networking, Computer Networks, 2012, Vol.56 (11), pp.2700-271

[60] Tuan Tran Thai, Pacheco, D.M.L. ,Lochin, E., Arnal, F., SatERN: A PEP-less solution for satellite communications, IEEE. International Conference on Communications (IEEE ICC 2011), 05-09 June 2011

[61] The Addition of Explicit Congestion Notification (ECN) to IP, RFC3168

[62] Sundararajan J K, Shah D, Medard M, et al. Network coding meets TCP: Theory and Implementation, Proceedings of the IEEE Conference on Computer Communications(INFOCOM), 2009:280-288

[63] A. Caponi ,A. Detti, M. Luglio, C. Roseti, F. Zampognaro, Mobile-PEP: satellite terminal handover preserving service continuity, Wireless Communication Systems (ISWCS), 2015 International Symposium on, Aug. 2015

[64] G Giambene, S Kota, Cross-layer protocol optimization for satellite communications networks: a survey, International Journal of Satellite Communication, 2006, 24(5):323–341

[65] 续欣，刘爱军，汤凯译. 卫星网络资源管理. 北京：国防工业出版社，2013

[66] Park Jung-Min, Savagaonkar U R, and Chong E, et al.. Allocation of QoS connections in MF-TDMA satellite systems: a two-phase approach[J]. IEEE Transactions on Vehicular Technology, 2005, 54(1): 177-190

[67] Park Jung Min, Savagaonkar U R, and Chong E K P, et al.. Efficient resource allocation for QoS channel in MF-TDMA satellite systems[C]. MILCOM2000, 21st Century Military Communication Conference Proceeding, McLean VA United States, 2000, (2): 645-649

[68] 董启甲、张军、张涛. 星上 MF-TDMA 系统信道管理方法. 电子与信息学报，第 31 卷第 10 期，2009.10

[69] 董启甲、张军、张涛、秦勇. 高效 MF-TDMA 系统时隙分配策略. 航空学报，第 30 卷第 9 期，2009.9

[70] E Biton, A Orda, QoS provision with EDF scheduling, stochastic burstiness and stochastic guarantees, Teletraffic Science & Engineering, 2003, 5 :1061-1070

[71] Satellite Earth Stations and Systems(SES);Broadband Satellite Multimedia(BSM); Management Functional Architecture, Technical Report, ETSI TR 101 672 v1.1.1(2009-11))

[72] 谢希仁. 计算机网络（第 5 版）. 北京：电子工业出版社，2008

[73] Satellite Earth Stations and Systems(SES); Broadband Satellite Multimedia(BSM); General Security Architecture, Technical Specification, ETSI TS 102 465 v1.1.1(2006-12)

[74] Satellite Earth Stations and Systems(SES); Broadband Satellite Multimedia(BSM); Multicast Security Architecture, Technical Specification, ETSI TS 102 466 v1.1.1(2007-01)

[75] Satellite Earth Stations and Systems(SES); Broadband Satellite Multimedia(BSM); IP Internetworking over satellite; Security aspects, Technical Specification, ETSI TR 102 287 v1.1.1(2004-05)

[76] Fan L, Baudoin C, Liang L, et al. SATSIX Architecture for Next-Generation Satellite Systems with IPv6 and DVB[C], 2007

[77] Baudoin C. et al., New Architecture for Next Generation Broadband Satellite Systems: The SATSIX Approach. In: Fan L., Cruickshank H., Sun Z., IP Networking over Next-Generation Satellite Systems. Springer, New York, NY, 2008

[78] IP over Satellite(IPOS), TIA Standard TIA-1008-B, April 2012

[79] 王晓梅，张铮，冉崇森，关于宽带卫星网络安全问题的思考. 电信科学，2002,12

[80] Satellite Earth Stations and Systems(SES);Broadband Satellite Multimedia(BSM);IP over Satellite, Technical Report, ETSI TR 101 985 v1.1.2(2002-11)

[81] Andrew S.Tanenbaum 著，潘爱民 译. Computer Networks (Fourth Edition)，计算机网络（第 4 版）. 北京：清华大学出版社，2004 年：354-355

[82] 沈荣骏. 我国天地一体化航天互联网构想[J]. 中国工程科学，2006(10):19-30

[83] 张乃通，赵康健，刘功亮. 对建设我国"天地一体化信息网络"的思考[J]. 电子科学研究院学报，2015,10(3):223-230

[84] 陆洲. 天地一体化信息网络总体架构设想. 卫星通信学术年会,2016

[85] 闵士权. 我国天基综合信息网构想[J]. 航天器工程，2013,22(5):1-14

[86] 闵士权. 我国天地一体化信息网络构想（一）. 数字通信世界，2016(6)

[87] 闵士权. 再论我国天地一体化综合信息网络构想，卫星通信学术年会，2016

[88] 黄惠明，常呈武. 天地一体化天基骨干网络体系架构研究[J]. 中国电子科学研究院学报，2015,10(5):460-467

[89] William Stallings, Foundations of Modern Networking: SDN, NFV, QoE, IoT, and Cloud, Pearson Education, Inc, 2016

[90] SDN: Software Defined Networks, Thomas D. Nadeau Ken Gray, O'Reilly, 2013

[91] Zhu Tang, Baokang Zhao, Wanrong Yu, Zhenqian Feng, Chunqing Wu, Software Defined Satellite Networks: Benefits and Challenges, 2014

[92] R. Ferrús, H. Koumaras, O. Sallenta, G. Agapiou, T. Rasheed, M.-A. Kourtis, C. Boustie, P. Gélard, T. Ahmed, SDN/NFV –enabled satellite communications networks: Opportunities, scenarios and challenges, Physical Communication,Special Issue on Radio Access Network Architectures and Resource Management for 5G, March 2016, Volume 18, Part 2, Pages 95-112

[93] Lionel Bertaux, Samir Medjiah, Pascal Berthou, Marc Bruyere, Software Defined Networking and Virtualization for Broadband Satellite Networks, IEEE Communications Magazine 53(3):54-60, March 2015

[94] Koumaras, H., R. Mestari, P. Gelard, A. Morelli, T. Masson, C. Boustie, H. Makis, R. ferrus, O. Sallent, and T. Rasheed ,Enhancing Satellite & Terrestrial Networks Integration through NFV/SDN technologies, IEEE COMSOC Multimedia Communications E-Letter, July 2015, pp.17-21

[95] T. Rossi, M. De Sanctis, E. Cianca, C. Fragale, M. Ruggier ,Future Space-based Communications Infrastructures based on High Throughput Satellites and Software Defined Networking, Systems Engineering (ISSE), 2015 IEEE International Symposium on, Sept. 2015

[96] ONF White Paper, Software-Defined Networking: The New Norm for Networks,, https://www.opennetworking.org/images/stories/downloads/sdn-resources/white-papers/wp-sdn-netnorm.pdf,April 13, 2012

[97] ESA(European Space Agency) ,Service Delivery over Integrated Satellite and Terrestrial Network, contract no. ESA 4000106656/12/NL/US https://artes.esa.int/projects/service-delivery-over-integrated-satellite-and-terrestrial-networks, 15 December, 2014

[98] Open Networking Foundation, https://www.opennetworking.org/images/stories/downloads/working-groups/charter-wireless-mobile.pdf, -Wireless & Mobile Working Group Charter, 2016

[99] ISGNFV. Network Functions Virtualization: An Introduction, Benefits, Enablers, Challenges & Call for Action. ISGNFV whitepaper, October 2012

[100] 蒋立正. IP over CCSDS 空间组网通信关键技术研究[D]. 中国科学院空间科学与应用研究中心，2009

[101] IP over CCSDS Space Links. Draft Recommended Practice, CCSDS.702.1 -R -3. Red Book. CCSDS Press, 2008

[102] TM Space Data Link Protocol. CCSDS.132.0-B-1.Blue Book.CCSDS Press, 2003

[103] TC Space Data Link Protocol. CCSDS.232.0-B-1.Blue Book.CCSDS Press, 2003

[104] AOS Space Data Link Protocol. CCSDS.732.0-B-2.Blue Book.CCSDS Press, 2006

[105] Proximity-1 Space Link Protocol-data link layer. CCSDS.211.0-R-3.Blue Book.CCSDS Press，2006

[106] CCSDS. On Current Status of the SCPS Protocol Suite in CCSDS[EB/OL], http://public.ccsds.org/publications/scps.html.

[107] 林闯，董扬威，单志广. 基于 DTN 的空间网络互联服务研究综述. 计算机研究与发展，2014,51(5):931-943

[108] Burleigh S, Ramadas M, Farrell S. Licklider transmission protocol-motivation[EB/OL], RFC5325, [2013-05-17]. http://tools.ietf.org/html/rfc5325.

[109]Ramadas M, Burleigh S, Farrell S. Licklider transmission protocol-specification[EB/OL], RFC5326, [2013-05-17]. http://tools.ietf.org/html/rfc53256.

[110] CCSDS, CCSDS 734.5-G, Rationale, scenarios, and requirements for DTN in space [S], Washington, CCSDS, 2010

[111] C. Caini, H. Cruickshank, S. Farrell, and M. Marchese, “Delay-and disruption-tolerant networking(DTN): an alternative solution for future satellite networking applications,” Proceedings of the IEEE, vol. 99, no. 11, pp. 1980-1997, 2011

[112] Carlo Caini, Rosario Firrincieli, Marco Livini, DTN Bundle Layer over TCP: Retransmission Algorithms in the Presence of Channel Disruptions, Journal of communications, VOL. 5, NO. 2, February 2010

[113] Kevin Fall,and Stephen Farrell, DTN: An Architectural Retrospective, IEEE Journal on Selected Areas in COmmunications, VOL. 26, NO. 5, June 2008

[114] V.Cerf, S.Burleigh, A.Hoole, L.Torgerson, et.al, Delay-Tolerant Networking Architecture, RFC4838, 2007

[115] K. Scott,S. Burleigh, Bundle Protocol Specification, RFC5050, IETF, November 2007

[116] Giuseppe Araniti, Nikolaos Bezirgiannidis, Edward Birrane, Contact Graph Routing in DTN Space Networks: Overview, Enhancements and Performance, IEEE Communications Magazine ,18 March 2015, Volume: 53 Issue: 3

[117] David J, Israel, Faith Davis, and Jane Marquart, A DTN-based Multiple Access Fast Forward Service for the NASA Space Network, 2011 Fourth IEEE International Conference on Space Mission Challenges for Information Technology

[118] Caini C, Cruickshank H, Farrell S, Delay-and Disruption-Tolerant Networking(DTN): An Alternative Solution for Future Satellite Networking Application[C], Proceedings of the IEEE. USA: IEEE, 2011, 99(11):1980-1997

[119] Carlo C., Piero C., Rosario F., and Daniele L., A DTN Approach to Satellite Communications[J], IEEE Journal on Selected Areas in Communications, Vol. 26, No.5, June 2008

[120] THE ROLE OF SATELLITES IN 5G: Barry Evans, Oluwakayode Onireti, Theodoros Spathopoulos and Muhammad Ali Imran; Institute for Communication Systems (ICS), University of Surrey, Guildford, United Kingdom, 2015

[121] S Agnelli, G Benoit, E Weller, Eutelsat perspective on the role of satellites in 5G, European Conference on Networks & Communications, 2016

[122] Akram Hakiri, Pascal Berthou, Leveraging SDN for The 5G Networks: Trends, Prospects and Challenges